普通高等教育“十二五”规划教材

金属加工工艺基础

主　编　米国发
副主编　南红艳　王狂飞　崔红保

北　京
冶　金　工　业　出　版　社
2011

内 容 简 介

本书共分15章，从金属材料的主要性能、金属和合金的晶体结构、铁碳合金入手，介绍了钢的热处理和材料表面处理技术，工业用钢铁和有色金属及其合金，铸造、塑性成形、焊接、切削加工等加工工艺，以及工艺过程的基本知识和金属加工工艺与计算机技术。

本书适合作为普通高等院校机械、材料类专业本科生及相关专业大专院校师生的教材，也可供有关工程技术人员参考。

图书在版编目(CIP)数据

金属加工工艺基础/米国发主编 .—北京：冶金工业出版社，2011.6

普通高等教育“十二五”规划教材

ISBN 978-7-5024-5588-0

Ⅰ. ①金… Ⅱ. ①米… Ⅲ. ①金属加工—工艺学—高等学校—教材 Ⅳ. ①TG

中国版本图书馆CIP数据核字(2011)第104615号

出 版 人 曹胜利
地　　址 北京北河沿大街嵩祝院北巷39号，邮编100009
电　　话 (010)64027926 电子信箱 yjcbs@cnmip.com.cn
责任编辑 尚海霞 美术编辑 李 新 版式设计 孙跃红
责任校对 石 静 责任印制 张祺鑫
ISBN 978-7-5024-5588-0
北京印刷一厂印刷；冶金工业出版社发行；各地新华书店经销
2011年6月第1版，2011年6月第1次印刷
787mm×1092mm 1/16；16.25印张；393千字；247页
35.00 元

冶金工业出版社发行部 电话：(010)64044283 传真：(010)64027893
冶金书店 地址：北京东四西大街46号(100010) 电话：(010)65289081(兼传真)
(本书如有印装质量问题，本社发行部负责退换)

前　言

本书是普通高等教育“十二五”规划教材，是高等学校工程材料及机械制造基础课程中的一本专业技术基础课教材。金属加工工艺是从事工程材料和机械设计及制造工作不可或缺的基础知识。

本书坚持“以工艺和常规为主”的原则，重点介绍金属材料的基本知识、铸造、金属塑性加工、焊接和金属切削加工等工艺，同时为扩大学生的视野，激发创新意识，适当介绍了学科前沿的一些新技术、新工艺和新成果。本教材适合普通高等院校机械、材料类专业本科生及相关专业大专院校学生使用，也可供有关工程技术人员参考。

全书共分15章。参加本书编写的人员为河南理工大学的老师，具体分工为：王狂飞，第1章、第2章；张宝庆，第3章、第4章；崔红保，第5章、第6章；历长云，第7章、第9章；米国发，第8章；徐东霞，第10章；南红艳，第11~13章；王英，第14章、第15章。

本书在编写过程中得到了河南理工大学、冶金工业出版社和有关院校师生的大力支持，在此谨致谢意。

由于编者水平所限，书中不当之处，恳请广大读者斧正。

编　者

2011年4月

目　　录

1 金属材料的主要性能

金属材料的性能包括使用性能和工艺性能。使用性能是指材料在使用过程中表现出来的性能，它包括力学性能和物理、化学性能等；工艺性能是指材料对各种加工工艺适应的能力，它包括铸造性能、锻造性能、焊接性能、切削加工性能和热处理性能等。

1.1 金属的力学性能

金属的力学性能是指在各种载荷作用下表现出来的抵抗变形和破坏的能力，通常包括材料的弹性、塑性和强度。弹性是材料在外力作用下保持固有形状和尺寸的能力；塑性是材料在外力作用下发生不可逆的永久变形的能力；而强度则是材料对塑性变形和断裂的抗力。另外，由于材料经常在外力或环境因素的重复作用下使用，因此，常用的力学性能指标还有疲劳强度、蠕变强度、冲击韧性等，此外为便于无损检测，力学性能指标还应包括硬度等。

1.1.1 强度

金属材料在载荷作用下所表现出来的抵抗变形或断裂的能力称为强度。强度指标一般可通过金属拉伸试验来测定，而静载荷拉伸试验是工业上最常用的试验方法之一。按标准规定，把标准试样装夹在试验机上，然后对试样逐渐施加拉伸载荷的同时连续测量力和相应的伸长，直至把试样拉断为止，依据测出的拉伸曲线，求出相关的力学性能。

1.1.1.1 拉伸曲线

在材料拉伸试验机上，对被测的标准金属材料试样施加轴向静拉力 P，试样在外力作用下产生变形。若将低碳钢试样从试验开始直到被拉断前所受的拉力 P，与其所对应的变形 Δl 绘制成曲线，可以得到如图 1－1 所示的拉伸曲线。通常以 σ（试样单位横截面上的拉力）和应变 ε（试样单位长度的伸长量）来代替 P 和 Δl，由此绘制成的曲线称为应力－应变曲线，反映了金属塑性变形过程典型的力学行为。下面以退火低碳钢拉伸曲线为例来说明拉伸过程中几个变形阶段：

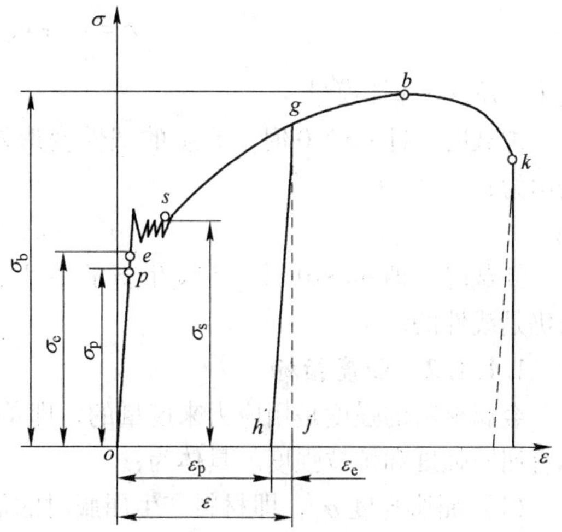

图 1－1 低碳钢的拉伸曲线

（1）*oe*——弹性变形阶段。试样的伸长量与载荷成正比增加，此时若卸载，试样能完全恢复原状。图 1－1 中 p 点为比例极限点，是该曲线直线部分的顶点，e 点为弹性极限点，已稍稍偏离了直线。

（2）es——屈服阶段。当载荷继续增加到 s 点时，试样所承受的载荷虽不再增加，但试样仍继续产生塑性变形，应力－应变曲线出现近似水平线段，这种现象称为材料的屈服。实际上，比例极限 σ_p、弹性极限 σ_e 和屈服极限 σ_s 三者是非常接近的，所以工程上常将三者视为一点而不加以区别，统一用 σ_s 表示。把 σ_s 视为弹性变形与塑性变形的分界点，即材料屈服之前为弹性变形阶段，屈服之后为塑性变形阶段。

（3）sb——均匀塑性变形阶段。载荷超过 s 点后，试样开始产生明显塑性变形，伸长量随载荷增加而增大。当载荷继续增加至 b 点时，试样发生不均匀变形，截面出现局部变细的“缩颈”现象，所以 b 点又是简单拉伸时材料失稳的临界点，此处有 $dP=0$ 或 $d\varepsilon=0$，缩颈处呈现三向拉应力状态，酝酿着断裂。当变形量迅速增大至 k 点时，试样被拉断。b 点的拉力是试样在拉断前所能承受的最大载荷，其所对应的应力 σ_b 为抗拉强度。

（4）bk——缩颈阶段。载荷达到最大值 b 后，试样局部开始急剧缩小，出现缩颈现象。由于截面积减小，试样变形所需载荷也随之降低，k 点时试样发生断裂。

（5）加工硬化。在塑性变形阶段，如将卸载过的试样重新加载，即可发现拉伸曲线是以 h 点为起点，几乎沿着 hg 回升，在达到 g 点之前，即使应力可能超过 σ_s，但试样并不发生屈服，只有当应力达到 g 点后，塑性变形才重新出现，以后的曲线仍然沿着 gbk 发展下去，这时的拉伸曲线就是 $hgbk$。g 点的应力就是试样重新加载时新的屈服应力，如果重复上述卸载、加载过程，就可发现重新加载时屈服应力沿 gb 线上升，这一现象称为应变硬化，工程上又称冷作硬化或加工硬化。表明金属塑性变形过程伴随有力学性能的变化，这是塑性变形的又一显著特点。

在塑性变形阶段上的某点 g，卸除外载荷时，延伸量已达 oj 的试样将沿 gh 卸载到应力为零，且 gh 几乎平行于 op。卸载完毕后，试样残存永久变形量 oh，只有一部分变形量 hj 得到回复。其中能回复的部分为弹性变形，以 ε_e 表示，不能回复的、残存的永久变形部分为塑性变形，以 ε_p 表示，应力－应变关系曲线上任一点 $g(\varepsilon, \sigma)$ 所对应的应变量是：

$$\varepsilon = \varepsilon_e + \varepsilon_p = \frac{\sigma}{E} + \varepsilon_p$$

式中 E——弹性模量。

加载时，即 $d\sigma > 0$ 时，有新的塑性变形发生，应力－应变关系一般是非线性的，可表示为：

$$\sigma = f(\varepsilon) = H(\varepsilon_p)$$

卸载时，即 $d\sigma \leqslant 0$ 时，不发生新的塑性变形，而只有弹性变形回复，应力－应变关系仍是线性的。

1.1.1.2 强度指标

金属材料的强度是用应力来度量的，即单位截面积上的内力称为应力。常用的强度指标有屈服强度和抗拉强度。具体为：

（1）屈服强度 σ_s，即材料产生屈服时的最小应力，单位为 MPa。

$$\sigma_s = F_s / S_0$$

式中 F_s——屈服时的最小载荷，N；

S_0——试样原始截面积，mm^2。

对于无明显屈服现象的金属材料（如铸铁、高碳钢等），测定 σ_s 很困难，通常规定产生 0.2% 塑性变形时的应力作为条件屈服强度，用 $\sigma_{0.2}$ 表示。

屈服强度表征金属发生明显塑性变形的抗力，因此它是机械设计的主要依据。

（2）抗拉强度 σ_b，即材料在拉断前所承受的最大应力，单位为 MPa。

$$\sigma_b = F_b / S_0$$

式中　F_b——试样断裂前所承受的最大载荷，N。

抗拉强度表示材料抵抗均匀塑性变形的最大能力，是设计机械零件和选材的主要依据。

1.1.2　塑性

金属材料在载荷作用下产生塑性变形而不断裂的能力称为塑性，塑性指标也是通过拉伸试验测定的。常用的指标有两个：

（1）断后伸长率。

$$\delta = (L_1 - L_0)/L_0 \times 100\%$$

式中　L_0，L_1——分别为试样原始标距和被拉断后的标距，mm。

（2）断面收缩率。

$$\psi = (S_0 - S_1)/S_0 \times 100\%$$

式中　S_0，S_1——分别为试样原始截面积和断裂后缩颈处的最小截面积，mm^2。

δ、ψ 数值越大，表明材料的塑性越好。

1.1.3　硬度

硬度是表征材料表面局部体积内抵抗其他物体压入时变形的能力。金属材料质量检验主要用压入法进行硬度试验，而其中应用最为广泛的是布氏硬度试验和洛氏硬度试验。

1.1.3.1　布氏硬度试验法

A　试验原理

图 1－2 所示为布氏硬度试验原理示意图，它是用一定直径的淬火钢球或硬质合金钢球做压头，以相应试验力压入被测材料表面，经规定保持时间后卸载，以压痕单位面积上所受试验力的大小来确定被测材料的硬度值，用符号 HB 表示。

$$HB = \frac{F}{S_{压}} = \frac{F}{\pi Dh} = \frac{2F}{\pi D(D - \sqrt{D^2 - d^2})}$$

式中　F——试验力，N；

$S_{压}$——压痕表面积，mm^2；

D——球体直径，mm；

d——压痕平均直径，mm。

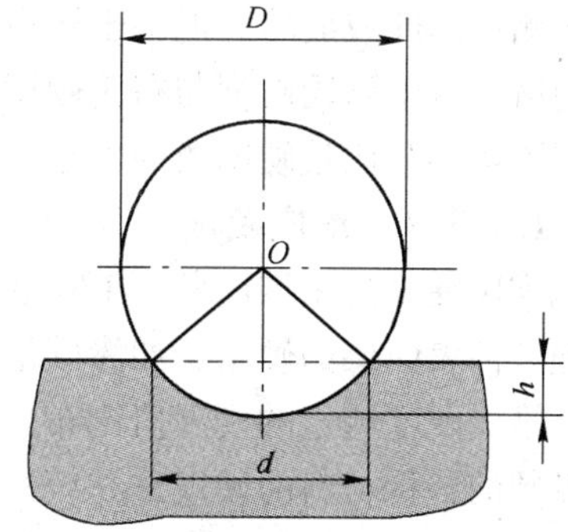

图 1－2　布氏硬度试验原理示意图

B　表示方法

表示布氏硬度值时应同时标出压头类型。当试验压头为淬火钢球时，硬度符号为 HBS；当试验压头为硬质合金钢球时，硬度符号为 HBW。HBS 或 HBW 之后数字为硬度值，例如 HBS120、HBW450。

C　应用范围

HBS适用于测量布氏硬度值小于450的材料，HBW适用于测量硬度值小于650的材料。因压痕大，布氏硬度不适宜检验薄件或成品。

1.1.3.2　洛氏硬度试验法

A　试验原理

图1－3所示为洛氏硬度试验原理示意图。洛氏硬度是用顶角为120°的金刚石圆锥体或直径为1.588mm的淬火钢球作为压头。试验时先施加初始载荷，目的是使压头与试样表面接触良好，保证测量结果准确，然后施加主载荷，保持规定时间后卸除主载荷，依据压痕深度确定硬度值。

金属越硬，压痕深度越小。为适应人们习惯上数值越大硬度越高的观念，所以人为地规定一常数 K 减去压痕深度 h 的值作为洛氏硬度指标，并规定每0.002mm为一个洛氏硬度单位，用HRC表示，则洛氏硬度值为：

$$HRC = (K - h)/0.002$$

由此可见，洛氏硬度值是一个无量纲的材料性能指标。使用金刚石压头时，常数 K 为0.2；使用钢球压头时，常数 K 为0.26。实际测量时，可直接从表盘上读出硬度值。

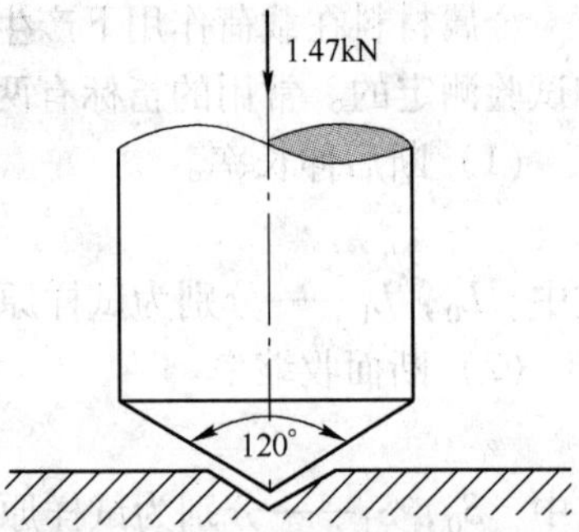

图1－3　洛氏硬度试验原理示意图

B　表示方法

洛氏硬度计采用A、B、C三种标尺对不同硬度材料进行试验，硬度分别用HRA、HRB、HRC表示，硬度值标在符号后，如HRC45。

C　特点

洛氏硬度测量操作简单（直接读出硬度值）；测量范围大（软硬均可）；压痕小，可直接测量薄件或成品。但由于压痕小，硬度波动大，为提高精度，通常测定3个不同点取平均值。由于洛氏硬度与布氏硬度相比压痕小，因此软硬材料都可以测量。但是不同标尺之间不可相互比较硬度值的大小。

1.1.3.3　维氏硬度

维氏硬度是用锥面角为136°的金刚石四棱锥体作为压头，适用于测定薄件和经表面处理零件表面层的硬度，如渗碳层、表面淬硬层、电镀层等，以及微观组织的硬度。

维氏硬度测定的硬度值比布氏硬度、洛氏硬度精确，压痕小，改变负荷可测定从极软到极硬的各种材料的硬度，并统一比较。

1.1.4　冲击韧度

许多机械零件是在冲击载荷下工作的。冲击载荷比静载荷的破坏能力大，对于承受冲击载荷的材料，还必须具备足够的冲击韧度。冲击韧度是指材料抵抗冲击载荷作用而破坏的能力，通常用一次摆锤冲击试验来测定。

试验原理如图1－4所示。将标准试样安放在摆锤试验机的支座上，试样缺口背向摆锤，将具有一定重力的 G 的摆锤举至一定高度 h_1，使其获得一定势能 Gh_1，然后由此高度

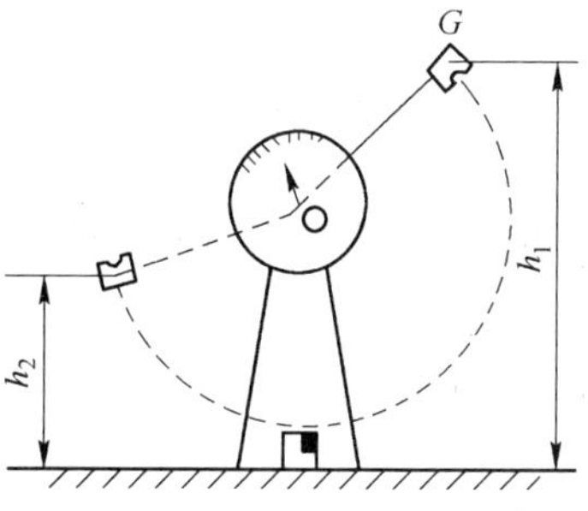

图 1-4　冲击试验原理示意图

落下将试样冲断，试样断裂后摆锤上摆到 h_2 高度，在忽略摩擦和阻尼等条件下，摆锤冲断试样所做的功，称为冲击吸收功，以 A_K 表示，则有：

$$A_K = G(h_1 - h_2)$$

用试样的断口处截面积去除冲击吸收功即得到冲击韧度 α_K（J/cm^2），即：

$$\alpha_K = A_K / S_0$$

需要说明一点，使用不同类型的标准试样（U 形或 V 形缺口）进行试验时，冲击韧度分别以 α_{Ku} 或 α_{Kv} 表示。

α_K 值越大，表明材料的韧性越好，受到冲击时越不易断裂。

1.1.5　疲劳极限

1.1.5.1　疲劳概念

许多机械零件，例如轴、齿轮、轴承等，在工作时承受的是交变载荷。在这种载荷作用下，虽然零件所受应力远低于材料的屈服点，但在长期使用中往往会突然发生断裂，这种破坏过程称为疲劳断裂。

1.1.5.2　疲劳极限

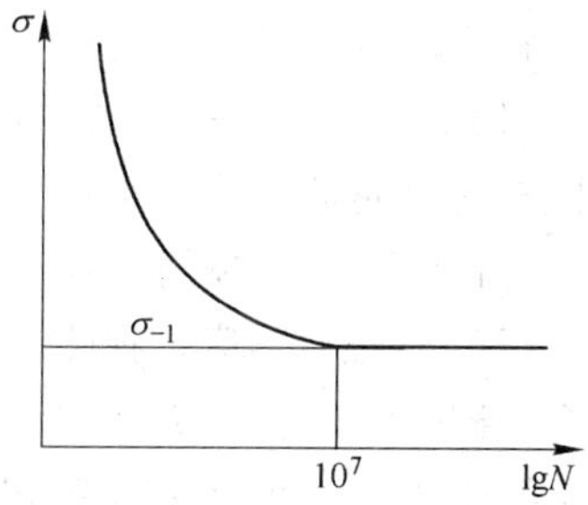

图 1-5　疲劳曲线

工程上规定，材料经无数次重复交变载荷作用而不发生断裂的最大应力称为疲劳极限。图 1-5 所示为通过试验测定的材料交变应力 σ 和断裂前应力循环次数 N 之间的关系曲线。曲线表明，材料受的交变应力越大，则断裂时应力循环次数 N 越少；反之，则 N 越大。当应力低于一定值时，试样经无限次循环也不破坏，此应力值称为材料的疲劳极限，用 σ_r 表示。对称循环 $r = -1$，疲劳极限用 σ_{-1} 表示。

1.1.5.3　提高疲劳极限途径

金属产生疲劳同许多因素有关，目前普遍认为是由于材料内部有缺陷，如夹杂、气孔、疏松等；表面划痕、残余应力及其他能引起应力集中的缺陷导致微裂纹产生，这种微裂纹随应力循环次数的增加而逐渐扩展，致使零件突然断裂。

1.2　金属的物理、化学及工艺性能

金属的物理性能包括：熔点、相对密度、热膨胀性、导电性、导热性等。化学性能包括：耐酸性、抗氧化性等。工艺性能是指材料加工或成形为合格零件的难易程度，它与金属的物理性能密切相关，包括：铸造性、可锻性、可焊性、热处理性、切削加工性等。

1.2.1　金属的物理性能

1.2.1.1　密度

密度就是某种物质单位体积的质量。

1.2.1.2 热性能

热性能主要有：

（1）熔点。金属材料固态转变为液态时的熔化温度。

（2）比热容。单位质量的某种物质，在温度升高1℃时吸收的热量或温度降低1℃时所放出的热量。

（3）热导率。在单位时间内，当沿着热流方向的单位长度上温度降低1℃时，单位面积容许导过的热量。

（4）线膨胀系数。金属温度每升高1℃所增加的长度与原来长度的比值。

1.2.1.3 电性能

电性能主要有：

（1）电阻率。它是表示物体导电性能的一个参数。它等于1m长，横截面积为1mm^2的导线两端间的电阻。也可用一个单位立方体的两平行端面间的电阻表示。

（2）电阻温度系数。温度每升降1℃，材料电阻的改变量与原电阻之比，称为电阻温度系数。

（3）电导率。电阻率的倒数称为电导率。在数值上，它等于导体维持单位电位梯度时流过单位面积的电流。

1.2.1.4 磁性能

磁性能主要有：

（1）磁导率。它是衡量磁性材料磁化难易程度的性能指标，常用符号μ表示。它是磁性材料中的磁感应强度B和磁场强度H的比值。磁性材料通常分为软磁材料（μ值很高，可达数万）和硬磁材料（μ值在1左右）两大类。

（2）磁感应强度。在磁介质中的磁化过程，可以看做在原先的磁场强度H上再加上一个由磁化强度J所决定的，数量等于$4\pi J$的新磁场，因而在磁介质中的磁场$B=H+4\pi J$的新磁场，称为磁感应强度。

（3）磁场强度。导体中通过电流，其周围就产生磁场。磁场对原磁矩或电流产生作用力的大小为磁场强度的表征。

（4）矫顽力。样品磁化到饱和后，由于有磁滞现象，欲使磁感应强度减为零，需施加一定的负磁场H_c，H_c就称为矫顽力。

（5）铁损。铁磁材料在动态磁化条件下，由于磁滞和涡流效应所消耗的能量，称为铁损。

1.2.2 金属的化学性能

金属材料在室温或高温下，抵抗介质对它化学侵蚀的能力，称为金属材料的化学性能。金属材料的化学性能一般包括抗氧化性和抗腐蚀性等。

1.2.2.1 抗氧化性

抗氧化性是指金属材料在高温时抵抗氧化性气氛腐蚀作用的能力。火电厂热力设备的高温部件，如锅炉的过热器、水冷壁管，汽轮机的汽缸、叶片等，长期在高温下工作，容易产生氧化腐蚀。许多金属都能与空气中的氧进行化合而形成氧化物，在金属表面形成一层氧化膜。如果金属表面形成的氧化物层比较疏松，这时，外界氧气便可以继续与金属作用，使金属材料受到破坏，这种现象就称为金属的氧化。如果金属表面形成的氧化物层比较致密，而且牢固地覆盖在金属表面上，于是就形成了一层保护层，使氧气不能再与金属接触，阻止了金属的继续氧化，金属就得到了保护，这样的金属抗氧化性能高。如铝在空气中抗氧化性能就比较高。

1.2.2.2 抗腐蚀性

金属材料抵抗各种介质（大气、酸、碱、盐）侵蚀的能力称为抗腐蚀性。火电厂中的一些热力部件，长期接触高温烟气、汽水或一些腐蚀介质，使金属表面不断受到各种侵蚀，有时还会侵入金属内部，给安全运行带来不利影响，严重时甚至造成破裂损坏事故。火电厂锅炉管子受到的腐蚀主要是硫腐蚀和氢腐蚀，燃油锅炉还会受到钒腐蚀。水电站水轮机涡轮受到的主要是水汽腐蚀。因此，金属材料的抗腐蚀性是一个很重要的材料性能。

1.2.3 金属的工艺性能

金属的工艺性能主要有：

（1）铸造性。它指金属材料能用铸造的方法获得合格铸件的性能。铸造性主要包括流动性、收缩性和偏析。流动性是指液态金属充满铸模的能力；收缩性是指铸件凝固时，体积收缩的程度；偏析是指金属在冷却凝固过程中，因结晶先后差异而造成金属内部化学成分和组织的不均匀性。

（2）可锻性。它指金属材料在压力加工时，能改变形状而不产生裂纹的性能。它包括在热态或冷态下能够进行锤锻、轧制、拉伸、挤压等加工。可锻性的好坏主要与金属材料的化学成分有关。

（3）焊接性（可焊性）。它指金属材料对焊接加工的适应性能。主要是指在一定的焊接工艺条件下，获得优质焊接接头的难易程度。它包括两个方面的内容：一是结合性能，即在一定的焊接工艺条件下，一定的金属形成焊接缺陷的敏感性；二是使用性能，即在一定的焊接工艺条件下，一定的金属焊接接头对使用要求的适用性。

（4）切削加工性（可切削性，机械加工性）。它指金属材料被刀具切削加工后而成为合格工件的难易程度。切削加工性好坏常用加工后工件的表面粗糙度、允许的切削速度以及刀具的磨损程度来衡量。它与金属材料的化学成分、力学性能、导热性及加工硬化程度等诸多因素有关。通常是用硬度和韧性作切削加工性好坏的大致判断。一般来说，金属材料的硬度越高越难切削，硬度虽不高，但韧性大，切削也较困难。

习题与思考题

1-1 拉伸试验可确定哪些力学性能，对拉伸试件有什么基本要求？

1-2 硬度的定义是什么，硬度试验有哪些特点？

1-3 什么是冲击韧性，测定冲击韧性的试样有哪几种形式，测定的冲击韧性如何表示？

1-4 工程中如何定义疲劳极限，如何测定？

1-5 金属的物理性能有哪些，如何定义？

1-6 金属的化学性能有哪些，什么是金属的抗氧化性？

1-7 金属的工艺性能有哪些，什么是金属的铸造性？

2 金属和合金的晶体结构

自然界的固态物质，根据原子在内部的排列特征可分为晶体与非晶体两大类。晶体与非晶体的区别表现在许多方面。晶体物质的基本质点（原子等）在空间排列是有一定规律的，所以有规则的外形，有固定的熔点。此外，晶体物质在不同方向上具有不同的性质，表现出各向异性的特征。在一般情况下的固态金属就是晶体。

2.1 金属的晶体结构

2.1.1 晶体结构

为了形象描述晶体内部原子排列的规律，将原子抽象为几何点，并用一些假想连线将几何点连接起来，这样构成的空间格子称为晶格。晶体中原子排列具有周期性变化的特点，通常从晶格中选取一个能够完整反映晶格特征的最小几何单元，这个几何单元称为晶胞，它具有很高的对称性。

2.1.2 三种典型的金属晶格

三种典型的金属晶格是：

（1）体心立方晶格。晶胞示意图如图2－1（a）所示。它的晶胞是一个立方体，立方体的8个顶角和晶胞各有一个原子，其单位晶胞原子数为2个，其致密度为0.68。属于该晶格类型的常见金属有Cr、W、Mo、V、$\alpha-Fe$等。

（2）面心立方晶格。晶胞示意图如图2－1（b）所示。它的晶胞也是一个立方体，立方体的8个顶角和立方体的6个面中心各有一个原子，其单位晶胞原子数为4个，其致密度为0.74（原子排列较紧密）。属于该晶格类型的常见金属有Al、Cu、Pb、Au、$\gamma-Fe$等。

（3）密排六方晶格。它的晶胞是一个正六方柱体，原子排列在柱体的每个顶角和上、下底面的中心，另外3个原子排列在柱体内，晶胞示意图如图2－1（c）所示。其单位晶胞原子数为6个，致密度也是0.74。属于该晶格类型的常见金属有Mg、Zn、Be、Cd、$\alpha-Ti$等。

2.1.3 金属实际的晶体结构

前面讨论的金属结构是理想的结构，即原子排列得非常整齐，晶格位向（原子列的方位和方向）完全一致，且无任何缺陷存在，称为单晶体。目前，只有采用特殊方法才能获得单晶体。

2.1.3.1 金属的多晶体结构

实际使用的金属大都是多晶体结构，即它是由许多不同位向的小晶体组成，每个小晶

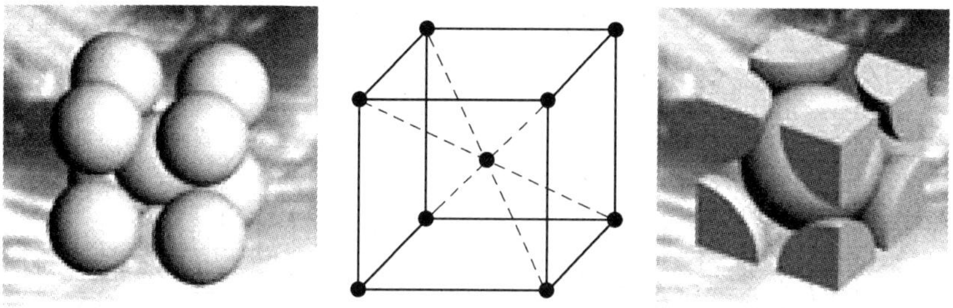

(a)

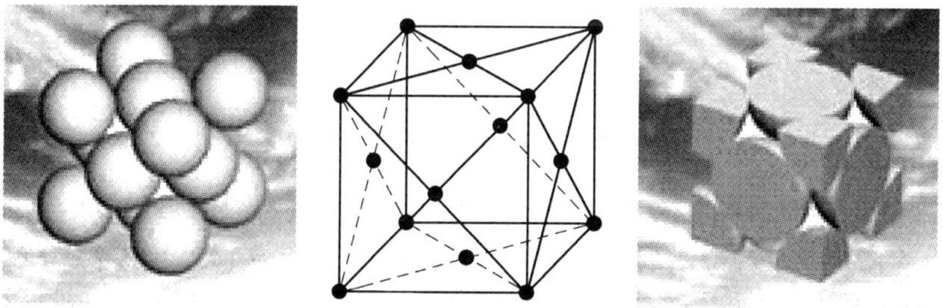

(b)

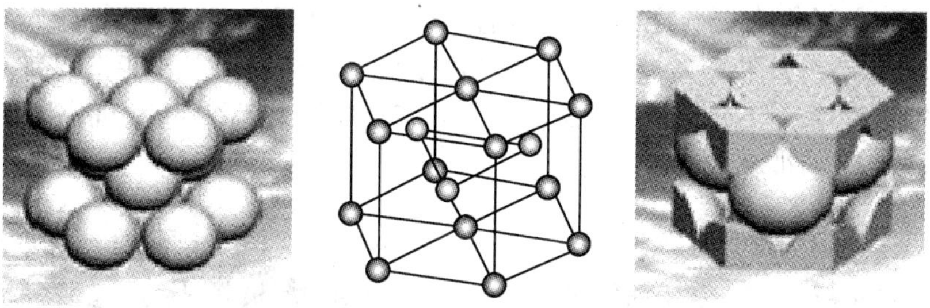

(c)

图 2－1 常见金属晶格的晶胞示意图

（a）体心立方晶格；（b）面心立方晶格；（c）密排六方晶格

体内部晶格位向基本上是一致的，而各小晶体之间位向却不相同，如图 2－2 所示。这种外形不规则、呈颗粒状的小晶体称为晶粒。晶粒与晶粒之间的界面称为晶界。

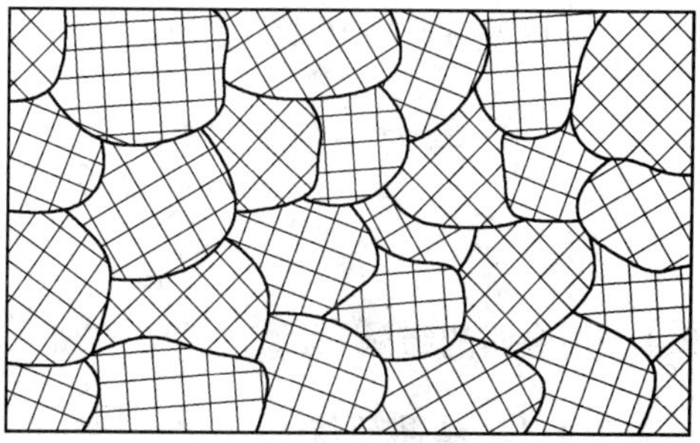

图 2－2 金属多晶体结构

实践表明，在每个晶粒内部，晶格位向也有位向差（1°～2°），这些位向差很小的小晶块嵌镶成一颗晶粒。这些小晶块称为亚晶或亚结构，亚晶之间边界称为亚晶界。

2.1.3.2 金属的晶体缺陷

在金属晶体中，由于晶体形成条件、原子的热运动及其他各种因素影响，原子规则排列在局部区域受到破坏，呈现出不完整性，通常把这种区域称为晶体缺陷。根据几何特征，晶体缺陷可分为点缺陷、线缺陷和面缺陷三类。具体为：

（1）点缺陷。晶体缺陷呈点状分布，最常见的点缺陷有晶格空位、间隙原子等，如

图 2－3 所示。由于点缺陷出现，周围原子发生“撑开”或“靠拢”现象，这称为晶格畸变。晶格畸变的存在，使金属产生内应力，晶体性能发生变化，如强度、硬度增加，它也是强化金属的手段之一。

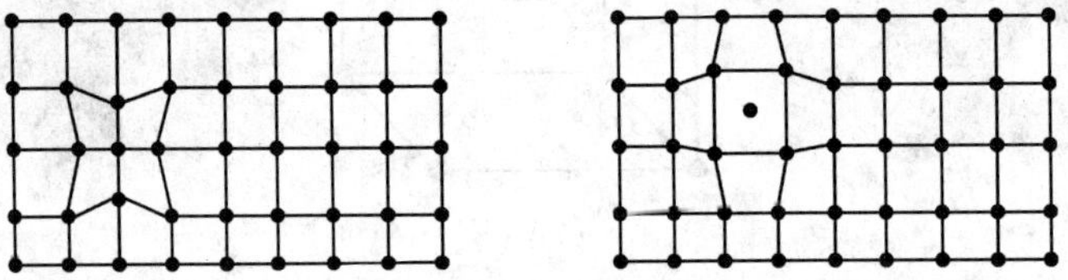

(a) (b)

图 2－3 点缺陷示意图

（a）晶格空位；（b）间隙原子

（2）线缺陷。晶体缺陷呈线状分布，线缺陷主要是指位错。最常见的位错是刃型位错，如图 2－4 所示。这种位错的表现形式是晶体的某一晶面上多出一个半原子面，它如同刀刃一样插入晶体，所以称为刃型位错，在位错线附近一定范围内，晶格发生了畸变。

（3）面缺陷。缺陷呈面状分布，通常指的是晶界和亚晶界。实际金属材料是多晶体结构，多晶体中两个相邻晶粒之间晶格位向是不同的，所以晶界处是不同位向晶粒原子排列无规则的过渡层，如图 2－5 所示。晶界处原子处于不稳定状态，能量较高，因此晶界与晶粒内部有着一系列不同特征，如常温下晶界有较高的强度和硬度；晶界处原子扩散速度较快；晶界处容易被腐蚀、熔点低等。

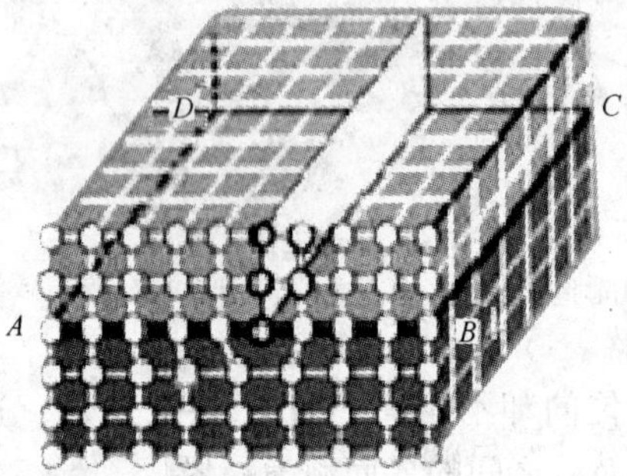

图 2－4 刃型位错示意图

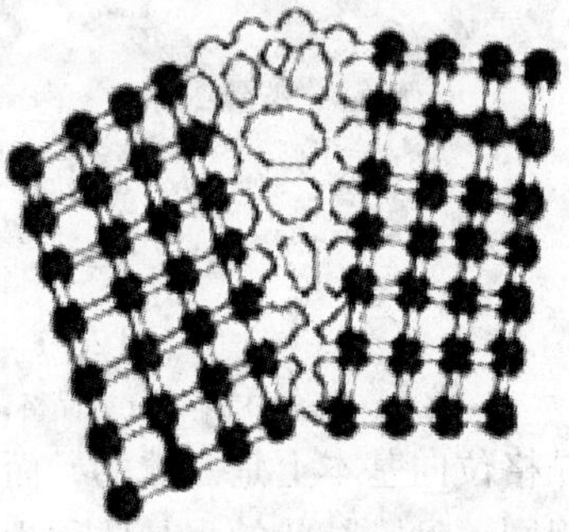

图 2－5 晶界示意图

2.2 金属的结晶

2.2.1 纯金属的结晶

2.2.1.1 结晶的概念

金属的结晶是指金属由液态转变为固态的过程。

2.2.1.2 纯金属的冷却曲线

纯金属的结晶都是在一定温度下进行的，它的冷却结晶过程可用图 2－6 所示的冷却曲线来描述。

由图 2－6 所示的冷却曲线可见，液态金属随着冷却时间的延长，它所含的热量不断散失，温度也不断下降，但是当冷却到某一温度时，温度随时间延长并不变化，在冷却曲线上出现了“平台”，“平台”对应的温度是纯金属实际结晶温度。出现“平台”的原因，是结晶时放出的潜在热正好补偿了金属向外界散失的热量。结晶完成后，由于金属继续向环境散热，温度又重新下降。

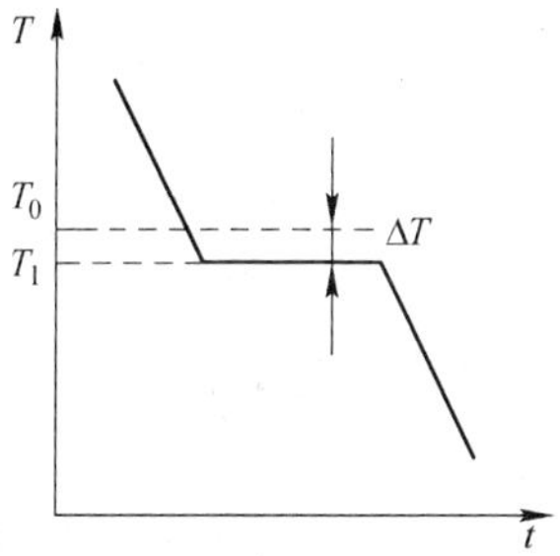

图 2－6　纯金属的冷却曲线

需要指出的是，图 2－6 中 T_0 为理论结晶温度，金属实际结晶温度 T_1 总是低于理论结晶温度 T_0 的现象，称为“过冷现象”；理论结晶温度和实际结晶温度之差称为过冷度，以 ΔT 表示：

$$\Delta T = T_0 - T_1$$

金属结晶时温度的大小与冷却速度有关，冷却速度越大，过冷度就越大，金属的实际结晶温度就越低。

2.2.2　纯金属的结晶过程

纯金属的结晶过程发生在冷却曲线上平台所经历的这段时间。液态金属结晶时，都是首先在液态中出现一些微小的晶体——晶核，它不断长大，同时新晶核又不断产生并相继长大，直至液态金属全部消失为止，如图 2－7 所示。因此，金属的结晶包括晶核的形成和晶核的长大两个基本过程，并且这两个过程是同时进行的。

2.2.2.1　晶核的形成

由图 2－7 可见，当液态金属冷却至结晶温度以下时，某些类似晶体原子排列的小集团便成为结晶核心，这种由液态金属内部自发形成结晶核心的过程称为自发形核。而在实际金属中常有杂质的存在，这种液态金属依附于这些杂质更容易形成晶核。这种依附于杂质或型壁而形成晶核的过程称为非自发形核。自发形核和非自发形核在金属结晶时是同时进行的，但非自发形核常起优先和主导作用。

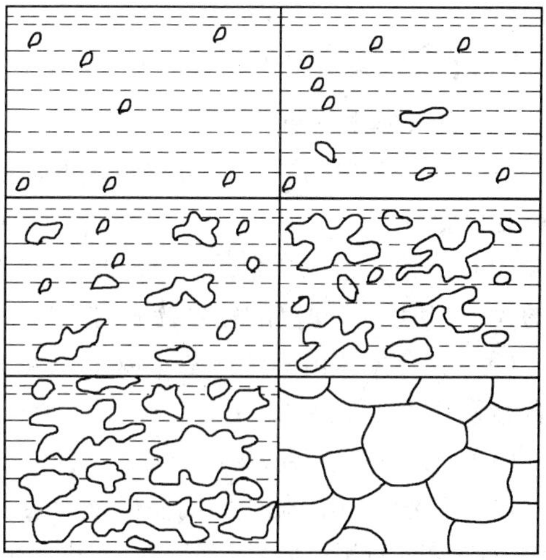

图 2－7　纯金属结晶过程

2.2.2.2　晶核的长大

晶核形成后，当过冷度较大或金属中存在杂质时，金属晶体常以树枝状的形式长大。在晶核形成初期，外形一般比较规则，但随着晶核的长大，形成了晶体的顶角和棱边，此处散热条件优于其他部位，因此在顶角和棱边处以较大成长速度形成枝干。同理，在枝干的长大过程中，又会不断生出分支，最后填满枝干的空间，结果形成树枝状晶体，简称枝晶。

2.2.3　金属结晶后的晶粒大小

金属结晶后的晶粒大小对金属的力学性能有重大影响，一般来说，细晶粒金属具有较高的强度和韧性。为了提高金属的力学性能，希望得到细晶组织，因此必须了解影响晶粒大小的因素及控制方法。

结晶后的晶粒大小主要取决于形核率 N 与晶核的长大速率 G。显然，凡能促进形核率 N、抑制长大速率 G 的因素，均能细化晶粒。具体细化晶粒方法有：

（1）增加过冷度。形核率 N 和长大速率 G 都随过冷度增大而增大，但在很大范围内形核率 N 比晶核长大速率 G 增长得更快。所以过冷度越大，单位体积中晶粒数目越多，晶粒细化。实际生产中，通过加快冷却速度来增大过冷度，这对于大型零件显然不易办到，因此这种方法只适用于中、小型铸件。

（2）变质处理。在液态金属结晶前加入一些细小变质剂，使结晶时形核率 N 增加，而长大速率 G 降低，这种细化晶粒方法称为变质处理。

此外，采用机械振动、超声波和电磁波振动等，增加结晶动力，使枝晶破碎，也会间接增加形核核心，同样可细化晶粒。

2.3　合金的晶体结构

纯金属虽然具有优良的导电、导热等性能，但它的力学性能较差，并且价格昂贵，因此在使用上受到很大限制。机械制造领域中广泛使用的金属材料是合金，尤其是铁碳合金。

2.3.1　合金的基本概念

合金的基本概念有：

（1）合金。由两种以上的金属元素，或金属与非金属元素组成的具有金属特性的物质称为合金。

（2）组元。组成合金的最基本的独立物质称为组元，简称元。组元一般是指组成合金的元素，但一些稳定的化合物有时也可作为组元，如 Fe_3C。

（3）合金系。由两个或两个以上组元按不同比例配制成一系列不同成分的合金，称为合金系。

（4）相。在金属组织中，化学成分、晶体结构和物理性能相同的组分称为相。

（5）组织。用肉眼或借助显微镜观察到材料具有独特微观形貌特征的部分称为组织。组织反映材料的相组成、相形态、大小和分布状况，因此，组织是决定材料最终性能的关键。

2.3.2　合金的组织

多数合金组元液态时都能互相溶解，形成均匀液溶体。固态时，由于各组分之间相互作用不同，形成不同的组织。通常情况下，固态时合金形成固溶体、金属化合物和机械混合物三类组织。

2.3.2.1　固溶体

合金由液态结晶为固态时，一组元的晶格中溶入另一种或多种其他组元而形成的均匀相称为固溶体。保留晶格的组元称为溶剂，溶入晶格的组元称为溶质。

根据溶质原子在溶剂中所占位置的不同，固溶体可分为置换固溶体和间隙固溶体。

A 置换固溶体

溶剂结点上的部分原子被溶质原子所替代而形成的固溶体，称为置换固溶体。

溶质原子溶于固溶体中的量称为固溶体的溶解度，通常用质量分数来表示。

B 间隙固溶体

溶质原子溶入溶剂晶格之中而形成的固溶体，称为间隙固溶体。

由于溶质原子的溶入，会引起固溶体晶格发生畸变。晶格畸变使合金变形阻力增大，从而提高了合金的强度和硬度，这种现象称为固溶强化。它是提高材料力学性能的重要途径之一。

2.3.2.2 金属化合物

合金组元间发生相互作用而形成一种具有金属特性的物质称为金属化合物。它的晶格类型和性能完全不同于任一组元，一般可用化学分子式表示，如 Fe_3C。

金属化合物具有熔点高、硬度高、脆性大的特点，在合金中主要作为强化相，可以提高材料的强度、硬度和耐磨性，但塑性和韧性有所降低。

2.3.2.3 机械混合物

两种或两种以上的相按一定质量分数组合成的物质称为机械混合物。混合物中各组成相仍保持自己的晶格，彼此无交互作用，其性能主要取决于各组成相的性能以及相的分布状态。

2.4 合金的结晶

2.4.1 合金相图的概念

合金相图是表明在平衡条件下，合金的组成相和温度、成分之间关系的简明图解。它是进行金相分析，制定铸造、锻压、焊接、热处理等热加工工艺的重要依据。

2.4.2 二元合金相图的建立

相图大多数是通过实验方法建立起来的，目前测绘相图的方法很多，但最常用的是热分析法。

2.4.3 二元合金相图的分析

两组元在液态和固态下均能无限互溶所构成的相图称为二元匀晶相图。属于该类相图的合金有 Cu－Ni、Fe－Cr、Au－Ag 等。下面以 Cu－Ni 合金为例，对二元合金结晶过程进行分析。

2.4.3.1 相图分析

图 2－8 所示为 Cu－Ni 合金相图，图中 A 点、B 点分别是纯铜和纯镍的熔点。AaB 线是合金开始结晶的温度线，称为液相线；AbB 线是合金结晶终了的温度线，称为固相线。

液相线以上为单一液相区，以 L 表示；固相线以下是单一固相区，以 α 表示固溶体；液相线与固相线之间为液相和固相两相共存区，以 L + α 表示。

2.4.3.2　合金的结晶过程

以 $w_{Ni} = 60\%$ 的合金为例说明合金的结晶过程。由图2-8可见，当合金以极缓慢速度冷却至 T_1 时，开始从液相中析出 α，随着温度不断降低，α 相不断增多，而剩余的液相 L 不断减少，并且液相和固相的成分通过原子扩散分别沿着液相线和固相线变化。当结晶终了时，获得与原合金成分相同的 α 相固溶体。

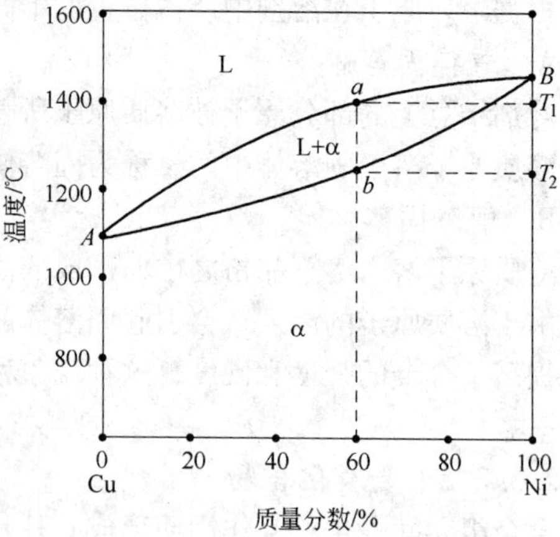

图 2-8　Cu-Ni 合金相图

2.4.3.3　枝晶偏析

合金在结晶过程中，只有在极其缓慢冷却条件下原子才具有充分扩散的能力，固相的成分才能沿固相线均匀变化。但在实际生产条件下，冷却速度较快，原子扩散来不及充分进行，导致先后结晶出的固相成分存在差异，这种晶粒内部化学成分不均匀的现象，称为晶内偏析（又称枝晶偏析）。

偏析的存在严重降低了合金的力学性能和加工工艺性能，生产中常采取扩散退火工艺来消除偏析。

习题与思考题

2-1　实际金属的晶体结构与理论晶体结构有何区别？

2-2　叙述一下纯金属的结晶过程。

2-3　影响金属结晶后晶粒大小的因素有哪些？

2-4　合金的组织有哪些，什么是固溶体？

2-5　什么是合金相图，它是如何建立的？

3 铁碳合金

铁碳合金是机械制造工业中应用最为广泛的金属材料。这类合金以铁和碳为主要组成元素，并添加一定量的其他组元构成合金，习惯上称为铁碳合金。常见的钢与铸铁即为此类合金，因此，要了解钢与铸铁的本质，掌握铁碳合金的相关知识是必要的。铁碳合金状态图通过研究铁碳合金的成分、温度与组织之间的变化关系，了解其力学性能，对制定和使用钢铁材料的加工工艺具有重要的指导意义。

3.1 铁的晶体结构与同素异构转变

3.1.1 纯铁的晶体结构

在晶体中，内部原子在空间是按一定的几何规律排列的，如图 3－1 所示。为了便于研究晶体中原子的排列规律，可以将原子简化成一个点，用假想的线将这些点连接起来，构成有明显规律性的空间格架。这种表示原子在晶体中排列规律的字间格架称为晶格。如图 3－1（b）所示。晶格是由许多形状、大小相同的最小几何单元重复堆积而成的。这种能够完整地反映晶格特征的最小几何单元称为晶胞，如图 3－1（c）所示。晶胞中各棱边的长度称为晶格常数，其单位为 Å（$1Å = 10^{-10}m = 0.1nm$），晶胞各棱边之间的夹角分别以 α、β、γ 表示，称为棱间夹角。由于在晶体的各个晶面和晶向上原子排列的疏密程度不同，原子密度及原子间结合力大小也就不同，从而在不同的晶面和晶向上显示出不同的性能，这就是晶体具有各向异性的原因。而各种金属晶体结构的主要差别就在于其晶格类型和晶格常数不同。

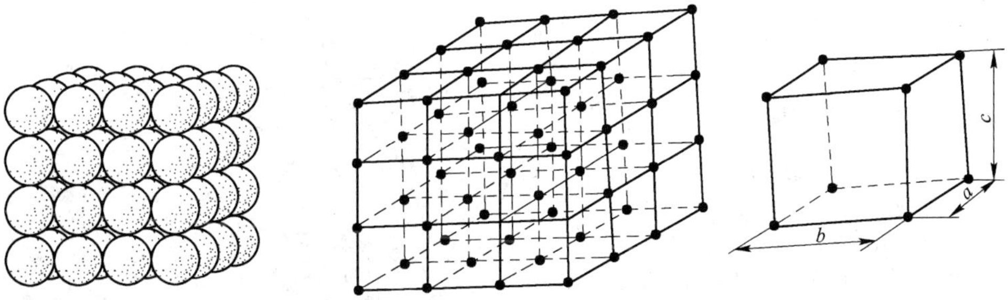

(a)　(b)　(c)

图 3－1　简单立方晶格与晶胞示意图

（a）原子排列；（b）晶格；（c）晶胞

晶体的晶体结构通常分为 7 个晶系，14 种晶格。纯铁的晶格有体心立方和面心立方

两种。具体为:

(1) 体心立方晶格。体心立方晶格的晶胞是一个立方体，立方体的 8 个顶角上和立方体的中心各有一个原子，如图 3-2 所示。

(2) 面心立方晶格。面心立方晶格的晶胞也是一个立方体，立方体的 8 个顶角上和立方体 6 个面的中心各排列一个原子，如图 3-3 所示。

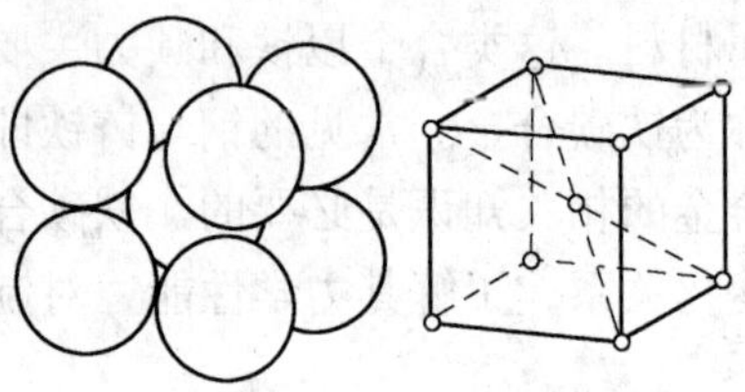

图 3-2 体心立方晶胞

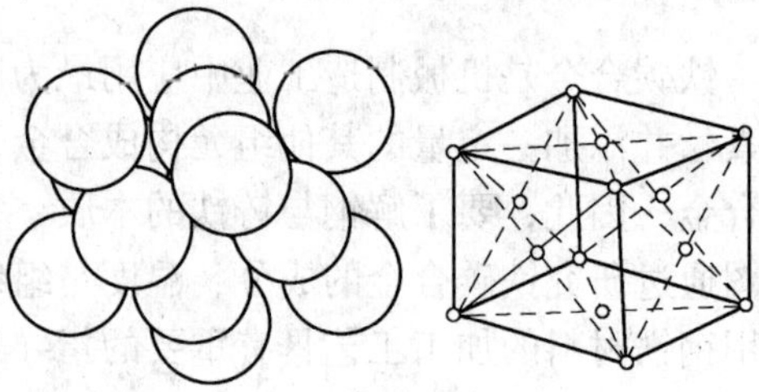

图 3-3 面心立方晶胞

3.1.2 纯铁的同素异构转变

自然界中大多数金属结晶后晶格类型都不再变化，但少数金属，如铁、锰、钴等，结晶后随着温度或压力的变化，晶格会有所不同，金属这种在固态下晶格类型随温度（或压力）变化的特性为同素异构转变。以不同晶格形式存在的同一金属元素的晶体称为该金属的同素异构晶体，简称同素异构体。

铁是典型的具有同素异构转变特性的金属。图 3-4 所示为纯铁的冷却曲线。由图 3-4可见，液态纯铁在 1538℃时开始结晶，得到具有体心立方晶格的 δ-Fe，继续冷却到 1394℃时发生同素异构转变，具有体心立方结构的 δ-Fe 转变为具有面心立方晶格的 γ-Fe，再冷却到 912℃时又发生同素异构转变，面心立方晶格的 γ-Fe 转变为具有体心立方

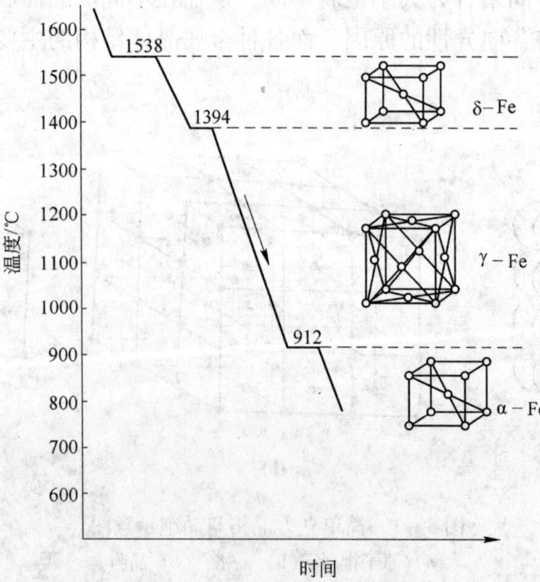

图 3-4 纯铁的冷却曲线

晶格的 α - Fe。如再继续冷却到室温，晶格的类型不再发生变化。这些转变可以表示为：

$$（液态）Fe \underset{}{\overset{1538℃}{\rightleftharpoons}} \delta - Fe \underset{}{\overset{1394℃}{\rightleftharpoons}} \gamma - Fe \underset{}{\overset{912℃}{\rightleftharpoons}} \alpha - Fe$$

同素异构转变是物质在固态下原子的重新排列过程，从广义上说也属于结晶过程。它也遵循晶核的形成与晶核长大的结晶规律，并且转变也是在一定的过冷度下进行的，同时，也会产生结晶热效应，为了与由液态转变为固态的初次结晶区别，通常将同素异构转变称为重结晶或二次结晶。

纯铁具有同素异构转变的特征，这是钢铁材料能够通过热处理改善性能的重要依据。纯铁在发生同素异构转变时，由于晶格结构变化，体积也随之改变，这是加工过程中产生内应力的主要原因。

3.2 铁碳合金的基本组织

机械制造及工业生产中广泛应用的不是纯金属，而是合金。因为合金比纯金属具有更高的强度和硬度，并且成本较低，同时，还可以通过改变合金的成分和进行不同的热处理，在很大的范围内调整其性能。

由一种金属元素与其他金属原子或非金属元素组成的具有金属性质的物质称为合金。组成合金的最基本的、独立的物质称为组元。如铁、碳等元素是钢和铸铁中的组元，合金中的稳定化合物（例如 Fe_3C 等）也是组元。由给定的组元配以不同的比例，就可以得到一系列成分不同的合金，这一系列合金就构成了一个合金系。

合金的结构比纯金属复杂得多。因为合金的组元之间相互作用而构成不同的相。相是指合金中结构相同、成分和性能均一并以界面相互分开的组成部分。例如，钢液为一个相，即液相，开始结晶后就变成两个相，即固相和液相。需要指出的是，由于在不同的条件下，同一组成物的相结构的形状、大小和分布可发生变化。因此，按照显微镜下各相的特征，又可以分为不同的组织。

由一种固相组成的合金称为单相合金，由几种不同固相组成的合金称为多相合金。通常所见的铁碳合金即为多相合金。它的组织结构非常复杂，并且会随着成分、温度和冷却速度的变化而改变。按照铁和碳相互作用的形式不同，铁碳合金的组织又可以分为固溶体、金属化合物和机械混合物三种类型。

3.2.1 固溶体

固溶体是指合金的组元之间以不同的比例相互混合，混合后形成的固相的晶体结构与组成合金的某一组元相同，这种相就称为固溶体。也就是说，固溶体是以某一种组元作为溶剂，另一种或多种组元作为溶质，固溶体拥有溶剂组元的晶格类型，固溶体的成分可以在一定的范围内变化。由于在相图中这种固溶体位于相图的两端，所以又称为端际固溶体。

固溶体有很多的分类方法，一般可以归纳为以下几种：

（1）按溶质原子的位置分，可分为置换固溶体和间隙固溶体，如图 3 - 5 所示。当溶质原子位于溶剂晶格的某些结点位置时所形成的固溶体，称为置换固溶体；当溶质原子位于溶剂晶格的某些间隙位置时所形成的固溶体，称为间隙固溶体。

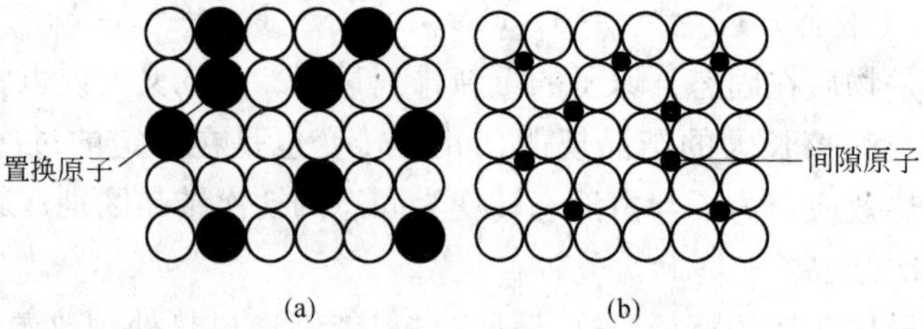

图 3-5 固溶体的两种类型
(a) 置换固溶体；(b) 间隙固溶体

(2) 按溶解度的大小分，可以分为有限固溶体和无限固溶体。在一定条件下，溶质原子在固溶体中的浓度有一定的限度，这个限度称为溶解度，这种固溶体就称为有限固溶体。当溶质原子能以任何比例溶入溶剂中，这种固溶体就称为无限固溶体。例如，Cu-Ni、Ag-Au 等合金系都可形成无限固溶体。

(3) 按溶质原子与溶剂原子的相对分布可分为无序固溶体和有序固溶体。无序固溶体是溶质原子统计地或随机地分布于溶剂的晶格中，占据溶剂晶格的结点位置或位于溶剂晶格的间隙中，这种分布无次序性和规律性。而当溶质原子按适当比例并按一定顺序和一定方向，围绕着溶剂原子分布时，这种固溶体就称为有序固溶体。它既可以是置换式的有序也可以是间隙式的有序。

合金中的固溶体由于溶质原子溶入后造成了晶格畸变，会使固溶体的硬度、屈服强度高于组成它的纯金属组元的性能的平均值。把固溶体随着溶质原子的增多，固溶体的强度、硬度上升，塑性、韧性下降的现象称为固溶强化。加入同样量的溶质原子，间隙原子的强化效果最大；对于置换原子，溶质原子与溶剂原子的尺寸差别越大，强化效果越好。由于固溶体具有较高的强度和硬度，较好的塑性和韧性，所以在合金中，固溶体一般是作为合金的基体相。

铁碳合金中的固溶体都是碳溶入铁的晶格中的间隙固溶体。此时，碳的溶解度是有限度的，因此也属于有限固溶体。碳在铁中的溶解度主要取决于铁的晶格类型，并且，随着温度等条件的变化而改变。碳可以溶入 δ-Fe、γ-Fe、α-Fe 中，形成不同的固溶体。碳溶入铁中形成的固溶体具体有：

(1) 铁素体。铁素体是碳溶解在 α-Fe 中形成的间隙固溶体，它仍保持 α-Fe 的体心立方晶格结构，通常以符号 F 表示。由于 α-Fe 晶粒的间隙小，溶解碳量极微，在 727℃时其最大溶碳量只有 0.0218%，所以，铁素体是几乎不含碳的纯铁。

铁素体由于溶碳量小，力学性能与纯铁相似，即塑性和冲击韧度较好，而强度、硬度较低。$\sigma_b = 180 \sim 280$MPa，HBS $= 50 \sim 80$，$\delta = 30\% \sim 50\%$。

显微镜下观察，铁素体呈灰色并有明显大小不一的颗粒形状，如图 3-6 所示。

(2) 奥氏体。奥氏体是碳溶解在 γ-Fe 中形成的间隙固溶体，通常以符号 A 表示。它保持 γ-Fe 的面心立方晶格结构。因其晶格间隙较大，所以溶碳能力比铁素体强，在 727℃时溶碳量为 0.77%，1148℃时溶碳量达到 2.11%。由于 γ-Fe 仅存在于高温条件下，因此，稳定的奥氏体通常存在于 727℃以上，所以在铁碳合金中奥氏体属于高温组织。

奥氏体的强度、硬度较低，但具有良好的塑性，是绝大多数钢高温进行压力加工的理想组织。$\sigma_b \approx 400MPa$，$HBS = 160 \sim 200$，$\delta = 40\% \sim 50\%$。

利用显微镜观察，奥氏体呈现外形不规则的颗粒状结构，并有明显的界限。相对于铁素体，其晶界较平直，并且有双晶带，如图 3－7 所示。

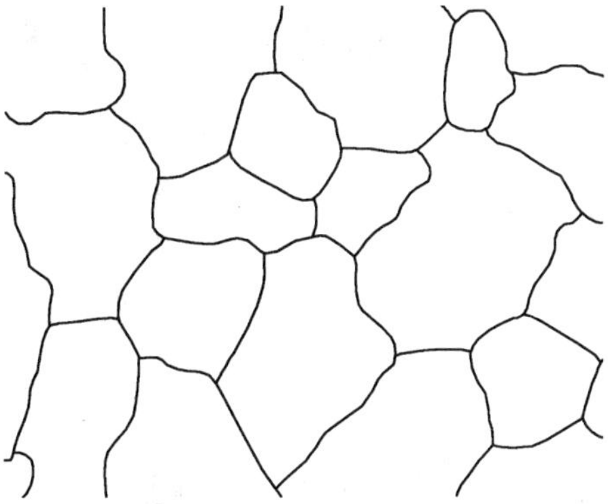

图 3－6 铁素体

图 3－7 奥氏体

3.2.2 金属化合物

合金中的组元按一定的原子数量之比相互化合而形成的、具有金属特性的物质称为金属化合物。金属化合物的组成一般可用化学式来表示。金属化合物具有复杂的晶格类型，其晶格结构不同于任一组元。金属化合物熔点高、硬度高、脆性大。金属化合物通常能提高合金的硬度和耐磨性，但塑性和韧性会降低。金属化合物是许多合金的重要组成相。

与金属中存在的某些非金属化合物有着本质的不同，比如钢铁中含有的 FeS、MnS 等不具有金属性质，因此，金属化合物属于非金属夹杂物。

铁碳合金中的渗碳体（Fe_3C）属于金属化合物。它是铁与碳形成的具有复杂斜方结构的间隙化合物，碳含量为 6.69%，硬度很高（HBW800），塑性和韧性几乎为零。主要作为铁碳合金中的强化相存在。其形状、数量和分布对钢的性能有很大的影响。

显微镜下观察，渗碳体呈银白色光泽。渗碳体在热力学上属于亚稳相，高温下发生分解 $Fe_3C \rightarrow 3Fe + C$，形成铁与石墨。这个特性对铸铁有重要意义。

3.2.3 机械混合物

机械混合物是由结晶过程形成的两相混合组织。它可以是纯金属、固溶体或化合物之间各自的混合，也可以是它们之间的混合。机械混合物各相均保持其原有的晶格，因此，机械混合物的性能介于各组成相之间，它不仅取决于各相的性质和比例，还与各相的形状、大小和分布有关。

铁碳合金中的机械混合物有珠光体和莱氏体。

3.2.3.1 珠光体

珠光体是铁素体和渗碳体组成的机械混合物，通常用符号 P 或（$Fe + Fe_3C$）表示。珠光体的平均碳含量为 0.77%，在 727℃以下温度范围内存在。

珠光体的力学性能介于铁素体和渗碳体之间，即综合性能良好。$\sigma_b \approx 770$MPa，HBS = 180，$\delta = 20\% \sim 35\%$。

显微镜观察，珠光体呈层片状特征，表面具有珍珠光泽，因此而得名，如图 3 – 8 所示。

图 3 – 8 珠光体

3.2.3.2 莱氏体

莱氏体（Ld）是由奥氏体和渗碳体组成的共晶体。铁碳合金中碳含量为 4.3% 的液体冷却到 1148℃时发生共晶转变，生成高温莱氏体，用符号 Ld 或（A + Fe_3C）表示。合金继续冷却到 727℃时，其中的奥氏体转变为珠光体，所以室温时由珠光体和渗碳体组成，称为低温莱氏体，用符号 Ld′或（P + Fe_3C）表示。高温莱氏体和低温莱氏体统称为莱氏体。

莱氏体中由于存在大量渗碳体，其性能与渗碳体相似，即硬度高，塑性差。

3.3 铁碳合金状态图

铁碳合金状态图是表示在缓慢冷却或缓慢加热的条件下，不同成分的铁碳合金的状态或组织随温度变化的图形。铁碳合金状态图是研究铁碳合金的重要工具。

铁碳合金状态图是以温度为纵坐标、合金成分（一般是碳含量）为横坐标的图形，如图 3 – 9 所示。从图 3 – 9 中可以看出，横坐标只给出了碳含量为 6.69% 的部分，因为碳含量更高的铁碳合金，脆性很大，难以加工，没有实用价值。由于 Fe_3C 的碳含量为 6.69%，并且是个稳定的化合物，所以可以作为合金的一个组元，因此，研究的铁碳合金相图实际上是 Fe – Fe_3C（$w_C = 6.69\%$）状态。

铁碳合金的状态图非常复杂，为了便于分析和研究，图 3 – 9 中左上角部分已简化，但这并不影响其在工程上的实际应用。

3.3.1 相图中的点、线、区

3.3.1.1 相图中的点

铁碳合金状态图中，用字母标出的点都有其特定的意义，称为特征点，如图 3 – 9 所示。主要特征点的温度、碳含量和含义见表 3 – 1。

3.3.1.2 相图中的线

状态图中各条线都表示铁碳合金发生组织转变的界限，所以这些线就是组织转变线，又称为特征线。现将图 3 – 9 中一些主要线的含义简单介绍如下：

（1）液相线 *ACD*。结晶时液相的成分，在其上体系为液相。

（2）固相线 *AECF*。结晶时固相的成分，其下为固相。

（3）恒温转变的线。即 *ECF* 共晶线和 *PSK* 共析线。

ECF 共晶线：对应温度为 1148℃，当冷却到 1148℃时，具有 *C* 点成分的液体中同时结晶出具有 *E* 点成分的奥氏体和渗碳体的两相混合物——莱氏体（Ld）→（$A_E + Fe_3C$）。

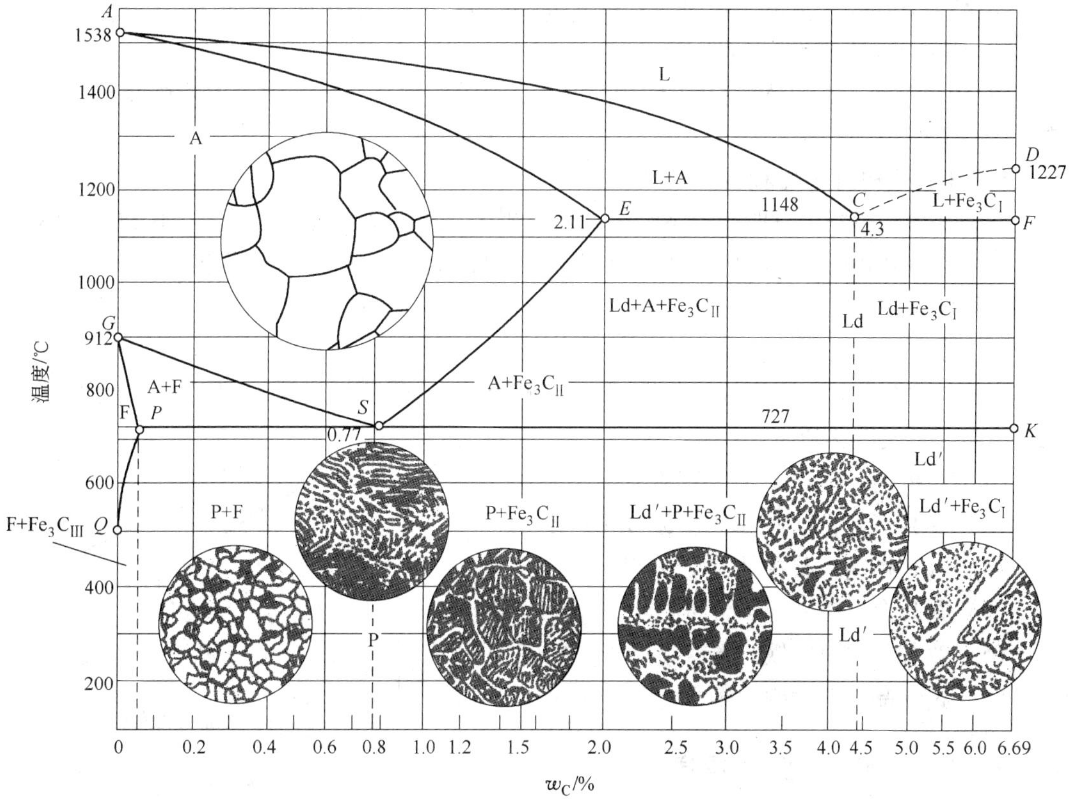

图 3－9　简化的铁碳合金的状态

表 3－1　Fe－Fe_3C 相图中典型点的含义

符　号	温度/℃	碳含量/%	说　明
A	1538	0	纯铁的熔点
C	1148	4.3	共晶点
D	1227	6.69	渗碳体的熔点
E	1148	2.11	碳在 γ－Fe 中的最大溶解度
G	912	0	纯铁的同素异构转变点 α－Fe⇔γ－Fe
S	727	0.77	共析点

注：因试验条件和方法的不同，不同资料中各主要点的温度和碳含量数据会略有出入。

PSK 共析线：在此线上的合金都要发生共析反应。这条线上的温度，为冷却时奥氏体转变为珠光体的温度；加热时珠光体转变为奥氏体的温度；*PSK* 线又称为 A_1 线。

（4）固溶度线。即 *ES* 线和 *PQ* 线。

ES 线：碳在奥氏体中的溶解度线。随温度升高，溶解度增大。它既是冷却时从奥氏体中开始析出二次渗碳体的温度；也是加热时二次渗碳体完全溶入奥氏体中的温度。*ES* 线又称为 A_{cm} 线。

PQ 线：碳在铁素体中的溶解度。随温度升高，最大溶解度增大。它既是冷却时从铁素体中开始析出三次渗碳体的温度；也是加热时三次渗碳体完全溶入铁素体的温度。

（5）同素异构转变线。即 *GS* 线和 *GP* 线。

GS 线：冷却时，由奥氏体向铁素体转变的开始温度；加热时，铁素体完全转变为奥氏体的温度。*GS* 线又称为 A_3 线。

GP 线：加热时，由铁素体向奥氏体转变的开始温度；冷却时，由奥氏体完全转变为铁素体的温度。

3.3.1.3 相图中的相区

铁碳合金状态图中有四个基本相区，即液相区、奥氏体相区、铁素体相区和渗碳体相区，它们都有其相应的单相区。两个单相区之间的区域为两相区，该两相区由相邻的两个单相所组成。在相图中，三相区为一水平线，在水平线上将发生恒温转变。该三相区的相组成是由参与三相平衡反应的 3 个单项组成。

根据碳含量的不同，习惯上将铁碳合金分为钢和铸铁两大类。根据室温组织的不同，铁碳合金习惯上分为以下几类：

（1）共析钢，碳含量为 0.77%；

（2）亚共析钢，碳含量小于 0.77%；

（3）过共析钢，碳含量大于 0.77%；

（4）共晶白口铸铁，碳含量为 4.3%；

（5）亚共晶白口铸铁，碳含量小于 4.3%；

（6）过共晶白口铸铁，碳含量大于 4.3%。

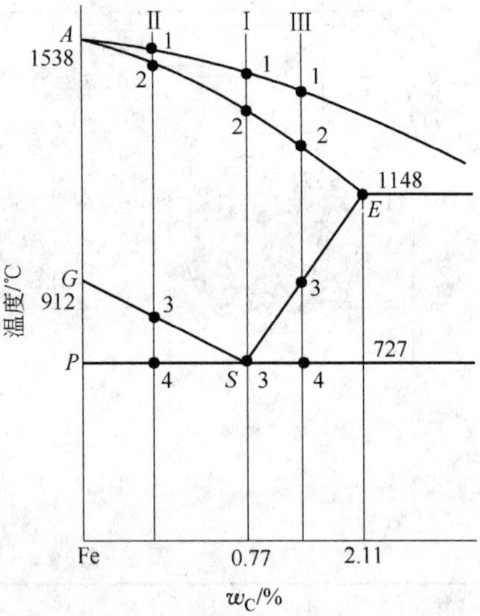

图 3－10 铁碳合金状态图的典型合金

3.3.2 典型铁碳合金的结晶过程

在铁碳合金状态图的实际使用过程中，常需要分析具体成分的合金在加热或冷却过程中的组织转变。下面就以一些典型成分的碳钢为例（见图 3－10），简单分析它们在缓慢冷却过程中的组织转变。

3.3.2.1 共析钢（w_C = 0.77%）的结晶过程分析

合金Ⅰ在 1 点温度以上为液相 L；在 1 ~ 2 点温度之间，发生匀晶反应，从液相中析出奥氏体相；在 2 ~ 3 点温度之间，为单相奥氏体，只有温度的降低，无相的变化；在 3 点（*S* 点）时到达共析温度（727℃），奥氏体发生共析反应，生成珠光体组织；3 点以下直到室温，合金温度降低，为珠光体组织。

所以，w_C = 0.77% 的铁碳合金室温下的相为 F + Fe_3C，其组织组成物是珠光体（P），组织形貌为 F 和 Fe_3C 层片状混合物，如图 3－11 所示。

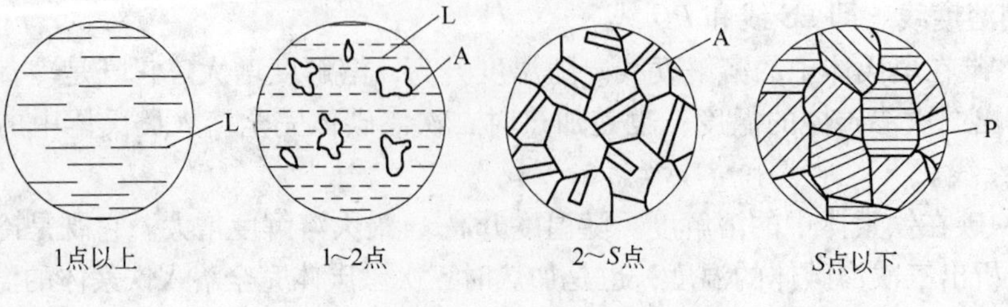

图 3－11 共析钢的结晶过程示意图

3.3.2.2 亚共析钢（$w_C=0.4\%$）的结晶过程分析

合金Ⅱ在1点温度以上为液相L；在1~2点温度之间，从液相中结晶出奥氏体，直到2点全部结晶成奥氏体；合金继续冷却到3点以前，组织不再发生变化；当温度降低到3点以后，逐渐由奥氏体中析出铁素体，由于铁素体的碳含量很低，所以剩余奥氏体的碳含量沿着*GS*线增加；当温度降低到4点时，剩余奥氏体的碳含量已增加到*S*点所对应的成分，即共析成分；到达4点以后，剩余奥氏体因发生共析反应而转变为珠光体，已析出的铁素体不再发生变化；从4点直到室温，组织为F+P，合金温度降低，组织不再变化。

因此，亚共析钢室温下的相为F+Fe_3C，组织组成物是F和P，组织形貌为块状F和片状P，如图3-12所示。

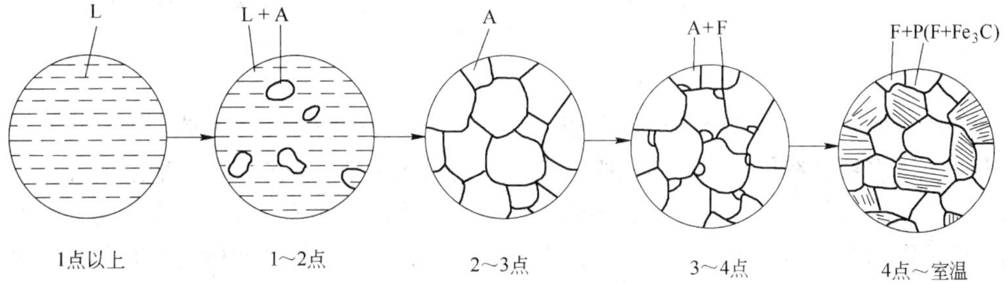

图3-12 亚共析钢的结晶过程示意图

3.3.2.3 过共析钢（$w_C=1.2\%$）的结晶过程分析

合金Ⅲ由液态冷却到3点以前，其结晶过程与合金Ⅰ、Ⅱ相同。合金冷却到3点以后，由于奥氏体的溶碳能力不断地降低，多余的碳将由奥氏体中不断以Fe_3C的形式沿着奥氏体的晶界析出，这种由奥氏体析出的渗碳体称为二次渗碳体（$Fe_3C_{Ⅱ}$）；温度继续降低到4点时，未转变的奥氏体发生共析反应，转变为珠光体组织；此后温度继续降低到室温，组织不再变化。因此，过共析钢室温下的相为F+Fe_3C，室温组织为珠光体+二次渗碳体，组织形态为片状P和二次渗碳体，分布在A晶界中。需要注意的是，在过共析钢中，当碳含量小于0.9%时，二次渗碳体呈片状分布在A晶界中；当碳含量大于0.9%时，二次渗碳体成为网状沿晶界分布，如图3-13所示。

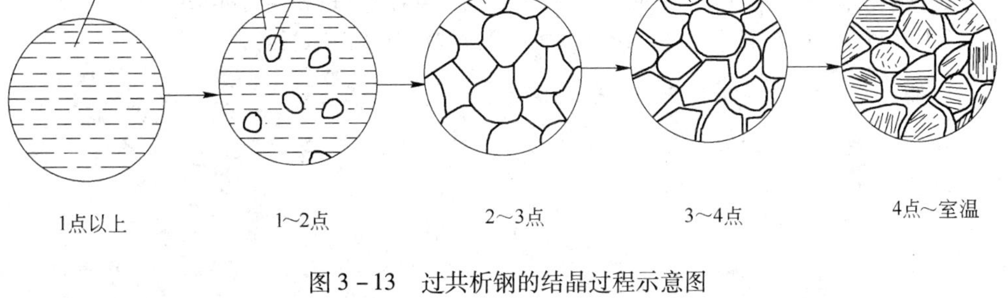

图3-13 过共析钢的结晶过程示意图

除了钢，铸铁也是重要的铁碳合金。然而，按照合金状态图结晶出来的铸铁，由于含有相当比例的莱氏体，性能硬而脆，难以进行切削加工。这种铸铁因断口呈银白色，所以又被称为白口铸铁。白口铸铁在机械制造中极少用来制造零件，因此，这里对其结晶过程不做进一步分析。在机械制造工业中，广泛使用的是灰铸铁，其中碳主要以石墨状态存在。

3.3.3 $Fe-Fe_3C$ 相图的应用

$Fe-Fe_3C$ 相图在生产实践中具有重大的意义，主要应用在钢材料的选用和热加工工艺的制定两方面。

3.3.3.1 铸造生产方面的应用

根据 $Fe-Fe_3C$ 相图可确定合金的浇注温度，靠近共晶成分的铁碳合金不仅熔点低，而且凝固温度区间也较小，所以流动性好、分散缩孔少、偏析小，具有良好的铸造性能。这类合金适宜于铸造，在铸造生产中获得广泛的应用。

3.3.3.2 在锻造、焊接方面的应用

处于奥氏体状态时，合金强度低，塑性好，便于塑性变形加工。因此，钢材轧制或锻造的温度范围多选择在单一奥氏体组织范围内。其选择原则是开始轧制或锻造的温度不得过高，以免钢材氧化严重，甚至发生奥氏体晶界部分熔化，使工件报废。终止温度也不能过低，以免钢材塑性差，锻造过程中产生裂纹。铁碳合金的焊接性与碳含量有关。碳含量越高，组织中渗碳体量越多，钢的脆性越大，塑性越差，钢的冷裂倾向增加，焊接性越差。

3.3.3.3 在热处理方面的应用

热处理与 $Fe-Fe_3C$ 相图有着更为直接的关系。根据对工件材料性能要求的不同，各种不同热处理方法的加热温度都是参考 $Fe-Fe_3C$ 相图选定的。

3.3.3.4 在其他方面的应用

铁碳合金相图所表明的成分、组织和性能的规律，为钢材料的选用提供了依据。如要求制造塑性、韧性好而强度不太高的构件，应选用碳含量较低的钢；要求强度、塑性和韧性等综合性能较好的构件，则选用碳含量适中的钢；各种工具要求硬度高及耐磨性好，则应选用碳含量较高的钢。

习题与思考题

3－1 铁碳合金体系中有哪些基本的相和组织？说明它们的结构和性能特点。

3－2 试画出简化的铁碳合金相图，说明图中点、线的意义及各相区的相组成和组织组成。

3－3 试分析在缓慢冷却条件下，共析钢、亚共析钢和过共析钢的结晶过程。

4　钢的热处理

随着工业发展的不断进步，人们对钢材的性能指标的要求逐渐提高。而改变其性能指标主要有两种途径：一是合金化（加入合金元素，调整钢的化学成分）；二是进行热处理。热处理是改善钢的性能的最重要的加工方法。

钢的热处理是将钢在固态下，通过采用适当的方式对材料或工件进行加热、保温和冷却，以获得预期的组织结构与性能的工艺。

热处理是机械零件及工具制造过程中的重要工序。它可改善工件的组织和性能，充分发挥材料潜力，从而提高工件使用寿命。就目前机械工业生产状况而言，各类机床中要经过热处理的工件约占总质量的60% ~70%；汽车、拖拉机中占70% ~80%；轴承、各种工模具等几乎都需要热处理。因此，热处理在机械制造工业中占有十分重要的地位。

热处理工艺方法较多，但其过程都是由加热、保温、冷却3个阶段组成的。热处理工艺曲线示意图如图4－1所示。按其加热和冷却方式不同，热处理大致分类如下：

- 热处理
  - 普通热处理
    - 退火
    - 正火
    - 淬火
    - 回火
  - 表面热处理
    - 感应加热表面淬火
    - 火焰加热表面淬火
    - 激光加热表面淬火
    - 化学物理气相沉积
  - 化学热处理
    - 渗碳
    - 渗氮
    - 多元共渗

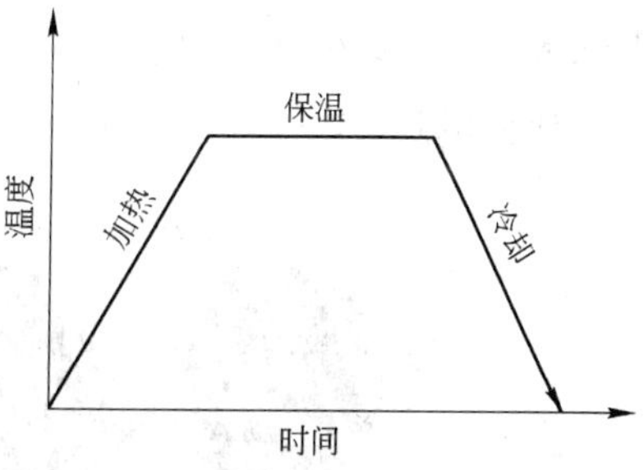

图4－1　热处理工艺曲线示意图

本章主要介绍钢的热处理的基本原理和常用热处理工艺及其应用。

4.1　钢在加热和冷却时的组织转变

金属或合金在加热或冷却过程中，发生相变的温度称为相变点或临界点。在Fe－Fe_3C状态图中，A_1、A_3、A_{cm}是不同成分的钢在平衡条件下的临界点。Fe－Fe_3C状态图中的临界点是在极其缓慢的加热或冷却条件下测得的，而实际生产中的加热和冷却并不是极其缓慢的，所以实际发生组织转变的温度与Fe－Fe_3C状态图所示的理论临界点A_1、A_3、A_{cm}之间有一定的偏离，如图4－2所示。随着加热和冷却速度的增加，相变点的偏离将逐渐增大。为了区别钢在实际加热和冷却时的相变点，加热时在“A”后加下角注“c”；冷却时加下角注“r”。因此，实际加热时的临界点标为A_{c_1}、A_{c_3}、$A_{c_{cm}}$；冷却时标为A_{r_1}、A_{r_3}、$A_{r_{cm}}$。

4.1.1　钢在加热时的组织转变

把钢加热到 A_{c_1} 点以上时会发生珠光体向奥氏体的转变，加热到 A_{c_3} 和 $A_{c_{cm}}$ 以上时，便全部转变为奥氏体，这种加热转变过程称为钢的奥氏体化。

4.1.1.1　奥氏体的形成过程

奥氏体的形成是通过形核和核长大过程来实现的。珠光体向奥氏体转变可以分为4个阶段：（1）奥氏体晶核的形成；（2）奥氏体晶核的长大及渗碳体的溶解；（3）残余渗碳体的完全溶解；（4）奥氏体化学成分的均匀化。图4－3所示为共析钢奥氏体形成过程示意图。

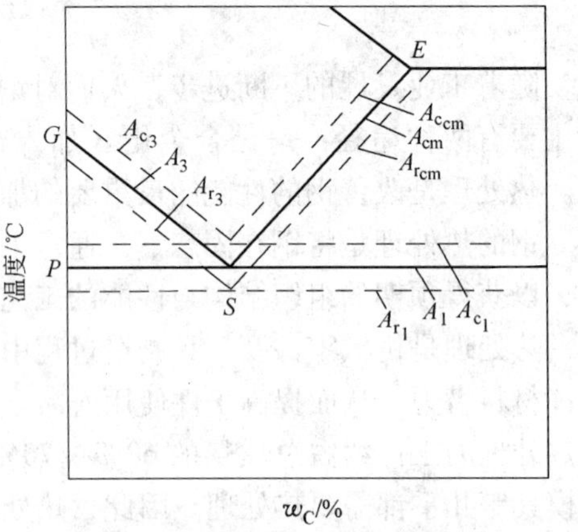

图4－2　实际加热或冷却过程中 $Fe-Fe_3C$ 状态图上各特征点的位置

钢热处理时之所以需要一定的保温时间，不仅是为了把零件热透，而且也是为获得化学成分均匀的奥氏体，以便在冷却时得到良好的组织和性能。

对于亚共析钢与过共析钢，若加热温度没有超过 A_{c_3} 或 $A_{c_{cm}}$，而在稍高于 A_{c_1} 停留，只能使原始组织中的珠光体转变为奥氏体，而共析铁素体或二次渗碳体仍将保留。只有进一步加热至 A_{c_3} 或 $A_{c_{cm}}$ 以上并保温足够时间，才能得到单相的奥氏体。

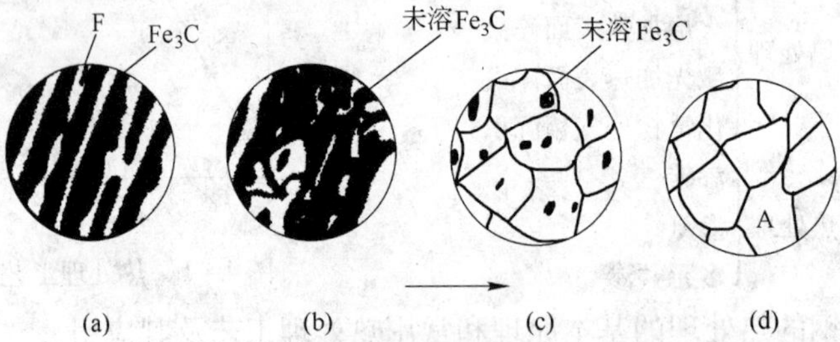

图4－3　共析钢奥氏体形成过程示意图

4.1.1.2　奥氏体晶粒的长大及其控制

钢中奥氏体晶粒的大小直接影响到冷却后的组织和性能。奥氏体晶粒细小，则其转变产物的晶粒也较细小，其性能也较好。如果加热温度过高，或者保温时间过长，将会促使奥氏体晶粒粗化。奥氏体晶粒粗化后，热处理后钢的晶粒就粗大，会降低钢的力学性能。

若使钢在加热时获得细小均匀的奥氏体晶粒，生产中通常采用以下措施来控制奥氏体晶粒的长大：

（1）合理选择加热温度和保温时间。奥氏体形成后，随着加热温度的升高和保温时间的延长，奥氏体晶粒将会逐渐长大。特别是加热温度对其影响更大。这是由于晶粒长大是通过原子扩散进行的，而扩散速度随加热温度的升高而急剧加快。

（2）选用含有合金元素的钢。碳与一种或数种金属元素所构成的化合物，称为碳化物。大多数合金元素如铬、钨、钼、钒、钛等，在钢中均可以形成难溶于奥氏体的碳化物并分布在晶粒边界上，阻碍奥氏体晶粒长大。

4.1.2 钢在冷却时的组织转变

冷却是钢热处理的3个工序中影响性能的最重要环节，所以冷却转变是热处理的关键。热处理冷却方式通常有两种，即等温冷却和连续冷却。等温冷却是指将奥氏体化的钢件迅速冷却至A_{r_1}以下某一温度并保温，使其在该温度下发生组织转变，然后再冷却至室温。连续冷却则是将奥氏体化的钢件连续冷却至室温，并在连续冷却过程中发生组织转变。

同一化学成分的钢在加热到奥氏体状态后，若采用不同的冷却方法和冷却速度进行冷却，将得到形态不同的各种组织，从而获得不同的性能。这种现象已不能用$Fe-Fe_3C$状态图来解释了。因为，$Fe-Fe_3C$状态图只能说明平衡状态的相变规律，冷却速度提高则脱离了平衡状态。因此，研究钢在冷却时的相变规律，对制定热处理工艺有着重要的意义。

“过冷奥氏体”是指在相变温度A_1以下，未发生转变而处于不稳定状态的奥氏体（A′）。在不同的过冷度下，反映过冷奥氏体转变产物与时间关系的曲线称为过冷奥氏体等温转变的曲线。由于曲线形状像字母C，所以又称为C曲线。如图4－4所示。

共析钢过冷奥氏体在A_{r_1}线以下不同温度会发生三种不同的转变，即珠光体转变、贝氏体转变和马氏体转变。

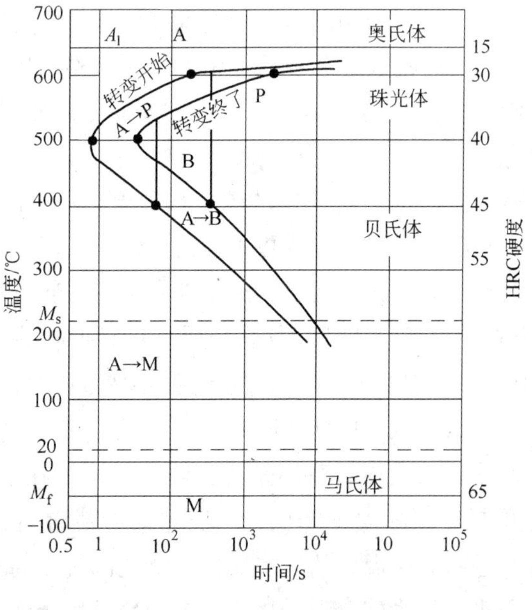

图4－4 共析钢的等温转变的曲线

4.1.2.1 珠光体转变

共析成分的奥氏体过冷到A_{r_1}～550℃高温区等温停留时，将发生共析转变，转变产物为珠光体组织，都是由铁素体和渗碳体的层片组成的机械混合物。由于过冷奥氏体向珠光体转变温度不同，珠光体中铁素体和渗碳体片厚度也不同。在 A_{r_1} ~650℃范围内，片间距较大，称为珠光体（P）；在 650 ~ 600℃ 范围内，片间距较小，称为索氏体（S）；在 600 ~550℃范围内，片间距很小，称为托氏体（T）。

珠光体组织中的片间距越小，相界面越多，强度和硬度越高；同时，由于渗碳体变薄，塑性和韧性也有所改善。

4.1.2.2 贝氏体转变

共析成分的奥氏体过冷到 550℃ ~ M_s 的中温区停留时，将发生过冷奥氏体向贝氏体的转变，形成贝氏体（B）。由于过冷度较大，转变温度较低，贝氏体转变时只发生碳原子的扩散而不发生铁原子的扩散。因而，贝氏体是由含过饱和碳的铁素体和碳化物组成的两相混合物。

按组织形态和转变温度，可将贝氏体组织分为上贝氏体（$B_{上}$）和下贝氏体（$B_{下}$）两种。上贝氏体是在 550 ~350℃ 温度范围内形成的，由于上贝氏体脆性较高，基本无实用价值，在这里不做讨论。下贝氏体是在 350℃ ~ M_s 点温度范围内形成的，它由含过饱和的细小针片状铁素体和铁素体片内弥散分布的碳化物组成，因而，它具有较高的强度和硬度、塑性和韧性。在实际生产中，常采用等温淬火来获得下贝氏体。

4.1.2.3 马氏体转变

当过冷奥氏体被快速冷却到 M_s 点以下时，便发生马氏体转变，形成马氏体（M），它是奥氏体冷却转变最重要的产物。奥氏体为面心立方晶体结构。当过冷至 M_s 以下时，其晶体结构将转变为体心立方晶体结构。由于转变温度较低，原奥氏体中溶解的过多碳原子没有能力进行扩散，致使所有溶解在原奥氏体中的碳原子难以析出，从而使晶格发生畸变。碳含量越高，畸变越大，内应力也越大。马氏体实质上就是碳溶于 $\alpha-Fe$ 中形成的过饱和间隙固溶体。

马氏体的强度和硬度主要取决于马氏体的碳含量。当 w_C 低于 0.2% 时，可获得呈一束束尺寸大体相同的平行条状马氏体，称为板条状马氏体。

钢的组织为板条状马氏体时，其具有较高的硬度和强度、较好的塑性和韧性。当马氏体中 w_C 大于 1% 时，得到针片状马氏体。片状马氏体具有很高的硬度，但塑性和韧性很差，脆性大。当 w_C 在 0.2% ~1% 之间时，低温转变得到板条状马氏体与针状马氏体混合组织。随着碳含量的增加，板条状马氏体量减少而针片状马氏体量增加。

与前两种转变不同的是，马氏体转变不是等温转变，而是在一定温度范围内（M_s ~ M_f）快速连续冷却完成的转变。随温度降低，马氏体量不断增加。而实际进行马氏体转变的淬火处理时，冷却只进行到室温，这时奥氏体不能全部转变为马氏体，还有少量的奥氏体未发生转变而残余下来，称为残余奥氏体。过多的残余奥氏体会降低钢的强度、硬度和耐磨性，而且因残余奥氏体为不稳定组织，在钢件使用过程中易发生转变而导致工件产生内应力，引起变形、尺寸变化，从而降低工件精度。因此，生产中常对硬度要求高或精度要求高的工件，淬火后迅速将其置于接近 M_f 的温度下，促使残余奥氏体进一步转变成马氏体，这一工艺过程称为“冷处理”。

4.2 钢的普通热处理

普通热处理是将工件整体进行加热、保温和冷却，以使其获得均匀的组织和性能的一种热处理工艺。它包括退火、正火、淬火和回火。

4.2.1 钢的退火

钢的退火是将工件加热到适当温度，保持一定时间，然后缓慢冷却（一般随炉冷却）的热处理工艺。其目的是消除钢的内应力、降低硬度、提高塑性、细化组织、均匀化学成分，以利于后续加工，并为最终热处理做好组织准备。

根据钢的化学成分和退火目的不同，退火常分为：完全退火、球化退火、去应力退火、扩散退火和再结晶退火等。各种退火与正火工艺的加热温度范围如图 4－5 所示。

4.2.1.1 完全退火

完全退火是将工件完全奥氏体化后缓慢冷却，获得接近平衡组织的退火。完全退火后所得到的室温组织为铁素体和珠光体。

完全退火主要用于亚共析钢的铸件、锻件、焊接件等。过共析钢不宜采用完全退火，因为其被加热到 $A_{c_{cm}}$ 线以上退火后，二次渗碳体以网状形式沿奥氏体晶界析出，使钢的强度和韧性显著降低，也使以后的热处理如淬火容易产生淬火裂纹。

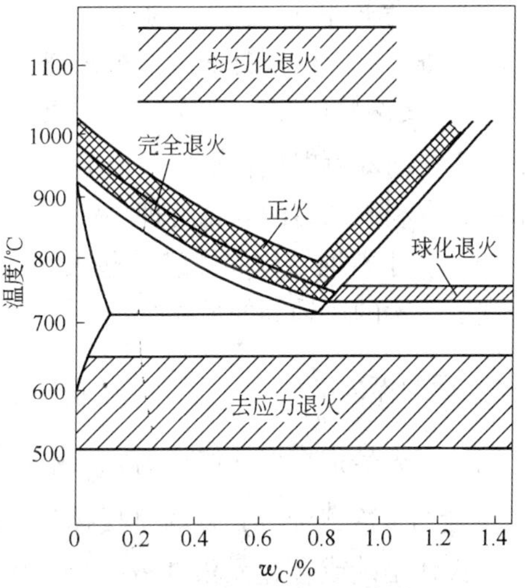

图 4－5 各种退火与正火工艺的加热温度范围

4.2.1.2 球化退火

球化退火是使工件中碳化物球状化而进行的退火，所得到的室温组织为铁素体基体上均匀分布着球状（粒状）渗碳体，即球状珠光体组织。在保温阶段，没有溶解的渗碳体会自发地趋于球状（球体表面积最小），在随后的缓冷过程中，球状渗碳体会逐渐长大，最终形成球状珠光体组织。球化退火的目的是降低硬度，改善切削性能，并为淬火做组织准备。球化退火主要用于过共析钢和共析钢制造的刃具、量具、模具等零件。

4.2.1.3 去应力退火

去应力退火是为了去除工件塑性变形加工、切削加工或焊接造成的内应力及铸件内存在的残余应力而进行的退火。去应力退火主要用于消除钢件在切削加工、铸造、锻造、热处理、焊接等过程中产生的残余应力并稳定其尺寸，这些应力若不消除会导致随后的切削加工或使用中的变形开裂。在去应力退火中不发生组织转变。

4.2.2 钢的正火

正火是指将工件加热奥氏体化后在空气中冷却的热处理工艺。正火的目的是细化晶粒，消除网状渗碳体，并为淬火、切削加工等后续工序做组织准备。

正火与退火相比，奥氏体化温度高，冷却速度快，过冷度较大，因此，正火后所得到的组织比较细，强度、硬度比退火高一些。同时，正火与退火相比，具有操作简便、生产周期短、生产效率高、成本低等特点。钢的退火与正火工艺曲线如图4－6所示。

正火在生产中主要应用于如下场合：

（1）改善切削性能。低碳钢和低碳合金钢退火后铁素体所占比例较大，硬度偏低，切削加工时都有“粘刀”现象，而且表面粗糙度参数值都较大。正火能适当提高硬度，改善切削加工性。因此，低碳钢、低碳合金钢都选择正火作为预备热处理；而 $w_C>0.5\%$ 的中高碳钢、合金钢都选择退火作为预备处理。

（2）消除网状碳化物，为球化退火做组织准备。对于过共析钢，正火加热到 $A_{c_{cm}}$ 以上可使网状碳化物充分溶解到奥氏体中，空气冷却时碳化物来不及充分析出，因而消除了网状碳化物组织，同时细化了珠光体组织，有利于以后的球化处理。

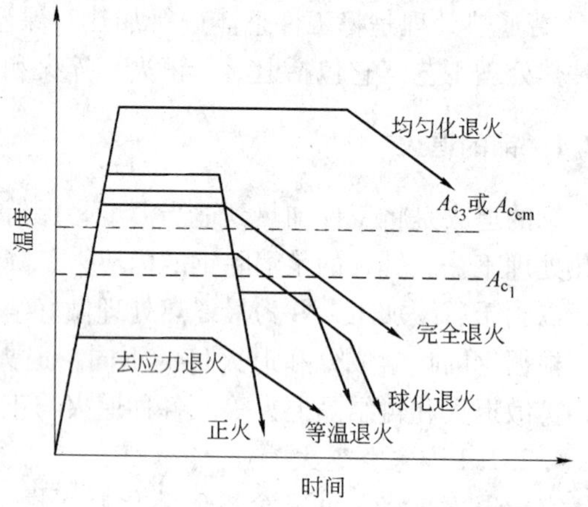

图4－6　钢的退火与正火工艺曲线

（3）用于普通结构零件或某些大型非合金钢工件的最终处理，以代替调质处理，如用于铁道车辆的车轴等的最终处理。

4.2.3　钢的淬火

钢的淬火是指将钢件加热到 A_{c_3} 或 A_{c_1} 以上30～50℃，保温一定时间，以适当方式冷却（一般为水冷或油冷）获得马氏体组织的热处理工艺。

马氏体是碳或合金元素在α－Fe中的过饱和固溶体，是单相亚稳组织，硬度较高，用符号M表示。马氏体的硬度主要取决于马氏体中碳的质量分数。马氏体中由于溶入过多的碳原子，从而使α－Fe晶格发生畸变，增加了其塑性变形的抗力，所以马氏体中碳的质量分数越高，其硬度也越高。

4.2.3.1　淬火的目的

淬火的目的主要是使钢件得到马氏体组织，提高钢的硬度和强度。但淬火必须和回火相配合，否则淬火后的工件硬度、强度高，但韧性、塑性低，不能得到优良的综合力学性能。

4.2.3.2　淬火工艺

A　淬火加热温度的选择

不同的钢种其淬火加热温度不同。非合金钢的淬火加热温度由 $Fe-Fe_3C$ 状态图来确定，如图4－7所示。为了防止奥氏体晶粒粗化，淬火温度不宜选得过高，一般只允许比临界点高30～50℃。

亚共析钢淬火加热温度均为 A_{c_3} 以上30～50℃，因为在此温度范围内，可获得全部细小的奥氏体晶粒，淬火后得到均匀细小的马氏体。若加热温度过高，则引起奥氏体晶粒粗大，使钢淬火后的性能变差；若加热温度过低，则淬火组织中尚有未溶铁素体，使钢淬火后的硬度不足。

共析钢和过共析钢淬火加热温度为A_{c_1}以上30～50℃，此时的组织为奥氏体加渗碳体颗粒，淬火后获得细小马氏体和球状渗碳体，能保证钢淬火后得到高的硬度和耐磨性。如果加热温度超过$A_{c_{cm}}$，将导致渗碳体消失，奥氏体晶粒粗化，淬火后得到粗大针状马氏体，残余奥氏体量增多，硬度和耐磨性降低，脆性增大；如果淬火温度过低，可能得到非马氏体组织，则钢的硬度达不到要求。

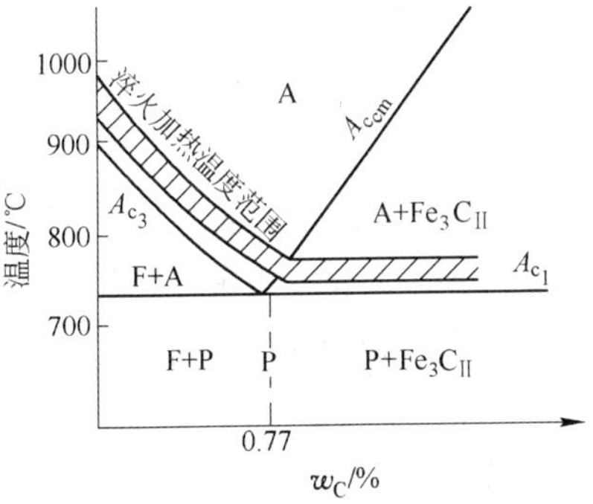

图4－7　钢的淬火温度范围

B　淬火介质

淬火时为了得到足够的冷却速度，以保证奥氏体向马氏体转变，又不致由于冷却速度过大而引起零件内应力增大，造成零件变形和开裂，因此，应合理选用冷却介质。常用的淬火介质有水、盐水、油、盐浴和空气等。水常用于碳钢的淬火，油常用于合金钢的淬火。

C　淬火方法

为了使工件淬火成马氏体并防止变形和开裂，单纯依靠选择淬火介质是不行的，还必须采取正确的淬火方法。根据钢材成分及对组织、性能和钢件尺寸精度的要求，在保证技术要求规定的前提下，应选择简便而经济的淬火方法。最常用的淬火方法有如下4种：

（1）单液淬火法（单介质淬火）。它是将已奥氏体化的钢件在一种淬火介质中冷却的方法，如图4－8中①所示。例如，碳素钢在水中淬火，合金钢在油中淬火等。这种淬火方法主要应用于形状简单的钢件。

（2）双液淬火法（双介质淬火）。将工件加热，奥氏体化后先浸入冷却能力较强的介质中，在组织即将发生马氏体转变时立即转入冷却能力弱的介质中冷却的方法，称为双介质淬火（见图4－8中②）。如先在水中冷却后再在油中冷却的双介质淬火。它主要适用于中等复杂形状的高碳钢工件和较大尺寸的合金钢工件。

（3）马氏体分级淬火。将工件加热，奥氏体化后浸入温度稍高于或稍低于M_s点的盐浴或碱浴中，保持适当时间，在工件整体都达到冷却介质温度后取出空冷，以获得马氏体组织的淬火方法，称为马氏体分级淬火，如图4－8中③所示。马氏体分级淬火能够减小工件中的热应力，并缓和相变产生的组织应力，减少了淬火变形，适用于尺寸比较小且形状复杂的工件的淬火。

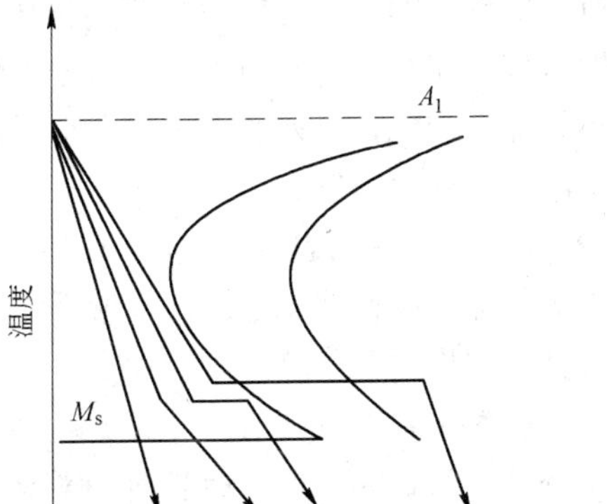

图4－8　常用的淬火方法

①—单液淬火法；②—双液淬火法；③—马氏体分级淬火；④—贝氏体等温淬火

（4）贝氏体等温淬火。它是将加热的工

件放入温度稍高于 M_s 的盐浴或碱浴中，保温足够长的时间使其完成贝氏体转变，等温淬火后获得下贝氏体组织。下贝氏体与回火马氏体相比，在碳含量相近、硬度相当的情况下，下贝氏体比回火马氏体具有较高的塑性与韧性，而且，等温淬火后一般不需进行回火，适用于尺寸较小、形状复杂、要求变形小、具有高硬度和强韧性的工具和模具等。如图4-8中④所示。

D　冷处理

冷处理是指工件淬火冷却到室温后，继续在一般制冷设备或低温介质中冷却的工艺。冷处理的主要目的是消除和减少残余奥氏体，稳定工件尺寸，获得更多的马氏体。如量具、精密轴承、精密丝杠、精密刀具等，均应在淬火之后进行冷处理，以消除残余奥氏体。

4.2.3.3　钢的淬透性与淬硬性

A　淬透性和淬硬性的概念

钢的淬透性是评定钢淬火质量的一个重要参数，它对于钢材选择、编制热处理工艺都具有重要意义。淬透性是指在规定条件下钢试样淬硬深度和硬度分布表征的材料特性。换句话说，淬透性是钢材的一种属性，是指钢淬火时获得马氏体的能力。钢淬火后可以获得较高硬度，不同化学成分的钢淬火后所得马氏体组织的硬度值是不相同的。以钢在理想条件下淬火所能达到的最高硬度来表征的材料特性，称为淬硬性。淬硬性主要与钢中碳的质量分数有关，更确切地说，它取决于淬火加热时固溶于奥氏体中的碳的质量分数的多少。奥氏体中碳的质量分数越高，钢的淬硬性越高，淬火后硬度值也越高。

由于淬硬性和淬透性是两个不同的概念，因此必须注意：淬火后硬度高的钢不一定淬透性就高；而淬火后硬度低的钢不一定淬透性就低。

B　影响淬透性的因素

影响淬透性的因素主要有：

(1) 化学成分。C曲线距纵坐标越远，淬火的临界冷却速度越小，则钢的淬透性越好。对于碳钢，钢中碳含量越接近共析成分，其C曲线越靠右，临界冷却速度越小，则淬透性越好，即亚共析钢的淬透性随碳含量增加而增大，过共析钢的淬透性随碳含量增加而减小。除Co和Al以外的大多数合金元素都使C曲线右移，使钢的淬透性增加，因此，合金钢的淬透性比碳钢好。

(2) 奥氏体化的条件。奥氏体化温度越高，保温时间越长，所形成的奥氏体晶粒也就越粗大，晶界面积就减少，这样就会降低过冷奥氏体转变的形核率，不利于奥氏体的分解，使其稳定性增大，淬透性增加。

C　淬透性的应用

淬透性是机械零件设计时选择材料和制定热处理工艺的重要依据。淬透性不同的钢材，淬火后得到的淬硬层深度不同，所以沿截面的组织和力学性能差别很大。

通常，机械制造中截面较大或形状较复杂的重要零件，以及应力状态较复杂的螺栓、连杆等零件，要求截面力学性能均匀，应选用淬透性较好的钢材。

受弯曲和扭转力的轴类零件，应力在截面上的分布是不均匀的，其外层受力较大，心部受力较小，可考虑选用淬透性较低的、淬硬层较浅（如为直径的1/3～1/2）的钢材。

有些工件（如焊接件）不能选用淬透性高的钢件，否则容易在焊缝热影响区内出现淬火组织，造成焊缝变形和开裂。

4.2.3.4 淬火缺陷与防止

工件在淬火加热和冷却过程中，由于加热温度高，冷却速度快，很容易产生某些缺陷。在热处理过程中设法减轻各种缺陷的影响，对提高产品质量有实际意义。

A 过热与过烧

工件在热处理加热时，由于加热温度偏高而使晶粒过度长大，导致力学性能显著降低的现象称为过热。工件过热后形成粗大的奥氏体晶粒，需通过正火和退火来消除。

工件加热温度过高，致使晶界氧化和部分熔化的现象称为过烧。过烧工件淬火后强度低，脆性大，并且无法补救，只能报废。

过热和过烧主要都是由于加热温度过高引起的，因此，合理确定加热规范，严格控制加热温度和时间可以防止过热和过烧。

B 氧化与脱碳

工件在加热时，介质中的氧、二氧化碳和水蒸气等与之反应生成氧化物的过程称为氧化。工件在加热时，介质与其表层的碳的质量分数降低的现象称为脱碳。

氧化使工件表面烧损，增大表面粗糙度参数值，减小工件尺寸，甚至使工件报废。脱碳使工件表面碳的质量分数降低，使力学性能下降，引起工件早期失效。防止氧化与脱碳的措施主要有两大类：第一类是控制加热介质的化学成分和性质，使之对工件不发生氧化与脱碳反应，如采用可控气氛、氮基气氛等；第二类是工件表面进行涂层保护和真实加热。

C 硬度不足

钢件淬火后硬度达不到技术要求，称为硬度不足。加热温度过低或保温时间过短，淬火介质冷却能力不够，工件表面氧化脱碳等，均容易使工件淬火后达不到要求的硬度值。钢件淬火硬化后，其表面存在硬度偏低的局部小区域，这种小区域称为软点。

工件产生硬度不足和大量的软点时，可在退火或正火后，重新进行正确的淬火，即可消除硬度不足和大量的软点。

D 变形与开裂

变形是淬火时工件产生形状或尺寸偏差的现象。开裂是淬火时工件产生裂纹的现象。工件产生变形与开裂的主要原因都是由于热处理过程中工件内部存在着较大的内应力。

热应力是指工件加热和（或）冷却时，由于不同部位出现温差而导致热胀和（或）冷缩不均所产生的应力。相变应力是热处理过程中，因工件不同部位组织转变不同步而产生的内应力。

工件在淬火时，热应力和相变应力同时存在，这两种应力总称为淬火应力。当淬火应力大于钢的屈服点时，工件就会发生变形；当淬火应力大于钢的抗拉强度时，工件就会产生开裂。

为减少工件淬火时产生变形和开裂的现象，可以从两个方面采取措施：第一，淬火时正确编制加热温度、保温时间和冷却方式，可以有效地减少工件变形和开裂现象；第二，淬火后及时进行回火处理。

4.2.4 钢的回火

回火是指工件淬硬后，加热到 A_{c_1} 以下的某一温度，保温一定时间，然后冷却到室温的热处理工艺。淬火钢的组织主要由马氏体和少量残余奥氏体组成（有时还有未溶碳化物），其内部存在很大的内应力，脆性大，韧性低，一般都不能直接使用，如不及时消除，将会引起工件的变形，甚至开裂。回火是紧接淬火之后进行的，通常也都是零件进行热处理的最后一道工序。其目的是消除和减小内应力，稳定组织，调整性能，以获得强度和韧性之间较好地配合。

4.2.4.1 钢在回火时组织和性能的变化

工件淬火之后，其中的马氏体与残余奥氏体都是不稳定的组织，它们有自发向稳定组织转变的趋势，如马氏体中过饱和的碳要析出、残余奥氏体要分解等。为了促进这种转变，可进行回火。回火是一个由非平衡组织向平衡组织转变的过程，这个过程是依靠原子的迁移和扩散进行的。回火温度越高，扩散速度就越快；反之，扩散速度就越慢。

随着回火温度的升高，淬火组织将发生一系列变化。根据组织转变的情况，回火一般分为4个阶段：马氏体分解、残余奥氏体分解、碳化物转变、碳化物的聚集长大和铁素体的再结晶。具体为：

（1）回火第一阶段（≤200℃）——马氏体分解。在80℃以下温度回火时，淬火钢没有明显的组织转变，此时只发生马氏体中碳的偏聚，而没有开始分解。在80～200℃回火时，马氏体开始分解，析出极细微的碳化物，使马氏体中碳的质量分数降低。

在这一阶段中，由于回火温度较低，马氏体中仅析出了一部分过饱和的碳原子，所以它仍是碳在 α－Fe 中的过饱和固溶体。析出的极细微碳化物均匀分布在马氏体基体上。这种过饱和度较低的马氏体和极细微碳化物的混合组织称为回火马氏体。

（2）回火第二阶段（200～300℃）——残余奥氏体分解。当温度升至200～300℃时，马氏体分解继续进行，但占主导地位的转变已是残余奥氏体的分解过程了。残余奥氏体分解是通过碳原子的扩散先形成偏聚区，进而分解为 α 相和碳化物的混合组织，即形成下贝氏体。此阶段钢的硬度没有明显降低。

（3）回火第三阶段（250～400℃）——碳化物转变。在此温度范围，由于温度较高，碳原子的扩散能力较强，铁原子也恢复了扩散能力，马氏体分解和残余奥氏体分解析出的过渡碳化物将转变为较稳定的渗碳体。随着碳化物的析出和转变，马氏体中碳的质量分数不断降低，马氏体的晶格畸变消失，马氏体转变为铁素体，得到铁素体基体内分布着细小粒状（或片状）渗碳体的组织，该组织称为回火托氏体。此阶段淬火应力基本消除，硬度有所下降，塑性、韧性得到提高。

（4）回火第四阶段（＞400℃）——碳化物的聚集长大和铁素体的再结晶。由于回火温度已经很高，碳原子和铁原子均具有较强的扩散能力，第三阶段形成的渗碳体薄片将不断球化并长大。在500～600℃以上时，α 相逐渐发生再结晶，使铁素体形态失去原来的板条状或片状，而形成多边形晶粒。此时组织为铁素体基体上分布着粒状碳化物，该组织称为回火索氏体。回火索氏体具有良好的综合力学性能。此阶段内应力和晶格畸变完全消除。

4.2.4.2 回火方法及其应用

回火是最终热处理。根据钢在回火后组织和性能的不同，按回火温度范围可将回火分为3种：低温回火、中温回火和高温回火。具体为：

（1）低温回火。低温回火温度范围在250℃以下。经低温回火后组织为回火马氏体，保持了淬火组织的高硬度和耐磨性，降低了淬火应力，减小了钢的脆性。低温回火后硬度一般为HRC58～62。低温回火主要用于高碳钢、合金工具钢制造的刃具、量具、冷作模具、滚动轴承及渗碳件、表面淬火件等。

（2）中温回火。中温回火温度范围为250～500℃。淬火钢经中温回火后组织为回火托氏体，大大降低了淬火应力，使工件获得了高的弹性极限和屈服强度，并具有一定的韧性。中温回火后硬度为HRC35～50。中温回火主要用于处理弹性元件，如各种卷簧、板簧、弹簧钢丝等。有些受小能量多次冲击载荷的结构件，为了提高强度，增加小能量多重抗力，也采用中温回火。

（3）高温回火。高温回火温度范围在500℃以上。淬火钢经高温回火后组织为回火索氏体，淬火应力可完全消除，强度较高，有良好的塑性和韧性，即具有良好的综合力学性能。高温回火后硬度为HRC24～38。高温回火主要用于处理轴类、连杆、螺栓、齿轮等工件。

工件淬火加高温回火的复合热处理工艺又称为调质处理。调质处理可作为最终热处理，但由于调质处理后钢的硬度不高，便于切削加工，并能得到较好的表面质量，所以也作为表面淬火和化学热处理的预备热处理。

4.2.4.3 回火脆性及防止

钢在某一温度范围内回火时，其冲击韧度比较低温度回火时反而显著下降，这种脆化现象称为回火脆性。

在250～350℃温度范围内出现的回火脆性称为第一类回火脆性。这类回火脆性无论是在碳钢还是合金钢中均会出现，它与钢的成分和冷却速度无关，即使加入合金元素及回火后快冷或重新加热到此温度范围内回火，这类回火脆性都无法避免，所以又称为“不可逆回火脆性”。防止的办法常常是避免在此温度范围内回火。

在500～600℃温度范围内出现的回火脆性称为第二类回火脆性。部分合金钢易产生这类回火脆性。这类回火脆性如果在回火时快冷就不会出现，另外，如果脆性已经发生，只要再加热到原来的回火温度重新回火并快冷，则可完全消除，因此，这类回火脆性又称为“可逆回火脆性”。

4.3 钢的表面热处理和化学热处理

一些在弯曲、扭转、冲击载荷、摩擦条件区工作的齿轮等机器零件，如齿轮、花键轴、活塞销等，要求表面具有高硬度和耐磨性，心部具有一定的强度和足够的韧性。在这种情况下，要达到上述要求，如果只从材料方面去解决是很困难的。如选用高碳钢，淬火后硬度虽然很高，但心部韧性不足；如采用低碳钢，虽然心部韧性好，但表面硬度低、耐磨性差。这时就需要对零件进行表面热处理或化学热处理，以满足上述要求。

4.3.1 钢的表面热处理

表面热处理是为改变工件表面的组织和性能，仅对其表面进行热处理的工艺。表面淬火是最常用的表面热处理。

表面淬火是指仅对工件表层进行淬火的工艺，其目的是使工件表面获得高硬度和耐磨性，而心部保持较好的塑性和韧性，以提高其在扭转、弯曲等交变载荷或在摩擦、冲击、接触应力大等工作条件下的使用寿命。它不改变工件表面化学成分，而是采用快速加热方式，使工件表层迅速奥氏体化，使心部仍处于临界点以下，并随之淬火，使表层硬化。依加热方法的不同，表面淬火方法主要有：感应加热表面淬火、火焰加热表面淬火、电接触加热表面淬火及电解液加热表面淬火等。目前，生产中应用最多的是感应加热表面淬火和火焰加热表面淬火。

4.3.1.1 感应加热表面淬火

利用感应电流通过工件所产生的热效应，使工件表层、局部或表面加热并进行快速冷却的淬火工艺，称为感应加热表面淬火。

A 感应加热的基本原理

一个线圈通以交流电，就会在线圈内部和周围产生一交变磁场。如将工件置于此交变磁场中，工件中将产生一交变感应电流，其频率与线圈中电流频率相同，在工件中形成一闭合回路，称为涡流。它在工件内的分布是不均匀的，表面密度大，心部密度小。通入线圈的电流频率越高，涡流就越集中于工作的表层，这种现象称为集肤效应。依靠感应电流的热效应，使工件表层在几秒钟内快速加热到淬火温度，然后迅速冷却，使工件表面层淬硬，这就是感应加热表面淬火的基本原理，如图 4 – 9 所示。

B 感应加热表面淬火的特点

感应加热表面淬火与普通加热淬火相比有如下特点：

（1）加热时间短，工件基本无氧化、脱碳，且变形小。奥氏体晶粒细小，淬火后获得细小马氏体组织，使表层比一般淬火硬度高 HRC2 ~ 3，且脆性较低。表面淬火后，在淬硬的表面层中存在较大的残余压应力，提高了工件的疲劳强度。

（2）加热速度快，热效率高，生产率高，易实现机械化、自动化，适用于大批生产。

（3）感应加热设备投资大，维修调试比较困难。

C 感应加热表面淬火的应用

感应加热表面淬火主要用于中碳钢和中碳低合金钢制造的中小型工件的成批生产。感应加热表面淬火的应用见表 4 – 1。淬火时，工件表面加热深度主要取决于电流频率。生产上通过选择不同的电流频率来达到不同要求的淬

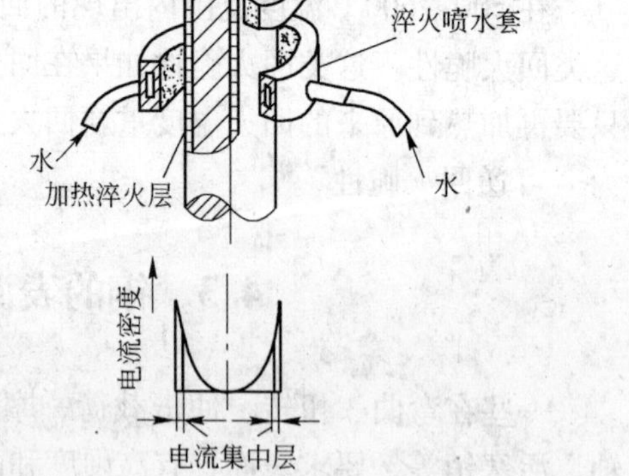

图 4 – 9 感应加热表面淬火示意图

硬层深度。

表 4-1 感应加热表面淬火的应用

分 类	频率范围/kHz	淬火深度/mm	适 用 范 围
高频加热	50~300	0.3~2.5	中小型轴、销、套等圆柱形零件，小模数齿轮
中频加热	1~10	3~10	尺寸较大的轴类，大模数齿轮
工频加热	50	10~20	大型（大于 ϕ300）零件表面淬火或棒料穿透加热

根据电流频率不同，感应加热表面淬火分为 3 类：高频加热、中频加热和工频加热。

感应加热表面淬火后，需要进行低温回火，但回火温度比普通低温回火温度稍低，其目的是为了降低淬火应力。生产中有时采用自回火法，即当工件淬火冷至 200℃左右时，停止喷水，利用工件中的余热达到回火的目的。

4.3.1.2 火焰加热表面淬火

火焰加热表面淬火是利用氧-乙炔或其他可燃气燃烧的火焰对工件表层加热，随之快速冷却的淬火工艺，如图 4-10 所示。

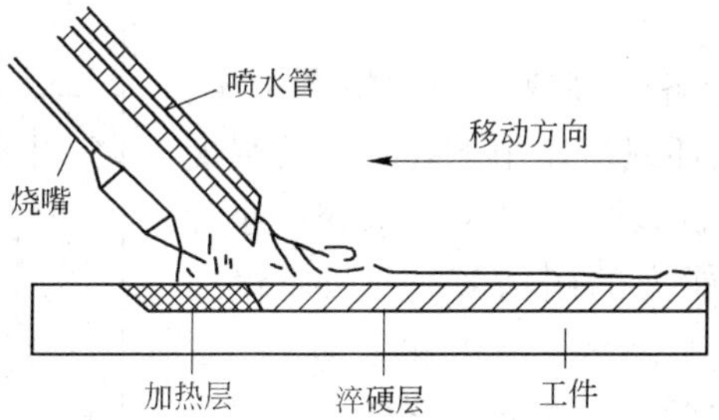

图 4-10 火焰加热表面淬火示意图

火焰加热表面淬火的淬硬层深度一般为 2~6mm，若淬硬层过深，往往使工件表面严重过热，产生变形与裂纹。

火焰加热表面淬火操作简便，不需要特殊设备，成本低。但生产率低，工件表面容易过热，质量较难控制，因此使用受到一定限制。火焰加热表面淬火主要用于单件或小批生产的各种齿轮、轴轧辊等。

4.3.2 钢的化学热处理

钢的化学热处理是将工件置于适当的活性介质中加热、保温，使一种或几种元素渗入到它的表层，以改变其化学成分、组织和性能的热处理工艺。这种热处理与表面淬火相比，其特点是表层不仅有组织的变化，而且还有化学成分的变化。

化学热处理方法很多，通常以渗入元素来命名，如渗碳、渗氮、碳氮共渗、渗硼、渗硅、渗金属等。由于渗入元素的不同，工件表面处理后获得的性能也不相同。渗碳、渗氮、碳氮共渗是以提高工件表面硬度和耐磨性为主，渗金属的主要目的是提高耐腐蚀性和抗氧化性等。化学热处理由分解、吸收和扩散 3 个基本过程所组成。即渗入介质在高温下通过化学反应进行分解，形成渗入元素的活性原子；渗入元素的活性原子被钢的表面吸附；被吸附的活性原子由钢的表层逐渐向内扩散，形成一定深度的扩散层。在机械制造业中，目前最常用的化学热处理是渗碳、渗氮和碳氮共渗。

4.3.2.1 渗碳

为提高工件表层碳的质量分数并在其中形成一定的碳含量梯度，将工件在渗碳介质中加热保温，使碳原子渗入的化学热处理工艺称为渗碳。

渗碳所用钢种一般是碳的质量分数为 0.10% ~0.25% 的低碳和低碳合金钢，如 15C、20C、20Cr、20CrMnTi 等钢。渗碳后的工件都要进行淬火和低温回火，使工件表面获得高的硬度（HRC56 ~64）、耐磨性和疲劳强度，而心部仍保持一定的强度和良好的韧性。渗碳被广泛应用于要求表面硬而心部韧的工件上，如齿轮、凸轮轴、活塞销等。

根据渗碳时介质的物理状态不同，渗碳可分为气体渗碳、固体渗碳和液体渗碳，目前气体渗碳应用最广泛。气体渗碳是工件在气体渗碳介质中进行的渗碳工艺，它是将工件放入密封的加热炉中（见图 4 -11），通入气体渗碳进行的渗碳。

4.3.2.2 渗氮

在一定温度下于一定介质中，使氮原子渗入工件表层的化学热处理工艺，称为渗氮（又称为氮化）。渗氮的目的是为了提高工件表层的硬度、耐磨性、热硬性、耐腐蚀性和疲劳强度。

渗氮处理广泛应用于各种高速转动的精密齿轮、高精度机床主轴、交变循环载荷作用下要求疲劳强度高的零件（如高速柴油机曲轴），以及要求变形小和具有一定耐热、抗腐蚀能力的耐磨零件（如阀门）等。但是渗氮层薄而脆，不能承受冲击和振动，而且渗氮处理生产周期长，生产成本较高。钢件渗氮后不需淬火就可达到 HRC68 ~72 的硬度。目前常用的渗氮方法有气体渗氮和离子渗氮两种。

零件不需要渗氮的部分应镀锡或镀铜保护，也可留 1mm 的余量，在渗氮后磨去。

渗氮工件的加工工艺路线为：毛坯锻造→退火或正火→粗加工→调质→精加工→镀锡（非渗氮面）→渗氮→精磨或研磨。

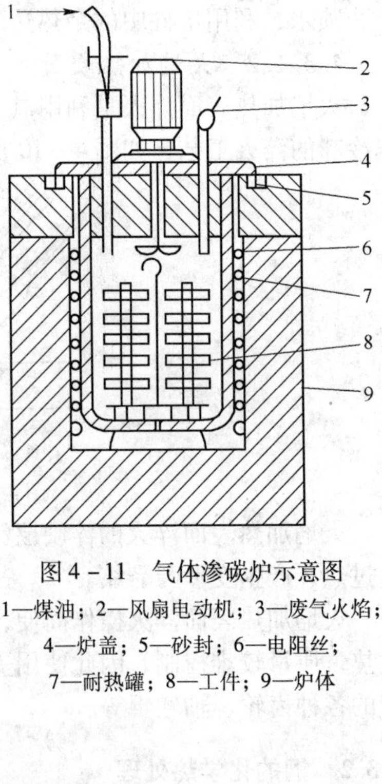

图 4 -11 气体渗碳炉示意图

1—煤油；2—风扇电动机；3—废气火焰；4—炉盖；5—砂封；6—电阻丝；7—耐热罐；8—工件；9—炉体

4.3.2.3 碳氮共渗

在奥氏体状态下，同时将碳、氮原子渗入工件表层，并以渗碳为主的化学热处理工艺，称为碳氮共渗。根据共渗温度不同，可分为低温（520 ~ 580℃）、中温（760 ~ 880℃）和高温（900 ~950℃）碳氮共渗，其目的主要是提高工件表层的硬度和耐磨性。

4.4 热处理新技术简介

4.4.1 形变热处理

形变热处理是将塑性变形和热处理结合，以获得形变强化和相变强化综合效果的工艺。这种工艺既可提高钢的强度，改善塑性和韧性，又可节能，在生产中得到了广泛的应用。例如将钢加热至 A_{c_3} 以上，获得奥氏体组织，保持一定时间后进行形变，立刻淬火获得马氏体组织，然后在适当温度回火后，即可获得很高的强韧性。钢件形变热处理后一般都可提高强度 10% ~30%，提高塑性 40% ~50%，提高冲击韧性 1 ~2 倍，并使钢件具有高的抗脆断能力。形变热处理广泛用于结构钢、工具钢工件，用于锻后余热淬火、热轧淬火等工艺。

4.4.2 真空热处理

在低于 101.325kPa（1 个标准大气压）的环境中进行加热的热处理工艺，称为真空热处理。真空加热就是在稀薄空气中加热，钢件表面氧化很小，几乎难以察觉，所以真空热处理可以避免氧化、脱碳，能达到光亮热处理的目的。真空热处理的特点为：

（1）热处理变形小。因为真空加热缓慢而且均匀，所以热处理变形小。

（2）可提高工件表面力学性能，延长工件使用寿命。

（3）节省能源，减少污染，劳动条件好。

（4）真空热处理设备造价较高，目前多用于模具、精密零件的热处理。

4.4.3 可控气氛热处理

为达到无氧化、无脱碳或按要求增碳，工件在炉气成分可控的加热炉中进行的热处理，称为可控气氛热处理。它的主要目的是减少和防止工件加热时的氧化和脱碳，提高工件尺寸精度和表面质量，节约钢材，控制渗碳时渗层的碳浓度，而且可使脱碳工件重新复碳。

4.4.4 激光热处理

激光是一种具有极高能量密度、高亮度和方向性的强光源。激光热处理是以高能量激光作为能源，以极快速度加热工件并自冷强化的热处理工艺。

激光淬火具有工件处理质量高、表面光洁、变形极小，且无工业污染、易实现自动化的特点，适用于各种小型复杂工件的表面淬火，还可以进行局部表面合金化等。但是，激光器价格昂贵，生产成本较高，所以其应用受到一定限制。同时，生产中不够安全，容易对人眼造成危害，操作时要注意安全。

4.4.5 电子束表面淬火

电子束表面淬火是以电子枪发射的电子束作为热源轰击工件表面，以极快速加热工件并自冷，淬火后使工件表面强化的热处理工艺。

电子束的能量大大高于激光，而且其能量利用率可达 80%，高于激光热处理。电子束表面淬火质量高，淬火过程中工件基体性能几乎不受影响，是很有前途的热处理新技术。

4.4.6 表面气相沉积

气相沉积主要分化学气相沉积（CVD）和物理气相沉积（PVD）两种。

化学气相沉积是使挥发性化合物气体发生分解或化学反应，并在工件上沉积成膜的方法。利用多种化学反应，可得到不同的金属、非金属或化合物镀层。

物理气相沉积包括真空蒸发、溅射、离子镀3种方法，因为它们都是在真空条件下进行，所以也称为真空镀膜法。

气相沉积镀层的特点是附着力强，均匀，快速，质量好，公害小，选材广，可以得到全包覆的镀层。在满足现代技术提出的越来越高的要求方面，这种方法比常规方法有许多优越性。它能制备各种耐磨膜（如TiN、TiC、W_2C、Al_2O_3等）、耐蚀膜（如Al、Cr、Ni及某些多层金属等）、润滑膜（如MoS_2、WS_2、石墨、CaF_2等）、磁性膜、光学膜，以及其他功能性薄膜。因此，表面气相沉积在机械制造、航天、原子能、电器、轻工等部门得到了广泛的应用。

习题与思考题

4－1　什么是热处理，它对零件制造有何意义？

4－2　钢的热处理包括哪些基本方法？

4－3　钢在淬火后为什么应立即回火，3种回火的用途有何不同？

4－4　化学热处理包括哪些基本过程，常见的化学热处理方法有哪几种？

5 材料表面处理技术

磨损、腐蚀和断裂是机械零部件、工程构件的主要破坏形式，由此导致的经济损失非常巨大。尤其是磨损、腐蚀导致的机件失效与相应的经济损失占非常大的比重。在美国国家材料政策委员会向国会提出的一份报告中指出：由于摩擦磨损引起1000亿美元的损失中，材料部分损失约为200亿美元。

众所周知，磨损和腐蚀都是发生于工件表面的材料流失过程，而且其他形式的构件失效有许多也是从表面开始的。因此，采用表面防护措施延缓和控制表面的破坏，成为解决上述问题的主要方法，同时，也促进了表面工程科学和表面技术的发展。表面工程技术主要围绕腐蚀、摩擦磨损和功能特性（声、光、磁、电的转换等）3大因素，这成为20世纪80年代以来重点发展的十大关键技术之一，并且取得了长足的进展，形成了一门新兴学科——表面工程学。目前，表面工程学的发展势头有增无减，仍是热点研究的领域。众所周知，传统的表面淬火、渗碳、渗氮等表面强化技术属于热处理工艺的一部分，其本身虽不属于金属材料新的表面技术，但是这些工艺仍在发展。近年来，有许多新的科学技术应用于表面强化技术领域，使材料的表面处理技术得到迅猛的发展，由此开发出来的表面强化技术构成了目前材料表面技术的主流。材料表面新技术的大量出现，已引起各类工业部门及材料科学工作者的高度关注，成为材料学科中最活跃的领域之一。

表面工程技术最主要的作用是提高金属构件的耐蚀性、耐磨性以及获得电、磁、光等功能性的表面。表面工程技术的作用可以通过以下几方面内容来加以概括：

（1）抗腐蚀性，即可以提高基体构件的耐大气、海洋气氛、天然水及某些酸碱盐的腐蚀作用。

（2）抗磨性，包括磨料磨损、黏着磨损、疲劳磨损、腐蚀磨损、冲蚀磨损等。

（3）电性能，主要包括绝缘性、导电性等。

（4）耐热性，主要包括抗高温氧化、热疲劳等。

（5）光学特性，主要包括反光性、光选择吸收性、吸光性等。

（6）电磁特性，主要包括磁性、半导体性、电磁屏蔽性等。

（7）密封性。

（8）装饰性，主要包括染色性、光泽性等。

（9）其他表面特性，例如抗疲劳性、保油性、可焊接性等。

表面技术的应用使基体材料表面具有原来没有的性能，从而导致大幅度地拓宽了材料的使用范围，充分发挥了材料的应用潜力。举例如下：

（1）可用一般的材料替换稀有的、昂贵的材料制造机器零件，而不降低甚至超过原使用零件的质量或性能。

（2）可以复合两种或两种以上的材料，各取其长，解决单一材料解决不了的问题。

（3）增强在严酷条件下材料服役能力，大幅度提高现有构件的寿命。

(4) 赋予材料一些特殊的物理、化学性能，可以成功地修复磨损、腐蚀的零件。

5.1 金属表面强化处理

金属表面形变强化是在外力作用下，使金属表面层产生塑性变形，导致表面形成形变硬化层（此形变硬化层的深度可达0.5～1.5mm），产生形变硬化和残余应力，从而使表面层硬度、强度提高。常用方法有喷丸、滚压、内挤压等强化工艺等。例如，对弹簧喷丸强化可显著提高其使用寿命；球墨铸铁曲轴渗碳处理后，再对轴颈与轴肩过渡圆角进行滚压强化，其疲劳寿命提高近1倍。

5.1.1 喷丸

喷丸是广泛使用的一种在再结晶温度以下进行的表面强化方法，是利用高速喷射的砂丸或铁丸对工件表面进行撞击，使之产生形变硬化层并引起残余压应力，以提高零件的部分力学性能和改变表面状态的工艺方法。喷丸通常是直径为0.5～2mm的砂粒或铁丸，砂粒的材料多为Al_2O_3或SiO_2，其表面处理的效果与丸粒的大小、喷射速度和持续时间有关。喷丸可显著提高抗弯曲疲劳、抗腐蚀疲劳、抗应力腐蚀疲劳、抗微动磨损、耐蚀能力，具有操作简单、耗能少、效率高、适应面广等优点，是金属材料表面改性的有效方法。喷丸强化用的设备简单（见图5-1）、成本低、耗能少，已广泛用于弹簧、齿轮、链条、轴、叶片、火车轮等零部件。

5.1.2 滚压加工

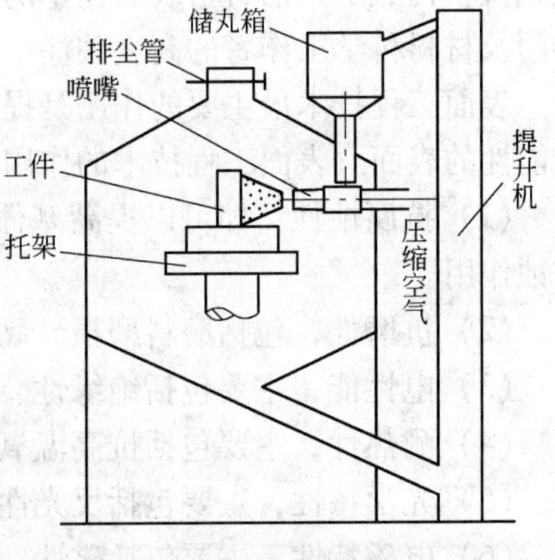

图5-1 机械喷丸

滚压强化工艺是一种无切削加工工艺，表面滚压可以显著地提高零件的疲劳强度，并且降低缺口敏感性。滚压加工是将硬度高且光滑的滚柱与金属表面滚压接触，使其局部产生微小塑性变形而进行的塑性精加工，在工件表面形成冷硬层和残余压应力，从而提高表面粗糙度和硬度，并且由于产生压缩残留应力得到具有耐久性的表面，以提高工件硬度和强度的工艺方法。这种方法主要应用在大型轴类、套筒类零件内、外旋转表面的加工、滚压螺钉、螺栓等零件的螺纹以及滚压小模数齿轮和滚花等，并取得了显著成果，很好地提高了经济效益。

在车床上滚压外圆的操作过程如图5-2（a）所示，图5-2（b）所示为滚压外圆所使用的滚轮式弹性液压工具。使用过程中，先将杆体安装在车床方刀架上，使滚轮与工件接触，再通过横向进刀对工件施加一定压力。弹力大小是通过拧动螺塞、调节弹簧的压缩来实现的，而弹簧力又通过加压杆使滚轮对工件表面产生一定压力。为了有利于金属塑性变形，减小滚轮与工件的接触面积，提高单位面积的液压力，常将滚轮轴线与工件轴线偏斜一定角度或用钢球做滚压工具的工作头。

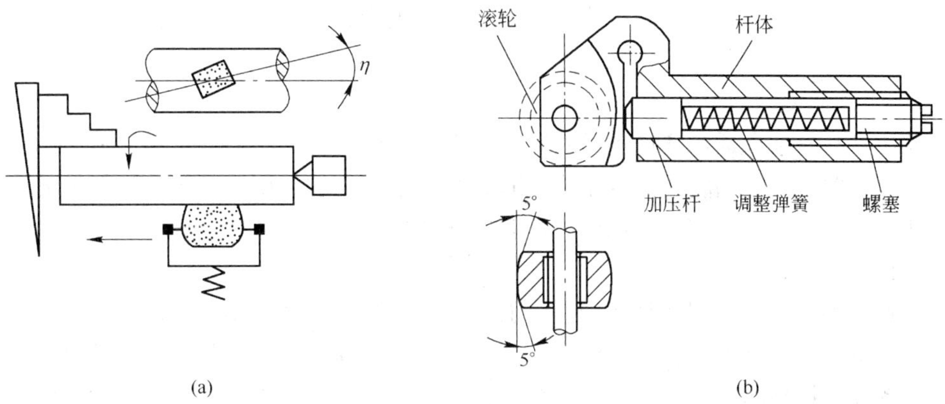

图 5－2 滚压外圆所用工具
(a) 滚压外圆；(b) 滚压工具

5.1.3 金属表面复合处理强化法

金属表面复合处理强化是将两种以上的可以单独使用的表面强化工艺组合起来，用于同一构件上，使其各自优点都能进行发挥，获得更加显著的强化效果。这种组合的表面强化方法称为表面复合强化。如先将工件进行渗钛的化学热处理，然后再进行离子渗氮的化学热处理后，可在工件表面形成硬度极高、耐磨性很好、具有较高耐蚀性的金黄色 TiN 化合物层。氮化或渗碳与高频感应加热表面淬火的复合强化，可以显著提高工件的表面硬度、耐磨性和疲劳性能，同时又减少了热处理变形。比如齿轮、弹簧、曲轴等重要受力构件经过淬火和回火后再经喷丸表面形变强化处理，其疲劳强度、耐磨性和使用寿命都有明显的提高。

5.1.4 金属表面相变强化法

金属表面的相变强化是通过相变改变表层金属组织结构，从而强化金属表面工艺的方法。一般通过快速加热，使钢表层奥氏体化后迅速冷却，表层获得具有高硬度细小的马氏体组织。生产中常用工艺方法是火焰表面淬火、感应加热表面淬火等。

5.1.5 金属表面化学热处理强化法

金属表面化学热处理强化是将其他元素渗入到金属表面层，通过改变材料表层的化学成分，形成单相或多相的扩散层、化合物层，从而获得特殊性能的表面。常用的工艺方法有渗碳、渗氮、碳氮共渗、渗硼等，可以使表层获得高强度、高硬度或改变使用性能。例如，45 钢经渗硼处理制成的无缝钢管拉拔模比原渗碳模寿命提高 6 倍；汽车、内燃机凸轮插臂经低温渗硫后寿命提高 4 倍等。

5.2 金属表面防腐处理

金属表面与周围介质发生作用而引起的破坏和变化称为金属的腐蚀。例如：钢铁在大气中生锈、海船外壳在海水中的腐蚀、地下金属管道的穿孔等。金属的腐蚀可使工件性能变坏，精度下降，表面粗糙，服役寿命减短，甚至报废，会造成巨大的损失。

5.2.1　金属覆盖法

覆盖法是在腐蚀介质和环境不可变时，在金属表面覆盖一层耐蚀金属，从而达到防腐的目的。金属覆盖法是指将活泼性很小、有较高抗蚀能力的金属，覆盖在被保护的金属表面，以达到防腐目的的方法。常用的方法有电镀和化学镀等工艺。

5.2.1.1　电镀

电镀就是利用电解原理在某些金属表面上镀上一薄层其他金属或合金的过程，它是利用电解作用使金属或其他材料制件的表面附着一层金属膜的工艺，其目的在于改变固体材料的表面特性，提高耐磨性、导电性、反光性、抗腐蚀性及增进美观或制取特定成分和性能的金属覆层，提供特殊的电、磁、光、热等表面特性和其他物理性能。

一般来说，阴极上金属电沉积的过程是由下列步骤组成的：

（1）把镀层金属接在阳极，把镀件接在阴极。

（2）通以直流电的电源后，阳极的金属会进行氧化反应（失去电子），在电解液中的预镀金属的离子或它们配合络离子由于浓度差向阴极（工件）表面或表面附近迁移。

（3）溶液中的正离子则在阴极被还原（得到电子）成原子并积聚在阴极表层。

A　单金属电镀

单金属电镀是指镀液中只含有一种金属离子，镀后形成单一金属镀层的方法。它不但可以作为钢铁零件等的防腐方法，还具有装饰功能和起到改善可焊性的作用。常用的单金属电镀主要有镀锌、镀镍、镀铜、镀铬、镀锡等。此处以镀锌为例叙述单金属电镀过程。

锌是银白色金属，在干燥空气中很稳定，能溶于酸碱。与其他金属相比，锌是相对便宜而又易镀覆的一种金属。锌的标准电极电位为 -0.76V。对钢铁基体来说，锌镀层属于阳极性镀层，在钢铁表面镀锌层既有机械保护作用，又有化学保护作用。经钝化或涂层后，防护装饰性和耐磨性更好。加上成本较低，因此镀锌被广泛用于保护钢铁件，特别是防止大气腐蚀，并用于装饰。

电镀锌工艺分为氰化物镀锌和无氰镀锌两类。氰化物镀锌的特点是溶液均镀能力好，镀层光滑细致，应用较广，但由于氰化物属剧毒物，近年来已趋向采用微氰和无氰镀液。无氰镀液有碱性锌酸盐镀液、铵盐镀液、硫酸盐镀液及无铵氯化物镀液等。

a　锌酸盐镀锌

锌酸盐镀锌的优点是维护费用低廉，对钢铁设备腐蚀作用小，镀层结晶细致，废水处理方便；缺点是电镀时气体与镀液刺激性都较大，镀液的均镀能力和深镀能力比氰化物镀液差，电流效率较低（70%～80%），镀层超过一定厚度时脆性增加。锌酸盐镀锌常用镀液配方和工作条件见表 5-1。

表 5-1　锌酸盐镀锌常用镀液配方和工作条件

配方及工作条件	配方 1	配方 2	配方 3	配方 4
氧化锌（ZnO）/$g \cdot L^{-1}$	8～12	8～12	8～12	8～12
氢氧化钠（NaOH）/$g \cdot L^{-1}$	100～120	100～120	100～120	100～120
三乙醇胺/$mL \cdot L^{-1}$	20～30	20～30		

续表 5－1

配方及工作条件	配方 1	配方 2	配方 3	配方 4
DPE－Ⅲ/mL·L^{-1}	4～6			4～5
DE/mL·L^{-1}			4～6	
KR－7/mL·L^{-1}				1～2
EQD－3/mL·L^{-1}		2～3		
香草醛/mL·L^{-1}			0.1～0.5	
硫酸镍（$NiSO_4 \cdot 7H_2O$）/g·L^{-1}			0.5～1	
温度/℃	10～30	10～30	10～30	10～30
阴极电流密度/A·dm^{-2}	1～2.5	1～2.5	1～2.5	1～4

b 氯化钾（钠）镀锌

氯化钾（钠）镀锌是以氯化钾（钠）代替氯化铵作为导电盐，通常称为无铵镀锌。这种镀液的优点是不含配合物，废水处理容易，镀液稳定，电流效率较高，允许较大电流密度，光亮性好；缺点是钝化膜结合强度较差，镀层性脆，分散能力和覆盖能力较差，亮度比氯化铵镀锌略逊一些，成本高。氯化钾（钠）镀锌常用镀液配方和工作条件见表 5－2。

表 5－2 氯化钾（钠）镀锌常用镀液配方和工作条件

配方及工作条件	配方 1（钾盐）	配方 2（钠盐）
氯化锌（$ZnCl_2$）/g·L^{-1}	50～100	50～70
氯化钾（KCl）/g·L^{-1}	150～250	
氯化钠（NaCl）/g·L^{-1}		200～250
硼酸（H_3BO_3）/g·L^{-1}	25～35	25～35
组合添加剂/m·L^{-1}	15～25	15～25
温度/℃	10～30	10～30
阴极电流密度/A·dm^{-2}	1～4	1～4
pH 值	4.5～6	4.5～6

c 氯化铵镀锌

氯化铵镀锌是目前应用较广的镀液。其中以氯化铵型和氨三乙酸－氯化铵型使用最为普遍，氨三乙酸－氯化铵型的分散能力和覆盖能力比氯化铵型的好。氯化铵镀液的优点是镀液成本低，电流效率高，镀层结晶细密，光亮性好，如果结合使用适当添加剂，可明显改善其均镀和深镀能力；缺点是对钢铁设备腐蚀严重，废水处理较困难，钝化膜容易变色。氯化铵镀锌常用镀液配方和工作条件见表 5－3。

表 5－3 氯化铵镀锌常用镀液配方和工作条件

配方及工作条件	配方 1	配方 2	配方 3
氯化锌/g·L^{-1}	40～45	18～20	30～35
氯化铵/g·L^{-1}	200～270	220～270	220～270
氨三乙酸/g·L^{-1}	30～40	30～40	20～30
硫脲/g·L^{-1}	1.0～1.5	1.0～2.0	1.5

续表 5-3

配方及工作条件	配方1	配方2	配方3
聚乙二醇/$g \cdot L^{-1}$	1.0~1.5	1.0~1.5	2.0
表面活性剂/$mL \cdot L^{-1}$	0.1~1.5	0.2~0.4	0.5
硼酸/$g \cdot L^{-1}$	30~40		25~30
温度/℃	15~35	15~35	15~30
阴极电流密度/$A \cdot dm^{-2}$	1~2	1.0~1.5	0.5~0.8
pH值	5.6~6.2	5.8~6.2	5.4~6.2

d 镀锌层的后处理

镀锌层的后处理主要包括去氢和钝化两部分。去氢一般采用镀后加热处理，使氢逸出。去氢的效果与处理的温度和时间有关，一般在烘烤箱内进行，温度为200~250℃，时间为2h。温度的高低应取决于基体材料。去氢后钝化若有困难，可在钝化前先用10%硫酸等活化。

B 合金电镀

各种单金属组成的镀层虽可以满足各种特殊表面性能的要求，但没有合金种类繁多，可供选择的范围小，由于现代工业和科学技术的发展，对材料表面性能，尤其是功能性镀层提出了越来越高的要求，仅靠单一金属镀层已不能满足性能要求，因此，近年来合金电镀的研究与应用日益为人们所重视。合金电镀是在阴极上同时沉积出两种或两种以上金属，形成结构和性能符合要求的镀层的工艺过程。合金镀层具有许多单金属镀层所不具备的特殊性能，如外观、颜色、硬度、装饰等方面的性能。此外，通过电镀合金还可以制取高熔点和低熔点金属组成的合金，以及具有优异性能的非晶态合金镀层。到目前为止，已研究的电镀合金超过240种，在生产上实用的约有40余种。合金电镀的优点为：

(1) 可制备高熔点金属与低熔点金属组成的合金；

(2) 可制备平衡相图没有的、与冶炼合金明显不同的物相，如过饱和固溶体、高温相、混合相或金属间化合物等；

(3) 合金电镀法可获得近年来引起人们广泛关注的非晶态合金，如N-P合金等；

(4) 合金电镀使单独从水溶液中不能析出的金属如W、Mo、Ti等能够以合金形式析出，如Ni-Mo、Ni-W、Cd-Ti等；

(5) 合金电镀中还出现电位较负的金属优先析出的特异现象，如Zn-Fe、Zn-Ni等。

目前，合金电镀主要是电镀锌合金、电镀锡合金、电镀镍合金、电镀贵金属合金。

5.2.1.2 化学镀

化学镀是指在没有外电流通过的情况下，利用化学方法使溶液中的金属离子还原为金属并沉积在基体表面，形成镀层的一种表面加工方法。被镀件浸入镀液中，化学还原剂在溶液中提供电子使金属离子还原沉积在镀件表面。反应式为：

$$M^{n+} + ne \longrightarrow M$$

如果被镀的金属本身是催化剂，则化学镀的过程就具有自动催化作用，反应生成物本身对反应的催化作用使反应不断继续下去，这时镀层厚度也逐渐增加，因此可获得一定的厚度。化学镀又称为自催化镀、无电解镀。

化学镀与电镀比较，具有如下优点：

（1）不要外加直流电源设备；

（2）镀层外观良好，晶粒细，无孔，耐蚀性更好；

（3）不管零件形状如何复杂，其镀层厚度都很均匀；

（4）可在金属、非金属、半导体等各种基材上镀覆。

化学镀与电镀相比，所用的溶液稳定性较差，且溶液的维护、调整和再生都比较麻烦，材料成本费较高。但是化学镀（镍、铜等）层具有耐磨、耐蚀、高硬度、焊接性好、磁性等性能，因此，在电子、石油、化学化工、航空航天、核能、汽车、机械等工业中得到广泛应用。

A 化学镀镍

用还原剂将镀液中的镍离子还原为金属镍并沉积到基体金属表面上去的方法称为化学镀镍。化学镀镍使用的还原剂有次磷酸盐、硼氢化物、胺基硼烷、肼及其衍生物等，其中，使用次磷酸盐作还原剂的酸性镀液是使用最广泛的化学镀镍液。所以这里仅以次磷酸盐化学镀镍作为对象进行讨论。

a 化学镀镍机理

化学镀镍机理目前还尚无定论。对化学镀镍反应的解释，主要有3种理论：原子氢态理论、氢化物理论及电化学理论。下面对其中的两种进行扼要的介绍。

（1）原子氢态理论。该理论认为，镀件表面催化剂（如先沉淀析出的镍）的催化作用使次磷酸根分解析出初生态原子氢，部分原子氢在镀件表面遇到 Ni^{2+} 就使其还原成金属镍，部分原子氢与次磷酸根离子反应生成磷，磷与镍反应生成镍化磷，部分原子态氢结合在一起就形成氢气。

$$H_2PO_2^- + H_2O \longrightarrow HPO_3^- + 2H + H^+$$

$$Ni^{2+} + 2H \longrightarrow Ni + 2H^+$$

$$H_2PO_2^- + H \longrightarrow H_2O + OH^- + P$$

$$3P + Ni \longrightarrow NiP_3$$

$$2H \longrightarrow H_2 \uparrow$$

（2）电化学理论。该理论认为，次磷酸根被氧化释放出电子，电子使 Ni^{2+} 还原为金属镍。吸附在镀件表面形成原电池，电池的电动势驱动化学镀镍过程不断进行。原电池阳极与阴极将分别发生下列反应：

阴极反应 $H_2PO_2^- + H_2O \longrightarrow H_2PO_3^- + 2H^+ + 2e$

阳极反应 $Ni^{2+} + 2e \longrightarrow Ni$

$$H_2PO_2^- + e \longrightarrow 2OH^- + P$$

$$2H \longrightarrow H_2 \uparrow$$

金属化反应 $3P + Ni \longrightarrow NiP_3$

b 镀液成分及工艺条件

以次磷酸盐为还原剂的化学镀镍溶液有两种类型：酸性镀液和碱性镀液。这两种镀液的典型工艺规范见表5－4。酸性镀液的特点是溶液比较稳定易于控制，沉积速度较快，镀层中磷的质量分数较高（2%～11%）。碱性镀液的pH值范围比较宽，镀层中磷的质量分数较低（3%～7%），但镀液对杂质比较敏感，稳定性较差，不易维护。

表 5-4 次磷酸钠化学镀镍镀液的典型工艺规范

镀液组成的质量浓度及工艺规范	酸性镀液			碱性镀液	
	配方 1	配方 2	配方 3	配方 4	配方 5
氯化镍/$g \cdot L^{-1}$	21			20	
硫酸镍/$g \cdot L^{-1}$		30	28		25
次磷酸钠/$g \cdot L^{-1}$	24	26	24	20	25
苹果酸/$g \cdot L^{-1}$		30			
柠檬酸钠/$g \cdot L^{-1}$				10	
琥珀酸/$g \cdot L^{-1}$	7				
氟化钠/$g \cdot L^{-1}$	5				
乳酸/$g \cdot L^{-1}$		18	27		
丙酸/$g \cdot L^{-1}$			2.5		
氯化铵/$g \cdot L^{-1}$				35	
焦磷酸钠/$g \cdot L^{-1}$					50
铅离子/$g \cdot L^{-1}$			0.001		
中和用碱	NaOH	NaOH	NaOH	NaOH	NaOH
pH 值	6	4~5	4~5	9~10	10~11
温度/℃	90~100	85~95	90~100	85	70
沉积速度/$\mu m \cdot h^{-1}$	15	15	20	17	15

（1）化学镀镍的镀液主盐是镍盐，一般使用硫酸镍，其次是氯化镍。镍盐浓度高，镀液沉积速度快，但稳定性下降。次磷酸钠作为还原剂通过催化脱氢，提供活泼的氢原子，次磷酸钠的用量主要取决于镍盐浓度。次磷酸钠含量增大，沉积速度加快，但是镀液稳定性下降。

（2）化学镀镍液中的配合剂均为有机酸和它们的盐类。常用的配合剂有：乙醇酸、苹果酸、柠檬酸、琥珀酸、乳酸、丙酸。配合剂与镍离子形成稳定的配合物，酸镍（指酸性镀液）和氢氧化镍（指碱性镀液）沉淀的作用，可以使镀液具有较好的稳定性。

（3）酸性化学镀镍沉积速度随着镀液 pH 值的下降而降低。当镀液 pH 值远小于 4 时，沉积速度很低，已失去实际意义；另一方面，当镀液 pH 值大于 6 时，易产生亚磷酸镍沉淀，引起镀液自发分解。酸性化学镀镍液最佳的 pH 值通常是 4.2~5.0 。

（4）温度是影响酸性化学镀镍沉积速度的重要因素之一。温度低于 65℃时，沉积速度很慢，随温度升高沉积速度加快。但温度过高或加热不均匀会引起镀液的分解。

B 化学镀铜

化学镀铜主要用于导体材料的金属化处理，以及在非导体材料表面形成导电层。目前，化学镀铜已广泛应用在印刷电路板孔金属化和塑料电镀。化学镀铜层的物理化学性质与电镀法所得铜层基本相似。

化学镀铜的主盐通常采用硫酸铜。使用的还原剂有甲醛、肼、次磷酸钠、硼氢化钠等，但生产中使用最普遍的是甲醛。甲醛必须在 pH > 11 的碱性条件下才具有还原作用，所以这里仅以甲醛作还原剂的化学镀铜液作为对象进行讨论。

a 甲醛还原铜的原理

甲醛还原铜的原理有原子氢态理论和电化学理论。

（1）原子氢态理论。在碱性溶液中，甲醛在催化表面上氧化为 $HCOO^-$，同时放出原子氢，原子氢使铜离子还原为金属铜。反应式为：

$$HCHO + OH^- \longrightarrow HCOO^- + 2H$$

$$HCHO + OH^- \longrightarrow HCOO^- + H_2$$

$$Cu^{2+} + 2H + 2OH^- \longrightarrow Cu + 2H_2O$$

（2）电化学理论。甲醛还原镀铜，在金属铜上存在着两个共轭的电化学反应，即铜的阴极还原和甲醛的阳极氧化。

阳极反应　$HCHO + OH^- \longrightarrow HCOO^- + H_2 + 2e$

阴极反应　$Cu^{2+} + 2e \longrightarrow Cu$

生产中广泛使用的化学镀铜液，以甲醛为还原剂，酒石酸钾钠为配合剂。

b 镀液成分和工艺参数的影响

化学镀铜工艺规范见表5-5，影响工艺的参数主要包括主盐、配合剂、还原剂、稳定剂、pH值、温度。具体为：

（1）硫酸铜是化学镀铜液中的主盐。镀液中铜离子浓度越高，沉积速度越快。铜盐浓度增加，沉积速度逐渐增至一定值。镀层质量与铜盐浓度关系不大。但浓溶液稳定性较稀溶液差，所以浓度大时需加入稳定剂。

（2）酒石酸钾钠是化学镀铜液中的配合剂，用于与铜离子形成配合物，防止 $Cu(OH)_2$ 沉淀生成。同时，酒石酸钾钠又是一种缓冲剂，可以维持反应所需的最适宜的pH值范围。

（3）甲醛是一种强还原剂，在化学镀铜中普遍采用，且随pH值增加，还原能力增加。随甲醛浓度增加，铜的沉积速度略有增加，镀液稳定性降低。在操作过程中，甲醛消耗较大，应注意定期分析补充。

（4）pH值是化学镀铜过程中的一个主要影响因素。铜层的沉积速度随pH值增高而加快，镀层外观也得到改善。因此，化学镀铜溶液的pH值不能过低；但若pH值过高，则会引起甲醛分解速度加快，副反应加剧，消耗增大，铜层沉积速度不再增加，导致镀液老化。氢氧化钠可以用来调节镀液的pH值，保持溶液的稳定性和提供甲醛具有较强还原能力的碱性环境。

（5）为改善镀层外观和韧性，常在镀液中加入二乙基二硫代氨基甲酸钠、α-α′联吡啶等添加剂。但添加量不宜过多，否则，由于它在金属表面的吸附量增多，会使镀铜速度降低。

（6）化学镀铜过程中，必须严格控制反应温度。化学镀铜工作温度应控制在15～25℃范围内。温度高能增大沉积速度，提高铜层韧性，但降低内应力，镀液稳定性下降。若温度过低，易析出硫酸钠，它附着在镀件表面影响铜的沉积，产生绿色斑点。

（7）在化学镀铜过程中要实施搅拌。目的是使镀件表面溶液浓度尽可能同槽内部的溶液浓度一致，维持正常的沉积速度；同时起到排除停留在镀件表面的气泡的作用；另外，使镀液稳定性得到改善。搅拌方式可采用机械搅拌和空气搅拌。

表 5－5 化学镀铜工艺规范

镀液组成的质量浓度及工艺规范	配方 1	配方 2	配方 3	配方 4
硫酸铜/$g \cdot L^{-1}$	5	10	7	10
酒石酸钾钠/$g \cdot L^{-1}$	25	50	23	25
氢氧化钠/$g \cdot L^{-1}$	7	10	4.5	15
碳酸钠/$g \cdot L^{-1}$			2	
氯化镍/$g \cdot L^{-1}$			2	
甲醛/$g \cdot L^{-1}$	10	10	25	5～8
pH 值	12.8	12.9	12.5	12.5～13
温度/℃	15～25	15～25	15～25	15～25
时间 t/min	20～30	20～30	20～30	20～30

5.2.2 非金属覆盖法

5.2.2.1 涂油漆法

涂油漆法是将油漆涂覆在金属表面，隔离开周围介质与金属的接触，从而达到防腐蚀目的的方法。常用的油漆主要有红丹漆、醇酸树脂漆、酚醛树脂漆等。为了提高防腐效果，防锈油漆中还应该加入钝化剂。涂油漆法操作简便，成本低，主要用于桥梁、船舶和机械外表面的防大气腐蚀。

5.2.2.2 涂塑料法

涂塑料法是采用浸涂、喷涂或刷涂等方法，使被保护金属外表面裹上一层塑料薄膜，隔离开周围介质与金属的接触，从而达到防蚀的目的。此法可防酸、碱、盐溶液腐蚀。当不需要防腐塑料薄膜时，可立即剥除。

5.2.2.3 涂防锈剂法

此方法主要是用于储存、加工和运输过程中的防腐处理。耐蚀期短时，可以涂矿物油；耐蚀期较长时，涂凡士林、石蜡等混合物。

5.3 金属表面装饰处理

金属表面装饰处理是指用一定方法在金属表面形成有色薄膜，提高材料装饰功能的工艺过程。表面装饰处理是采用镀、渗、涂以及表面转化等技术，在制件表面获得美观的装饰性薄膜。表面装饰加工处理不仅有装饰性，还可以提高金属表面的物化性能，例如耐蚀性等。随着现代工业的迅速发展和人们对物质生活水平要求的日益提高，金属表面装饰处理有着越来越广泛的需求和更加广阔的发展空间。

5.3.1 表面抛光

表面抛光是利用机械、化学或者电化学原理，在抛光机砂带磨床上进行的光整加工方法。抛光时，抛光膏涂在高速旋转的软弹性抛光轮或砂带上，利用剧烈摩擦产生高温，使得加工面上形成极薄熔流层，从而可以填平加工面上的凹凸微观不平。表面抛光用的磨料根据被磨材料而定，对于青铜、黄铜、铸铁、硬铝、锡、锌等软材料，可以使用人造金刚砂；而对于钢，使用人造刚玉。

5.3.2 装饰性电镀

装饰性电镀可以是镀单金属，如铜、镍、铬、金、银；也可以是合金电镀，如铜锌合金、锡镍合金等。

光亮镀镍是在普通电镀的基础上，加入少量能使得镀层产生光亮的添加剂，从而形成光亮镀镍层。光亮镀铬一般是在光亮镀镍后进行的。

电镀铜锌合金时，其镀层外观色泽随锌含量的不同可以呈现红色、金黄色、浅黄色或银白色。其中，应用最广泛的是含锌30%左右的仿金黄铜，经常用于室内装饰品、家具、首饰以及建筑五金等。

5.3.3 氧化与磷化

有色金属如果经过氧化或磷化处理，可以在其表面形成一层多色彩的装饰性薄膜。例如：铝及铝合金通过磷酸—铬酸法可以得到绿色的氧化膜；含铜铝合金的磷化膜为橄榄绿色，不含铜的铝合金可以获得蓝绿色带浅彩虹色的磷化膜层；铜及铜合金在碱溶液中进行氧化处理，氧化膜颜色可以发生黑色或棕色向紫、红、橙、黄转变。

不锈钢也可以通过氧化获得多种色彩的效果。彩色不锈钢本身是无色的，色彩的获得是由于表面有一层无色透明的致密氧化物薄膜，当光线照射到薄膜上时，其反射光与通过薄膜的折射光发生光的干涉现象的结果。表面氧化膜的化学成分、组织结构、粗糙度、膜的厚度以及入射光线等决定了彩色不锈钢表面呈现何种颜色，其中起决定作用的是膜的厚度。氧化膜的厚度一般在200~400nm。氧化膜较薄，呈现蓝色或棕色；中等厚度的氧化膜，呈现金黄色或红色；较厚的氧化膜，呈现绿色甚至是黑色。

彩色不锈钢的着色工艺一般分为氧化成膜、电解固化、封闭处理3个阶段。彩色不锈钢化学着色工艺流程为：不锈钢制品→机械抛光→清洗→碱性除油→清洗→电解抛光→清洗→活化→清洗→化学着色→着色膜固化处理→清洗→封闭→清洗→干燥→成品。

5.3.4 表面转化着色处理

表面着色就是在金属表面形成一层很薄的、具有一定化学耐蚀性的金属间化合物，经过抛光，使这一薄层显示出平滑和富有光泽的特点。采用不同的着色工艺可使金属或者合金获得不同颜色。金属的着色处理形成的薄膜厚度约为0.025~0.055μm。膜厚不同也会改变色彩深浅，通常可获得黄、红、蓝、绿及彩虹等多种色彩。铜及铜合金的着色处理需要通过在硫化钾、亚硝酸钠等组成的处理液中完成，通常可形成绿、黑、蓝、红等基本色调，并能衍生出古铜、金黄、淡绿、巧克力色等。

习题与思考题

5-1 指出材料表面处理方法分类及主要目的。
5-2 金属表面强化处理方法有哪些?
5-3 金属的腐蚀形式有全面腐蚀和局部腐蚀，请问哪种腐蚀危害性更大?
5-4 化学腐蚀和电化学腐蚀有何区别?
5-5 指出电镀的基本原理和镀锌的工艺过程及应用。
5-6 涂料一般由哪几部分组成，各起何作用?
5-7 指出生活中常见的建筑设施、家具、电器、工具等所采用的表面处理技术。
5-8 在金属表面的覆盖层保护法中，常用的非金属覆盖法有哪些?
5-9 金属表面装饰加工的途径有哪些?

6 工业用钢铁

钢铁材料是经济建设中使用最广、用量最大的金属材料，在现代工农业生产中占有极其重要的地位，它们能够满足很多生产上的要求，至今仍然是应用最广泛的结构材料。

6.1 工业用钢

6.1.1 钢的分类

生产中使用的钢材品种繁多，为了便于生产、管理、选用和研究，可从不同角度把钢分成若干类型。

按照化学成分可以分为碳素钢和合金钢：

(1) 碳素钢包括低碳钢（$w_C < 0.25\%$）、中碳钢（$w_C = 0.26\% \sim 0.60\%$）、高碳钢（$w_C > 0.60\%$）；

(2) 合金钢包括低合金钢（$w_{Me} < 5\%$）、中合金钢（$w_{Me} = 5\% \sim 10\%$）、高合金钢（$w_{Me} > 10\%$）。

按照用途可以分为结构钢、工具钢、特殊钢：

(1) 结构钢包括工程用钢和机器用钢；

(2) 工具钢包括刃具钢、模具钢、量具钢；

(3) 特殊钢包括不锈钢、耐热钢、耐磨钢。

按照质量可以分为普通钢（$w_P \leqslant 0.045\%$，$w_S \leqslant 0.050\%$）、优质钢（$w_P \leqslant 0.035\%$，$w_S \leqslant 0.035\%$）、高级优质钢（$w_P \leqslant 0.035\%$，$w_S \leqslant 0.030\%$）。

按照金相组织可以分为退火状态钢和正火状态钢：

(1) 退火状态钢包括亚共析钢、共析钢、过共析钢；

(2) 正火状态钢包括珠光体钢、贝氏体钢、马氏体钢、奥氏体钢。

6.1.2 结构件用钢

6.1.2.1 普通碳素结构钢

碳素结构件用钢又称为普碳钢，其产量约占钢总产量的 70% ~80%。这类碳钢中的碳质量分数一般小于 0.2%，易于冶炼，价格便宜，大多用于要求不高的机械零件和一般工程构件，通常轧制成钢板或各种型材供应。常用普通碳素结构钢的牌号、主要成分、力学性能及用途见表 6-1。

6.1.2.2 合金结构钢

碳钢虽然价格低廉，便于获得，容易加工，具有较好的力学性能。但是，随着现代工业和科学技术的发展，对钢的力学性能和物理、化学性能提出了更高的要求。碳钢即使经

表 6－1　常用普通碳素结构钢的牌号、主要成分、力学性能及用途

牌号	等级	化学成分/%			力学性能			用　途
		w_{C}	w_{Si}	w_{P}	屈服强度 σ_s/μPa	抗拉强度 σ_b/μPa	断后伸长率 δ/%	
Q195		0.06～0.12	<0.05	<0.045	195	315～390	33	塑性好，有一定的强度，用于指导受力不大的零件，如螺钉、螺母等，焊接件，冲压件及桥梁建设等金属结构件
Q215	A	0.09～0.15	<0.050	<0.045	215	335～410	31	
	B		<0.050					
Q235	A	0.14～0.22	<0.050	<0.045	523	375～460	26	
	B	0.12～0.20	<0.045					
	C	<0.18	<0.040	<0.040				
	D	<0.17	<0.035	<0.035				
Q255	A	0.18～0.28	<0.050	<0.045	255	410～510	24	强度较高，用于制造承受中等载荷的零件，如小轴、销子、连杆等
	B		<0.045					
Q275		0.28～0.38	<0.050	<0.045	275	490～610	20	

过热处理也不能满足要求，因此，为了改善和提高碳钢的性能或使之获得某些特殊性能，就发展了合金钢，即在碳钢中特意加入某些合金元素而得到多元的以铁为基的合金。由于合金钢具有比碳钢优良的特性，因而用量比率逐年增大。

合金结构钢就是在碳素结构钢的基础上适当地加入一些合金元素而形成的钢。在合金结构钢中，经常加入的合金元素有锰（Mn）、硅（Si）、铬（Cr）、钼（Mo）、钨（W）、钒（V）、钛（Ti）、铌（Nb）、锆（Zr）、稀土元素（RE）等。按在结构钢中发挥作用的特点，这些元素可分为：

（1）主加元素，如 Mn、Cr、Ni、Si 等；

（2）辅加元素，如 W、V、Ti、Nb、Zr 等。

由于合金元素的加入，提高钢的淬透性，使零件能在整个截面得到均匀一致的良好的综合力学性能，即具有高强度的同时又有高的韧性，从而保证零件的长期安全使用。普通低合金结构钢的成分特点是低碳（$w_C < 0.20\%$）、低合金（合金元素总量小于 3%）。锰、硅的主要作用是强化铁素体；钒、铌、铝等主要是细化晶粒，提高钢的塑性和韧性。这类钢具有高的屈服强度、良好的韧性和塑性，其屈服强度比碳钢提高 30%～50% 以上，被广泛用于桥梁、船舶、车辆、建筑、锅炉、高压容器、输油输气管道等。低合金结构钢的牌号和新旧标准及主要用途见表 6－2。

表 6－2　低合金结构钢的牌号和新旧标准及主要用途

新标准（GB/T 1591—1994）	旧标准（GB 1591—1988）	主 要 用 途
Q295	09MnV，09MnNb，09Mn2，12Mn	桥梁、车辆、锅炉、容器
Q345	09MnCuPTi，10MnSiCu，12MnV，14MnNb，16Mn，16MnRE	桥梁、车辆、压力容器、化工容器、船舶、建筑结构

续表 6－2

新标准（GB/T 1591—1994）	旧标准（GB 1591—1988）	主要用途
Q390	10MnPNbRE，15MnV，15MnTi，16MnNb	桥梁、车辆、压力容器、电站设备、起重设备、管道
Q420	15MnVN，14MnVTiRE	大型桥梁、高压容器、大型船舶
Q460		大型重要桥梁、大型船舶

6.1.3 机器零件用钢

机器零件用钢是国民经济各部门中，特别是机械制造业中广泛用于制造各种机器零件的钢种，如各种轴类零件、齿轮、弹簧和轴承等。

常见的机器用钢包括调质钢、渗碳钢、弹簧钢和轴承钢。

6.1.3.1 调质钢

调质钢一般指经过淬火和高温回火（调质处理）后使用的结构钢。调质处理后钢的组织为回火索氏体。调质钢具有高的强度和良好的塑性与韧性，常用于制造一些要求具有良好综合力学性能的重要零件，如轴类、齿轮等。

A 调质钢的化学成分特点

调质钢的化学成分特点是：

（1）碳质量分数介于0.3%～0.5%之间，碳质量分数过低时不易淬硬，碳质量分数过高将造成韧性偏低。

（2）合金调质钢中的主加合金元素有 Cr、Mn、Si、Ni、B 等，这些元素单独加入或者复合加入可以提高调质钢的淬透性，并保证有良好的综合力学性能。

B 调质钢的热处理特点

将调质钢加热至约850℃然后淬火。淬火介质可以根据钢件尺寸大小和钢的淬透性高低加以选择。除碳钢外，一般合金调质钢零件可以在油中淬火。合金元素含量较高、淬透性特别大的钢件，甚至经空冷都能获得马氏体组织。调质钢的最终热处理是淬火加高温回火。调质钢的最终性能取决于回火温度的选择。当要求高塑性、高韧性及一定的强度时，采用高温回火，即调质处理。当零件要求较高的强度和适当的塑性和韧性时，采用200～250℃低温回火，得到回火马氏体组织，或者450℃中温回火，得到屈氏体组织。调质钢的回火温度处于第二类回火脆性的温度范围，为了防止第二类回火脆性发生，需加入合金元素，如 Mo、W 等。

6.1.3.2 渗碳钢

渗碳钢通常是经渗碳、淬火、低温回火后使用的钢。主要用于制造表面耐磨、耐接触疲劳破坏，特别是耐冲击载荷的机器零件。这类零件都要求表面具有高的硬度、耐磨性和接触疲劳强度，心部要求较高的强度和足够的韧性，如汽车、拖拉机上的变速箱齿轮，内燃机上的凸轮、活塞销和部分量具等。

渗碳钢分为碳素渗碳钢和合金渗碳钢。碳素渗碳钢的平均碳质量分数一般在0.10%～0.20%之间，淬透性低，仅能在表面获得高的硬度，而心部得不到强化，只适用于截面比较小的渗碳件。合金渗碳钢的平均碳质量分数一般在0.10%～0.25%之间，加入镍、锰、硼等合金元素，可以提高钢的淬透性，使零件在渗碳后表面和心部都能得到强化；加入少量的钒、钨、钴等碳化物形成元素，可防止高温渗碳时晶粒长大，起到细化晶粒的作用。

6.1.3.3 弹簧钢

在机械产品中，弹簧是各种机械和仪表中的重要零件。由于弹簧都是在动负荷下，主要是吸收冲击能量，缓和机械的振动和冲击作用，所以要求弹簧钢必须有高的抗拉强度、高的屈强比和高的疲劳强度，还要求有较好的淬透性和低的脱碳敏感性，在冷热状态下容易卷绕成形。

根据成形方法，弹簧钢的制造可以分为冷成形和热成形两类，冷成形主要针对小型弹簧，丝径小于8mm的螺旋弹簧等可以在热处理或冷变形强化后成形，即用冷拔钢丝冷卷成形。冷拔钢丝具有高的强度，这是利用冷拔变形使钢产生加工硬化而获得的。热处理弹簧一般是将淬火加热与热成形结合起来，即加热温度略高于淬火温度，加热后进行热卷成形，然后利用余热淬火，最后进行350～450℃中温回火，从而获得回火屈氏体组织，有效提高弹簧的弹性极限和疲劳寿命。

6.1.4 工具钢

工具钢是用来制造各种加工工具的钢种。根据用途的不同，工具钢可以分为刃具钢、模具钢和量具钢。

6.1.4.1 刃具钢

刃具钢主要指制造车刀、铣刀、钻头等切削加工工具的钢种。在切削过程中，刃具与工件表面金属相互作用，使切屑产生变形和断裂，因此，刃具本身承受弯曲、扭转和冲击，还与工件发生相对摩擦，产生热量而使刃具温度升高，切削速度越大，温度越高，有时可达600℃；此外，刃具还承受一定冲击和振动，常用刃具钢见表6－3。

表6－3 常用刃具钢

钢号	试样淬火		退火态硬度	性能特点	用途举例
	淬火温度/℃	硬度			
Cr06	780	HRC64	HBS211～187	低合金铬工具钢，其差别在于Cr含量，Cr06含C量最高，含Cr最低，硬度耐磨性高，但较脆	可以用作锉刀、刮刀、刻刀、剃刀，Cr2和9Cr2除用做刀具外，还可以用做量具、模具、轧辊等
Cr2	800	HRC62	HBS229～179		
9Cr2	800	HRC62	HBS217～179		
9SiCr	800	HRC62	HBS211～197	应用最广泛的低合金工具钢，其淬透性较高，回火稳定性较好，8MnSi可节省铬资源	常用于制造形状复杂、切削速度不高的刀具、入板牙、钻头及冷作模具
8MnSi	800	HRC62	＜HBS229		
CrWMn	800～830（油）	HRC62	HBS255～207	淬透性高，变形小，尺寸稳定性好，是微变形钢，缺点是易形成网状碳化物	可用于尺寸精度要求较高的成形刀具，但主要适用于量具和冷作模具
9CrWMn	800～830（油）	HRC62	HBS241～197		
W	800～830（水）	HRC62	HBS229～187	淬透性不高，但耐磨性较好	低速切削硬金属的刀具，如麻花钻、车刀等

根据刃具工作条件，对刃具钢提出如下要求：

（1）高硬度。只有刃具的硬度大大高于切削加工材料的硬度时，才能顺利地进行切削加工。所以刃具钢应以高碳马氏体为主，一般碳含量都要超过0.6%。

（2）高耐磨性。钢的耐磨性不仅取决于高硬度，而且与碳化物的性质、数量、大小和分布有关。在马氏体基体上分布着弥散的碳化物，尤其是各种合金碳化物能有效地提高刃具钢的耐磨损能力。

（3）高的热浸性（又称红硬性）。红硬性一般是指刃部受热升温时刃具钢仍能维持高硬度（大于HRC60）的能力。红硬性的高低与钢的回火稳定性和碳化物弥散沉淀等有关。若刃具钢中加入W、V、Nb等合金元素，既能增加回火稳定性，又能形成弥散沉淀的碳化物，则将显著提高钢的红硬性。

（4）一定的强度、塑性和韧性。刃具在切削过程中常受拉、压、弯、扭、冲击和振动等作用，为了保证刃具在使用过程中不崩刃或折断，要求刃具通过热处理后具有一定的强度、塑性和韧性。

6.1.4.2 模具钢

用于制造冷作模具和热作模具的钢种通常称为模具钢。根据模具的使用性质可以分为两大类：使金属在冷状态下变形的冷作模具钢和使金属在热状态下变形的热作模具钢。

A 冷作模具钢

冷作模具钢是用来制造在冷态下使金属变形的模具钢种，如冷冲模、冷挤压模以及拉丝模、搓丝板等。冷作模具钢主要要求具有高的硬度、高的耐磨性和高的淬透性，以及足够的强度和韧性。

与刃具钢相似，为了保证模具经过热处理后获得高硬度和高耐磨性，冷作模具钢含有比较高的碳量，此外，还加入一定量的合金元素，如Cr、Mn、Si、W、Mo、V等。对于一般受力不大、形状简单、尺寸又小的模具，可选用淬透性较低的碳素工具钢，如T10、T11、T12等；尺寸很大、形状又复杂的模具，可选用高碳高铬模具钢，如Cr12型钢（12MoV等）。冷作模具钢选用举例见表6-4。

表6-4 冷作模具钢选用举例

冲模种类	钢号			备注
	简单（轻载）	复杂（轻载）	重载	
硅钢片冲模	Cr12，Cr12MoV，Cr6WV	Cr12，Cr12MoV，Cr6WV		因加工量大，要求寿命长，所以采用高合金钢
冲孔落料模	T10A，9Mn2V	9Mn2V，Cr6WV，Cr12MoV	Cr12MoV	
压弯模	T10A，9Mn2V		Cr12，Cr12MoV，Cr6WV	
拔丝拉伸模	T10A，9Mn2V		Cr12，Cr12MoV	

续表 6－4

冲模种类	钢号			备注
	简单（轻载）	复杂（轻载）	重载	
冷挤压模	T10A，9Mn2V	Cr6WV，9Mn2V，Cr12MoV	Cr12MoV，Cr6WV	要求热硬性时，还可以选用 W18Cr4V、W6Mo5Cr4V2
小冲头	T10A，9Mn2V	Cr12MoV	W18Cr4V，W6Mo5Cr4V2	冷挤压钢件，还可以选用超硬高速钢
冷镦模	T10A，9Mn2V		Cr12 MoV，8Cr8Mo2SiV，Cr12MoV，W18Cr4V，Cr4W2MoV，8Cr8Mo2SiV2	

B 热作模具钢

热作模具包括热锻模、热镦模、热挤压模、高速锻模、压铸模等，热作模具在工作过程中，一方面要承受很大的应力和强烈的摩擦，另一方面还要经受与高温金属和冷却介质的周期作用而引起的热应力。因此，热作模具钢既要在常温下具有足够的强韧性、硬度和耐磨性，还要在较高温度下也能保持这些性能。常用的热作模具钢见表 6－5。

表 6－5 常用的热作模具钢

钢号	淬火处理		回火后硬度	用途
	温度/℃	冷却介质		
5CrMnMo	820～850	油	HRC39～47	中小型热锻模
5CrNiMo	830～860	油	HRC35～39	压铸模
3Cr2W8V	1075～1125	油	HRC40～54	高应力锻模
4Cr5MoSiV	980～1030	油或空气	HRC39～50	大中型锻模
4Cr5W2SiV	1030～1050	油或空气	HRC39～50	大中型锻模

6.1.4.3 量具钢

量具是用来度量工件尺寸的工具，如各种量规、块规、千分尺等。由于量具在使用过程中经常受到工件的摩擦与碰撞，而量具又必须具备非常高的尺寸精确性和恒定性，因此要求具有以下性能：高的硬度和耐磨性、高的尺寸稳定性、足够的韧性、在特殊环境下具有抗腐蚀性。

A 量具钢的选用

量具钢选用时，要注意：

（1）形状简单、精度不高的量具可选用碳素工具钢，如 T10A、T12A；

（2）精度要求高的量具（块规）通常选用高碳低合金工具钢，如 Cr2、CrMn、CrWMn 等；

（3）在腐蚀条件下工作的量具可选用 4Cr13、9Cr18 等。

B 量具钢的热处理

量具钢热处理的主要特点是在保持高硬度与高耐磨性的前提下，尽量采取措施使量具在长期使用过程中保持尺寸的稳定，可以采用如下热处理措施：

（1）调质处理。其目的是获得回火索氏体组织，以减少淬火变形和提高机械加工的粗糙度。

（2）淬火和低温回火。量具钢为共析钢，通常采用不完全淬火 + 低温回火处理，在保证硬度的前提下，尽量降低淬火温度。

（3）冷处理。高精度量具在淬火后必须进行冷处理，以减少残余奥氏体量，从而增加尺寸稳定性。冷处理温度一般为 -70 ~ -80℃，并在淬火冷却到室温后立即进行，以免残余奥氏体发生陈化稳定。

（4）实效处理。为了进一步提高尺寸稳定性，淬火、回火后，需在 120 ~ 150℃ 进行 24 ~ 36h 的时效处理，这样可以消除残余应力，增加尺寸稳定性。

6.1.5 特殊性能钢

特殊性能钢是指不锈钢、耐热钢、耐磨钢等一些具有特殊化学和物理性能的钢。

6.1.5.1 不锈钢

不锈钢是指在腐蚀介质中具有抗腐蚀性能的钢。

金属腐蚀有两种形式，即化学腐蚀和电化学腐蚀。金属在电解质中的腐蚀，称为电化学腐蚀；金属在非电解质中的腐蚀，称为化学腐蚀。如钢在室温时的氧化属于电化学腐蚀；而钢在高温的氧化则属于典型的化学腐蚀。零件的腐蚀大部分都属于电化学腐蚀。

电化学腐蚀实际是微电池的作用，因为珠光体中的铁素体和渗碳体有着不同的电极电位，铁素体的电极电位要比渗碳体的电极负，因此，片状珠光体置于硝酸酒精溶液中，铁素体便作为阳极被腐蚀，而作为阴极的渗碳体则不被腐蚀，如图 6 - 1 所示。

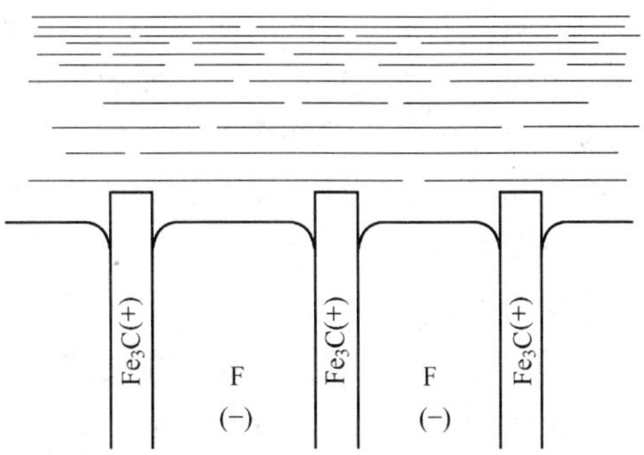

图 6 - 1 不锈钢腐蚀原理示意图

因此，从电化学腐蚀基本原理可以看出，若要提高金属的耐蚀性，应采取以下措施：

（1）提高合金本身的电极电位。在钢中加入某些合金元素后显著提高钢中基本相电极电位。如在铁中加入大于 13% 的铬后，铁的电极电位从 0.56V 突然升高 0.2V，其耐蚀性能也显著提高。常加入的元素有铬、镍、硅等。

（2）尽量使钢在室温下呈均匀的单相组织。合金元素加入钢中后，使钢形成单相的铁素体、单相的奥氏体，避免形成微电池的两个电极，从而提高钢的耐蚀性。

（3）形成氧化膜。合金元素加入钢中后，可以在钢的表面形成一层致密的、结合牢固的氧化膜（又称为钝化膜），使钢与周围介质隔绝，提高抗腐蚀能力。

根据成分组织的特点，常用不锈钢可分为以下类型：

（1）奥氏体型。当钢中含有18%左右的Cr和8%以上的Ni，可获得稳定的奥氏体组织，这类钢具有很高的耐蚀性，并具有优良的塑性、韧性和焊接性。这类钢在450～850℃加热保温或者缓慢冷却时，往往会产生晶间腐蚀。碳含量越高，出现晶间腐蚀的倾向性越大。这是由于在晶界上析出富Cr的$Cr_{23}C_6$，使其周围基体产生贫铬区，从而形成腐蚀原电池造成的。防止措施是加入Nb、Ti等，形成稳定碳化物或者减少碳含量，发展超低碳不锈钢（碳含量小于0.03%）。

（2）铁素体型。这类钢铬含量一般为13%～30%，碳含量小于0.25%，金相组织主要是铁素体，加热至高温也不发生相变，不能通过热处理来强化，通常是在退火或正火状态使用。这类钢具有较好的塑性，但强度不高，对硝酸、磷酸有较高的耐蚀性，广泛用于制造生产硝酸、氮肥等设备和化工使用的管道等。

（3）马氏体型。马氏体型不锈钢含有较高的铬，还有很高的碳含量，因此它具有较高的强度、硬度和耐磨性。同时，马氏体不锈钢具有较好的力学性能，很高的淬透性，直径不超过100mm均可在空气中淬透。这类钢用于制造力学性能要求较高、抗腐蚀性能要求一般的零件，如弹簧、热油泵零件、蒸汽阀杆、阀头等。常用的马氏体不锈钢有1Cr13、2Cr13、3Cr13、9Cr18等。

6.1.5.2 耐热钢

金属的耐热性是包含着高温抗氧化性和高温强度的综合性概念，耐热钢是在高温下不发生氧化并具有足够强度的钢。耐热钢包括抗氧化钢和热强钢。具体为：

（1）抗氧化钢。抗氧化钢是指在高温下抗氧化或者抗高温介质腐蚀而不破坏的钢种。为了提高钢的抗氧化性，往钢中加入铬、硅、铝等合金元素，在高温下，抗氧化钢表面能迅速氧化形成一层致密的氧化膜覆盖在金属表面，有效地阻挡外界的氧原子继续向内部扩散，所以具有良好的保护作用。而碳钢的高温表面形成疏松多孔的形态，氧原子容易通过进行扩散，使内部继续氧化，容易剥落，结果钢不断发生锈蚀，最终导致零件破坏。

（2）热强钢。热强钢是指在高温下有一定抗氧化能力并具有足够强度而不发生大量变形或者断裂的钢种。影响耐热钢热强性的主要原因是随着温度的提高，钢的原子间结合力降低，原子扩散系数增大，从而导致钢的组织由亚稳态向稳态过渡。如第二相的聚集长大，多相合金中成分的变化、亚结构粗化及发生再结晶等，这些因素都导致钢的软化。提高耐热钢热强性的途径主要有3个：基体强化、第二相强化、晶界强化。主要的出发点就是加入合金元素，提高基体金属的原子间结合力，降低固溶体的扩散过程，用难熔合金碳化物作强化相，如MC、$M_{23}C_6$、M_6C等。

常用的耐热钢主要是马氏体型耐热钢和奥氏体型耐热钢。

马氏体型耐热钢的主要合金元素是Cr、Mo、Si等。当合金元素质量分数较高时，空冷便得到马氏体组织。其特点是线膨胀系数较小，制造和使用中变形也小。

奥氏体型耐热钢是利用弥散分布的、高温时不易聚集长大的碳化物或者金属间化合物使钢强化的，因此，它的高温强度比马氏体型耐热钢要高，工作温度达到650～700℃。此外，奥氏体型耐热钢还具有良好的塑形变形性能和焊接性能。

6.1.5.3 耐磨钢

耐磨钢是指在强烈冲击载荷作用下能产生硬化的钢。它的主要成分是w_C=0.9%～

1.3%、$w_{Mn}=11\%\sim14\%$，所以耐磨钢又称为高锰钢，它的钢号为Mn13。

铸态的高锰钢组织中有碳化物，硬而脆，耐磨性也不好，需要对高锰钢进行“水韧处理”，即保温一段时间后使钢的碳化物溶解到奥氏体中，然后立即在水中冷却，由于冷却速度非常快，钢中的碳化物来不及从奥氏体析出，因而保持单一的奥氏体状态。水韧处理后的高锰钢有良好的韧性，而硬度并不高，但是却有很高的加工硬化能力，当它在受到剧烈冲击或较大压力作用时，表面的奥氏体迅速产生加工硬化，促使奥氏体转变为马氏体，从而提高了表面层的硬度，使表面层获得高的耐磨性；其心部则仍维持原来状态。水韧处理后的高锰钢不能再加热，因为当加热温度超过350℃时，即使很短的时间也能析出碳化物，使钢的性能变坏。需要指出的是，高锰钢只有在强烈的冲击和摩擦的条件下工作才能显示高的韧性和耐磨性。如果在一般工作条件下，它的耐磨性甚至不及碳钢。因此，高锰钢可用于既要耐磨又要耐冲击的一些工作条件比较恶劣的场合，如铁道上的辙岔、辙尖、转辙器，挖掘机的铲斗、衬板等。

6.2 铸　　铁

铸铁是一种以铁、碳、硅为主要成分并且在结晶过程中具有共晶转变的多元铁基合金总称。铸铁的化学成分一般为$w_C=2.5\%\sim4.0\%$、$w_{Si}=1.0\%\sim3.0\%$、$w_P=0.4\%\sim1.5\%$、$w_S=0.02\%\sim0.2\%$。为了提高铸铁的某些性能，还加入一定的Cr、Ni、Cu、Mo等合金元素形成合金铸铁。

6.2.1 铸铁的特点和分类

铸铁之所以广泛应用于机械、冶金、石油、矿山、运输等行业，是因为铸铁良好的铸造性、减磨性、消振性及切削加工性和低廉的价格，特别是我国研制的稀土球墨铸铁，可以替代许多碳钢或合金钢制造重要零件。

目前，工业生产中铸铁通常是按照其中碳的存在形式和石墨的形态来划分的。实际上除少量碳存在于基体中外，绝大部分碳是以游离态或碳化物的形式存在。根据碳的存在形式及石墨的形态不同，可以将铸铁分为灰铸铁、白口铸铁、可锻铸铁、球墨铸铁和蠕墨铸铁。

6.2.2 铸铁的石墨化

由于化学成分和结晶条件不同，铸铁的结晶过程和组织转变可以按照$Fe-Fe_3C$和$Fe-C$系进行，因此，铸铁液相变具有二重性，凝固后产生不同的高碳相，即渗碳体或石墨。渗碳体组织在高温下不稳定，易发生分解，分解出来的碳大部分转变为石墨晶体，因而渗碳体属于可分解的亚稳定相；石墨晶体则为稳定相。

相图具有二重性是$Fe-C$相图显著的特点。不同的相变条件下，可以出现含稳定高碳相石墨的稳定系相图，即$Fe-C$相图；也可能出现含有亚稳高碳相渗碳体的亚稳定系相图，即$Fe-Fe_3C$相图。把两个相图合并成一个相图，就得到如图6-2所示的双重相图。图中实线为亚稳系转变相图，即$Fe-Fe_3C$系临界线，虚线则表示稳定系转变相图，即$Fe-C$系临界线。

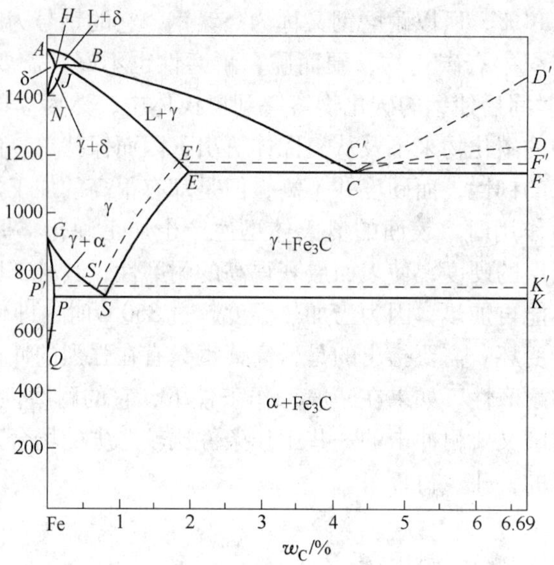

图 6-2 Fe-C 合金相图的二重性

6.2.3 铸铁孕育处理

为了细化灰铸铁的组织，提高铸铁的力学性能，并使其均匀一致，通常在浇注前往铁水中加入少量强烈促进石墨化的物质进行处理，使铁水中高活度碳原子摆脱与铁原子形成化合物倾向，转移到形核基体表面，这能增加有效石墨晶核数目，促使形成结晶核心，以改善金属组织和性能，这种技术手段称为铸铁孕育处理。

以促进石墨化为目的而加入的合金物质通常是硅铁以及含有某些碱土金属、稀土元素的复合硅铁，通常称之为硅系孕育剂。常用的孕育剂有硅铁、硅钙、稀土合金等，其中最常用的是含有75% Si 的铁合金。孕育剂的加入量大致在 0.2% ~0.5%。孕育剂的作用是促使石墨非自发形核。

除了孕育剂本身特性以外，孕育剂加入方式对于孕育效果也很重要。合适的加入方式是使孕育剂均匀地分布于铁水中，并在铸件凝固前停留最短时间，以利于发挥孕育剂最大的孕育效果。

常用的处理方法是把孕育剂加在熔炉出铁槽中，使之随铁水进入浇包。这种方法简单易行，但是孕育剂的氧化损耗大（损耗率为 20% ~30%），在铁水中停留时间长，易于出现孕育衰退。

另一种方法是将孕育剂制成孕育丝，通过铁水包外的喂丝机构将其均匀送入铸型中的直浇口或浇口杯。这种方法的优点是所需要的孕育剂量少，无粉尘污染，便于自动控制；缺点是孕育剂的轧制和输送比较复杂。

6.2.4 常用铸铁

6.2.4.1 灰铸铁

灰铸铁是一种断面呈现灰色的铸铁，碳主要以片状石墨形式出现。灰铸铁具有生产成本低、铸造性能优良、减震、耐磨和缺口敏感性小等特点，是机械制造业中应用最广泛的一种铸铁材料。灰铸铁的牌号由“HT + 三位数字”组成。其中，“HT”是灰铁的汉语拼音缩写，数字代表铸铁的抗拉强度。如“HT200”表示最小抗拉强度为200MPa的灰铸铁。抗拉强度最小的灰铸铁是HT100，往上以50为间隔递增，最大为HT350。灰铸铁的牌号及用途见表6－6。

表6－6　灰铸铁的牌号及用途

牌　号	最小抗拉强度/MPa	用　途
HT100	100	低载荷和不重要零件，如盖、外罩、手轮
HT150	150	承受中等应力的零件，如底座、床身工作台
HT200	200	承受较大应力和较重要的零件，如汽缸体、齿轮、机座、床身、活塞、齿轮箱、油缸等
HT250	250	
HT300	300	床身导轨、车床、冲床等受力较大的床身、机座、主轴箱、卡盘、齿轮等
HT350	350	

注：灰铸铁根据强度分级，一般采用 ϕ30mm 铸造试棒，切削加工后进行测定。

灰铸铁的性能与其化学成分和组织有密切的关系。尤其是灰铸铁的基体组织对性能有着很大的影响。按照基体组织的不同，灰铸铁可分为铁素体（F）灰铸铁、铁素体(F) + 珠光体（P）灰铸铁和珠光体（P）灰铸铁。灰铸铁的三种基体的显微组织的金相照片如图6－3所示。铁素体灰铸铁的强度、硬度和耐磨性都比较低，但塑性比较高。珠光体灰铸铁强度高，硬度高，耐磨性好，但塑性比铁素体灰铸铁低，多用于受力较大、耐磨性要求高的重要铸件，如汽缸套、活塞、轴承座等。事实上，在实际生产中，基体全部为珠光体的铸态组织难以获得，常见的基体是铁素体 + 珠光体组织，其性能介于铁素体灰铸铁与珠光体灰铸铁之间。

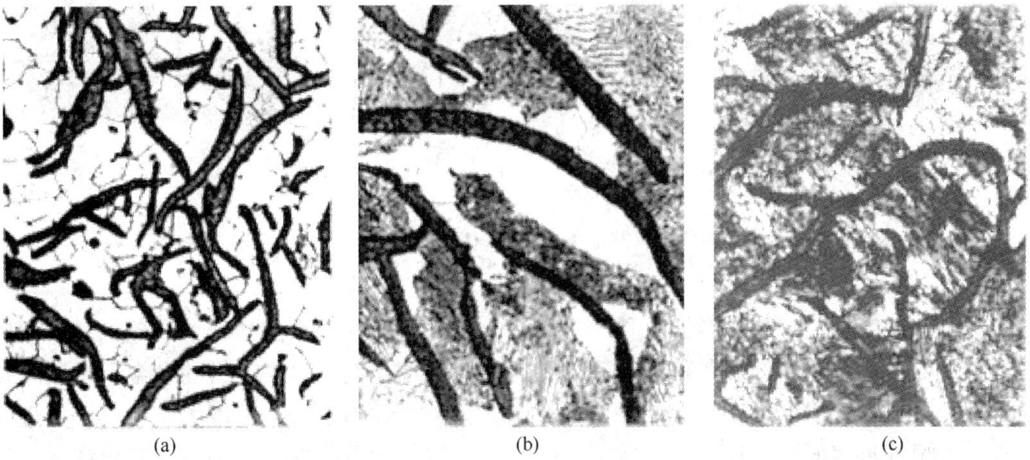

(a)　(b)　(c)

图6－3　灰铸铁的三种基体的显微组织的金相照片

（a）F + 片状石墨；（b）（F + P）+ 片状石墨；（c）P + 片状石墨

灰铸铁的成分和铸件的冷却速度是灰铸铁铸件能否得到灰口组织和得到何种基体的主

要影响因素。

铸铁中的各元素分为促进石墨化和阻碍石墨化两类。碳、硅为强烈促进石墨化的元素。碳含量越高，石墨化越容易，石墨越多。硅能减弱碳和铁的亲和力，不利于渗碳体的析出，从而促进了石墨化。磷也是促进石墨化的元素，但其作用较弱。硫和锰是阻碍石墨化的元素。硫使铸铁白口化，降低铸铁的铸造性能和力学性能。

6.2.4.2 球墨铸铁

石墨呈现球状的铸铁称为球墨铸铁，简称球铁。它是用镁、钙及稀土元素球化剂进行球化处理，使石墨变为球状。由于石墨呈现球状，对基体的削弱作用最小，使球墨铸铁的金属基体强度利用率高达70% ~90%（灰口铸铁只能达到30%），因而其力学性能远远优于普通灰口铸铁。

球墨铸铁的大致化学成分范围是：w_C 为3.6% ~3.9%、w_{Si} 为2.0% ~3.2%、w_{Mn} 为0.3% ~0.6%、w_P <0.1%、w_S <0.03%、w_{Mg} 为0.03% ~0.06%。由于球化剂的加入会阻碍石墨化，并使得共晶点右移，造成流动性下降，所以必须严格控制球化剂含量。

球墨铸铁的显微组织由球形石墨和金属基体两部分组成。其中，石墨球通常孤立地分布于金属基体中。随着成分和冷却速度的不同，球铁铸态下的金属基体可以分为铁素体、铁素体+珠光体、珠光体三种，如图6-4所示。

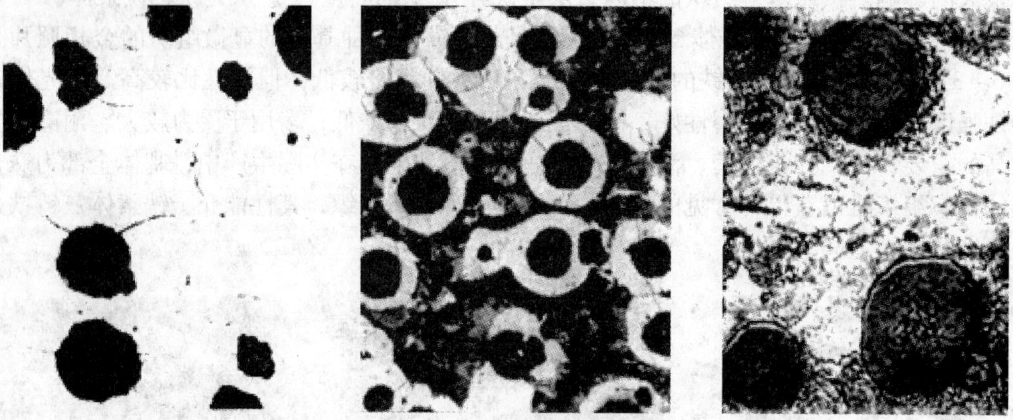

(a) (b) (c)

图6-4 球墨铸铁的组织

(a) 铁素体；(b) 铁素体+珠光体；(c) 珠光体

球墨铸铁常用的球化剂有镁、稀土或者稀土镁，孕育剂常用的是硅铁和硅钙。球墨铸铁中常用的球化剂中所使用各种球化元素中，大多数球化剂都是含有镁的合金。配制球化剂合金的目的，一方面是减弱镁的爆发性反应，另一方面由于合金密度大于纯镁，处理时不易上浮至铁水表面，从而减少镁的氧化损失，稳定镁的吸收率，容易控制残余镁量。另外，几种球化元素共同存在时，可以充分发挥各自的特点，提高球化效果，适应各种铸件的需要。例如，当处理厚大球墨铸铁件时，镁和稀土元素配成的球化剂，球化效果要比单独使用镁或稀土的球化剂好。

铜镁合金和镍镁合金相对来说成本较高。使用这种球墨铸铁回炉料时，应该注意炉料中铜或镍的积累，特别是铜含量超过一定限度后，球墨铸铁韧性急剧下降，力学性能会明显变差。

球墨铸铁的牌号、组织、力学性能及用途见表6－7。

表6－7　球墨铸铁的牌号、组织、力学性能及用途（摘自GB1348—1988）

牌　号	抗拉强度 σ_b/MPa	屈服强度 σ_s/MPa	伸长率 δ/%	供参考		应用举例
				硬　度	基体组织	
QT400－18	≥400	≥250	≥18	HBS130～180	铁素体	汽车、拖拉机底盘零件，阀体和阀盖
QT400－15	≥400	≥250	≥15	HBS130～180	铁素体	
QT450－10	≥450	≥310	≥10	HBS160～210	铁素体	
QT500－7	≥500	≥320	≥7	HBS170～230	铁素体＋珠光体	机油泵齿轮
QT600－3	≥600	≥370	≥3	HBS190～270	铁素体＋珠光体	柴油机、汽油机曲轴；车床、磨床主轴，空压机缸体等
QT700－2	≥700	≥420	≥2	HBS225～305	珠光体	
QT800－2	≥800	≥480	≥2	HBS245～335	珠光体或者回火组织	
QT900－2	≥900	≥600	≥2	HBS280～360	贝氏体或者回火马氏体	汽车、拖拉机传动齿轮

6.2.4.3　蠕墨铸铁

蠕墨铸铁作为一种新型铸铁材料出现在20世纪60年代，它是近年来发展起来的一种新型工程材料。它是由液体铁水经变质处理和孕育处理随之冷却凝固后所获得的一种铸铁。蠕墨铸铁的石墨形态介于片状和球状石墨之间。灰口铸铁中石墨片的特征是片长、较薄、端部较尖；球铁中的石墨大部分呈球状，即使有少量团状石墨，基本上也是互相分离的；而蠕墨铸铁的石墨形态在光学显微镜下看起来像片状，但不同于灰口铸铁的是其片较短而厚，头部较圆（形似蠕虫），所以可以认为，蠕虫状石墨是一种过渡型石墨。由于蠕墨铸铁兼有球墨铸铁和灰铸铁的性能，因此，它具有独特的用途，在钢锭模、汽车发动机、排气管、玻璃模具、柴油机缸盖、制动零件等方面的应用均取得了良好的效果。

蠕墨铸铁所用的蠕化剂中均含有稀土元素，如稀土硅铁镁合金、稀土硅铁合金、稀土硅钙合金、稀土锌镁硅铁合金等。由此，形成了适合国情的蠕化剂系列。图6－5所示为蠕墨铸铁的显微组织。

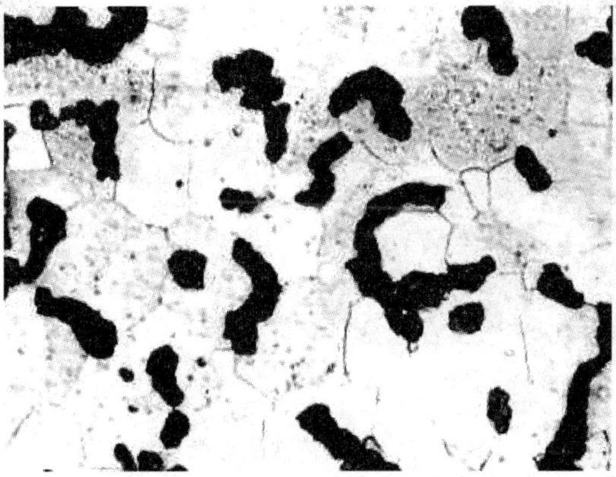

图6－5　蠕墨铸铁的显微组织

牌号中“RuT”是“蠕铁”两个字汉语拼音的字头，在“RuT”后面的数字表示最小抗拉强度。常用蠕墨铸铁的牌号、基体组织和力学性能见表6－8。

表6－8 常用蠕墨铸铁的牌号、基体组织和力学性能（摘自JB/T 4403—1999）

牌号	主要基体组织	抗拉强度 σ_b/MPa	屈服强度 σ_s/MPa	伸长率 δ/%	硬度值	蠕化率/%
RuT420	珠光体	≥420	≥335	≥0.75	HB200～280	≥50
RuT380	珠光体	≥380	≥300	≥0.75	HB193～274	
RuT340	珠光体＋铁素体	≥340	≥270	≥1.0	HB170～249	
RuT300	铁素体＋珠光体	≥300	≥240	≥1.5	HB140～217	
RuT260	铁素体	≥260	≥195	≥3	HB121～197	

6.2.4.4 可锻铸铁

可锻铸铁俗称玛钢、玛铁。它是由白口铸铁通过退火处理得到的一种高强铸铁。可锻铸铁成分一般为：w_C 为2.4%～2.7%、w_{Si}为1.4%～1.8%、w_{Mn}为0.5%～0.7%、w_S < 0.25%、w_P < 0.08%。

可锻铸铁是使渗碳体分解而获得团絮状石墨，由于可锻铸铁中的石墨呈团絮状，对基体的割裂作用较小，因此，它的力学性能比灰铸铁高，塑性和韧性好，但可锻铸铁并不能进行锻压加工。可锻铸铁的基体组织不同，其性能也不一样，其中，黑心可锻铸铁具有较高的塑性和韧性，而珠光体可锻铸铁具有较高的强度、硬度和耐磨性。

可锻铸铁生产分两个步骤：第一步，先浇注白口铸铁；第二步，进行长时间的石墨化退火处理，使共晶渗碳体分解为团絮状石墨，完成第一阶段的石墨化过程。随后以较快的速度冷却，通过共析转变温度区，使第二阶段的石墨化过程不能进行，则退火后得到珠光体＋团絮状石墨的组织，称为珠光体可锻铸铁；若第一阶段石墨化保温后慢冷，使奥氏体中的碳充分析出，完成第二阶段石墨化，并在冷至700～760℃后继续保温，使共析渗碳体充分分解，完成第三阶段石墨化，在650～700℃出炉冷却至室温，可以得到铁素体基体的可锻铸铁。图6－6所示为可锻铸铁的显微组织。可锻铸铁的牌号及用途见表6－9。

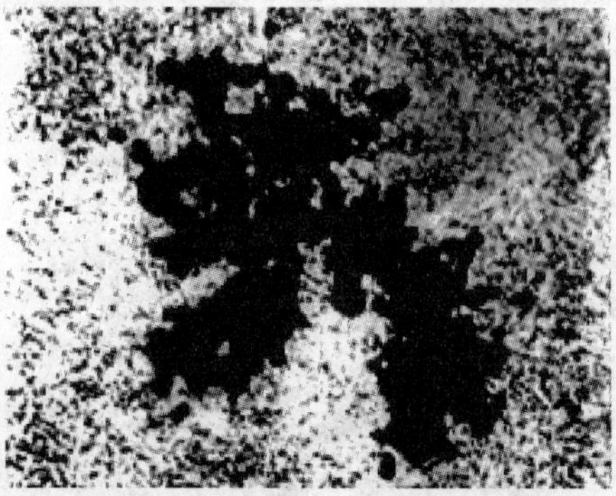

(a)

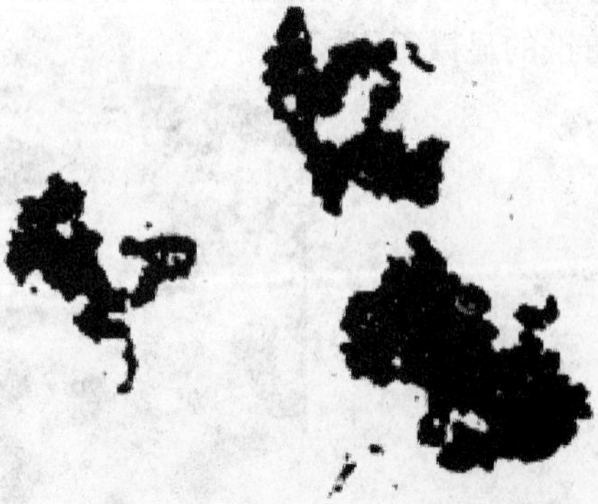

(b)

图6－6 可锻铸铁的显微组织

（a）珠光体可锻铸铁；（b）铁素体可锻铸铁

表 6－9　可锻铸铁的牌号及用途

牌　号	力学性能			试样直径 D/mm	用　　途
	抗拉强度 σ_b/MPa	屈服强度 σ_s/MPa	伸长率 δ/%		
KTH300－06	≥300	≥186	≥6	12 或 15	管道配件
KTH330－08	≥330		≥8		扳手
KTH350－10	≥350	≥200	≥10		汽车前后轮壳、差速器壳、制动器支架
KTH370－12	≥370	≥226	≥12		
KTZ450－06	≥450	≥270	≥6		承受较高载荷、耐磨且有一定韧性的重要零件，如曲轴、凸轮轴
KTZ550－04	≥550	≥340	≥4		
KTZ650－02	≥650	≥430	≥2		
KTZ700－02	≥700	≥530	≥2		

6.2.5　特种铸铁

工业上要求铸铁除了有一定的力学性能外，有时还要有较高的耐磨性以及耐热性、耐蚀性。因此，在普通铸铁的基础上加入一定量的合金元素，制成特殊性能的铸铁（合金铸铁）。合金铸铁可用来制造在高温、摩擦或者耐蚀条件下工作的机器零件。

6.2.5.1　耐磨铸铁

耐磨铸铁是指不易磨损的铸铁。实践证明，具有细片状珠光体基体和细小均匀分布的石墨的铸铁有较好的耐磨性。

在灰口铸铁中加入少量合金元素（如磷、钒、铬、钼、锑、稀土等），可以增加金属基体中珠光体数量，且使珠光体细化，同时也细化石墨。这可以提高铸铁的强度和硬度，显微组织也得到改善，使得这种灰口铸铁具有良好的润滑性和抗咬合、抗擦伤的能力。耐磨灰口铸铁广泛用于制造机床导轨、汽缸套、活塞环、凸轮轴等零件。

另外，在稀土－镁球铁中加入 w_{Mn} 5.0%～9.5%，控制 w_{Si} 为 3.3%～5.0%。其组织为马氏体＋奥氏体＋渗碳体＋贝氏体＋球状石墨，它具有较高的冲击韧性和强度，适用于同时承受冲击和磨损条件下使用，可代替部分高锰钢。中锰球铁常用于农机具耙片、犁铧、球磨机磨球等零件。

6.2.5.2　耐热铸铁

铸铁在高温条件下服役，通常会产生氧化和生长等现象。氧化是指铸铁在高温下受到氧化气氛的侵蚀，在铸铁表面上发生化学腐蚀的现象，氧化的后果是铸件表面形成氧化皮，减少了有效断面，降低了铸件的承载能力；生长是指铸铁在高温下反复加热冷却时发生的不可塑的体积长大，造成零件尺寸增大，使力学性能降低。因此，耐热铸铁就是指在高温下具有良好的抗氧化和抗生长能力的铸铁。

提高铸铁的耐热性能的途径是：

（1）合金化。加入铝、硅、铬等合金元素，它们在高温下氧化后在铸件表面形成致密的氧化膜，阻碍铸件继续氧化。

（2）提高铸铁金属基体的连续性。对于石墨呈片状的灰铸铁，外部氧化气氛容易渗入铸铁内部，产生内氧化。通过球化处理或者变质处理的铸铁，石墨呈球状或者蠕虫状，这可提高铸铁合金基体的连续性，减少氧化性气氛渗入铸铁内部的现象，可以防止铸铁内氧化，提高耐热性。

6.2.5.3 耐蚀铸铁

由于铸铁本身是多相合金，在电解质中各相具有不同的电极电位，其中，石墨的电极电位最高，渗碳体次之，铁素体最低。因此，电位高的相作为阴极，电位低的相作为阳极，形成一个微电池，从而导致作为阳极的铁素体不断地被消耗，一直深入到铸铁内部。因此，普通铸铁的耐蚀性是很差的。为了提高铸铁的耐蚀性，可以采用以下措施：

（1）加入硅、铬、铝等合金元素，形成相应的 SiO_2、Al_2O_3、Cr_2O_3 保护膜，可以有助于提高铸铁的耐蚀性。

（2）改善铸铁基体组织和石墨形状、大小和分布，石墨形貌以不相互连贯球状或者团絮状为好。

（3）通过加入硅、铬、钼、镍、铜等合金元素得到有利的组织，比如致密且均匀的单相组织，即铁素体或者奥氏体，或使基体电极电位升高，可以提高铸铁的耐蚀性能。

常用耐蚀铸铁有高硅、高硅铝、高铝、高铬等耐蚀铸铁。

习题与思考题

6-1 什么称为合金钢，按照合金元素的质量分数如何分类？

6-2 合金元素提高淬透性的原因是什么，常用来提高淬透性的合金元素有哪些？

6-3 机器零件用钢和构件用钢对使用性能和工艺性能的要求有何不同？

6-4 调质钢中常用哪些合金元素，这些合金元素各起什么作用？

6-5 弹簧钢的主要性能要求是什么？

6-6 比较热作模具钢和合金调质钢的合金化和热处理特点，并分析合金元素的异同。

6-7 铸铁分为哪几类，其最基本的区别是什么？

6-8 分析石墨的形状、大小、数量和分布以及基体组织对铸铁性能的影响。

强化；加入少量的钒、钨、钴等碳化物形成元素，可防止高温渗碳时晶粒长大，起到细化晶粒的作用。

6.1.3.3 弹簧钢

在机械产品中，弹簧是各种机械和仪表中的重要零件。由于弹簧都是在动负荷下，主要是吸收冲击能量，缓和机械的振动和冲击作用，所以要求弹簧钢必须有高的抗拉强度、高的屈强比和高的疲劳强度，还要求有较好的淬透性和低的脱碳敏感性，在冷热状态下容易卷绕成形。

根据成形方法，弹簧钢的制造可以分为冷成形和热成形两类，冷成形主要针对小型弹簧，丝径小于8mm的螺旋弹簧等可以在热处理或冷变形强化后成形，即用冷拔钢丝冷卷成形。冷拔钢丝具有高的强度，这是利用冷拔变形使钢产生加工硬化而获得的。热处理弹簧一般是将淬火加热与热成形结合起来，即加热温度略高于淬火温度，加热后进行热卷成形，然后利用余热淬火，最后进行350～450℃中温回火，从而获得回火屈氏体组织，有效提高弹簧的弹性极限和疲劳寿命。

6.1.4 工具钢

工具钢是用来制造各种加工工具的钢种。根据用途的不同，工具钢可以分为刃具钢、模具钢和量具钢。

6.1.4.1 刃具钢

刃具钢主要指制造车刀、铣刀、钻头等切削加工工具的钢种。在切削过程中，刃具与工件表面金属相互作用，使切屑产生变形和断裂，因此，刃具本身承受弯曲、扭转和冲击，还与工件发生相对摩擦，产生热量而使刃具温度升高，切削速度越大，温度越高，有时可达600℃；此外，刃具还承受一定冲击和振动，常用刃具钢见表6－3。

表6－3 常用刃具钢

钢 号	试样淬火		退火态硬度	性能特点	用途举例
	淬火温度/℃	硬度			
Cr06	780	HRC64	HBS211～187	低合金铬工具钢，其差别在于Cr含量，Cr06含C量最高，含Cr最低，硬度耐磨性高，但较脆	可以用作锉刀、刮刀、刻刀、剃刀，Cr2和9Cr2除用做刀具外，还可以用做量具、模具、轧辊等
Cr2	800	HRC62	HBS229～179	低合金铬工具钢，其差别在于Cr含量，Cr06含C量最高，含Cr最低，硬度耐磨性高，但较脆	可以用作锉刀、刮刀、刻刀、剃刀，Cr2和9Cr2除用做刀具外，还可以用做量具、模具、轧辊等
9Cr2	800	HRC62	HBS217～179	低合金铬工具钢，其差别在于Cr含量，Cr06含C量最高，含Cr最低，硬度耐磨性高，但较脆	可以用作锉刀、刮刀、刻刀、剃刀，Cr2和9Cr2除用做刀具外，还可以用做量具、模具、轧辊等
9SiCr	800	HRC62	HBS211～197	应用最广泛的低合金工具钢，其淬透性较高，回火稳定性较好，8MnSi可节省铬资源	常用于制造形状复杂、切削速度不高的刃具、入板牙、钻头及冷作模具
8MnSi	800	HRC62	＜HBS229	应用最广泛的低合金工具钢，其淬透性较高，回火稳定性较好，8MnSi可节省铬资源	常用于制造形状复杂、切削速度不高的刃具、入板牙、钻头及冷作模具
CrWMn	800～830（油）	HRC62	HBS255～207	淬透性高，变形小，尺寸稳定性好，是微变形钢，缺点是易形成网状碳化物	可用于尺寸精度要求较高的成形刀具，但主要适用于量具和冷作模具
9CrWMn	800～830（油）	HRC62	HBS241～197	淬透性高，变形小，尺寸稳定性好，是微变形钢，缺点是易形成网状碳化物	可用于尺寸精度要求较高的成形刀具，但主要适用于量具和冷作模具
W	800～830（水）	HRC62	HBS229～187	淬透性不高，但耐磨性较好	低速切削硬金属的刀具，如麻花钻、车刀等

8 铸　　造

8.1 概　　述

铸造是将金属熔炼成符合一定要求的液体，并以直接浇注、射压或吸入等方式将其注入预先制好的铸型内，经冷却凝固、落砂清理后得到具有一定形状、尺寸和性能的零件毛坯或成品铸件的工艺过程。

铸造是人类较早掌握的一种制造工艺，在国民经济中占有很重要的地位，广泛应用于工业生产的各个领域。铸造工艺灵活性大，适应性很广，从单件、小批到大量生产均可采用；工业上常用的金属材料都可用铸造获得，应用范围广，生产成本低。

目前，常用的铸造方法有砂型铸造和特种铸造两大类。砂型铸造就是将熔化的金属注入砂型凝固后获得铸件的方法，图 8－1 所示为砂型铸造生产的基本操作工序。特种铸造

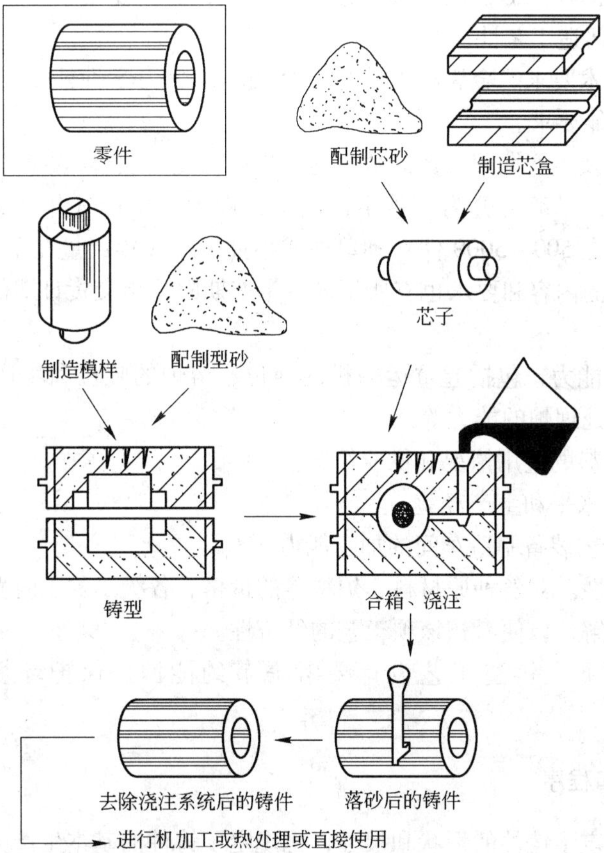

图 8－1　砂型铸造生产的基本操作工序

是包括低压铸造、陶瓷型铸造、连续铸造、金属型铸造、熔模铸造、离心铸造等多种区别于传统砂型铸造的多种铸造方法的统称。

8.2 铸造工艺设计基础

8.2.1 概念

铸造工艺设计就是根据铸造零件的结构特点、技术要求、生产批量和生产条件等，确定铸造方案和工艺参数，绘制铸造工艺图，编制工艺卡等技术文件的过程。铸造工艺设计的有关文件是生产准备、管理和铸件验收的依据，并用于直接指导生产操作。因此，铸造工艺设计的好坏对铸件品质、生产率和成本起着重要作用。

8.2.2 设计依据

铸造工艺设计人员在设计之前，应掌握生产任务和要求，熟悉工厂和车间的生产条件，并应对铸造先进技术有所了解，具有经济观点和发展观点，才能很好地完成设计任务，这些是铸造工艺设计的出发点和基本依据。

生产任务是：

(1) 铸造零件图样。提供的图样必须清晰无误，有完整的尺寸和各种标记。注意零件的结构是否符合铸造工艺性。

(2) 零件的技术要求。金属材质牌号、金相组织、力学性能要求、铸件尺寸和质量公差及其他特殊性能要求。

(3) 产品数量及生产期限。产品数量是指生产批量的大小，生产期限是指交货日期长短。根据产品数量，一般可分为3种生产类型，即大量生产（年产量在5000件以上）、成批生产（年产量在500~5000件）和单件或小批生产（年产量在500件以下）。生产类型不同，工艺设计的内容和要求也有所不同。生产期限是指交货日期的长短。

生产条件为：

(1) 设备生产能力，包括起重运输机的吨位、熔炉的吨位和生产率、造型和制芯机种类、烘干炉和热处理炉的能力等。

(2) 车间原材料的应用情况和供应情况。

(3) 工人技术水平和生产经验。

(4) 模具等工艺装备制造车间的加工能力。

还要考虑经济性。对各种原材料、炉料等的价格、各级工种工时费用、设备每小时费用等，都应有所了解，以便考核该项工艺的经济性。

要考虑环境保护。铸造工艺设计要考虑节约能源，保护环境和维护工人身体健康。

8.2.3 设计内容和程序

铸造工艺图规定了铸件的形状和尺寸，也规定了铸件的基本生产方法和工艺过程。铸造工艺设计所涉及的具体内容和设计程序见表8-1。

表 8–1 铸造工艺设计所涉及的具体内容和设计程序

项目	内 容	用途及应用范围	设计程序
铸造工艺图	在零件图上，用标准（JB 2435—78）规定的红、蓝色符号表示出浇注位置和分型面、加工余量、铸造收缩率（说明）、起模斜度、模样的反变形量、分型负数、工艺补正量、浇注系统和冒口、内外冷铁、铸肋、砂芯形状和数量、芯头大小等	用于制造模样、模板、芯盒等工艺装备，也是设计这些金属模具的依据，还是生产准备和铸件验收的根据。适用于各种批量的生产	（1）零件的技术条件和结构工艺性分析； （2）选择铸造及造型方法； （3）确定浇注位置和分型面； （4）选用工艺参数； （5）设计浇冒口、冷铁和铸肋； （6）砂芯设计
铸件图	反映铸件实际形状、尺寸和技术要求。用标准规定符号和文字标注，反映内容：加工余量、工艺余量、不铸出的孔槽、铸件尺寸公差、加工基准、铸件金属牌号、热处理规范、铸件验收技术条件等	是铸件检验和验收、机械加工夹具设计的依据。适用于成批、大量生产或重要的铸件	（7）在完成铸造工艺图的基础上画出铸件图
铸型装配图	表示出浇注位置、分型面和砂芯数目、固定和下芯顺序、浇注系统、冒口和冷铁布置、砂箱结构和尺寸等	是生产准备、合箱、检验、工艺调整的依据。适用于成批、大量生产的重要件，单件生产的重型件	（8）通常在完成砂箱设计后画出
铸造工艺卡	说明造型、造芯、浇注、开箱、清理等工艺操作过程及要求	用于生产管理和经济核算。依批量大小填写必要内容	（9）综合整个设计内容

8.3 铸造工艺方案的确定

8.3.1 零件结构分析

8.3.1.1 铸造工艺性分析

铸件结构本身适应铸造工艺要求并能保证铸件质量的这种性能，称为铸件结构的铸造工艺性。合理的铸件结构不仅要符合零件的使用要求，而且要保证铸件质量，简化铸造工艺。对铸件结构进行铸造工艺性分析时，必须首先考虑保证铸件质量和使用要求，防止片面追求简化铸造工艺的倾向。

铸型工艺方案是根据实际生产条件和铸件的生产批量对拟采用铸造方法生产的零件进行工艺分析，并在进行了各种可能方案的比较以后，根据现实与可能的条件择优确定造型、制芯方法和铸型的种类、浇注位置、分型面、砂芯分块、浇冒口系统等。

8.3.1.2 铸件质量对零件结构的要求

铸件质量对零件结构的要求是：

（1）铸件应有合适的壁厚。在一定的铸造条件下，铸造合金能充满铸型的最小允许壁厚的数值除与铸造合金的种类有关外，还与铸造方法、铸件大小、形状、浇注温度、合金成分、铸件尺寸、铸型的热物理性等因素有关。在保证使用性能的前提下，为了避免浇不到、冷隔等缺陷，铸件不应太薄。合适的壁厚应使铸件既能满足力学性能的要求，又不使其产生铸造缺陷。在普通砂型铸造的条件下，铸件最小允许壁厚见表8－2。

表8－2　砂型铸造时铸件最小允许壁厚

合金种类	铸件轮廓尺寸/mm					
	<200	200~400	400~800	800~1250	1250~2000	>2000
碳素铸钢	8	9	11	14	16~18	20
低合金钢	8~9	9~10	12	16	20	25
高锰钢	8~9	10	12	16	20	25
不锈钢、耐热钢	8~10	10~12	12~16	16~20	20~25	
灰铸铁	3~4	4~5	5~6	6~8	8~10	10~12
孕育铸铁（HT300以上）	5~6	6~8	8~10	10~12	12~16	16~20
球墨铸铁	3~4	4~8	8~10	10~12	12~14	14~16
高磷铸铁	2	2				
合金种类	铸件轮廓尺寸/mm					
	<50	50~100	100~200	200~400	400~600	600~800
可锻铸铁	2.5~3.5	3~4	3.5~4.5	4~4.5	5~7	6~8
铝合金	3	3	4~5	5~6	6~8	8~10
黄　铜	6	6	7	7	8	8
锡青铜	3	5	6	7	8	8
无锡青铜	6	6	7	8	8	10
镁合金	4	4	5	6	8	10
锌合金	3	4				

注：1. 如特殊需要，在改善铸造条件的情况下，灰铸铁件的壁厚可小于3mm，其他合金最小壁厚也可减小。
2. 在铸件结构复杂，合金流动性差的情况下，应取上限值。

铸件壁厚应随铸件尺寸而相应增大，在适宜壁厚的条件下，既方便铸造又能充分发挥材料的力学性能。各种合金铸件的临界壁厚可按最小壁厚的3倍来考虑。设计受力铸件时，不可单纯用增厚的方法来增加铸件的强度，在有必要或可能时，还应当采用带加强肋的薄断面结构。这样不仅可以减少铸件的质量或体积，还有利于防止出现收缩类缺陷（见图8－2）。

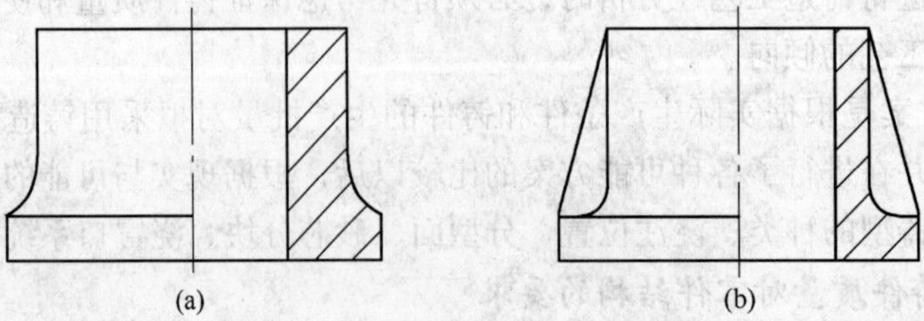

(a)　(b)

图8－2　采用加强肋减小铸件厚度
（a）不合理；（b）合理

（2）铸件结构不应造成严重的收缩阻碍，应注意壁厚过渡和圆角。铸件薄、厚壁的相接、拐弯、等厚度的壁与壁的各种交接，都应采取逐渐过渡和转变的形式，并应使用较大的圆角相连接，否则，棱角分明的铸件结构可能造成缩孔、缩松，甚至裂纹等缺陷。为防止这些缺陷以及柱状晶直交缺陷，铸造工作者在铸件的转角处和连接处往往采用结构圆角，如图 8－3 所示。

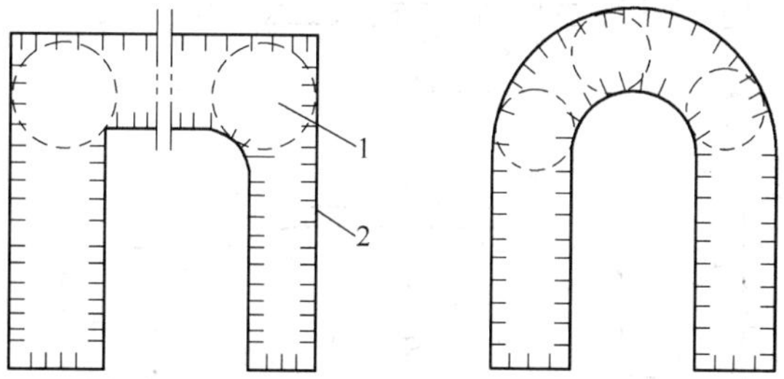

图 8－3　铸造圆角的作用

1—虚线内为金属堆积情况；2—垂直壁的短线表示结晶方向

（3）壁厚力求均匀，减少厚大部分，防止形成热节。薄厚不均的铸件在冷却过程中会形成较大的内应力，容易使铸件产生缩孔、缩松、裂纹等缺陷。因此，应取消那些不必要的厚大部分，肋条布置应尽量减少交叉，防止形成热节，如图 8－4 和图 8－5 所示。

（4）铸件内壁应薄于外壁。铸件的内壁和肋等散热条件较差，应薄于外壁，以使内、外壁能均匀地冷却，减轻内应力和防止裂纹，如图 8－6 所示。砂型铸造铸件的内、外壁厚相差值见表 8－3 。

（5）利于补缩和实现顺序凝固。对于铸钢等体收缩大的合金铸件，易于形成收缩缺陷，应仔细审查零件结构实现顺序凝固的可能性。为了保证获得致密的铸件，铸件本身结构应具备定向凝固的补缩条件。如图 8－7 所示，R 为冒口，S 为缩孔。

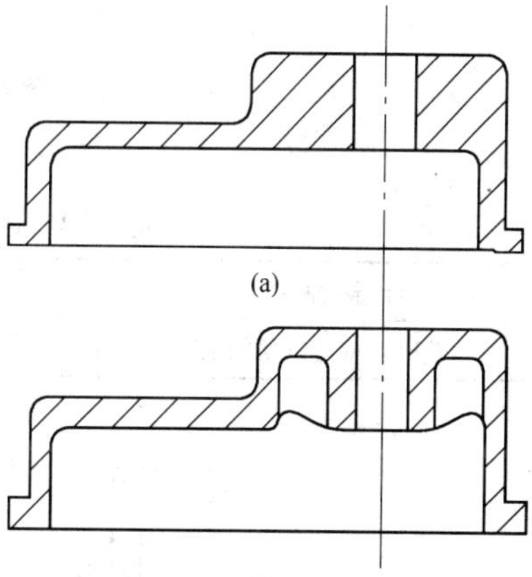

图 8－4　铸件壁厚应尽量均匀

（a）壁厚不均匀；（b）壁厚均匀

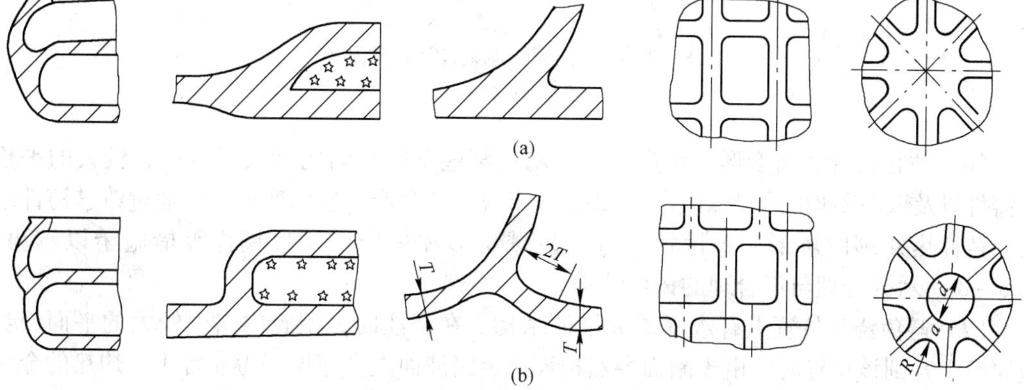

图 8－5　均匀壁厚避免形成大热节举例

（a）不合理；（b）合理

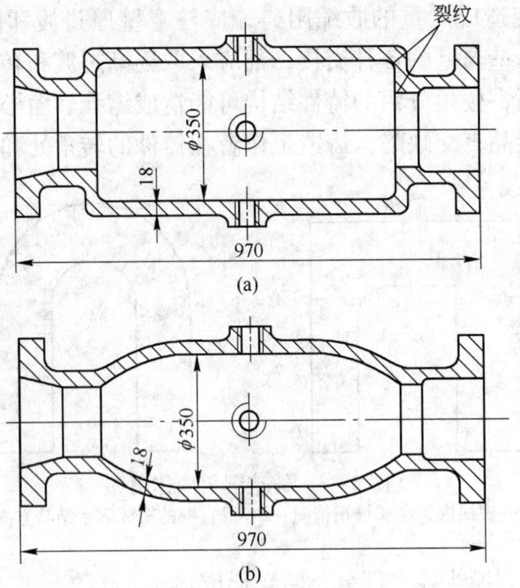

图 8-6 铸钢件结构的改进

（a）不合理；（b）合理

表 8-3 砂型铸造铸件的内、外壁厚相差值

合金种类	铸铁件	铸钢件	铸铝件	铸铜件
内壁比外壁应减薄的值	10% ~20%	20% ~30%	10% ~20%	15% ~20%

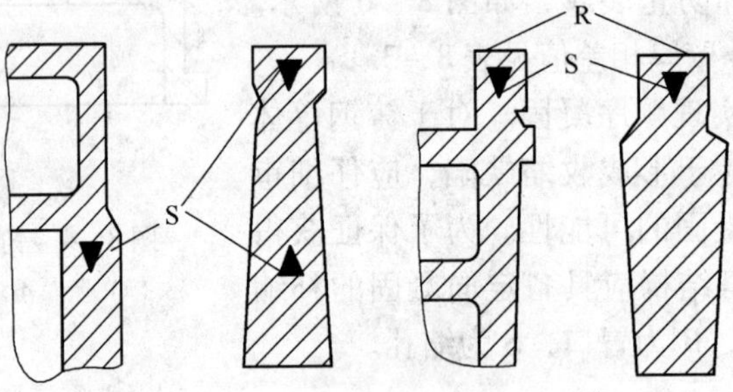

图 8-7 按定向凝固原则设计铸件结构

（a）不合理；（b）合理

（6）防止铸件翘曲变形。生产经验表明：某些壁厚均匀的细长形铸件、较大的平板形铸件以及壁厚不均的长形箱体件，如机床床身等，会产生翘曲变形。可通过改进铸件结构、铸件热处理时矫形、塑性铸件进行机械矫形和采用反变形模样等措施予以解决。图 8-8 所示为合理与不合理的铸件结构。

（7）避免浇注位置上有水平的大平面结构。在浇注时，型腔内出现较大的平面，当金属液上升到该位置时，由于断面突然扩大，金属液面上升速度变得非常小，灼热的金属液面较长时间、近距离地烘烤顶面型壁，极易造成夹砂、渣孔、砂孔或浇不到等缺陷。因此，最好把特大平面做成倾斜的，不然就在浇注时将铸型倾斜放置，这样便于杂质和气体

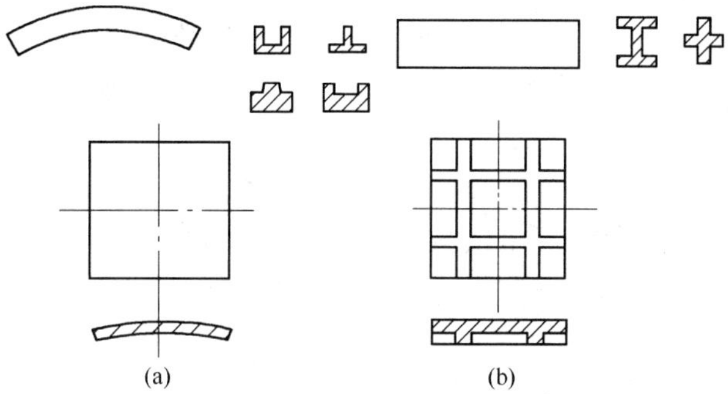

图 8－8 防止变形的铸件结构
(a) 不合理；(b) 合理

随金属液升至铸件高处，由冒口收集排除，如图 8－9 所示。

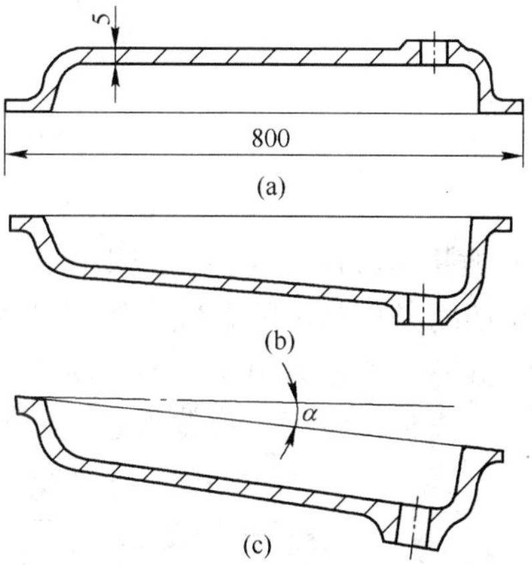

图 8－9 薄壳底罩铸件
从底注条件看：(a) 不合理；(b) 合理；
(c) 用倾斜铸型的方法进行浇注

8.3.1.3 从简化铸造工艺角度审查铸件结构的工艺性

从简化铸造工艺角度审查铸件结构的工艺性，具体为：

(1) 改进妨碍起模的凸台、凸缘及肋板结构。有些铸件侧壁上的凸台、凸缘、肋板等常常妨碍起模，手工造型时，模样上虽可做成局部活块，批量生产时，可局部采用砂芯，但都在不同程度上增加了造型、制模工时，增加生产费用，常常是在零件结构设计上稍加改进就可避免，如图 8－10 和图 8－11 所示。

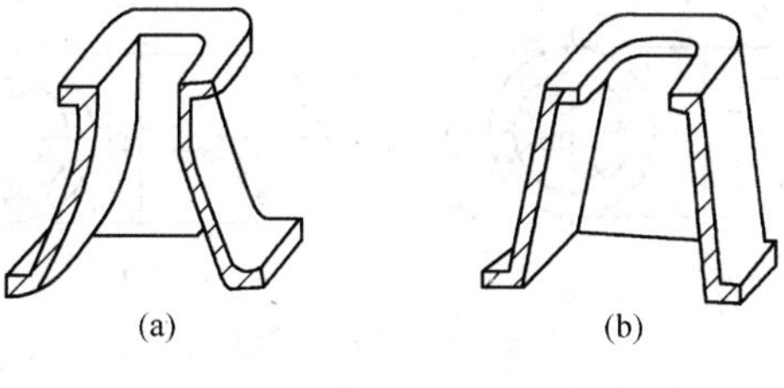

图 8－10 外壁内凹的框形件
(a) 不合理（两个分型面，或者中箱部分下芯）；(b) 合理（一个分型面）

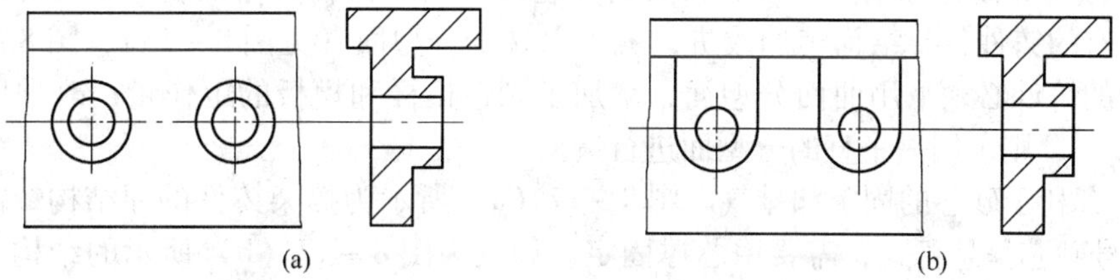

图 8－11 带凸台的铸件不好起模的例子
(a) 不合理；(b) 合理

(2) 尽量取消外表侧凹。铸件外侧壁上有凹入部分必然妨碍起模，需要增加砂芯才能形成铸件形状。常稍加改进即可避免凹入部分。如图 8－12 所示。

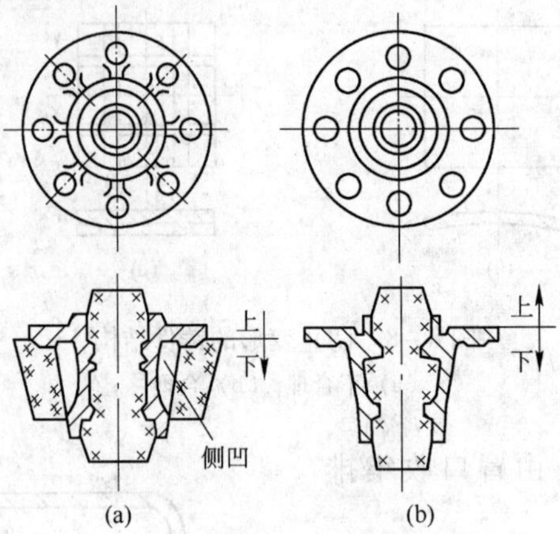

图 8－12　带有外表侧凹的铸件结构的改进
（a）不合理；（b）合理

(3) 改进铸件内腔结构，减少砂芯数量。铸造生产中，应尽可能地简化铸件内腔结构或其中的肋条、凸块的布置，便能少用或不用砂芯，如图 8－13（a）所示，支架铸件需要两个砂芯，如改为图 8－13（b）的结构，则只需一个砂芯即可。或改由台砂（也称砂胎、砂垛或自带砂芯）代替砂芯，如图 8－14 所示。

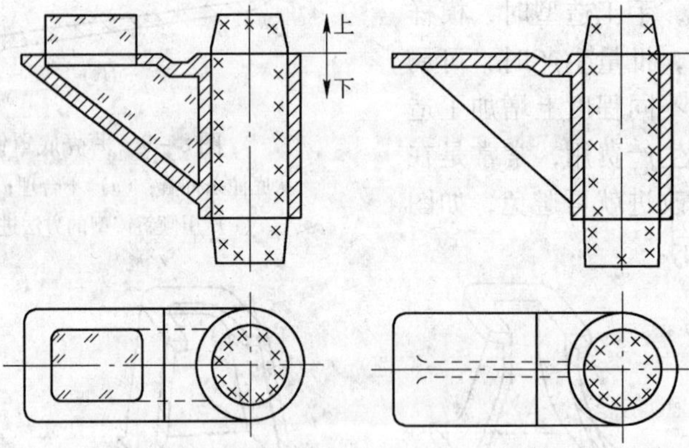

图 8－13　支架铸件
（a）不合理；（b）合理

(4) 减少和简化分型面。减少和简化分型面可以减少和简化工装，而且可以提高铸件精度。有的铸件只要结构稍加改进，就可以减少分型面（见图 8－15），图 8－16（a）所示结构的铸件必须采用曲面分型面，增加了制造模样和模板的工作量；改进后（见图 8－16（b）），则可用一平直的分型面进行造型。

(5) 有利于砂芯的固定和排气。图 8－17（a）所示为撑架铸件的原结构，需要两个砂芯，2 号砂芯呈悬臂式，需要用芯撑固定。如改为图 8－17（b）所示的结构，悬臂砂芯 2 号和轴孔砂芯 1 号连成一体，变成一个砂芯，取消了芯撑，既可省去芯撑，又利于砂芯的固定，合型方便，便于排气。

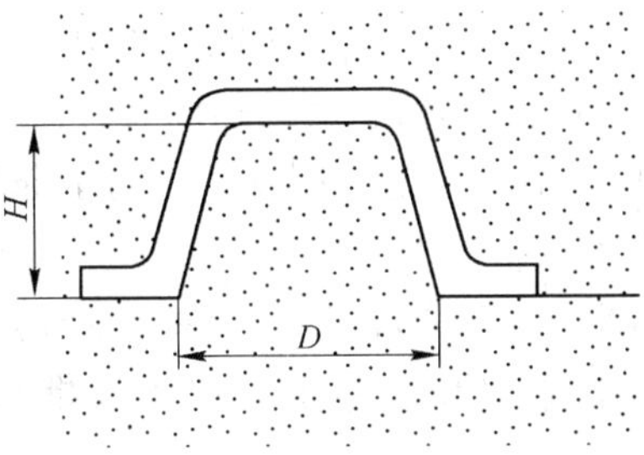

图 8－14　台砂代替砂芯

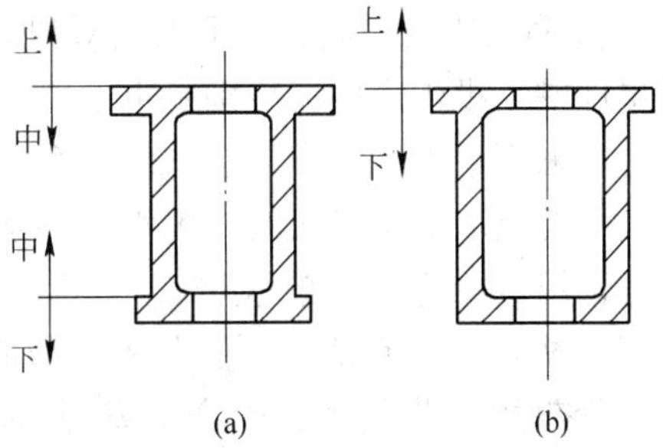

图 8－15　铸件结构与分型面数目的关系
（a）不合理；（b）合理

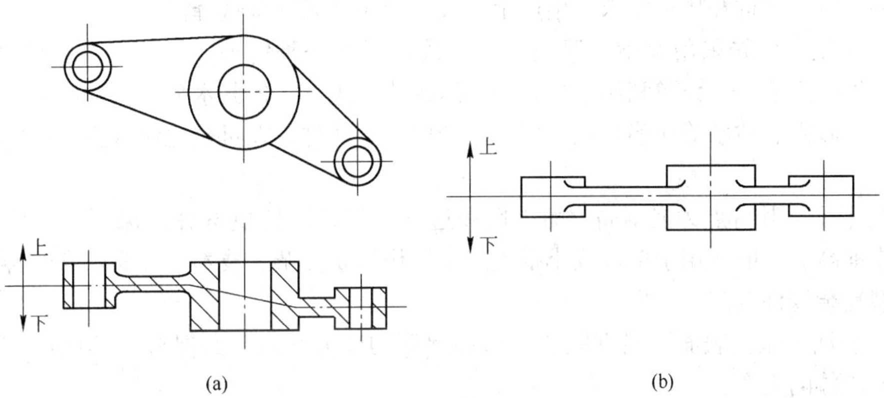

图 8－16　简化分型面的铸件结构
（a）不合理；（b）合理

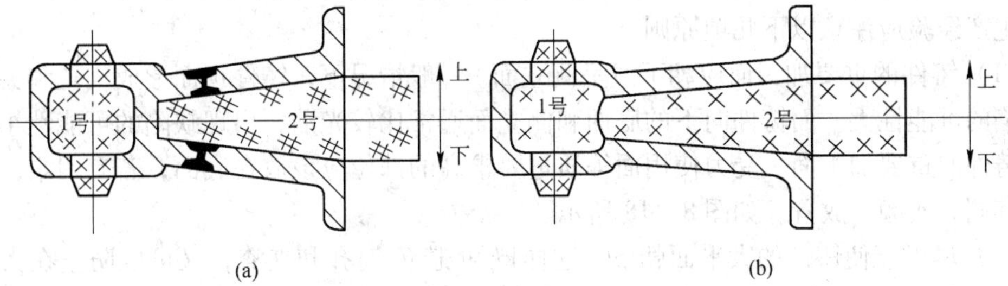

图 8－17　撑架结构实例
（a）不合理；（b）合理

8.3.2　铸造工艺方案分析

8.3.2.1　造型（芯）方法的选择

造型和造芯是砂型铸造的最基本工序，通常分为手工造型、造芯和机器造型、造芯两大类。

（1）手工造型和造芯。手工造型和造芯使用的工艺装备简单，灵活多样，适应性强，所以单件或小批生产中，特别是重型、复杂铸件生产中应用较广。在大批生产中，新产品试制也多采用手工造型和造芯。但是手工造型和造芯的生产率低，劳动强度大，铸件质量在很大程度上取决于工人的技术水平和熟练程度，并且不易稳定。因此，在可能条件下，应尽量选用机器造型和造芯。

（2）机器造型和造芯。机器造型和造芯生产率高，劳动强度低，铸件质量稳定。但是需要复杂的工艺装备，生产准备时间长，所以机器造型和造芯主要用于成批和大量生产。

8.3.2.2 铸型种类的选择

用于砂型铸造的铸型有湿型、干型、表面干型、自硬型 4 种。每种铸型各有其特点，根据铸件重量、结构和质量要求、生产批量及车间生产条件来选择。

（1）湿型。优先采用湿型，湿型是应用最广泛的一种铸型。其特点为造型效率高，成本低，生产周期短，设备利用率高，便于组织流水生产；但其水分多，强度低，铸件易产生气孔、砂眼、粘砂等缺陷。主要用于生产中小型铸件，在机械化流水生产中广泛采用湿型。

（2）干型。其特点为强度高，耐火性和透气性好，铸件质量容易保证；但是生产周期长，成本高。一般适用于单件或小批生产及结构形状复杂、技术条件要求高的铸件及大型、重型复杂铸件生产。

（3）表面干型。表面干型克服了干型和湿型的部分缺点，又保持了其优点。多用于大、小型铸件的生产。

（4）自硬型。其优点是强度高、粉尘少、生产率高，一般不需烘干，或只需低温加热。近年来，自硬型在生产中的应用越来越广泛。

8.3.2.3 铸件浇注位置的确定

浇注位置的选择要根据铸件的大小、结构特点、合金性能、生产批量、现场生产条件及综合效益等方面加以确定。以保证铸件质量为出发点，尽量简化造型工艺和浇注工艺。根据生产经验应注意以下几项原则：

（1）铸件的重要加工面应朝下或呈侧立面。一般情况下，铸件顶面形成气孔和夹杂物等缺陷的可能性大，而铸件向下的底面和侧立面通常比较光洁，出现缺陷的可能性小。因此，铸件的重要加工面、受力使用面等质量要求高的部位应该放在底面；若有困难，可尽量将其侧立或倾斜放置。如图 8－18 所示。

（2）尽可能使铸件的大平面朝下。这样既可避免气孔和夹渣，又可以防止在大平面上形成砂眼缺陷。在图 8－19 中，如果将铸件的面朝上，操作上也有不方便之处，因此，

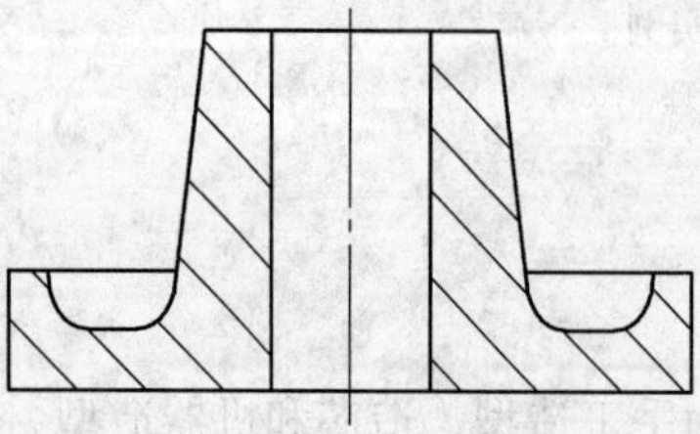

图 8－18 零件的重要加工面朝下

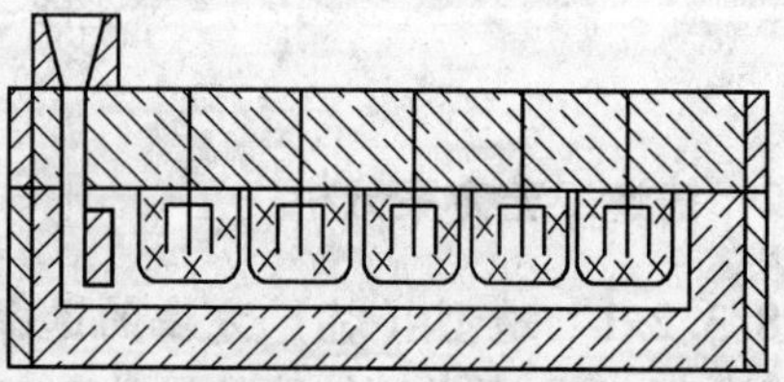

图 8－19 具有大平面的铸件正确的浇注位置

应选铸件平面朝下的方案。

对于大的平板类铸件，可采用倾斜浇注，以便增大金属液面的上升速度，防止夹砂结疤类缺陷（见图 8－20）。倾斜浇注时，依砂箱大小，H 值一般控制在 200～400mm 范围内。

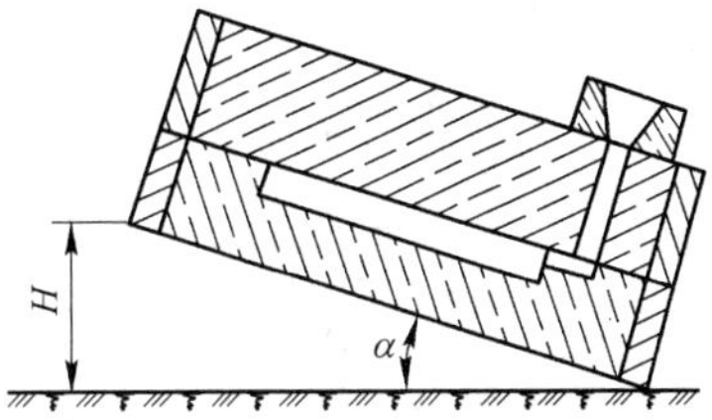

图 8－20 大平板类铸件的倾斜浇注

（3）应保证铸件能充满。对具有薄壁部分的铸件，应把薄壁部分放在下半部或置于内浇道以下，以免出现浇不足或冷隔等缺陷。图 8－21 所示为曲轴箱的浇注位置。

当铸件的薄壁部分面积较大时，采用倾斜浇注效果更好，如图 8－22 所示。

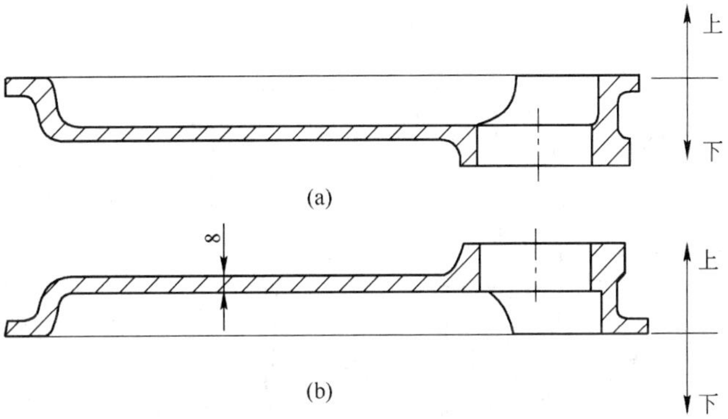

图 8－21 曲轴箱的浇注位置

（a）合理；（b）不合理

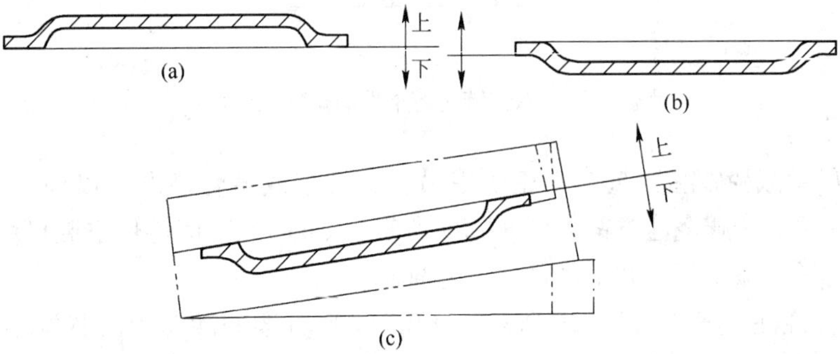

图 8－22 车床切削盘浇注位置

（a）不合理；（b），（c）合理

（4）应有利于实现定向凝固。铸件的厚大或局部厚实部分，应置于铸型的顶部或侧面，以便于安放冒口，实现自下而上的定向凝固，以利于补缩，如图 8－23 所示。这对体积收缩大的合金铸件尤为重要。对于因合金体收缩率大或铸件结构上厚薄不均匀而易于出现缩孔、缩松的铸件，浇注位置的选择应优先考虑实现顺序凝固的条件，要便于安放冒口和发挥冒口的补缩作用。双排链轮铸钢件的正确浇注位置如图 8－24 所示。

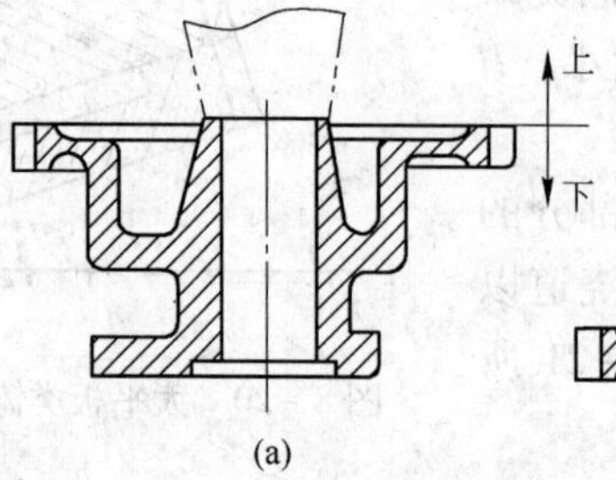

图 8－23 收缩大的铸钢件浇注位置选择

（a）不利于补缩；（b）利于补缩

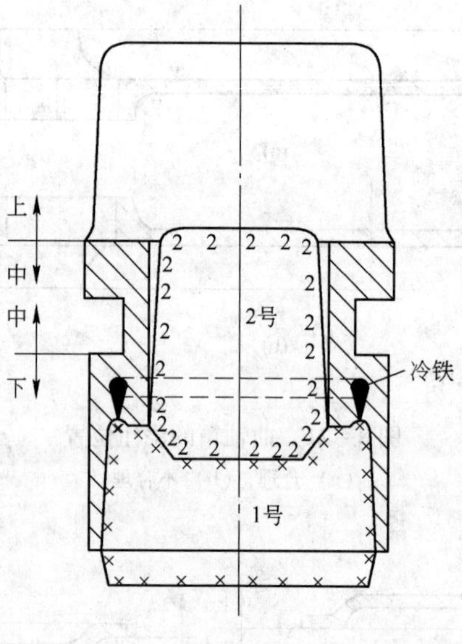

图 8－24 双排链轮铸钢件的正确浇注位置

（5）应尽量减少砂芯数量，避免使用吊砂、吊芯或悬臂砂芯，以便于下芯、检验、固定和排气。机床床腿浇注方案如图 8－25 所示，（b）方案使铸件空腔可由下砂型凸砂形成，省去芯胎，减少了造芯工作量，工艺简便。

箱体铸件浇注方案如图 8－26 所示。其中（a）方案的砂芯为吊芯，（b）方案的砂芯为悬臂芯，两者均不稳定。（c）方案的砂芯坐落在下型，下芯、定位、固定、排气均方便，且易于直接测量型腔尺寸，是箱体类铸件应用最广的浇注方案。

（6）应使合型、浇注和补缩位置相一致，这样可避免合型后或浇注后翻转铸型。翻转铸型不仅劳动量大，而且容易引起砂芯移动、掉砂等缺陷。只有个别情况，如单件、小批生产曲轴时，为了有利于补缩，才采用平浇立冷方案，如图 8－27 所示。

8.3.2.4 分型面的选择

分型面是指两半铸型相互接触的表面，在铸造工艺图上应明显标注出来。任何铸件总

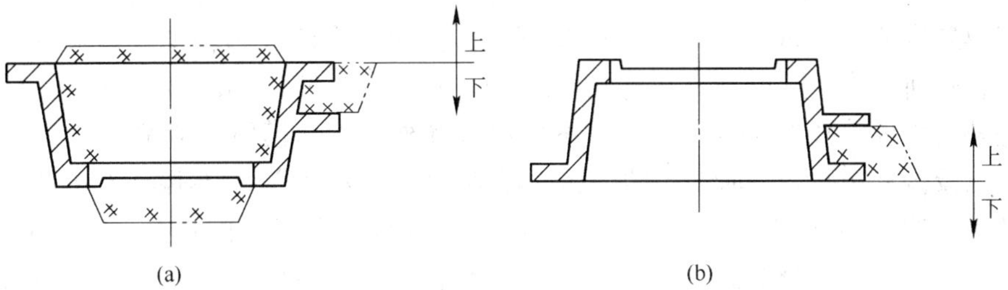

图 8－25　床腿两种浇注位置

（a）不合理；（b）合理

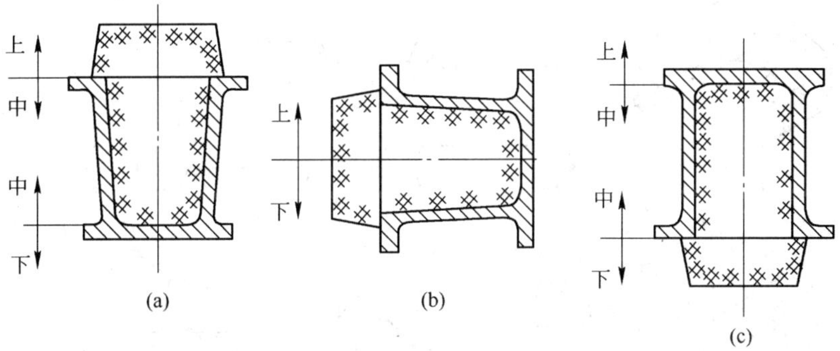

图 8－26　箱体的浇注位置

（a），（b）不合理；（c）合理

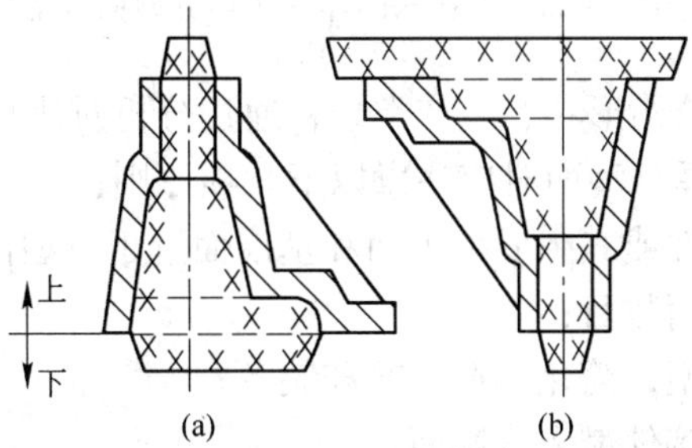

图 8－27　便于合箱的浇注位置

（a）不合理；（b）合理

能设计出几种分型方案，而且每种方案各有其特点。分型面的优劣在很大程度上影响铸件的尺寸精度、成本和生产率，应仔细地分析、对比，慎重选择。

图 8－28 所示为一简单铸件的分型面方案。如此简单的铸件可以找出 7 种不同的分型面，而每种分型方案对铸件都有不同影响。(a) 方案保证铸件四边和孔同心，飞边易于去除。(b) 方案保证内孔和外边平行，飞边易去除，但很难保证边孔同心。(c) 方案可使孔内起模斜度值减少 50%，这使得内孔直度所需切削去的金属较少。如果铸件是由难以加工的材料所铸成，则可显出其优点。缺点是可能有错偏。(d) 方案和 (e) 方案类似，只是外边斜度值减少 50%。(e) 方案的内孔和外壁的起模斜度值都减少 50%，铸件所需金属以及内外边孔取直所切去的金属比任何方案都少。(f) 方案保证上下两个外边平行于孔的中心线。(g) 方案则可保证所有 4 个外边面都平行于孔的中心线。由此可见，任何铸件总能找出几种分型面，而每种方案都有各自特点。只要认真对照、仔细分析，一定会找出一种最适于技术要求和生产条件的分型面。

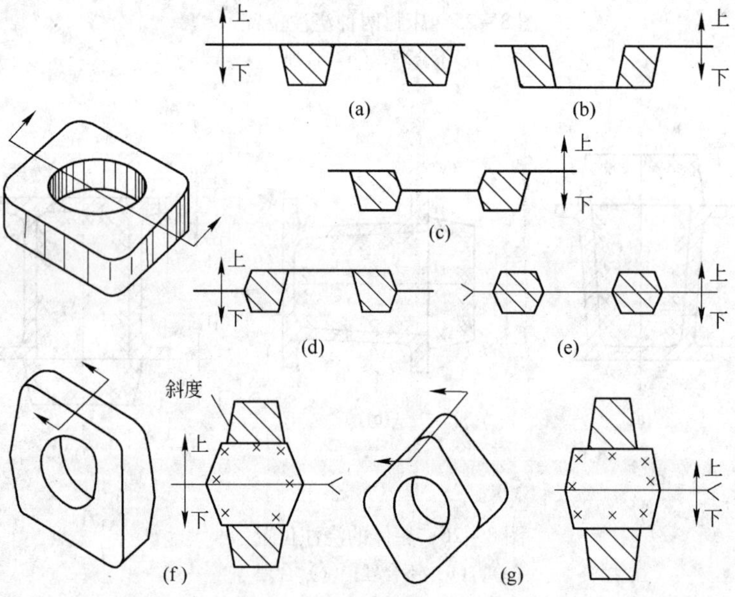

图 8－28　带孔六面体的 7 种分型面方案

因此，必须结合铸件结构形状、生产类型，通过分析对比，才能选择出适合技术要求和生产条件的分型面。选择分型面时应注意以下几项原则：

(1) 尽可能将整个铸件或其主要加工面和基准面置于下型内；

(2) 尽可能减少分型面数目；

(3) 尽量选用平面分型，简化铸造工艺和装备；

(4) 分型面应选取在铸件最大投影面处；

(5) 选择使用砂芯最少的分型面，并尽可能将主要砂芯或大部分砂芯置于下型内，以便于下芯、合型及检查型腔尺寸；

(6) 尽量减少铸件非加工面产生毛刺、飞边；

(7) 选定分型面时不要使某一砂箱过高；

(8) 受力件的分型面的选择不应削弱铸件结构强度；

(9) 选择分型面要有利于下芯、验箱和合型，选择分型面时要力图将全部砂芯或者至少将重要的砂芯放在下型内。

8.3.2.5 砂箱中铸件数量及排列的确定

A 砂箱（型）中铸件数量的确定原则

砂型中铸件数目一般要依据工艺要求和生产条件来确定。例如，铸件的大小、砂箱的尺寸、合理的吃砂量、浇冒口系统的布置。因此，在工艺设计中，必须根据各种条件综合考虑，以确定砂型中铸件的数目。

B 铸件在砂箱中的排列

一箱中生产多个同种铸件时，最好对称排列，这样可使金属液作用于上砂型的抬型力均匀，有利于浇注系统的安排，同时可充分利用砂箱的面积。

8.4 砂型铸造

砂型铸造是目前最基本、应用最普遍的获得铸件的方法，各种形状、大小、批量及各种合金铸件的生产都可以使用这种方法。掌握砂型铸造的基本规律、过程和方法是了解铸造工艺过程的基础。图 8－1 所示为砂型铸造生产的基本操作工序，主要包括制造模样和芯盒、制备型砂和芯砂、造型和造芯、合箱、准备炉料、熔化金属与浇注、铸件落砂清理及质量检验等。

8.4.1 砂型铸造工艺的基本知识

铸造工艺图是在将要铸造的零件图（见图 8－29）上，用标准规定的线条及符号表示出相应内容的图（合箱简图见图 8－30）：浇注位置和分型面、加工余量、起模斜度、浇注系统和冒口、内外冷铁、铸肋、砂芯形状、数量和芯头大小、尺寸及芯头间隙等。它是制造模样、模板、芯盒等工艺装备的依据，也是生产准备和铸件验收的根据。

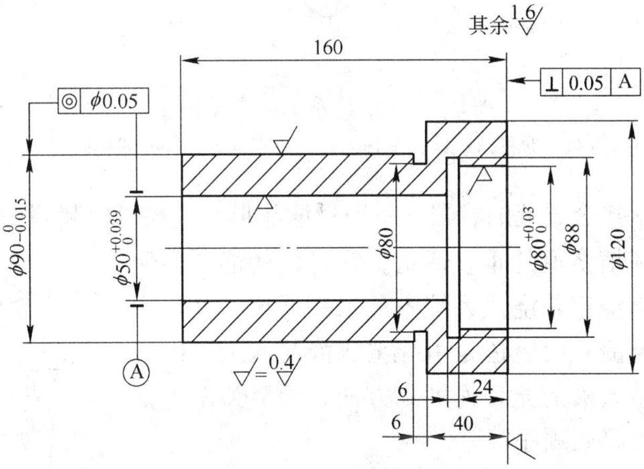

图 8－29 轴套零件图

浇注系统是金属液进入型腔的通道，典型的浇注系统（见图 8－31）包括：浇口杯（外浇口）、直浇道、横浇道、内浇道。浇注系统根据内浇道与型腔的位置关系分为：顶注式、底注式、中注式、阶梯式（见图 8－32）。

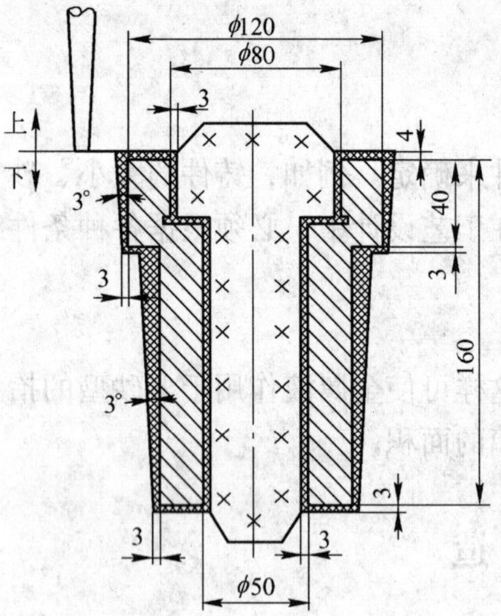

图 8－30　轴套的铸造工艺图

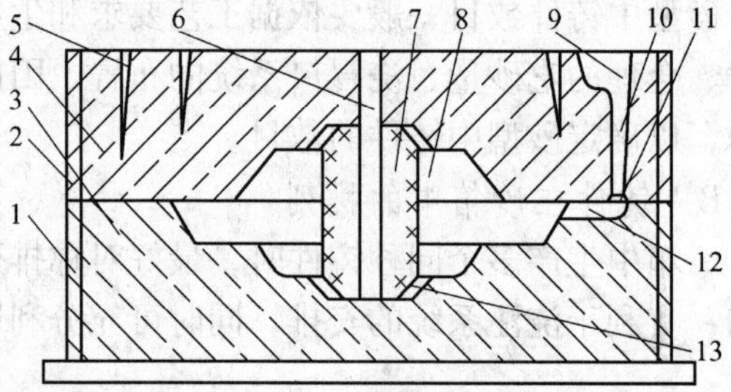

图 8－31　砂型的组成

1—下砂箱；2—上砂箱；3—下砂型；4—上砂型；5—通气孔；6—型芯通气孔；7—砂芯；8—型腔；9—浇口杯；10—直浇道；11—横浇道；12—内浇道；13—芯座

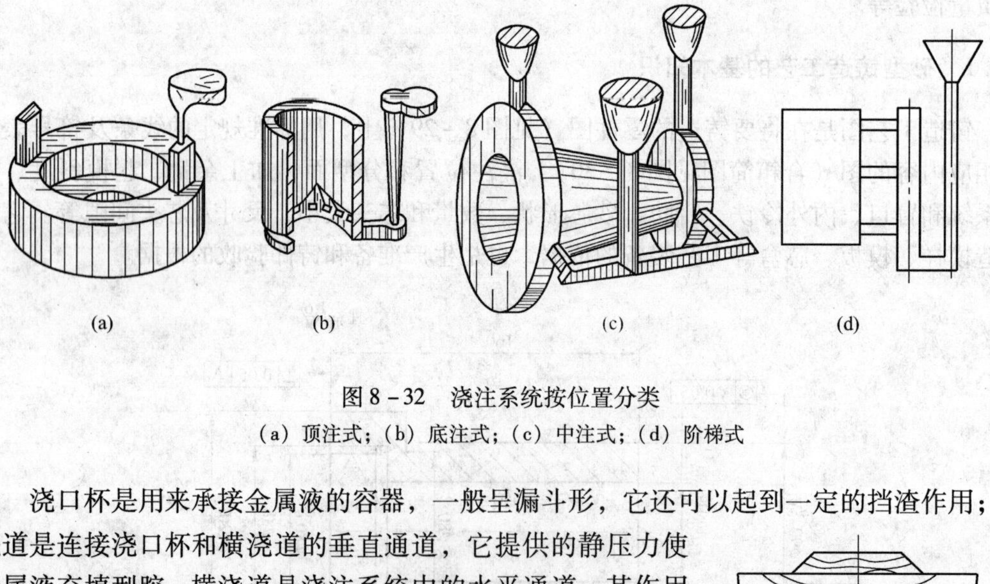

图 8－32　浇注系统按位置分类

（a）顶注式；（b）底注式；（c）中注式；（d）阶梯式

浇口杯是用来承接金属液的容器，一般呈漏斗形，它还可以起到一定的挡渣作用；直浇道是连接浇口杯和横浇道的垂直通道，它提供的静压力使金属液充填型腔；横浇道是浇注系统中的水平通道，其作用是分配金属液流和挡渣；内浇道是引导金属液流入型腔的通道，其作用是控制金属液的充型速度和方向、调节铸型各部分的温度、控制铸件凝固顺序等。

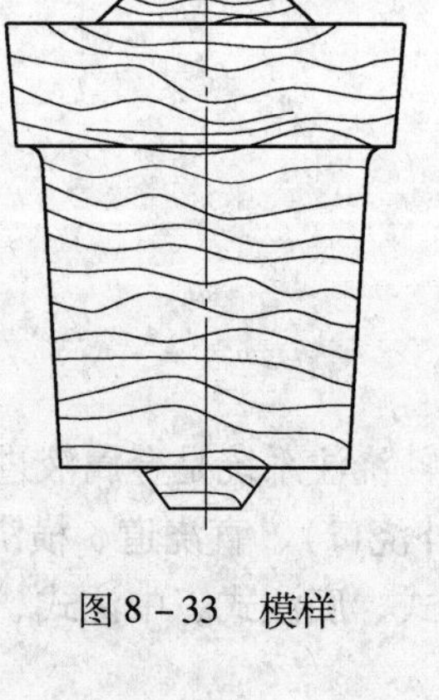

图 8－33　模样

模样（见图 8－33）是与铸件外形及尺寸相仿的，在造型时形成铸型型腔的工艺装备。模样的结构应便于制作和加工，要有足够的强度和刚度，表面光滑，尺寸精确。

模样根据制作材料的不同分为木模、金属模、塑料模、石膏模等。生产中最为常见的是木模和金属模。木模质量轻，易加工，但强度和硬度较低，寿命短，不适宜大批量生产使用；金属模有强度高、表面光洁、尺寸精确、使用寿命长等优点，适合于大批量生产。

型芯用来形成铸件的内腔、孔洞或铸件外形难以出砂的部位。型芯一般由芯头、芯体、芯骨和通气孔构成（见图8－34）。

冒口是砂型中与型腔相通的，用来储存金属液的空腔，它可以使型腔中冷却收缩的金属液得到及时补充，有效防止铸件产生缩孔和缩松，也可排气、集渣和观察浇注情况。

冷铁是为了增加铸件局部冷却速度而在相应部位安放的金属激冷物。冷铁一般采用钢或铸铁制成。生产时，冷铁和冒口配合使用（见图8－35），它可以调整铸件的凝固顺序，实现自下而上的定向凝固。

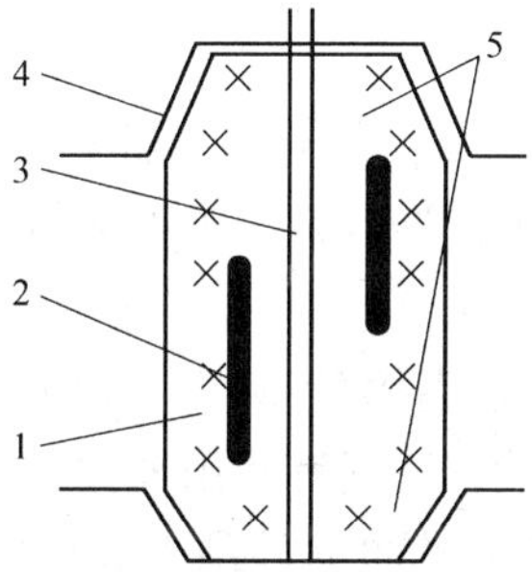

图8－34 型芯的结构

1—芯体；2—芯骨；3—通气孔；4—芯座；5—芯头

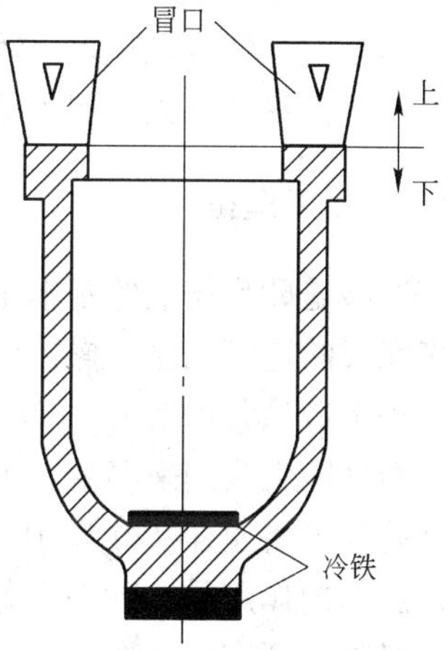

图8－35 冷铁的作用

8.4.2 造型材料

制造铸型所使用的材料称为造型材料。砂型铸造的造型材料为型（芯）砂。

通常型（芯）砂主要由原砂、黏结剂、附加物和水配制而成。砂型按浇注时的烘干程度分为湿砂型和干砂型。目前，用湿砂型铸造是使用最广泛的、最方便的造型方法，但它不适合很大或很厚实的铸件。

原砂是组成型（芯）砂的主体，一般是以石英为主要成分的天然硅砂，砂粒圆整均匀，含泥量少。目前可用的非硅质原砂有橄榄石砂、锆砂、铬铁矿砂、石灰石砂、镁砂、刚玉砂、钛铁矿砂、铝矾土砂等。

黏土是湿型砂的主要黏结剂，具有较好的复用性，且资源丰富，价格低廉，应用广泛。铸造工作者将黏土根据所含矿物不同，分为铸造用黏土和铸造用膨润土两类。铸造用黏土主要含有高岭石或伊利石类矿物。膨润土主要由蒙脱石类矿物组成。黏土砂必须含有适量水分，才能得到所需要的湿态强度。

附加物如煤粉、渣油、淀粉等，是型砂中通常加入的一些特殊物质，目的是使型砂具有特定的性能，以改善铸件的表面质量。

砂型铸造用涂料是指用来涂敷在砂型型腔和砂芯表面形成薄层的材料。它能避免铸件表面粗糙，防止铸件产生与砂子有关的铸造缺陷；还可用涂料来产生冶金效应，改善铸件局部的表面性能和内在质量。涂料的主要涂敷方法有刷、浸、喷、淋、静电喷等。正确涂敷方法的采用取决于砂芯（型）形状、大小、批量以及是型还是芯。

配制型（芯）砂时，应先将新砂、旧砂、黏结剂和辅助材料筛分，去除其中杂物；然后将材料按一定的比例和顺序（旧砂→新砂→黏结剂→附加物→水）加入混砂机内进行混砂。混砂时间一般是在加水前干混 2～3min，加水后湿混大约 10min 左右。

型（芯）砂的性能要求是：

（1）砂型需具备一定的强度（以承受翻箱、合箱时的外力作用）；

（2）透气性（以便型内气体逸出，避免气孔缺陷）；

（3）可塑性（使造型、起模、修型方便）；

（4）退让性（以免阻碍铸件收缩）；

（5）耐火性（以免型砂被烧结或熔化）。

8.4.3　手工造型

造型是砂型铸造的基本工序，它分为手工造型和机器造型两种。手工造型是用人工操作来完成的造型工序，操作灵活、适应性强，但效率低。

手工造型常用造型工具如图 8－36 所示。砂箱是用来支撑砂型的；底板用于放置模样；舂砂锤尖头用来舂砂，平头则用于紧实砂箱顶部的砂；通气针是用来扎通气孔的；起模针是为了将模样从砂型中取出的；刮板是将高出砂箱上平面的砂刮去和修整大平面用的；压勺的作用是在砂型上修补凹的曲面；镘刀用于修整砂型表面或在砂型表面上挖沟槽。另外，还有吹去型腔中的散砂用的皮老虎、铁锹、筛砂用的筛子等。

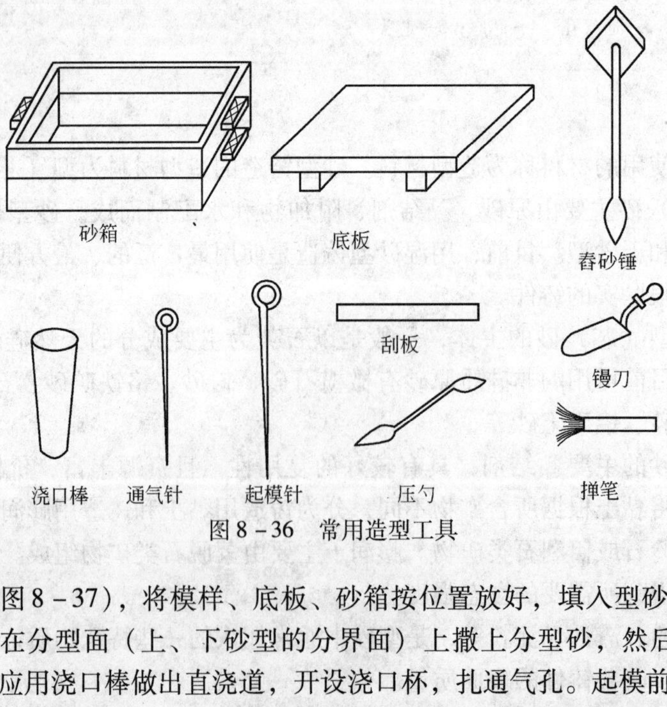

图 8－36　常用造型工具

造型时（见图 8－37），将模样、底板、砂箱按位置放好，填入型砂，进行舂砂。一个砂型造好后，在分型面（上、下砂型的分界面）上撒上分型砂，然后造另一个砂型。注意造上型时，应用浇口棒做出直浇道，开设浇口杯，扎通气孔。起模前在模样周围刷些水，起模后，对损坏部分修复。常用手工造型方法很多，见表 8－4。

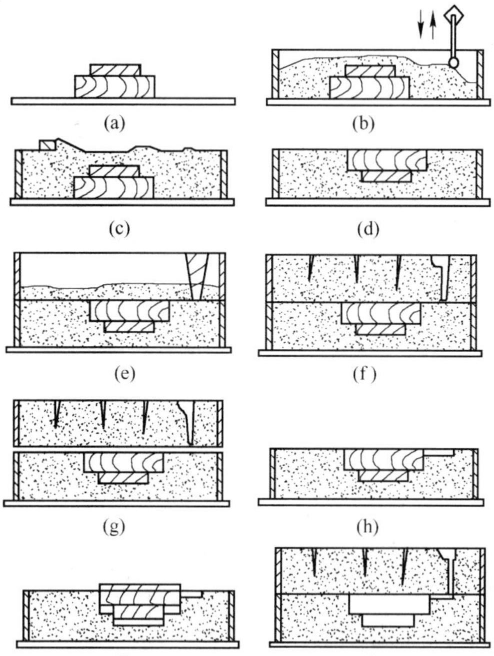

图 8－37 手工造型的基本过程

表 8－4 几种手工造型方法的特点和适用范围

造型方法名称	特 点	适用范围
两箱造型（见图 8－37）	铸型由成对的上箱和下箱组成，操作方便	是最基本的造型方法，适用于各种批量、大小的铸件
三箱造型（见图 8－38）	铸型由上、中、下三个砂箱组成，中箱要求与铸件两个分型面的间距等高，操作繁琐，需成套的砂箱	用于具有两个分型面的铸件、单件、小批量生产
刮板造型（见图 8－39）	以刮板代替木模造型，降低了木模成本，节约木材，缩短生产周期，但效率低，对工人技术水平要求较高	用于等截面或回转体的大、中型铸件的单件、小批生产
整模造型（见图 8－37）	模样为整体，分型面为平面，型腔全部在下砂箱内，造型简单，无错箱缺陷	用于铸件最大截面在一端且为平面的铸件
挖砂造型（见图 8－40）	分型面为曲面，造型费时，效率低	用于单件、小批量生产且分型面不是平面的情况下
地坑造型（见图 8－39）	有上箱，用地面砂床作下箱，大铸件需在底部铺设焦炭、设置出气管，但造型费时，对工人技术要求高	用在砂箱不足、生产批量不大的生产条件下

下芯是将型芯安放在型腔内的操作工艺。下芯时要注意使型芯通气孔和砂型通气孔相通，保证排气顺畅；还要注意芯头和芯座的配合，间隙要合理。

合箱是把两个或多个砂型合在一起，形成完整的型腔。合箱前要清理型腔；合箱时要防止错型；合箱后要压紧上箱，防止跑火。

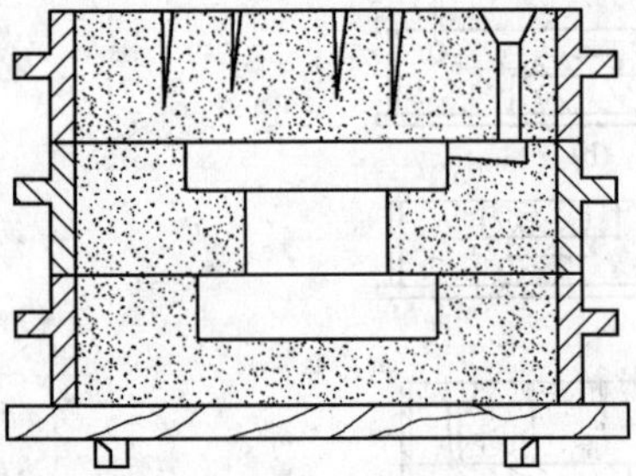

图 8－38 三箱造型

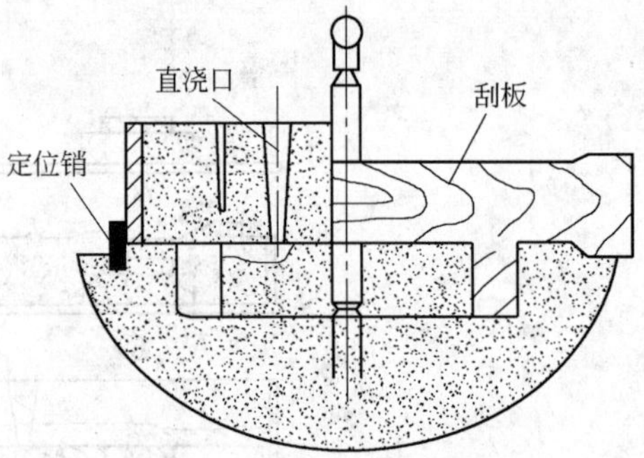

图 8－39 刮板—地坑造型

8.4.4 机器造型

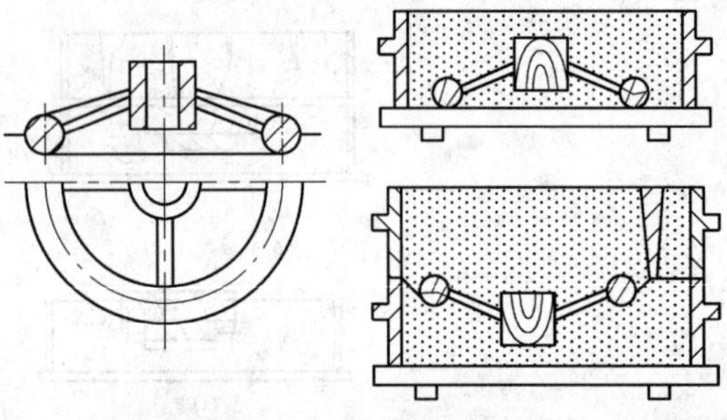

图 8－40 挖砂造型

机器造型适用于成批或大量生产，需要专用的设备和工装，可生产出尺寸精确、表面粗糙度小的铸件，还可改善劳动条件，提高生产率，并与机械化的砂处理、浇注和落砂清理等工序共同组成生产流水线，大大提高了铸件质量。

机器造型一般是两箱造型，在专用造型机上造型。常用的造型机有震压造型机和射压造型机、高压多触头造型机、抛砂造型机等。图 8－41 所示为几种机器造型紧砂过程的示意图。

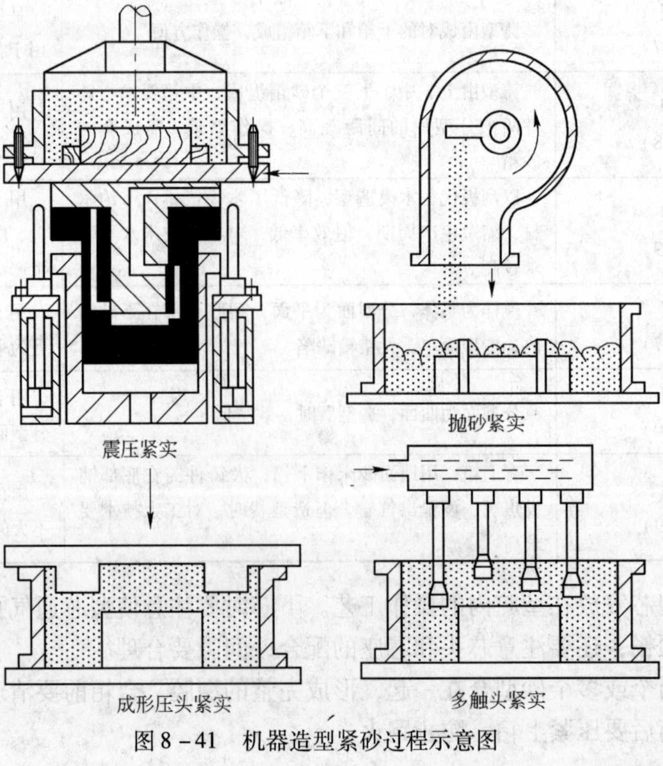

图 8－41 机器造型紧砂过程示意图

8.4.5 常用的铸造合金熔炼设备与浇注

铸造合金的熔炼要同时兼顾金属液的温度和化学成分，降低环境污染。常用的熔炼设备有冲天炉、电炉、电弧炉以及坩埚炉等。

冲天炉（见图8-42）制造成本低，操作简便，可连续生产，效率较高，是常用的铸铁熔炼设备。它利用焦炭燃烧产生的热量将金属料熔化并过热。冲天炉基本组成部分有：（1）炉身（从第一排风口处到加料口，是冲天炉的主体）；（2）炉缸（从第一排风口处到炉底，主要是储存铁液）；（3）炉底（包括炉底门、支柱，起支撑作用）；（4）风箱（由风管与鼓风机相连接）；（5）前炉（用来储存铁水，设有出铁口和出渣口）。另外，加料口上有炉胆、烟囱、炉顶除尘装置等。

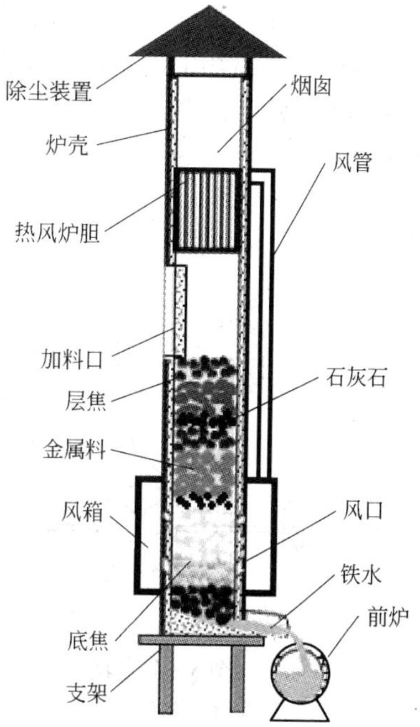

图8-42 冲天炉的结构

冲天炉的基本操作过程包括：准备炉料、修炉并烘干、加入底焦、加料、送风熔化、出渣和出铁水。

熔炼铸钢常用的是电弧炉和感应电炉。电弧炉炼钢（见图8-43）是利用电弧产生的热量将炉料（金属料及渣）加热熔化并过热。渣温最高，可对钢水进行精炼；熔化效率高，适合普碳钢、合金钢的冶炼，铸造上普遍使用。感应电炉则是利用感应线圈产生的感应电流使金属熔化并升温，效率低，成本高，铁水质量好。

熔炼铝合金最常用的设备就是电阻丝加热的坩埚炉（见图8-44）。熔炼铝合金时，坩埚及熔炼用具表面要涂敷涂料并预热，并应注意清理、烘干各种炉料。

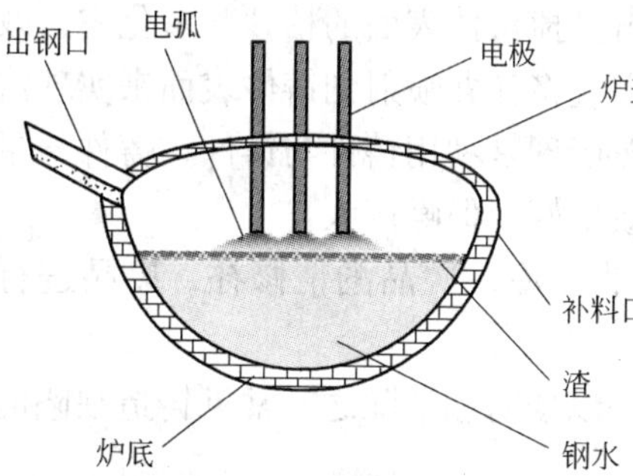

图8-43 电弧炉炼钢基本原理图

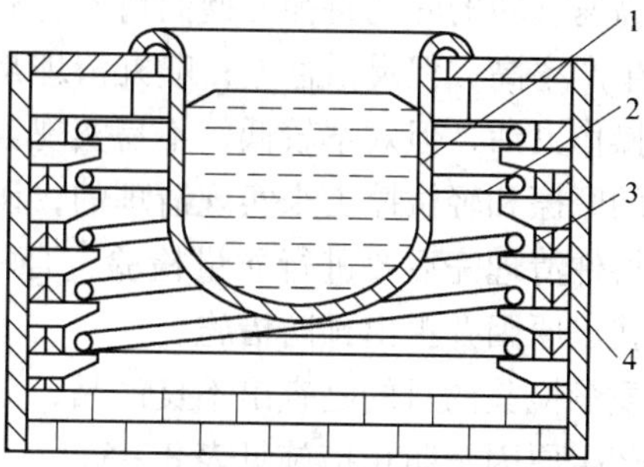

图8-44 电阻坩埚炉结构

1—坩埚；2—电阻丝；3—耐火砖；4—外壳

浇注是将液态金属倒入铸型的过程，浇注所使用的工具是浇包（见图8-45）。浇注操作不当就会出现浇不足、跑火、缩孔等。浇注前要清理操作空间，了解要浇注铸件的重量、牌号和顺序等，查看上下型是否紧固，戴好防护用具；浇注时要执行操作规程，控制浇注速度，做好挡渣、扒渣操作；及时点燃在砂型冒口和出气孔处逸出的气体，以防止形成气孔或污染环境。

8.4.6 铸件的落砂与清理

铸件冷却凝固后，必须适时进行开型落砂和清理，取出铸件。

落砂的方法有人工和机器两种。人工落砂不需要特殊工具和设备，由人工用大锤、铁钩、钢钎等工具敲击砂箱和捅落型砂，效率低，一般用于单件小批量生产；机器落砂用于大批量生产。常用的落砂设备有振动落砂机（偏心振动落砂机、惯性振动落砂机（见图8－46））、滚筒落砂机及其他落砂机（电磁振动、捅出式等）等。机械落砂生产率高，成本也高。

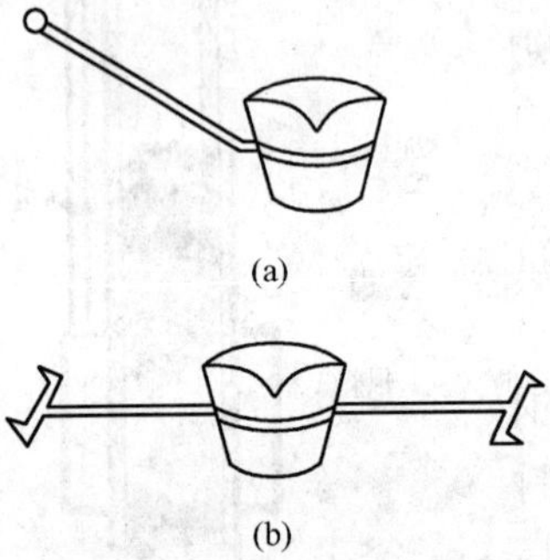

图8－45 浇包

（a）手提浇包；（b）抬包

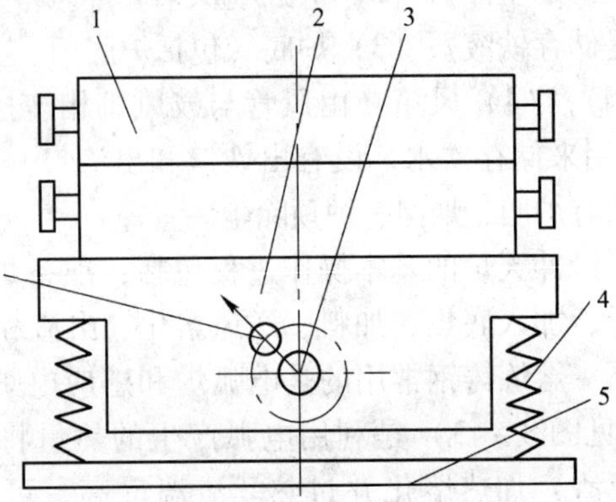

图8－46 惯性振动式落砂机原理图

1—铸型；2—落砂栅床；3—主轴；4—弹簧；5—机座；6—偏重

清理是落砂后的进一步处理，主要包括：清除砂芯、切除浇冒口、清除粘砂、铸件修整及热处理等。

清理多采用机器操作。常用的表面清理机器有抛丸、喷丸及摩擦式3种。抛丸清理是利用高速旋转的叶轮将弹丸抛向铸件，靠弹丸的冲击打掉铸件表面的粘砂和氧化皮，效果好，生产率高，但灵活性差；喷丸清理是利用压缩空气将弹丸喷射到铸件表面来实现清理的，操作灵活，但效率较低，不易实现自动化；摩擦清理是利用铸件与铸件、铸件与星铁之间的摩擦和轻微撞击来实现清理的，设备简单，效果好，但噪声大。

铸件清理完后要进行质量检验，合格的铸件验收入库，次品酌情修补，废品进行分析，找出原因并提出预防措施。

质量检验的目的是查出不良产品，分析铸件缺陷以预防和消除之。常见铸造缺陷的特征、产生原因及防止措施见表8－5。

表8－5 常见铸造缺陷的特征、产生原因及防止措施

名称	俗称	缺陷简图及特征		产生原因	防止措施
冷隔	冷接	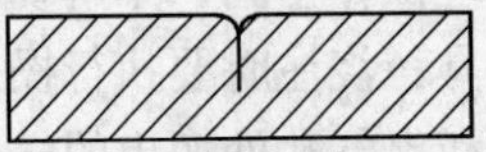	铸件存在未完全融合的接缝，其边缘呈圆角	浇注温度、速度低，浇口截面小，数量少，压头低、位置不当，壁薄，排气不良，冷铁不当	提高浇注温度和速度，增加内浇口截面面积和数量，提高铸型透气性等

续表 8－5

名称	俗称	缺陷简图及特征		产生原因	防止措施
气孔	气眼、气泡	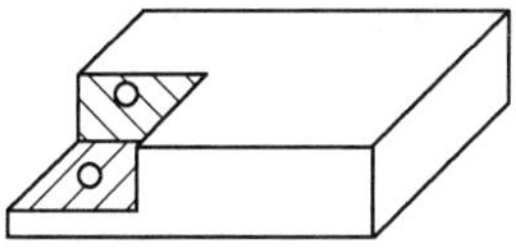	在铸件热节处最严重，内壁光滑、明亮或带有轻微的氧化色的孔洞	炉料不净，熔炼工艺不当，使合金含气量大、型砂水分过多、透气性差、排气不良、浇注充型不良，气体在金属液结壳之前未能及时逸出	严格控制铁水成分，严格控制型砂水分及炉料洁净度；保证型芯排气通畅，设出气冒口，充型速度不能过高；进行除气处理等
缩孔	缩眼	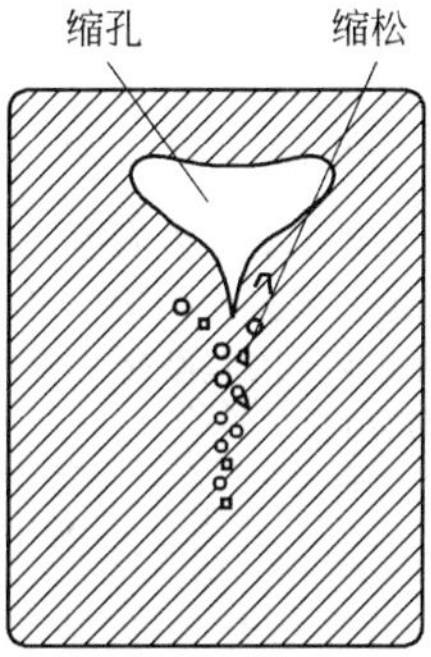	在最后凝固处存在形状不规则的或明或暗的孔洞，孔壁粗糙且呈枝晶状	冒口、冷铁的设置、数量、大小不当，不能保证顺序凝固；含气、磷含量、浇注温度太高，铸件凝固时得不到足够的金属液补缩	采用冒口，设置冷铁以实现顺序凝固；控制铁水碳当量；提高铸型刚度，减小壁厚差等
缩松	针眼发松		铸件热节下有不连贯的小缩孔	石墨粗大，合金结晶温度范围宽，冷却速度慢	提高铸件冷却速度，控制铁水中磷含量，提高铸型刚度等
冷裂纹		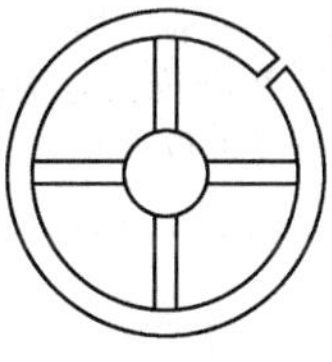	铸件上有穿透或不穿透的裂纹，裂口形状和抗拉试棒断口形状相似	铸造应力大于材料强度极限，铸件结构不合理、浇口开设不当	合理设计铸件壁厚，改善型砂退让性，采用同时凝固原则，降低铁水磷含量等
浇不足	缺肉	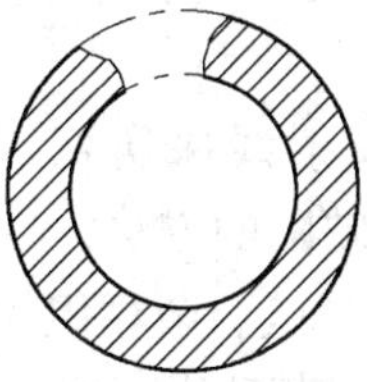	铸件上远离浇口及薄壁处产生因未充满而致使形状不完整	合金流动性差，硫含量高，浇注温度低，浇注速度慢，压头小等	提高浇注温度和浇注速度，合理设计浇注系统等
砂眼		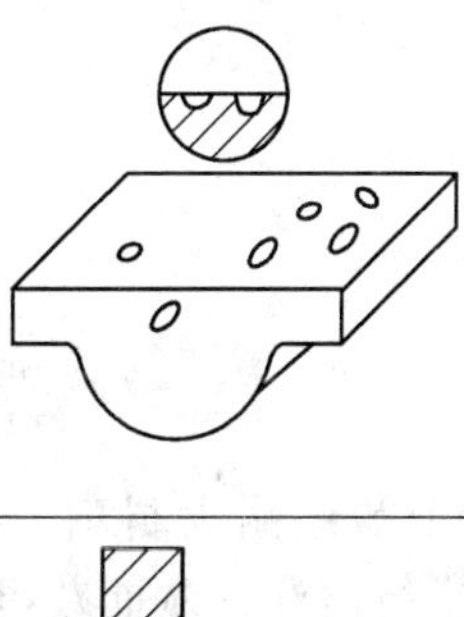	铸件内部或表面有充满砂粒的孔洞	在造型、合箱和浇注过程中砂粒或砂块剥落或冲落后滞留在铸件内	提高铸型的表面强度，保证足够的起模斜度，组合砂芯时表面砂粒清理干净，在下芯、合型、浇注时避免砂子落入型腔等
粘砂	渗砂	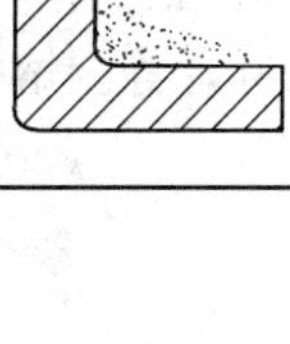	表面全部或局部黏着砂粒的机械混合物，常发生在浇口、冒口附近、厚壁、内角和凹槽处	金属液渗入砂粒孔隙，型砂或芯砂耐火度不够，砂型紧实度不够，浇注温度太高	在型砂中加入煤粉，以及在铸型表面涂刷涂料等

续表 8－5

名称	俗称	缺陷简图及特征		产生原因	防止措施
热裂纹	对火	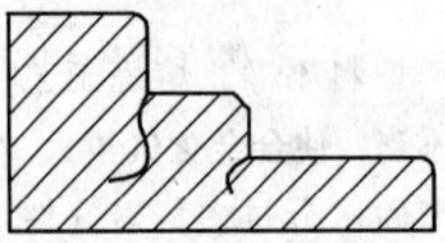	断口沿晶粒边界发生扩展，呈氧化色，形状曲折不规则	合金收缩受阻，铸件结构不合理，合金收缩大	浇冒口设计避免形成热节，改善铸型、芯砂退让性，降低铁水硫含量等
变形		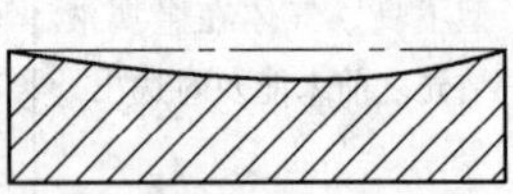	铸件翘曲变形，使形状、尺寸不符合图纸要求	铸件结构不合理，浇冒口不合理，型砂性能不合格	改进铸件结构设计，合理开设浇冒口，实现同时凝固，提高铸型退让性等
夹砂	结疤、包砂、夹层	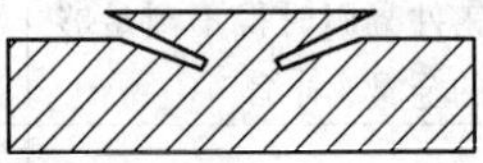	在铸件表面有较浅的带锐角的凸痕	沟槽由型砂表面砂层拱起未破裂而引起，夹砂由砂层拱起破裂甚至掉落所致	减少砂型的膨胀力，选用粒度粗的砂，砂型紧实度力求均匀，适当降低浇注温度并尽量缩短浇注时间，大平面应放在浇注位置的下面
错箱	错型	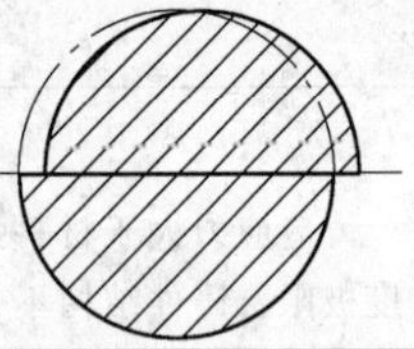	铸件在分型面处上下错开	两半模样定位固定不良造成造型时模样松动，模样上下半模或合箱时上下半型对位不准	合型标志要明显，注意合型的准确

常用的铸件检验方法有：

（1）直接观察法，用于检测铸件外在的缺陷，如浇不足、冷隔、错箱、粘砂、尺寸不合格等；

（2）无损探伤法，是利用声（超声波探伤）、光（X 射线探伤）、电、磁（磁力探伤）等各种物理方法和相关仪器检测重要铸件内部及表面缺陷的方法；

（3）物理化学性能检验，即化学成分分析、力学性能测试、金相组织观察等。

合理选择铸造方法，可节省原材料，降低废品率，提高劳动生产率，做好质量检测工作是提高铸造生产经济效益的最佳途径。

8.5 特种铸造

8.5.1 熔模铸造

熔模铸造又称“失蜡铸造”，通常是在蜡模表面涂上数层耐火材料，待其硬化干燥后，将其中的蜡模熔去而制成型壳，再经过焙烧，然后进行浇注，从而获得铸件的一种方法。得到的铸件具有较高的尺寸精度和较低的表面粗糙度。适用于生产形状复杂、精度要求高或整体很难进行其他加工的小型零件，如涡轮发动机的叶片等。熔模铸造的工艺过程（见图 8－47）包括蜡模制造、型壳制造、焙烧和浇注等步骤。

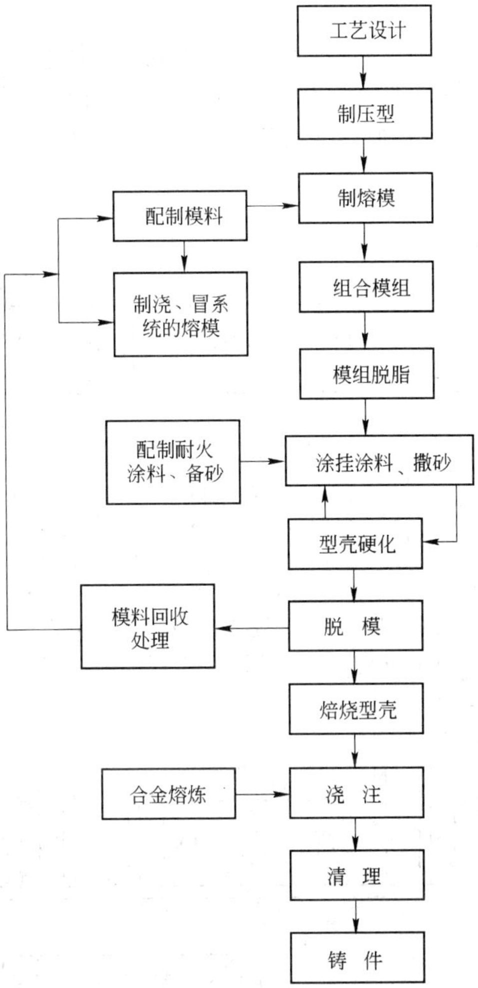

图 8－47　熔模铸造的工艺过程

8.5.2　金属型铸造

金属型铸造俗称铁模铸造、冷激模铸造，它是在重力作用下将熔融金属浇入金属（钢、铸铁等）铸型获得铸件的一种铸造工艺方法。铸型是用金属制成，可以反复使用多次（几百次到几千次），所用的型芯为金属型芯或砂芯。

金属型铸造可一型多铸，工序简单，铸件力学性能好，工艺出品率高、精度高，易实现机械化和自动化，生产率高，环境污染小，但成本高，无透气性、退让性，不宜生产高熔点、大型、形状复杂的和薄壁的铸件。

8.5.3　陶瓷型铸造

陶瓷型铸造是采用质地较纯、热稳定性较高的耐火材料作为骨料，用经过水解的硅酸乙脂作为黏结剂而配制成的陶瓷型浆料，在碱性催化剂的作用下，经过灌浆、结胶、硬化、起模、喷烧和焙烧等一系列工序制成的表面光洁、尺寸精度高的陶瓷铸型铸造的方法。

陶瓷型造型法有单一造型法（见图8－48，全部采用陶瓷浆料制造铸型）和复合造型法（只在表面灌陶瓷浆料制造铸型，见图8－49）。单一型铸型用于单件小批生产小型铸件，浆料用量多，成本高；复合型铸型用于中、大型铸件和大批生产的情况下，浆料用量少，成本较低。

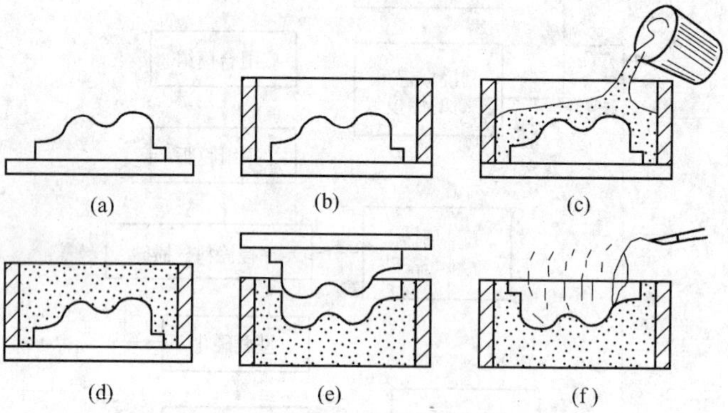

图8－48 单一陶瓷型的制型过程示意图

（a）模板；（b）准备灌浆；（c）灌浆；（d）凝胶；（e）起模；（f）喷烧

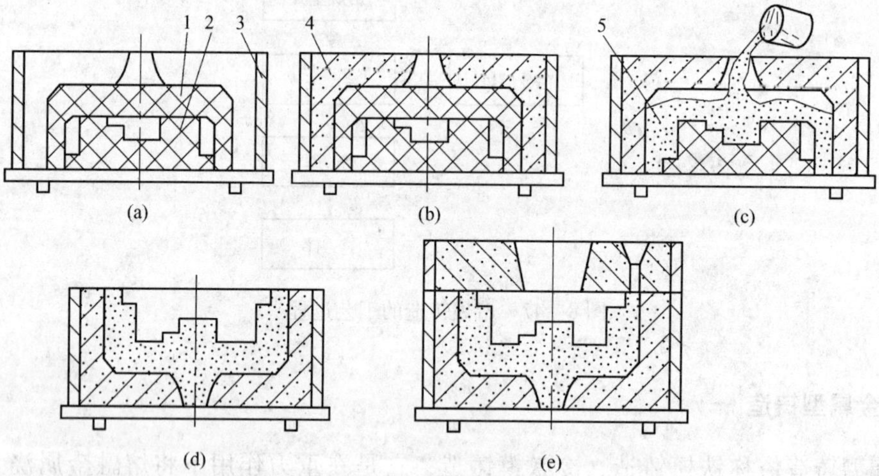

图8－49 复合陶瓷型的制型过程示意图

（a）准备造型；（b）造水玻璃砂套；（c）灌浆；（d）喷烧；（e）合箱

1—辅助母模；2—铸件母模；3—砂箱；4—水玻璃砂套；5—陶瓷浆料

陶瓷型铸造不受铸造合金的限制，铸件精度高，铸造大型模具效果较好，工艺简单，不需要复杂的工装和设备，投资少，但铸型成形不易控制，成形过程难以机械化和自动化，目前主要用于生产各种复杂、精密铸件、各种模具和铸造工装。

8.5.4 压力铸造

压力铸造（简称压铸）是在高压作用下，使液态或半液态金属以较高的速度充填压铸型型腔，并在压力下成形和凝固而获得铸件的一种铸造方法。

图 8－50 所示为卧式压铸机压铸过程。定型 5 与动型 6 合型后，舀取金属液体浇入压室 2 中，随即压射冲头 1 向前推进，将液体金属经浇道 7 压入型腔 4 内。待铸件冷凝后开型，动型移动，由推杆将余料 8 连同铸件一起顶出。

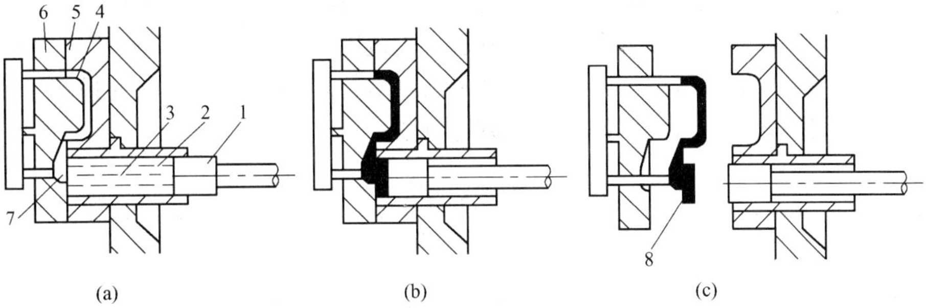

图 8－50 卧式压铸机压铸过程

（a）合型；（b）压铸；（c）开型

1—压射冲头；2—压室；3—液体金属；4—型腔；5—定型；6—动型；7—浇道；8—余料

压铸的两大特点是高压和高速充填压铸型，可实现机械化、自动化，生产效率高；产品质量好，力学性能好，精度高，无需机械加工；可采用组合压铸，镶嵌其他金属或非金属材料，经济效果优良；但压铸模制造复杂，投资高，一般不宜用于小批量生产。

8.5.5 离心铸造

离心铸造是将液体金属浇入旋转的铸型中，使液体金属在离心力的作用下充填铸型和凝固成形的一种铸造方法。

离心铸造必须采用离心铸造机，以提供使铸型旋转的条件。根据铸型旋转轴线在空间的位置，离心铸造分立式离心铸造（见图 8－51）和卧式离心铸造（见图 8－52）两种。立式离心铸造主要用来生产高度小于直径的圆环类或异形类铸件；卧式离心铸造主要用于生产套筒类或管子类铸件。

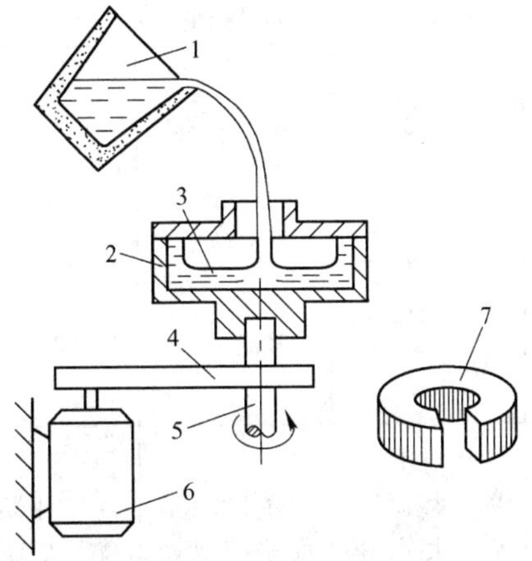

图 8－51 立式离心铸造示意图

1—浇包；2—铸型；3—液体金属；4—皮带轮和皮带；5—旋转轴；6—电动机；7—铸件

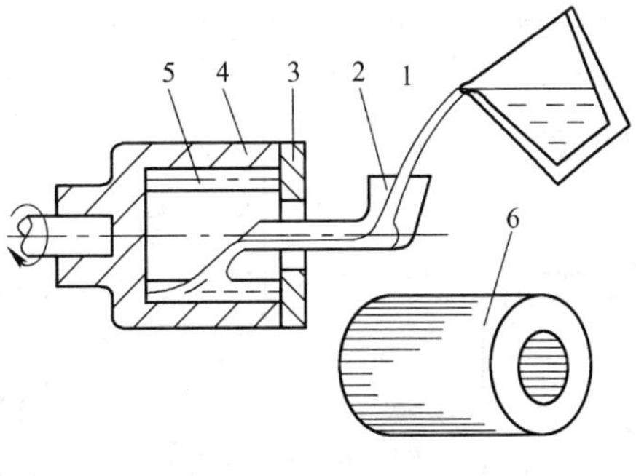

图 8－52 卧式离心铸造示意图

1—浇包；2—浇注槽；3—端盖；4—铸型；5—液体金属；6—铸件

离心铸造可大大提高工艺出品率；铸件致密度较高，缺陷少，力学性能较高；便于制造筒、套类复合金属铸件，如双金属钢背铜套、双金属轧辊等；但铸件易形成密度偏析，且尺寸不易准确控制。

其他的特种铸造方法还有低压铸造、差压铸造、连续铸造、实型铸造等。

综上所述，各种铸造方法各有其优缺点及应用范围（见表8－6），必须依据铸件的大小、形状、生产批量、质量要求、合金的品种及现有设备条件等具体情况进行全面分析，才能确定经济效益高又能保证铸件要求的铸造方法。

表8－6 常用铸造方法的比较

比较项目	砂型铸造	熔模铸造	金属型铸造	压力铸造	离心铸造	陶瓷型铸造
尺寸精度	IT14～IT16	IT11～IT14	IT12～IT14	IT11～IT13	内孔尺寸偏差大	IT12～IT13
表面粗糙度/μm	粗糙	25～3.2	25～12.5	6.3～1.6	内表面粗糙	25～6.3
适用金属	任意	不限制，以铸钢为主	不限制，以非铁合金为主	铝、锌、镁等低熔点合金	以铸铁、铜合金为主	无限制，以铸钢为主
适用铸件大小	不限制	<45kg，以小铸件为主	中、小铸件	一般<10kg，也可以用于中型铸件	几千克到数吨	以大、中型铸件为主
复杂程度	简单	任何复杂程度	复杂铸件	复杂（可用砂芯）	常为圆筒形铸件	较复杂
生产批量	不限制	成批、大量为主	大批、大量	大批、大量	几百件	单件、小批
内部质量	结晶粗	结晶粗	结晶粗	表层结晶细，内部多有微小气孔	结晶细	结晶细
加工余量	大	小或不加工	小	小或不加工	内孔余量大	小或不加工
最小壁厚/mm	3.0	0.7	铝合金2～3，灰铸铁4.0	0.5～0.7	6	1
生产率	低、中	低、中	中、高	最高	中、高	低
生产成本	低	批量生产比全用机加工经济	金属模费用较高	金属模费用很高	较低	昂贵
工艺特点	灵活易行，效率低，劳动强度大，铸件质量低	精度高、表面光洁，但工序繁多，劳动强度大	铸件精度、表面质量高，组织致密，力学性能好，生产率高	铸件精度高、表面光洁，生产率高，成本低。但压铸机和铸型成本高	铸件尺寸精度高、表面光洁，组织致密，生产率高	尺寸精度高、表面光洁，但生产率低

习题与思考题

8－1　什么是铸造，它有什么主要的优点和缺点？
8－2　铸造工艺设计的依据是什么？
8－3　铸造工艺设计包括哪些内容？
8－4　铸件质量对零件结构有哪些要求？
8－5　选择分型面时应注意哪些原则？
8－6　型砂是由哪几部分组成的？
8－7　对型砂的性能有什么要求？
8－8　冲天炉熔炼的工作原理是怎样的？
8－9　手工造型的主要方法有哪些？
8－10　简述砂型铸造工艺过程。
8－11　标出铸型装配图 8－53 中所标数字部分名称。
8－12　典型浇注系统有哪几部分，其作用各是什么？
8－13　混砂是在什么设备中进行的，混砂的过程是怎样的？
8－14　铸件的手工造型方法应根据哪些条件来选择？
8－15　各种手工造型方法的模样有何特点，各适用哪种生产批量？
8－16　合箱工序应注意什么问题，合箱不当对铸件质量有何影响？
8－17　试述气孔、缩孔、砂眼、夹杂 4 种缺陷的特征，分析铸件产生粘砂的原因。
8－18　冒口的作用有哪些，为什么在铸型中有时采用冷铁？
8－19　铸件的清理包括哪几方面内容，各使用什么工具和设备？
8－20　模样的材料有哪几种，木模有什么优缺点，适用于什么条件下？

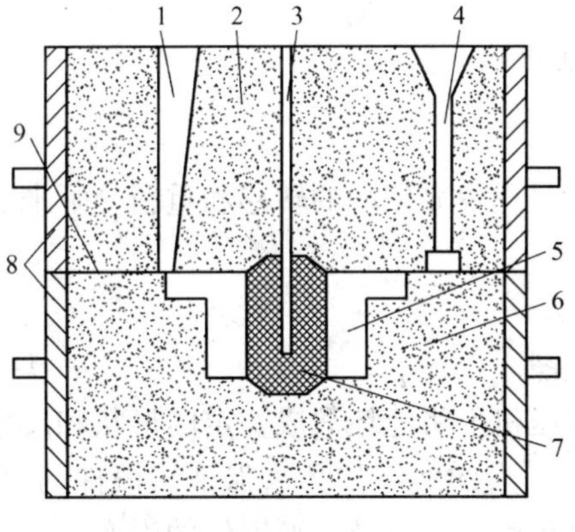

图 8－53　习题 8－11 图

9 塑性成形

9.1 概　述

9.1.1 金属塑性成形的特点

塑性成形是指金属材料在外力作用下发生变形而不破坏其完整性的能力。人们利用金属的这种特性，使其在外力作用下改变形状，并获得一定力学性能。这种加工方法，称为金属塑性加工或塑性成形。

金属塑性加工在汽车、拖拉机、船舶、兵器、航空和家用电器等行业都有广泛的应用。如汽车的大梁和覆盖件是冲压出来的，曲轴、连杆和齿轮的毛坯是锻造出来的。

塑性成形特点是：

(1) 力学性能高。组织致密；晶粒细化；压合铸造缺陷；使纤维组织合理分布。

(2) 节约材料。减少零件制造中的金属消耗（与切削加工相比）。

(3) 生产率高。

(4) 适用范围广。零件大小不受限制；生产批量不受限制。

9.1.2 塑性成形工艺的分类

9.1.2.1 体积成形

体积成形是在塑性成形过程中靠体积的转移和重新分配来实现的。常见的塑性成形工艺如图 9-1 所示。

A 锻造

锻造可分为自由锻和模锻。

自由锻是在空气锤或水压机上将毛坯锻成一定的形状和尺寸。自由锻不使用专用的模具，它的形状和尺寸主要靠工人的熟练技巧来保证。锻件的尺寸精度较低，生产效率不高，主要适用于单件、小批量生产，以及大型锻件的生产。

模锻是在锻压机器的压力作用下，使金属在模具的孔型中产生塑性变形，获得与模腔形状、尺寸相同的零件，它可保证相当高的尺寸精度，且生产效率高，适合于大批量生产。模锻可分开式模锻和闭式模锻。

B 轧制

轧制是将金属坯料通过两个旋转轧辊间的特定孔型，使其形成一定截面形状的成形方法。利用轧制方法可获得型材、板材和管材。轧制可分为纵轧、横轧和斜轧。

C 拉拔

拉拔是将金属坯料的前端施以一定的拉力，使它通过锥形的凹模型腔、改变其截面的

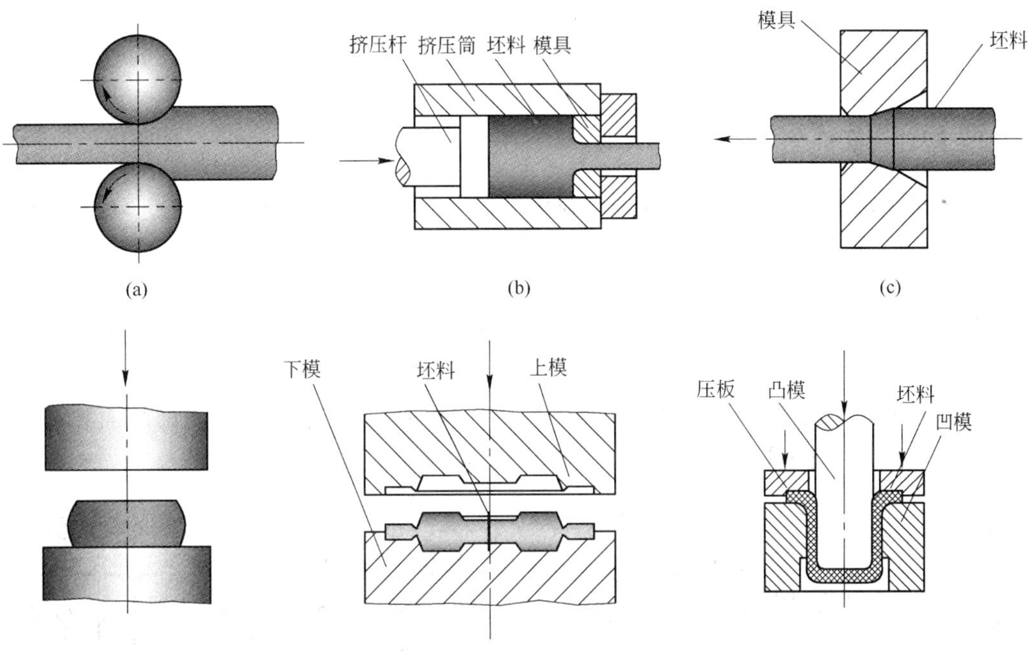

图 9－1 常见的塑性成形工艺

(a) 轧制；(b) 挤压；(c) 拉拔；(d) 自由锻；(e) 模锻；(f) 拉深

形状和尺寸的一种加工方法。拉拔是生产棒材、线材和管材的主要方法，它的生产效率很高。

D 挤压

挤压是使大截面的毛坯在凸模的强大压力作用下产生塑性流动，迫使金属从模具型腔中挤出，从而获得一定形状和较小截面尺寸的工件。由于金属在挤压模具中受三向压应力作用，挤压成形零件的力学性能极佳。这种加工方式也特别适用于塑性较差的材料成形。

9.1.2.2 板料成形

板料成形一般称为冲压，可分为落料、冲孔、弯曲、拉深等工序。也可分为分离工序和成形工序：

(1) 分离工序是利用模具的刃口使板料沿一定的轮廓切割分离。如切割下来的是工件，则称为落料；若切割下来的是废料，则称为冲孔。

(2) 成形工序。弯曲、拉深等统称为成形工序，它是使板材在不发生破坏的条件下产生塑性变形，获得与模具形状一致的工件，如将板料弯曲，或将板料压制成筒形件或复杂曲面等。

塑性加工还可以按照加工温度分成热加工和冷加工。热加工是指在再结晶温度以上进行的塑性加工。体积成形主要以热加工为主，如自由锻、模锻等。冷加工是在回复和再结晶温度下进行的塑性加工，例如板料冲压、冷轧、冷拔、冷挤压。介于两者之间的则是温热成形，如温挤压、温锻等。

9.2 金属塑性成形工艺基础

9.2.1 塑性变形机理

由于多晶体是由许多位向不同的晶粒组成，晶粒之间存在晶界，因此，多晶体的塑性变形包括晶内变形和晶间变形。

9.2.1.1 晶内变形

晶内变形主要包括滑移和孪生。其中滑移变形是主要的，孪生变形是次要的。具体为：

（1）滑移。它是在力的作用下，晶体的一部分相对另一部分沿一定的晶面和晶向发生相对滑动，如图9－2所示。

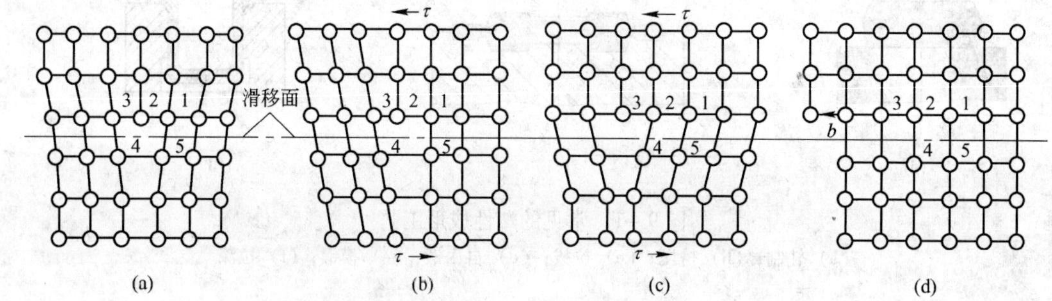

图9－2 刃型位错的滑移过程

（2）孪生。孪生是晶体在切应力作用下，晶体的一部分相对另一部分沿一定的晶面和一定的晶向发生均匀切变，发生相对转动。

9.2.1.2 晶间变形

晶间变形的主要方式是晶粒之间相互滑动和转动。多晶体受力变形时，沿晶界处可能产生切应力，当此切应力足以克服晶粒彼此间相对滑动的阻力时，便发生相对滑动。另外，由于各晶粒所处位向不同，其变形情况及难易程度也不相同，如果相邻晶粒之间产生力偶，可以造成晶粒间的相互转动。

9.2.2 塑性变形后金属的组织和性能

9.2.2.1 冷变形及其影响

A 组织变化的特征

冷变形后金属组织变化的特征为：

（1）金属经冷加工变形后，晶粒形状发生变化。变化趋势大体与金属宏观变形一致，晶粒沿变形最大方向伸长。

（2）晶粒内产生亚结构。金属塑性变形，由于位错运动产生大量的“位错缠结”，如果变形量增大，就形成胞状亚结构。

（3）晶粒位向改变。多晶体塑性变形时伴随有晶粒的转动，当变形量很大时，多晶体中原为任意取向的各个晶粒，会逐渐调整其取向而彼此趋于一致，这种由于塑性变形的结果而使晶粒具有择优取向的组织，称为“变形织构”。变形织构分为丝织构和板织构。

B　性能的变化

由于塑性变形使金属内部组织发生变化，因而金属的性能也发生相应的改变。其中，变化最显著的是金属的力学性能，即随着变形程度的增加，金属的强度、硬度增加，而塑性、韧性降低，这种现象也称为加工硬化。

9.2.2.2　热变形及其影响

在再结晶温度以上进行的塑性变形，称为热塑性变形。在热塑性变形过程中，回复、再结晶与加工硬化同时发生，加工硬化不断被回复或被再结晶所抵消，而使金属处于高塑性、低变形抗力的软化状态。热变形后金属组织变化的特征为：

（1）改善晶粒组织。对于铸态金属，粗大的树枝状晶经塑性变形及再结晶而变成等轴晶粒组织；对于有些钢坯或型材，在随后的热加工中通过塑性变形与再结晶，其晶粒组织也可以得到改善。

（2）锻合内部缺陷。

（3）破碎并改善碳化物和非金属夹杂物在钢中的分布。

（4）形成纤维组织。塑性变形时所形成的杂质带使材料性能具有了方向性，如图9－3所示：

1）在平行于纤维组织的方向上，材料的抗拉强度提高；

2）在垂直于纤维组织的方向上，材料的抗剪强度提高。

（5）改善偏析。在一定程度上改善铸造组织的偏析，是由于热变形破碎枝晶和加速扩散所致，其中，枝晶偏析改善较大，区域性偏析改善不明显。

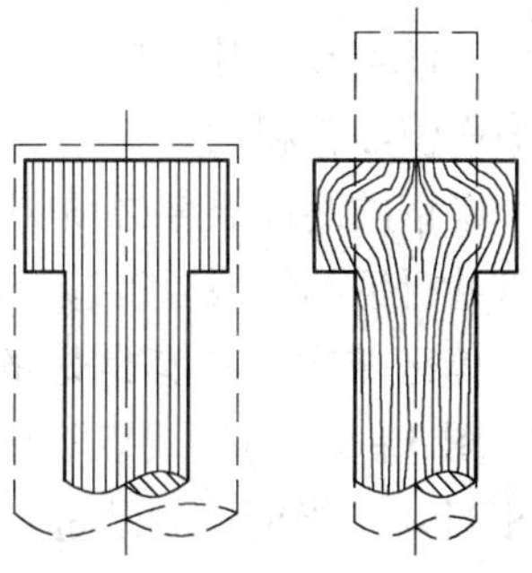

(a)　(b)

图9－3　纤维组织

9.2.3　金属的可锻性

金属的可锻性是指金属材料在压力加工时成形的难易程度。

9.2.3.1　可锻性的衡量指标

金属的可锻性的衡量指标有：

（1）塑性。材料的塑性越好，其可锻性越好。

（2）变形抗力。材料的变形抗力越小，其可锻性越好。

9.2.3.2　影响可锻性的因素

A　金属的内在因素

影响金属可锻性的内在因素有：

（1）化学成分。纯金属一般具有良好的锻造性能，化学元素种类繁多，在金属材料中的含量及相对比例又各不相同，其对塑性影响各不相同。例如，碳能固溶于铁，形成铁素体和奥氏体，并且两者都具有良好的塑性，但是当碳含量增加时，容易形成渗碳体，这样容易降低其塑性。合金元素的加入会劣化锻造性能。

（2）组织状态。纯金属和固溶体具有良好的可锻性。

B 变形条件

影响金属可锻性的变形条件有：

（1）变形温度。温度越高，材料的可锻性越好。

（2）变形速度。变形速度越小，材料的可锻性越好。

（3）应力状态。三向压应力时，其塑性最好，变形抗力最大；三向拉应力时，其塑性最差，变形抗力最大。

9.2.4 锻造温度范围

在锻压生产中，为了提高金属的可锻性，希望提高金属的温度，但是在加热过程中还会产生出不少缺陷，因此，温度不能无限地提高，加热时间也不宜过长。这就要求制定合理的加热规范。在确定锻造加热温度规范时，应保证在加热温度范围内塑性要高，变形抗力要低，锻件质量要好，加热次数少，劳动生产率高。确定温度范围主要是定出锻造开始温度（始锻温度）和锻造终了温度（终锻温度）。

为提高金属塑性，降低其变形抗力，锻造时可以尽量提高其始锻温度，但过高容易发生过烧。因此，始锻温度应低于图 3－9 中 *AE* 线 150～200℃。由此可知，亚共析钢的始锻温度为 1200～1250℃；共析钢的始锻温度为 1150～1200℃；过共析钢的始锻温度为 1050～1150℃。对于修整工序，其变形量不大，始锻温度可以适当降低，以免在过高温度停锻而使晶粒粗大。

碳钢的终锻温度必须保证有足够的塑性和晶粒不再长大，又不会产生加工硬化现象。所以共析钢的终锻温度应控制在图 3－9 中 *GS* 线以上 30～50℃，因为此时钢完全处在奥氏体区域内，具有良好的塑性。对于亚共析钢，为扩大锻造温度范围，终锻温度可以在图 3－9 中 *GS* 线以下（约 800℃），此时钢虽然已进入两相区，但由于铁素体的塑性相当好，仍能顺利地进行锻造。对于过共析钢，如果在图 3－9 中 *ES* 线以上停止锻造反而不利，停锻后容易使锻件内析出网状渗碳体，影响产品的质量，如果锻造在图 3－9 中 *ES* 线以下、*PSK* 以上 50～70℃结束，就可把析出的网状渗碳体击碎，保证锻件的力学性能。

终锻温度对锻件晶粒的大小有很大影响。粗大的晶粒在锻造过程中被打碎，获得细小的晶粒。如果终锻温度较高（在 900℃以上），在冷却过程中晶粒还会长大，所得到的组织仍然是粗大的晶粒，如果终锻温度适当（800℃），在冷却过程中晶粒就不再长大，得到的是细小晶粒。

9.2.5 金属的变形规律

9.2.5.1 体积不变条件

由于塑性变形时金属密度的变化很小，所以可认为变形前后的体积相等。此假设称为体积不变条件。在金属塑性成形过程中，体积不变条件是一项很重要的原则，有些问题可根据几何关系直接利用体积不变条件来求解。此外，体积不变条件还用于塑性成形过程的坯料或工件半成品的形状和尺寸的计算。

9.2.5.2 最小阻力定律

金属的塑性流动方向可应用最小阻力定律进行判断。最小阻力定律由前苏联学者古布金于1947年将它表达为："当变形体质点有可能沿不同方向移动时，则物体各质点将沿着阻力最小的方向移动"。最小阻力定律是力学的普遍原理，可以定性地用来分析质点的流动方向，或调整某方向阻力来控制金属的流动。

例如，粗糙平板间矩形断面棱柱体镦粗时，由于接触面上质点向四周流动的阻力与质点离周边的距离成正比，因此离周边的距离越近，阻力越小，金属质点必然沿着这个方向移动。该方向恰好是周边最短法线方向，因此，可用点划线将矩形分成2个三角形和2个梯形，形成4个流动区域，如图9－4所示。点划线是流动的分界线，线上各点至边界的距离相等，各个区域内的质点到各边界的法线距离最短。这样镦粗后，矩形断面将变成双点划线所示的多边形，继续镦粗，断面周边变成椭圆直至变成圆为止。以后各质点将沿着半径方向移动。由于相同面积的任何形状，圆形的周边最小，所以最小阻力定律在镦粗中也称为最小周边法则。

关于调整阻力控制金属流动的实例很多，例如开式模锻，如图9－5所示，增加金属流向飞边的阻力，以保证金属充填型腔；或者修磨圆角r，减小金属流向模腔的阻力，使模腔充填饱满。又例如，在大型覆盖件拉深成形时，常常要设置拉延肋，用来调整或增加板料进入模具型腔的流动阻力，以保证覆盖件的成形质量。

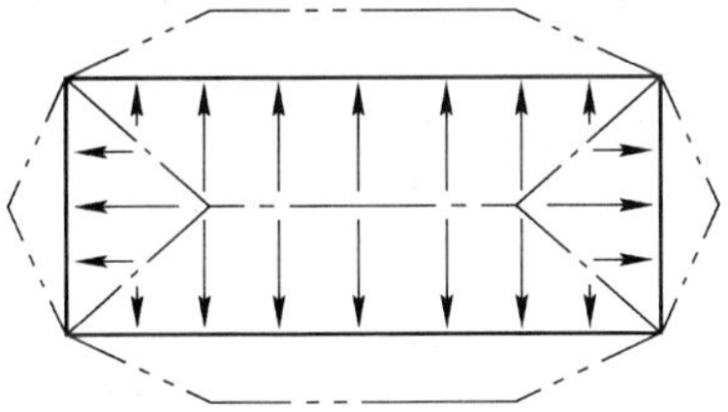

图9－4 有摩擦矩形断面镦粗不均匀流动

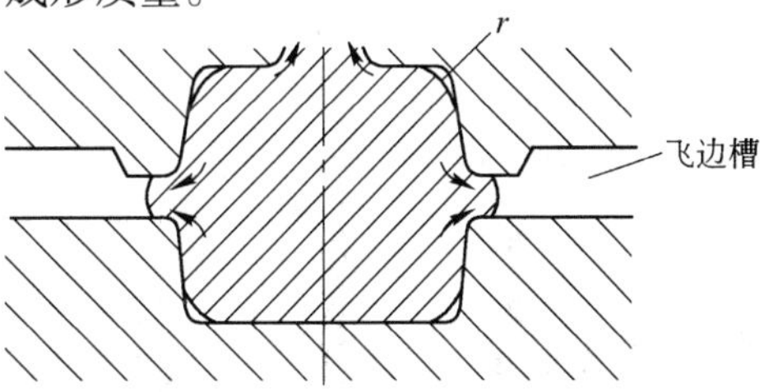

图9－5 开式模锻的金属流动

金属在塑性变形时遵循最小阻力定律和体积不变条件，据此可以大体上确定出塑性成形时金属流动模型，进而可以合理地制定成形工序、设计成形模具、分析成形质量。因此，最小阻力定律在工艺分析中得到了广泛的应用。

9.3 自由锻造

9.3.1 自由锻造的特点及设备

自由锻造是利用简单的通用工具直接在锻造设备的上下砧之间进行锻压，使坯料产生塑性变形而获得锻件的加工方法。金属受力变形时在上下砧之间向各个方向自由流动，不受任何限制。因此，自由锻造的灵活性大，生产周期短。自由锻造和铸造相比，由于消除了缩孔、疏松、气孔等缺陷，所以锻件具有较高的力学性能，从而可以使零件的尺寸减小、质量减轻和节约金属材料。自由锻造和切削加工相比，由于金属的纤维组织没有被切断，此外可以获得近成形毛坯，因此锻件质量较好。

按作用力的性质不同，自由锻造设备可分为两类：一类为产生冲击力作用的设备，称为自由锻锤，如空气锤（65～750kg，见图9－6）、蒸汽－空气锤（630kg～5t）等；另一类为产生压力作用的设备，称压力机，如水压机、油压机等。其中，锻锤和压力机的吨位计算分别为：

锻锤吨位＝落下部分总质量＝活塞质量＋锤头质量＋锤杆质量

压力机吨位＝滑块运动到下始点时所产生的最大压力

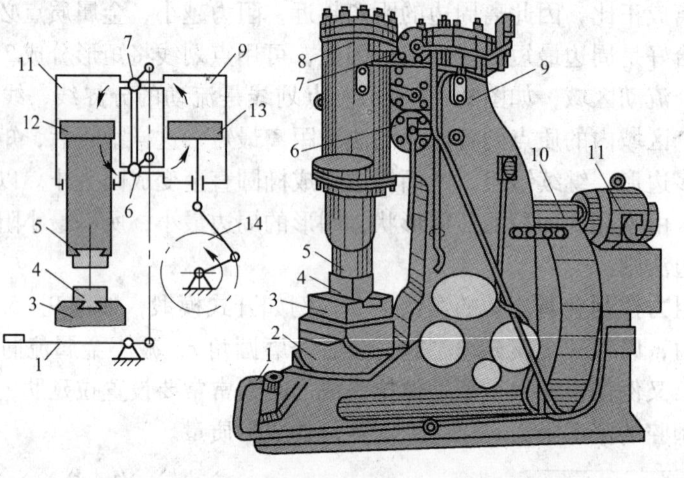

图9－6　空气锤

1—踏杆；2—砧座；3—砧垫；4—下砧铁；5—上砧铁；6—下旋阀；7—上旋阀；8—工作缸；9—压缩缸；10—减速装置；11—电动机；12—工作活塞；13—压缩活塞；14—连杆

9.3.2　自由锻造的基本工序

使金属产生一定程度的塑性变形，以达到所需要的形状和尺寸的工艺，称为自由锻造工序。其基本工序有镦粗、拔长、冲孔、弯曲、扭转、切割、错移和锻接等。除此之外，在小农具及刃具的锻造中，还经常采用夹钢、贴钢及冷作等。目前常用的基本工序有镦粗、拔长、冲孔和弯曲4种。

9.3.2.1　镦粗

镦粗是沿工件轴向进行锻打，使其长度减小、横截面积增大的操作过程。常用来锻造齿轮坯、凸缘、圆盘等零件，也可用来作为锻造环、套筒等空心锻件冲孔前的预备工序。镦粗可分为全镦粗和局部镦粗两种形式，如图9－7所示。镦粗时，坯料不能过长，高度与直径之比应小于2.5，以免镦弯，或出现细腰、夹层等现象。坯料镦粗的部位必须均匀加热，以防止出现变形不均匀。

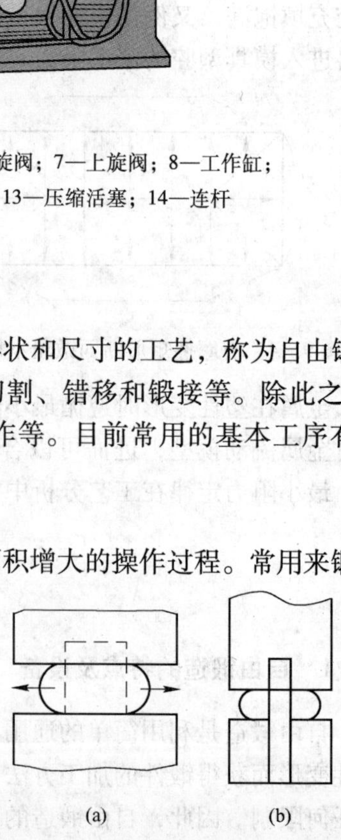

图9－7　镦粗

（a）全镦粗；（b）局部镦粗

9.3.2.2　拔长

拔长是沿垂直于工件的轴向进行锻打，以使其截面积减小而长度增加的操作过程，如图9－8所示。常用于锻造轴类和杆类等零件。对于圆形坯料，一般先锻打成方形后再进行拔长，最后锻成所需形状，或使用V形砧铁进行拔长，在锻造过程中要将坯料绕轴线不断翻转。

9.3.2.3 冲孔

冲孔是利用冲头在工件上冲出通孔或盲孔的操作过程。常用于锻造齿轮、套筒和圆环等空心锻件，对于直径小于25mm的孔一般不锻出，而是采用钻削的方法进行加工。在薄坯料上冲通孔时，可用冲头一次冲出。若坯料较厚时，可先在坯料的一边冲到孔深的2/3深度后，拔出冲头，翻转工件，从反面冲通，以避免在孔的周围冲出毛刺，如图9－9所示。

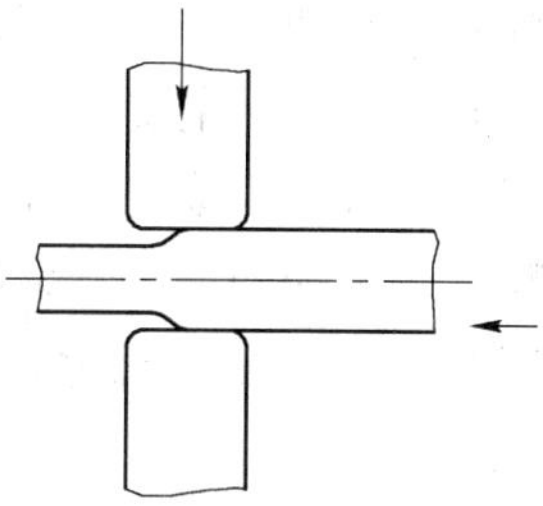

图9－8 拔长

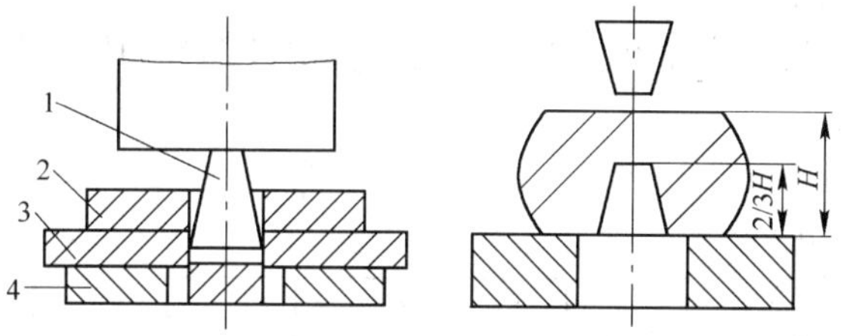

图9－9 冲孔

（a）薄坯料冲孔；（b）厚坯料冲孔

1—冲头；2—坯料；3—垫环；4—芯料

9.3.2.4 弯曲

弯曲是使坯料弯曲成一定角度或形状的锻造工序，如图9－10所示。

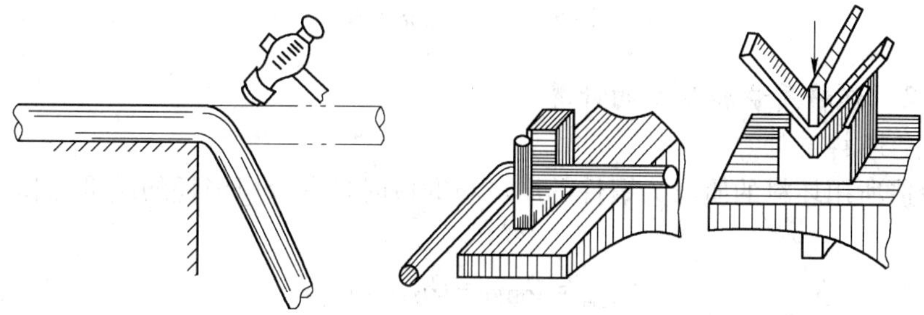

图9－10 弯曲

（a），（b）角度弯曲；（c）成形弯曲

9.3.3 自由锻造工艺规程的制定

根据零件图把毛坯通过自由锻造的方法生产出锻件的全部过程称为自由锻造工艺规程。它包括绘制锻件图、选择毛坯、制定工艺、选择设备和工具、加热、冷却和检验等一系列内容。

9.3.3.1 锻件图的绘制

锻件图是以零件图为基础，结合自由锻造工艺特点绘制而成的图形。它是工艺规程的核心内容，是制定锻造工艺过程和锻件检验的依据。锻件图必须准确而全面地反映锻件的特殊内容，如圆角、斜度等，以及对产品的技术要求，如性能、组织等。

绘制锻件图时主要考虑以下几个因素：

(1) 机械加工余量。余量是指为了保证机械加工后获得零件所规定的尺寸精度和表面粗糙度而增加的一部分金属量。

(2) 公差。公差是指锻件实际尺寸对公称尺寸所允许的偏差，一般为余量的1/3～1/4。

(3) 敷料。对于某些形状较复杂的零件，为了易于锻造，需要对它进行简化，其方法是在难以锻造部分加上一部分金属予以简化。这部分添加上去的金属就称为敷料，也称为余块。余块在切削加工时去除。

根据零件图加上余块、余量和公差，然后计算出各部分的尺寸就可绘制锻件图。典型锻件图如图9－11所示。

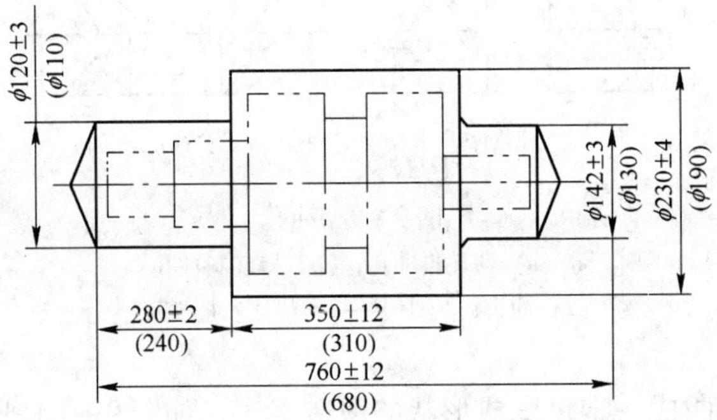

图9－11 典型锻件图

9.3.3.2 坯料质量和尺寸的计算

A 确定坯料质量

自由锻造所用坯料的质量为锻件的质量与锻造时各种金属消耗的质量之和，可由下式计算：

$$G_{坯料} = G_{锻件} + G_{烧损} + G_{料头}$$

式中 $G_{坯料}$——坯料质量，kg；

$G_{锻件}$——锻件质量，kg；

$G_{烧损}$——加热时坯料因表面氧化而烧损的质量，kg，第一次加热取被加热金属质量分数的2%～3%、以后各次加热取1.5%～2.0%；

$G_{料头}$——锻造过程中被冲掉或切掉的那部分金属的质量，kg，如冲孔时坯料中部的料芯、修切端部产生的料头等。

对于大型锻件，当采用钢锭作坯料进行锻造时，还要考虑切掉的钢锭头部和尾部的质量。

B 确定坯料尺寸

根据塑性加工过程中体积不变条件和采用的基本工序类型（如拔长、镦粗等）的锻造比、高度与直径之比等计算出坯料横截面积、直径或边长等尺寸。

典型锻件的锻造比见表9－1。

表9－1 典型锻件的锻造比

锻件名称	计算部位	锻造比
碳素钢轴类锻件	最大截面	2.0～2.5
合金钢轴类锻件	最大截面	2.5～3.0
热轧辊	辊　身	2.5～3.0
冷轧辊	辊　身	3.5～5.0
齿轮轴	最大截面	2.5～3.0
锤　头	最大截面	≥2.5
水轮机主轴	轴　身	≥2.5
水轮机立柱	最大截面	≥3.0
模　块	最大截面	≥3.0
航空用大型锻件	最大截面	6.0～8.0

9.3.3.3 选择锻造工序

自由锻造工序的选取应根据工序特点和锻件形状来确定。一般而言，盘类零件多采用镦粗（或拔长－镦粗）和冲孔等工序；轴类零件多采用拔长、切肩和锻台阶等工序。一般锻件的分类及采用的锻造工序见表9－2。

表9－2 一般锻件的分类及采用的锻造工序

锻件类别	图　例	锻造工序
盘类零件	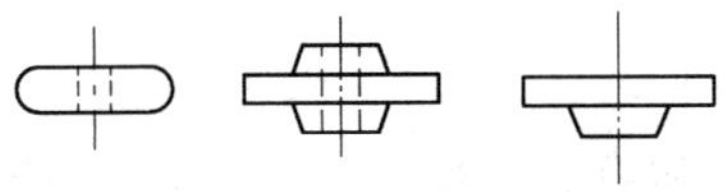	镦粗（或拔长－镦粗）、冲孔等
轴类零件	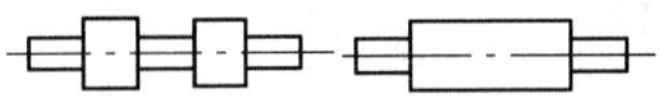	拔长（或镦粗－拔长）、切肩、锻台阶等
筒类零件	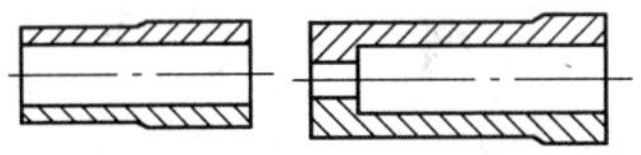	镦粗（或拔长－镦粗）、冲孔、在芯轴上拔长等
环类零件	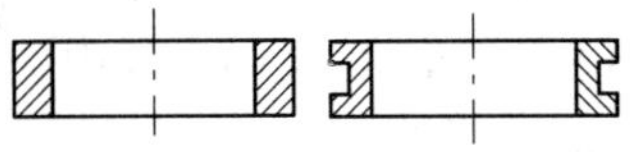	镦粗（或拔长－镦粗）、冲孔、在芯轴上扩孔等
弯曲类零件	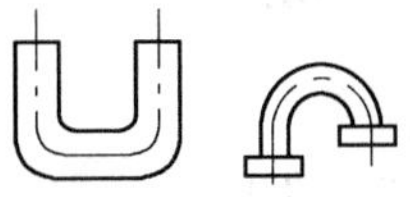	拔长、弯曲等

自由锻造工序的选择与整个锻造工艺过程中的火次（即坯料加热次数）和变形程度有关。所需火次与每一火次中坯料成形所经历的工序都应明确规定出来，写在工艺卡片上。

9.3.3.4 选择锻造设备

根据作用在坯料上力的性质，自由锻造设备分为锻锤和液压机两大类。

9.3.3.5 确定锻造温度范围

锻造温度范围是指始锻温度和终锻温度之间的温度范围。锻造温度范围应尽量选宽一些，以减少锻造火次，提高生产率。

9.3.3.6 填写工艺卡片

工艺卡主要用来描述一个产品的装配顺序、工艺标准、工时等。

9.3.4 自由锻件的结构工艺性

自由锻件的设计原则是：在满足使用性能的前提下，锻件的形状应尽量简单，易于锻造。具体设计要求为：

（1）尽量避免锥体或斜面结构，如图9－12所示。

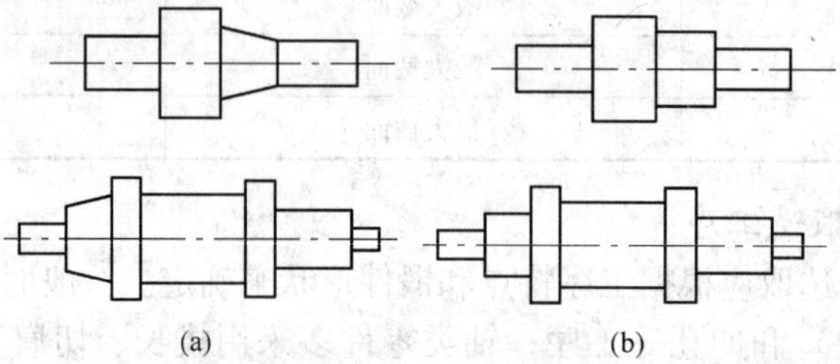

图9－12 轴类锻件结构

（a）工艺性差的结构；（b）工艺性好的结构

（2）避免几何体的交接处形成空间曲线。

（3）避免加强肋、凸台、工字形、椭圆形或其他非规则截面及外形。

（4）合理采用组合结构。锻件的横截面积有急剧变化或形状较复杂时，可设计成由数个简单件构成的组合体。每个简单件锻造成形后，再用焊接或机械连接方式构成整体零件。

9.4 模 锻

模锻是在模锻设备上，利用高强度锻模，使金属坯料在模膛内受压产生塑性变形，从而获得所需形状、尺寸以及内部质量锻件的加工方法。在变形过程中，由于模膛对金属坯料流动的限制，因而锻造终了时可获得与模膛形状相符的模锻件。

模锻具有如下优点：

（1）生产效率较高。

（2）能锻造形状复杂的锻件，并可使金属流线分布更为合理，提高零件的使用寿命。

（3）模锻件的尺寸较精确，表面质量较好，加工余量较小。

（4）节省金属材料，减少切削加工量。在批量足够的条件下，能降低零件成本。

（5）模锻操作简单，劳动强度低。

但模锻生产受模锻设备吨位限制，模锻件的质量一般在150kg以下。模锻设备投资较大，模具费用较昂贵，工艺灵活性较差，生产准备周期较长。因此，模锻适合于小型锻件的大批量生产，不适合单件、小批量生产以及中、大型锻件的生产。

模锻分为锤上模锻、压力机上模锻、胎模锻。

9.4.1 锤上模锻的工艺特点

锤上模锻是将上模固定在锤头上，下模紧固在模垫上，通过随锤头做上下往复运动的上模，对置于下模中的金属坯料施以直接锻击来获取锻件的锻造方法。

9.4.2 锤上模锻的锻模结构

锤上锻模结构如图 9 - 13 所示。锤上模锻用的锻模由带燕尾的上模 2 和下模 4 两部分组成，上下模通过燕尾和楔铁分别紧固在锤头和模垫上，上、下模合在一起在内部形成完整的模膛。

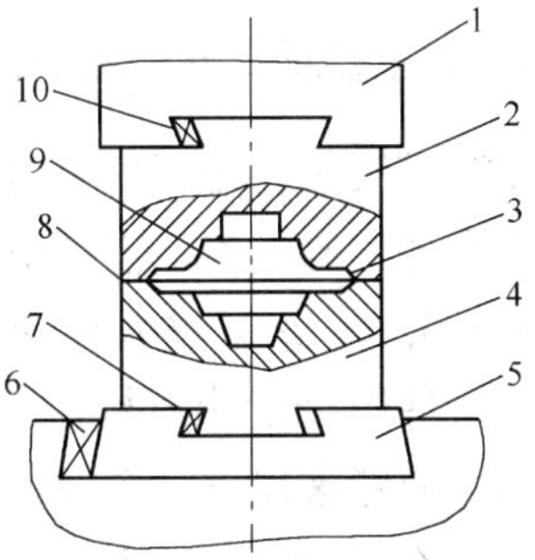

图 9 - 13　锤上锻模结构

1—锤头；2—上模；3—飞边槽；4—下模；5—模垫；6，7，10—紧固楔铁；8—分模面；9—模膛

锤上模膛包括制坯模膛和模锻模膛。

9.4.2.1 制坯模膛

对于形状复杂的模锻件，为了使坯料基本接近模锻件的形状，以便模锻时金属能合理分布，并很好地充满模膛，必须预先在制坯模膛内制坯。制坯模膛有拔长模膛、滚挤模膛、弯曲模膛、切断模膛，此外，还有成形模膛、镦粗台及击扁面等制坯模膛。

9.4.2.2 模锻模膛

模锻模膛包括预锻模膛和终锻模膛。所有模锻件都要使用终锻模膛，预锻模膛则要根据实际情况决定是否采用。

终锻模膛使金属坯料最终变形到所要求的形状与尺寸。由于模锻需要加热后进行，锻件冷却后尺寸会有所缩减，所以终锻模膛的尺寸应比实际锻件尺寸放大一个收缩量。对于钢锻件，收缩量可取 1.5%。

终锻模膛一般设飞边槽。飞边槽形式如图 9 - 14 所示。飞边槽用以增加金属从模膛中

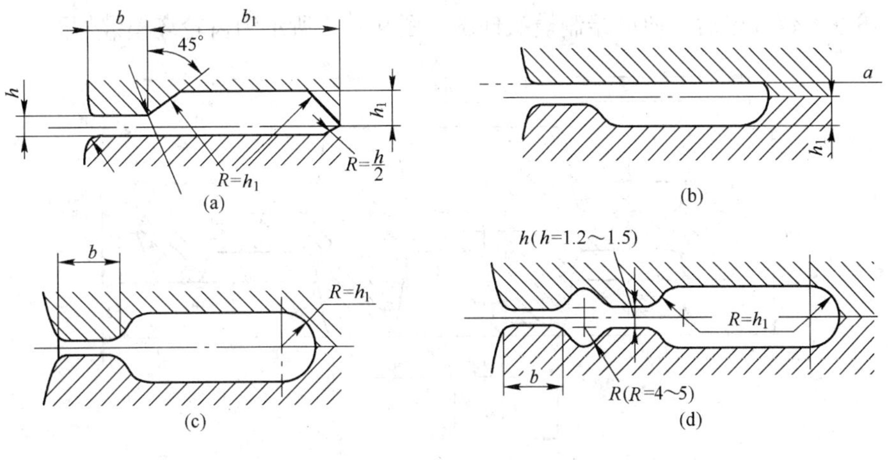

图 9 - 14　飞边槽形式

流出的阻力，促使金属充满整个模膛，同时容纳多余的金属，还可以起到缓冲作用，减弱对上下模的打击，防止锻模开裂。

用于预锻的模膛称为预锻模膛。终锻时常见的缺陷有折叠和充不满等。这些缺陷都是由于终锻时金属不合理的变形流动或变形阻力太大引起的。因此，对于外形较为复杂的锻件，常采用预锻工步，使坯料先变形到接近锻件的外形与尺寸，以便合理分配坯料各部分的体积，避免折叠的产生，并有利于金属的流动，易于充满模膛，同时可减小终锻模膛的磨损，延长锻模的寿命。

预锻模膛和终锻模膛的主要区别是预锻模膛的圆角和模锻斜度较大，高度较大，一般不设飞边槽。

9.4.3 锤上模锻工艺规程的制定

锤上模锻工艺规程的制定主要包括绘制模锻件图、计算坯料尺寸、确定模锻工步、选择锻造设备、确定锻造温度范围等。

9.4.3.1 绘制模锻件图

模锻件图是设计和制造锻模、计算坯料以及检验模锻件的依据。根据零件图绘制模锻件图时，应考虑以下几个问题：

（1）分模面。上下锻模的分界面。

（2）加工余量和锻件公差。为了达到零件尺寸精度及表面粗糙度的要求，锻件上需切削加工而去除的金属层，称为锻件的加工余量。

（3）模锻斜度。为便于从模膛中取出锻件，模锻件上平行于锤击方向的表面必须具有斜度，称为模锻斜度，一般为5°~15°之间。

（4）模锻圆角半径。模锻件上所有两平面转接处均需圆弧过渡，此过渡处称为锻件的圆角。圆弧过渡有利于金属的变形流动，锻造时使金属易于充满模膛，提高锻件质量，并且可以避免在锻模上的内角处产生裂纹，减缓锻模外角处的磨损，提高锻模使用寿命。

（5）冲孔连皮。由于锤上模锻时不能靠上、下模的凸起部分把金属完全排挤掉，因此不能锻出通孔，终锻后，孔内留有金属薄层，称为冲孔连皮。锻后利用压力机上的切边模将其去除。

上述各参数确定后，便可绘制模锻件图。图9－15所示为齿轮坯模锻件图。

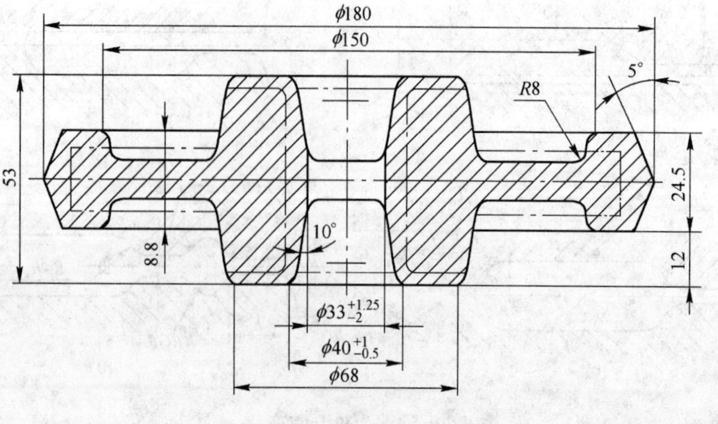

图9－15 齿轮坯模锻件图

9.4.3.2 计算坯料质量与尺寸

坯料质量包括锻件、飞边、连皮、钳口料头以及氧化皮等的质量。通常，氧化皮质量约占锻件和飞边质量总和的2.5%～4%。

9.4.3.3 确定模锻工序

模锻工序主要根据锻件的形状与尺寸来确定。根据已确定的工序即可设计出制坯模膛、预锻模膛及终锻模膛。模锻件按形状可分为两类：长轴类零件与盘类零件。长轴类零件的长度与宽度之比较大，例如台阶轴、曲轴、连杆、弯曲摇臂等；盘类零件在分模面上的投影多为圆形或近于矩形，例如齿轮、法兰盘等。

长轴类模锻件常用的工序有拔长、滚挤、弯曲、预锻和终锻等。

盘类模锻件常选用镦粗、终锻等工序。

对于形状简单的盘类零件，可只选用终锻工序成形。对于形状复杂、有深孔或有高肋的锻件，则应增加镦粗、预锻等工序。

坯料在锻模内制成模锻件后，还需经过一系列修整工序，以保证和提高锻件质量。修整工序包括以下内容：

（1）切边与冲孔。模锻件一般都带有飞边及连皮，需在压力机上进行切除。

（2）校正。在切边及其他工序中都可能引起锻件的变形，许多锻件，特别是形状复杂的锻件在切边冲孔后还应该进行校正。校正可在终锻模膛或专门的校正模内进行。

（3）热处理。目的是消除模锻件的过热组织或加工硬化组织，以达到所需的力学性能。常用的热处理方式为正火或退火。

（4）清理。为了提高模锻件的表面质量，改善模锻件的切削加工性能，模锻件需要进行表面清理，去除在生产中产生的氧化皮、所沾油污及其他表面缺陷等。

（5）精压。对于要求尺寸精度高和表面粗糙度小的模锻件，还应在压力机上进行精压。精压分为平面精压和体积精压两种。

9.4.3.4 选择锻造设备

锤上模锻的设备有蒸汽－空气锤、高速锤等。

9.4.3.5 确定锻造温度范围

模锻件的生产也在一定温度范围内进行，与自由锻造生产相似。

9.4.4 锤上模锻零件的结构工艺性

设计模锻零件时，应根据模锻特点和工艺要求，使其结构符合下列原则：

（1）模锻零件应具有合理的分模面，以使金属易于充满模膛，模锻件易于从锻模中取出，且敷料最少，锻模容易制造。

（2）模锻零件上，除与其他零件配合的表面外，均应设计为非加工表面。模锻件的非加工表面之间形成的角应设计模锻圆角，与分模面垂直的非加工表面，应设计出模锻斜度。

（3）零件的外形应力求简单、平直、对称，避免零件截面间差别过大，或具有薄壁、高肋等不良结构。

（4）在零件结构允许的条件下，应尽量避免有深孔或多孔结构。

（5）对复杂锻件，为减少敷料，简化模锻工艺，在可能条件下应采用锻造—焊接或锻造—机械连接组合工艺，如图9-16所示。

9.4.5 其他模锻方法

除了锤上模锻外，压力机上模锻和胎模锻等模锻方法也有着较为广泛的应用。

9.4.5.1 压力机上模锻

用于模锻生产的压力机有摩擦压力机、曲柄压力机、平锻机、水压机等，其工艺特点比较见表9-3。

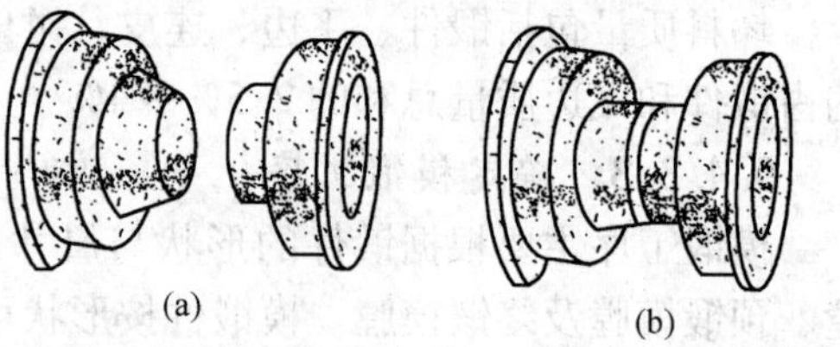

图9-16 锻焊结构模锻零件
(a) 模锻件；(b) 焊合件

表9-3 压力机上模锻方法的工艺特点比较

锻造方法	设备类型		工艺特点	应用
	结构	构造特点		
摩擦压力机上模锻	摩擦压力机	滑块行程可控，速度为0.5~1.0m/s，带有顶料装置，机架受力，形成封闭力系，每分钟行程次数少，传动效率低	特别适合于锻造低塑性合金钢和非铁金属；简化了模具设计与制造，同时可锻造更复杂的锻件；承受偏心载荷能力差；可实现轻、重打，能进行多次锻打，还可进行弯曲、精压、切飞边、冲连皮、校正等工序	中、小型锻件的小批和中批生产
曲柄压力机上模锻	曲柄压力机	工作时，滑块行程固定，无振动，噪声小，合模准确，有顶杆装置，设备刚度好	金属在模膛中一次成形，氧化皮不易除掉，终锻前常采用预成形及预锻工步，不宜拔长、滚挤，可进行局部镦粗，锻件精度较高，模锻斜度小，生产率高，适合短轴类锻件	大批量生产
平锻机上模锻	平锻机	滑块水平运动，行程固定，具有互相垂直的两组分模面，无顶出装置，合模准确，设备刚度好	扩大了模锻适用范围，金属在模膛中一次成形，锻件精度较高，生产率高，材料利用率高，适合锻造带头的杆类和有孔的各种合金锻件，对非回转体及中心不对称的锻件较难锻造	大批量生产
水压机上模锻	水压机	行程不固定，工作速度为0.1~0.3m/s，无振动，有顶杆装置	模锻时一次压成，不宜多膛模锻，适合于锻造镁铝合金大锻件，深孔锻件，不太适合于锻造小尺寸锻件	大批量生产

9.4.5.2 胎模锻

胎模是一种不固定在锻造设备上的模具，结构较简单，制造容易，如图9-17所示。胎模锻是在自由锻设备上用胎模生产模锻件的工艺方法，因此胎模锻兼有自由锻和模锻的特点。胎模锻适合于中、小批量生产小型多品种的锻件，特别适合于没有模锻设备的工厂。胎模锻工艺过程包括制订工艺规程、制造胎模、备料、加热、胎模锻及后续加工工序等。

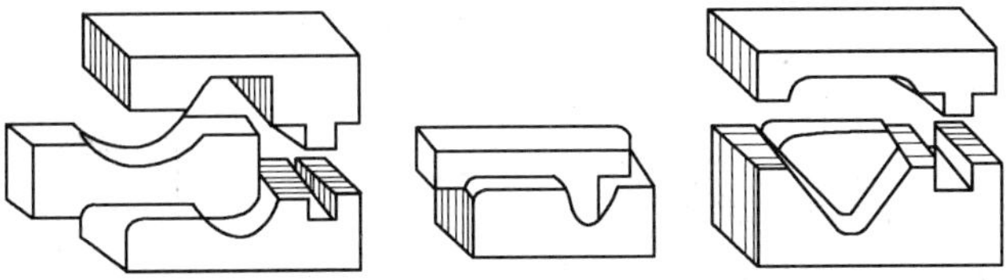

图9-17 胎模示意图

9.5 板料冲压

利用冲模在压力机上使板料分离或变形，从而获得冲压件的加工方法称为板料冲压。板料冲压的坯料厚度一般小于4mm，通常在常温下冲压，所以又称为冷冲压。

板料冲压的特点是：

(1) 冲压生产操作简单，生产率高，易于实现机械化和自动化。

(2) 冲压件的尺寸精确，表面光洁，质量稳定，互换性好，一般不再进行机械加工，即可作为零件使用。

(3) 金属薄板经过冲压塑性变形获得一定几何形状，并产生冷变形强化，使冲压件具有质量轻、强度高和刚性好的优点。

(4) 冲模是冲压生产的主要工艺装备，其结构复杂，精度要求高，制造费用相对较高，所以冲压适合在大批量生产条件下采用。

冲压设备主要有剪床和冲床两大类。剪床是完成剪切工序，为冲压生产准备原料的主要设备。冲床是进行冲压加工的主要设备，按其床身结构不同，有开式和闭式两类冲床；按其传动方式不同，有机械式冲床与液压压力机两大类。

9.5.1 冲压工序及冲压件结构工艺性

冷冲模基本工序分为分离工序和成形工序。

9.5.1.1 分离工序

分离工序统称为冲裁，它是使板料的一部分与另一部分分离的加工工序。分离工序主要包括：

(1) 切断。使板料按不封闭轮廓线分离的工序称为切断。

(2) 落料，是从板料上冲出一定外形的零件或坯料，冲下部分是成品。

(3) 冲孔，是在板料上冲出孔，冲下部分是废料。

9.5.1.2 成形工序

成形工序主要包括：

(1) 弯曲。将金属材料弯曲成一定角度和形状的工艺方法称为弯曲。弯曲方法可分为压弯、拉弯、折弯、滚弯等。最常见的是在压力机上压弯。弯曲变形过程如图9-18所示。

(2) 拉深。拉深是使平面板料成形为中空形状零件的冲压工序。拉深变形过程如图9-19所示。拉深工艺可分为不变薄拉深和变薄拉深两种。不变薄拉深件的壁厚与毛坯厚度基本相同，工业上应用较多；变薄拉深件的壁厚则明显小于毛坯厚度。

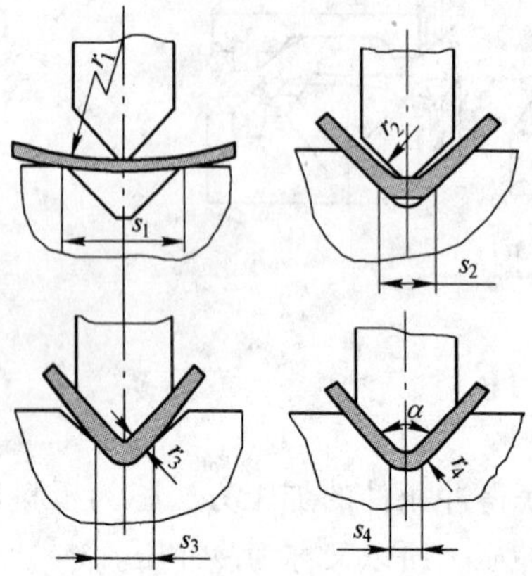

图 9－18 弯曲变形过程

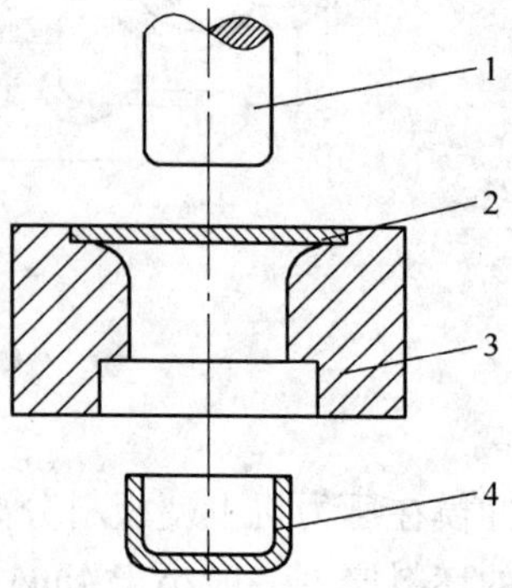

图 9－19 拉深变形过程

1—凸模；2—毛坯；3—凹模；4—工件

此外，变形工序还有翻边、胀形、缩口等。这些工序是通过局部变形来实现工件成形的。

9.5.2 冷冲压模具

常用的冷冲模按工序组合可分为单冲模、连续冲模和复合冲模 3 类。

单冲模是在一个冲压行程只完成一道工序的冲模，如图 9－20 所示。

连续冲模是在一个冲压行程中，在模具的不同位置上同时完成多道冲压工序的冲模。

复合冲模是在一个冲压行程上，在模具的同一个位置同时完成多道冲压工序的冲模。例如同时完成冲孔落料工序的冲孔落料复合模。

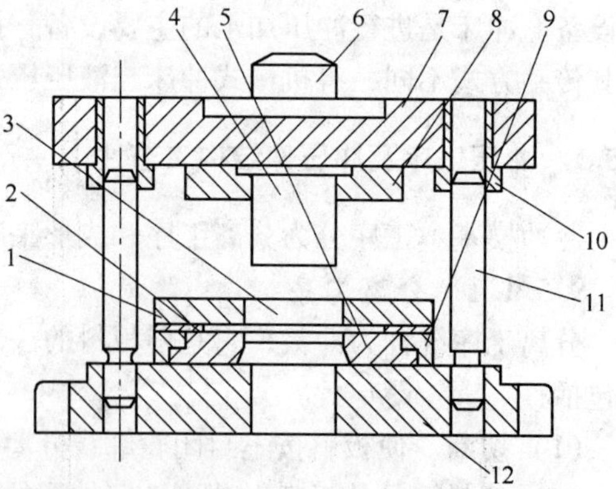

图 9－20 单冲模

1—固定卸料板；2—导料板；3—挡料销；4—凸模；5—凹模；6—模柄；7—上模座；8—凸模固定板；9—凹模固定板；10—导套；11—导柱；12—下模座

冲压模具的组成为：

（1）工作零件。使板料成形的零件，有凸模、凹模、凸凹模等。

（2）定位、送料零件。使条料或半成品在模具上定位、沿工作方向送进的零部件。主要有挡料销、导正销、导料销、导料板等。

（3）卸料及压料零件。防止工件变形，压住模具上的板料及将工件或废料从模具上卸下或推出的零件。主要有卸料板、顶件器、压边圈、推板、推杆等。

（4）结构零件。在模具的制造和使用中起装配、固定作用的零件，以及在使用中起导向作用的零件。主要有上、下模座，模柄，凸、凹模固定板，垫板，导柱、导套、导筒、导板螺钉、销钉等。

9.5.3 冲压工艺过程

冲压工艺过程包括：

（1）分析冲压件的结构工艺性；

（2）拟定冲压件的总体工艺方案；

（3）确定毛坯形状、尺寸和下料方式；

（4）拟定冲压工序性质、数目和顺序；

（5）确定冲模类型和结构形式；

（6）选择冲压设备；

（7）编写冲压工艺文件。

9.6 其他塑性成形

9.6.1 精密模锻

精密模锻是指在模锻设备上锻造出形状复杂、高精度锻件的模锻工艺。如精密模锻伞齿轮，其齿形部分可直接锻出而不必再经过切削加工。精密模锻件尺寸精度可达 IT12 ~ IT15，表面粗糙度 R_a 为 3.2 ~ 1.6μm。

精密模锻工艺特点为：

（1）精确计算原始坯料的尺寸，严格按坯料质量下料。

（2）精细清理坯料表面，除净坯料表面的氧化皮、脱碳层及其他缺陷等。

（3）采用无氧化或少氧化加热方法，尽量减少坯料表面形成的氧化皮。

（4）精锻模膛的精度必须很高，一般要比锻件的精度高两级。精密锻模一定有导柱、导套结构，以保证合模准确。为排除模膛中的气体，减小金属流动阻力，使金属更好地充满模膛，在凹模上应开有排气小孔。

（5）模锻时要很好地进行润滑和冷却锻模。

（6）精密模锻一般都在刚度大、精度高的曲柄压力机、摩擦压力机或高速锤上进行。

9.6.2 超塑性成形

超塑性成形是指金属或合金在低的变形速率、一定的变形温度和均匀的细晶粒度条件下，其相对伸长率 δ 超过 100% 以上的变形。例如钢的相对伸长率 δ 可超过 500%、纯钛可超过 300%、锌铝合金可超过 1000%。超塑性状态下的金属在拉伸变形过程中不产生缩颈现象，变形应力可为常态下金属变形应力的几十分之一到几分之一，因此极易变形，可采用多种工艺方法制造出复杂零件。常用的超塑性成形材料主要是锌铝合金、铝基合金。

超塑性成形的主要应用领域为：

（1）板料超塑性冲压成形。采用锌铝合金等超塑性材料，可以一次拉深较大变形量的杯形件，而且质量很好，无制耳产生。

（2）板料超塑性气压成形。将具有超塑性性能的金属板料放于模具之中，把板料与模具一起加热到规定温度，向模具内吹入压缩空气或抽出模具内空气形成负压，使板料沿凸模或凹模变形，从而获得所需形状，如图9－21所示。气压成形能加工的板料厚度为0.4～4mm。

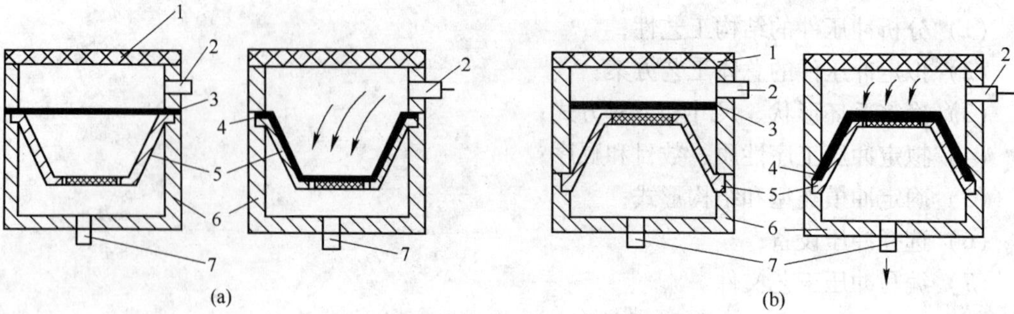

图9－21　板料气压成形

（a）凹模内成形；（b）凸模上成形

1—电热元件；2—进气孔；3—板料；4—工件；5—凹（凸）模；6—模框；7—抽气孔

（3）超塑性模锻或挤压。高温合金及钛合金在常态下塑性很差，变形抗力大，不均匀变形引起各向异性的敏感性强，常规方法难于成形，材料损耗大。如采用普通热模锻毛坯，再进行机械加工，金属消耗达80%左右，导致产品成本升高。在超塑性状态下进行模锻或挤压，就可克服上述缺点，节约材料，降低成本。超塑性模锻利用金属及合金的超塑性，扩大了可锻金属材料的类型。如过去只能采用铸造成形的镍基合金，也可以进行超塑性模锻成形。超塑性模锻时，金属填充模膛的性能好，可锻出尺寸精度高、机械加工余量很小，甚至不用加工的零件，并且金属的变形抗力小，可充分发挥中、小设备的作用。锻后可获得均匀、细小的晶粒组织，零件力学性能均匀一致。

9.6.3　高能率成形

高能率成形是一种在极短时间内释放高能量而使金属变形的成形方法。

高能率成形包括爆炸成形加工和电磁冲压成形。

爆炸成形加工：金属板材被置于凹模上，在板料上布放炸药，利用炸药在爆炸时释放出的瞬间巨大能量使板料快速成形。爆炸成形加工用于小批量或单件的大型工件生产，也可用于多层复合材料的制造。

电磁冲压成形：金属毛坯被置于凹模和电磁线圈之间，借瞬间产生的电磁冲击力使坯料靠向凹模而成形，也可用于管材扩口成形。

习题与思考题

9－1　锻件最显著的优点是什么，受载荷零件应选用何种制件做毛坯，为什么？

9－2　什么为加工硬化，如何消除或利用它？

9－3　塑性变形的机理是什么？

9－4　锻造前对坯料加热的目的是什么，对碳钢而言，为何避开900℃左右的锻造加热区间？

9－5　什么是最小阻力定律，工艺分析中如何应用该定律？

9－6　冷冲压的基本工序分类及各工序成形特点是什么？

10 焊　　接

10.1 概　　述

焊接在机械制造中是一种十分重要的加工工艺。据工业发达国家统计，全世界每年用于制造焊接结构的钢材占钢总产量的70%左右。焊接不仅能解决各种钢材的连接，而且还能解决有色金属和钛、铂等特种金属材料的连接。焊接既能连接异种金属，也能连接厚薄相差悬殊的金属。因此，焊接技术从19世纪80年代开始应用于工业生产，随着电子技术、冶金技术、金属材料等学科的不断发展，焊接技术也得到了迅速发展，广泛应用于设备制造、桥梁、汽车、造船、航空航天等工业生产的各个行业。

焊接是通过加热或加压，或者两者并用，并且用或不用填充材料，使焊接件达到原子结合的一种连接方法。之所以要采取加热或加压，是因为：

（1）用加压破坏结合面上的氧化膜或其他吸附层，并使接触面发生塑性变形，以扩大接触面。在变形足够时，也可直接形成原子间结合，得到牢固接头。

（2）对连接处进行局部加热，使之达到塑性或熔化状态，激励并加强原子的能量，从而通过扩散、结晶和再结晶的形成与发展，以获得牢固接头。

焊接的本质是使被焊件达到原子间结合，即被焊件达到晶格距离（$3\times10^{-10}\sim5\times10^{-10}$m）。

与其他金属连接方法（铆接、黏结、螺纹连接、键连接）相比，焊接的主要特点是：

（1）节省材料，减轻结构质量；

（2）简化复杂零件和大型零件的制造；

（3）适应性好，可实现特殊结构的生产；

（4）满足特殊连接要求，可实现不同材料间的连接成形；

（5）劳动强度低，劳动条件好。

焊接方法一般都根据热源的性质、形成接头的状态及是否采用加压来划分，按照这种分类方法，可把焊接方法分为3大类：

（1）熔化焊。将焊件接头加热至熔化状态，不加压力完成焊接的方法，称为熔化焊。它包括气焊、电弧焊、电渣焊、激光焊、电子束焊、等离子弧焊、堆焊和铝热焊等。

（2）压焊。通过对焊件施加压力（加热或不加热）来完成焊接的方法，称为压焊。它包括爆炸焊、冷压焊、摩擦焊、扩散焊、超声波焊、高频焊和电阻焊等。

（3）钎焊。钎焊是采用比母材熔点低的金属材料作钎料，在加热温度高于钎料熔点、低于母材熔点的情况下，利用液态钎料润湿母材，填充接头间隙，并与母材相互扩散实现连接焊件的方法。它包括硬钎焊、软钎焊等。

10.2 焊接电弧基础

10.2.1 电弧的定义

电弧是一种强烈而持久的气体放电现象，它是带电粒子通过两电极之间气体空间的一种导电过程。在这种气体放电过程中，产生大量的热能和强烈的光辉。通常，气体是不导电的，但是在一定的电场和温度条件下，可以使气体离解而导电。焊接电弧就是在一定的电场作用下，将电弧空间的气体介质电离，使中性分子或原子离解为带正电荷的正离子和带负电荷的电子（或负离子），这些带电粒子分别向着电场的两极方向运动，使局部气体空间导电，而在电极和工件之间形成电弧。

要使两电极之间的气体导电必须具备两个条件：（1）两电极之间有带电粒子；（2）两电极之间有电场。

电弧放电的主要特点是电流最大、电压最低、温度最高、发光最强，正是因为电弧放电具有这样的特点，因此在工业中广泛用来作为热源和光源，在焊接技术中成为一种不可缺少的能源。

10.2.2 电弧的构造

电弧可分为3个区域：阴极附近的区域为阴极区；中间部分为弧柱区；阳极附近的区域为阳极区，如图10-1所示。

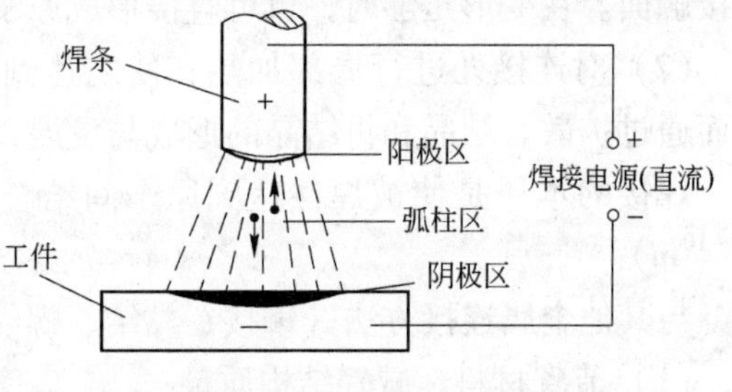

图10-1 焊接电弧示意图

电弧可以看做是一个把电能转换成热能（主要利用其热能）的柔性导体，电弧的热能由上述3个区域产生，但由于各区域的导电特性不同，因而产热特性和温度分布也不同。用钢焊条焊接时，阴极区温度为2400K左右，放出热量为电弧总热量的38%；阳极区温度为2600K左右，热量占42%；弧柱区中心温度可达5000~8000K，热量占20%左右。

10.2.3 电弧的极性

使用直流弧焊电源焊接时，工件与电源输出端正负极的接法，称为电源的极性。直流弧焊电源有两个极，正极和负极，分别接焊件和焊条。根据直流电弧的温度分布和热量分布可知，阳极区温度比阴极区高，产生的热量也多，因此工件与电源接法不同，对电弧的稳定性和焊接质量的影响也不同。所以采用直流弧焊机焊接时，有两种接线方法，即正接与反接，如图10-2所示。

正接：焊件接阳极，焊条接阴极。此时电弧热量主要集中在焊件上，有利于加快焊件熔化，保证足够的熔深，适用于焊接较厚的焊件，提高生产率。

反接：焊件接阴极，焊条接阳极。该接法适用于焊接有色金属及薄钢板，以免烧穿焊件，获得良好的工艺性。

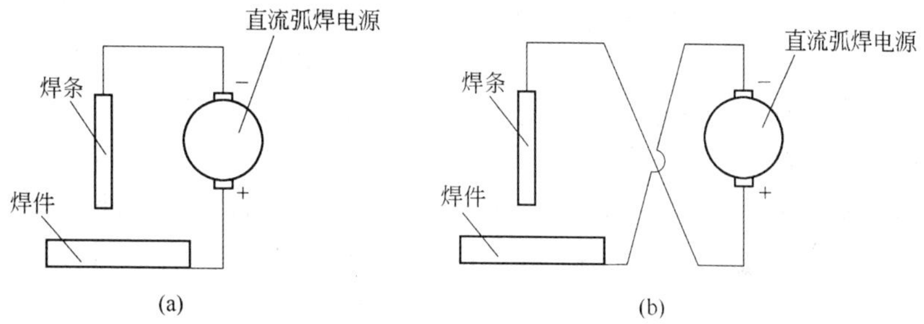

图 10－2　直流弧焊电源的正接与反接
（a）正接；（b）反接

对于交流弧焊电源，因其极性是周期性改变的，所以不存在正接与反接的问题。

10.3　焊条电弧焊

10.3.1　焊条电弧焊的焊接过程

焊条电弧焊，习惯上被称为手弧焊（shielded metal－arc welding，SMAW），是以手工操纵焊条，利用焊条与工件之间产生的电弧将焊条和工件局部加热到熔化状态，焊条端部熔化后的熔滴和熔化的母材融合一起形成熔池，随着电弧向前移动，熔池液态金属逐步冷却结晶，最终形成焊缝。它是目前在工业生产中应用最广的一种焊接方法。

焊接过程中，焊条药皮不断地分解、熔化而生成气体及溶渣，保护焊条端部、电弧、熔池及其附近区域，防止大气对熔化金属的有害污染。焊条芯也在电弧热作用下不断熔化，进入熔池，组成焊缝的填充金属。

焊条电弧焊焊接过程如图 10－3 所示。

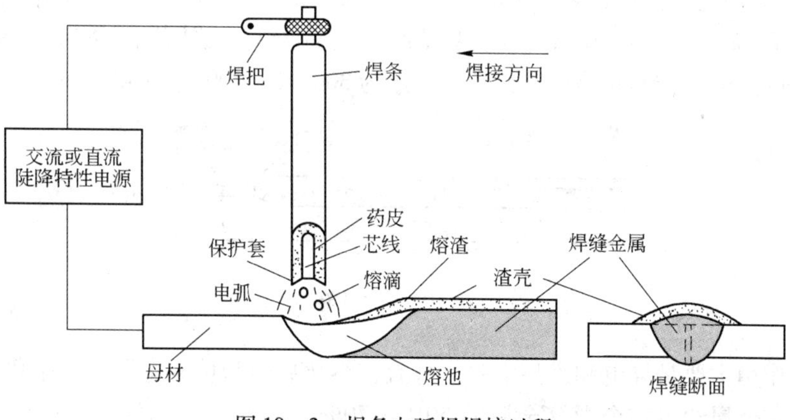

图 10－3　焊条电弧焊焊接过程

10.3.2　焊条电弧焊的特点

焊条电弧焊之所以成为应用最广泛的焊接方法，主要因为它有如下优点：

（1）采用气体和熔渣联合保护，焊接效果好。焊条电弧焊用外部涂有涂层的焊条作为电极和填充金属，电弧在焊条的端部和被焊工件表面之间燃烧，涂层在电弧热的作用下，一方面可以产生气体保护电弧，另一方面可以产生熔渣覆盖在熔池表面，防止熔化金属与周围气体的相互作用。熔池更重要的作用是与熔化金属产生物理化学反应或添加合金元素，改善焊缝金属的性能。

（2）适应性强。焊条电弧焊具有工艺灵活、适应性强的特点，适用于各种厚度、各种结构开关及位置的焊接，可以应用于维修及装配中的短焊缝的焊接，特别是可以用于难以达到的部位的焊接。

（3）对焊接接头的装配要求较低。由于焊接过程中用手工操作控制电弧长度、焊条角度、焊接速度等，因此，对焊接接头装配尺寸要求可相对降低，同时还易于通过改变工艺操作来控制焊接变形和改善接头应力状况。

（4）应用范围广。焊条电弧焊配用相应的焊条，适合大多数工业用碳钢、合金钢、不锈钢、铸铁和有色金属的焊接。

（5）焊接设备简单。焊条电弧焊使用的电焊机结构简单，操作轻便，灵活，维修方便。

但是焊条电弧焊也有它的缺点，主要是生产效率较低，焊工劳动强度大，而且对焊工的操作技术水平要求较高，受人为因素影响较大。

10.3.3 焊条

10.3.3.1 焊条的作用和组成

焊条是一种涂有药皮的供手弧焊使用的熔化电极。在手工焊条电弧焊焊接时，焊条既是电极，引燃和维持电弧，又作为填充金属与被熔化的母材发生冶金反应并熔合在一起形成焊缝，因此，焊条不但能使焊接正常进行，而且直接影响焊缝金属的化学成分和力学性能。

焊条由焊芯和药皮（涂层）两部分组成，如图 10－4 所示。焊条前端有裸露倒角，便于引弧，尾部有 15～25mm 长的裸焊芯，夹持导电，焊条直径有 1.6mm、2mm、3.2mm、4mm、5mm、6mm 等；直径长度一般为 300mm、400mm、450mm。

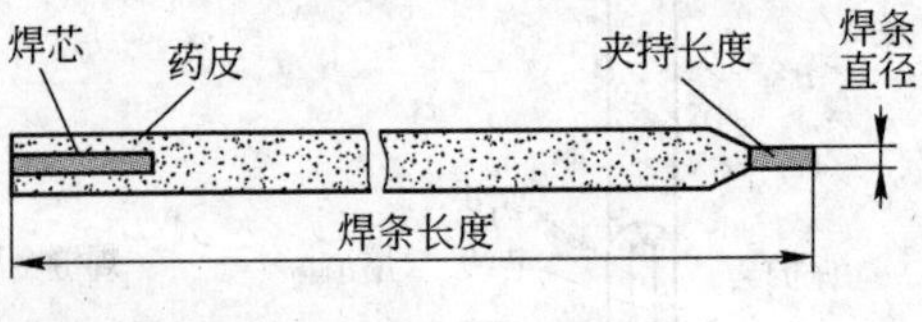

图 10－4　焊条

焊芯的作用主要是导电和维持电弧，并且在熔化后作为填充金属与被熔化的母材熔合成焊缝。焊芯金属约占整个焊缝金属的 50%～70%，因此，焊芯的化学成分直接影响焊缝的质量和性能。因此，焊芯是经特殊冶炼的专用钢，应严格控制硫、磷含量和碳含量，可提高焊缝金属的塑韧性。按国家标准规定，焊接专用钢丝（焊芯）分为碳素结构钢、合金结构钢和不锈钢 3 类。常用的碳素结构钢焊芯牌号有 H08、H08A、H08E 和 H10Mn2 等。牌号 H08 的含义为：H 表示焊芯，08 表示碳含量为 0.08%。合金元素及其他符号与钢号表示方法相同。

药皮即焊芯表面的涂料层，可采用氧化物、碳酸盐、硅酸盐、有机物、氟化物、铁合金及化工产品等上百种原料粉末，按照一定的配方比例混合而成。按照各种原料在药皮中的作用，有稳弧剂、脱氧剂、造渣剂、造气剂、合金剂、稀释剂、黏结剂等。药皮的主要作用是焊接形成熔渣和气体联合保护电弧，使熔池不被氧化；熔渣与液体金属进行一系列物理化学反应，去除有害元素（如 O、H、S、P 等），添加有益的合金元素，调整焊缝金属成分，以改善焊缝质量。

10.3.3.2 焊条的种类

我国现行的焊条分类方法，主要是根据焊条国家标准和原机械工业部编制的《焊接材料产品样本》。焊条型号按国家标准分为 8 类，焊条牌号按用途分为 10 类。电焊条的分类方法很多，可分别按焊条用途、焊条药皮的主要成分、药皮熔化后熔渣的特性、焊条性能特征等对电焊条进行分类。

（1）按照焊条的用途分类，有两种表达形式。一为原机械工业部编制的标准，可以将电焊条分为结构钢焊条、耐热钢焊条、不锈钢焊条、堆焊焊条、低温钢焊条、铸铁焊条、镍和镍合金焊条、铜及铜合金焊条、铝及铝合金焊条以及特殊用途焊条共 10 大类。二为国家标准规定，分为碳钢焊条、低合金焊条、不锈钢焊条、堆焊焊条、铸铁焊条、铜及铜合金焊条、铝及铝合金焊条共 7 大类。两者没有原则区别，前者用商业牌号表示，后者用型号表示。

（2）按照焊条药皮的主要化学成分分类，可以将电焊条分为氧化钛型焊条、氧化钛钙型焊条、钛铁矿型焊条、氧化铁型焊条、纤维素型焊条、低氢型焊条、石墨型焊条及盐基型焊条。

（3）按照焊条药皮熔化后熔渣的特性分类，可将电焊条分为酸性焊条和碱性焊条。酸性焊条药皮的主要成分为酸性氧化物，如二氧化硅、二氧化钛、三氧化二铁等。碱性焊条药皮的主要成分为碱性氧化物，如大理石、萤石等。

（4）按照焊条性能分类。根据焊条特殊使用性能而制造的专用焊条，有超低氢焊条、低尘低毒焊条、立向下焊条、底层焊条、铁粉高效焊条、抗潮焊条、水下焊条、重力焊条和躺焊焊条等。

10.3.3.3 焊条型号和牌号

A 焊条型号

焊条型号是以焊条国家标准为依据，反映焊条主要特性的一种表示方法。型号应包括以下含义：焊条、焊条类别、焊条特点（如熔敷金属抗拉强度、使用温度、焊芯金属类型、熔敷金属化学组成类型等）、药皮类型及焊接电源。不同类型的焊条，型号表示方法不同。

具体的表示方法和表达的意义可见各类焊条相对应的国家标准的规定。例如碳钢焊条型号用大写字母“E”和数字表示（见 GB 5117—1995），包括熔敷金属的力学性能（抗拉强度）、药皮类型、焊接位置、电流种类。例如 E4315、E5016 等。以 E4315 为例，其含义解释如下：

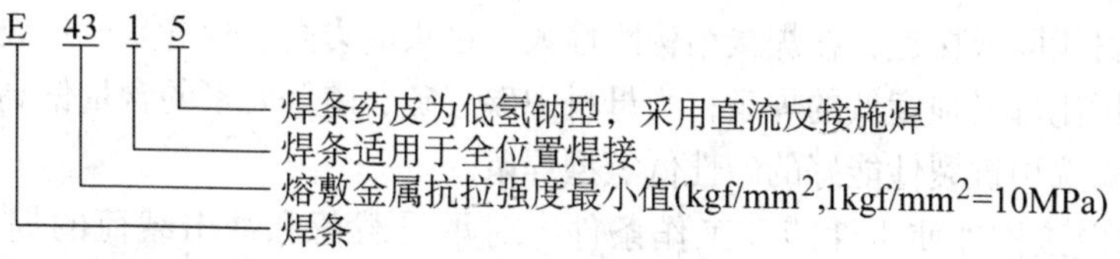

B 焊条牌号

焊条牌号是根据焊条的主要用途、性能特点对焊条产品的具体命名，并由焊条厂制定。我国焊条牌号是按照国家标准 GB 980—1976《焊条分类及型号编制方法》（已废除）制订的。1995 年后，参照国际标准修订的新国标（GB/T 5117—1995、GB/T 5118—1995、GB/T 983—1995 等）颁布，同时废止了相应的旧焊条国家标准。焊条型号编制本应按照新的焊条国家标准执行，但是由于目前国内焊条国家标准尚不全，而国内各行各业对原有的焊条牌号及编制方法沿用已久，已成习惯，于是在国家机械工业委员会编制的《焊接材料产品样本》中，仍保留了原牌号的名称，同时也采用了焊接材料的新国家标准，将新国家标准中的焊条型号与原牌号对照使用并加以标注。常用碳钢焊条新旧牌号对照及适用范围见表 10-1。

表 10-1 常用碳钢焊条新旧牌号对照及适用范围

国家标准 GB 980—1976	国家标准 GB 5117—1995	使用电源	焊条药皮类型	适用于焊接钢材
J421	E4320	交流或直流	氧化钛	A3、Q235A、Q235F、10、20
J422	E4303	交流或直流	钛钙型	A3、Q235A、Q235F、10、20
J423	E4301	交流或直流	钛铁矿型	A3、Q235A、Q235F、10、20
J427	E4315	直 流	低氢钠型	Q235B、20R、20g
J502	E5003	交流或直流	钛钙型	Q295、Q345、16Mn 等
J506	E5016	直流或交流	低氢钾型	Q295、Q345、16Mn、16MnR 等
J507	E5015	直流反接	低氢钠型	Q295、Q345、16Mn、16MnR 等

每种焊条产品只有一个牌号，但多种牌号的焊条可以同时对应于一种型号。

焊条牌号是用一个汉语拼音字母或汉字与三位数字来表示，拼音字母或汉字表示焊条各大类，后面的三位数字中，前两位数字表示各大类中的若干小类，第三位数字表示各种焊条牌号的药皮类型及焊接电源种类。例如 J422，其中首字母“J”表示结构钢焊条，“42”表示熔敷金属的抗拉强度最低值是 $42kgf/mm^2$（约为 420MPa），最后的 2 代表药皮类型是钛钙型，全位置焊焊条，对应国际标准牌号 E4303。

10.3.3.4 焊条的选用原则

焊条的选用需在确保焊接结构安全、可行使用的前提下，根据被焊材料的化学成分、力学性能、板厚及接头形式、焊接结构特点、受力状态、结构使用条件对焊缝性能的要求、焊接施工条件和技术经济效益等综合考查后，有针对性地选用焊条，必要时还需进行焊接性试验。

A 同种钢材焊接时焊条选用要点

同种钢材焊接时焊条选用要点是：

（1）考虑焊缝金属力学性能和化学成分。对于普通结构钢，通常要求焊缝金属与母材等强度，应选用熔敷金属抗拉强度等于或稍高于母材的焊条；对于合金结构钢，有时还要求合金成分与母材相同或接近；在焊接结构刚性大、接头应力高、焊缝易产生裂纹的不利情况下，应考虑选用比母材强度低的焊条；当母材中碳、硫、磷等元素的含量偏高时，焊缝中容易产生裂纹，应选用抗裂性能好的碱性低氢型焊条。

（2）考虑焊接构件使用性能和工作条件。对承受载荷和冲击载荷的焊件，除满足强度要求外，主要应保证焊缝金属具有较高的冲击韧性和塑性，可选用塑、韧性指标较高的低氢型焊条；接触腐蚀介质的焊件，应根据介质的性质及腐蚀特征选用不锈钢类焊条或其他耐腐蚀焊条；在高温、低温、耐磨或其他特殊条件下工作的焊接件，应选用相应的耐热钢、低温钢、堆焊或其他特殊用途焊条。

（3）考虑焊接结构特点及受力条件。对结构形状复杂、刚性大的厚大焊接件，由于焊接过程中产生很大的内应力，易使焊缝产生裂纹，应选用抗裂性能好的碱性低氢焊条；对受力不大、焊接部位难以清理干净的焊件，应选用对铁锈、氧化皮、油污不敏感的酸性焊条；对受条件限制不能翻转的焊件，应选用适于全位置焊接的焊条。

（4）考虑施工条件和经济效益。在满足产品使用性能要求的情况下，应选用工艺性好的酸性焊条；在狭小或通风条件差的场合，应选用酸性焊条或低尘焊条；对焊接工作量大的结构，有条件时应尽量采用高效率焊条，如铁粉焊条、高效率重力焊条等，或选用底层焊条、立向下焊条之类的专用焊条，以提高焊接生产率。

B 异种钢焊接时焊条选用要点

异种钢焊接时焊条选用要点是：

（1）强度级别不同的碳钢 + 低合金钢（或低合金钢 + 低合金高强钢）。一般要求焊缝金属或接头的强度不低于两种被焊金属的最低强度，选用的焊条熔敷金属的强度应能保证焊缝及接头的强度不低于强度较低侧母材的强度，同时焊缝金属的塑性和冲击韧性应不低于强度较高而塑性较差侧母材的性能。因此，可按两者之中强度级别较低的钢材选用焊条。但是，为了防止焊接裂纹，应按强度级别较高、焊接性较差的钢种确定焊接工艺，包括焊接规范、预热温度及焊后热处理等。

（2）低合金钢 + 奥氏体不锈钢。应按照对熔敷金属化学成分限定的数值来选用焊条，一般选用铬和镍含量较高的、塑性和抗裂性较好的 Cr25 - Ni13 型奥氏体钢焊条，以避免因产生脆性淬硬组织而导致的裂纹。但应按焊接性较差的不锈钢确定焊接工艺及规范。

（3）不锈复合钢板。应考虑对基层、复层、过渡层的焊接要求选用三种不同性能的焊条。对基层（碳钢或低合金钢）的焊接，选用相应强度等级的结构钢焊条；复层直接与腐蚀介质接触，应选用相应成分的奥氏体不锈钢焊条。关键是过渡层（即复层与基层交界面）的焊接，必须考虑基体材料的稀释作用，应选用铬和镍含量较高、塑性和抗裂性好的 Cr25 - Ni13 型奥氏体钢焊条。

10.4 埋 弧 焊

10.4.1 埋弧焊的焊接过程和原理

埋弧焊时，采用盘状焊丝配合焊剂，以代替手弧焊时的焊条。焊接过程中，焊剂不断撒在焊件接缝和接缝附近区域。焊丝末端伸入焊剂内并与焊件之间产生电弧。由于电弧被厚约 30 ~ 50mm 的焊剂层所覆盖，看不见电弧，所以称为埋弧焊（submerged - arc welding，SAW）。对于借助其他机械或电气装置，能够实现自动送丝、自动行走的埋弧焊方法称为埋弧自动焊。

埋弧自动焊示意图如图 10 - 5 所示。电弧的引燃和移动，金属熔池、液态熔渣和气体的形成，液态金属与熔渣和气体之间的相互作用，以及焊缝金属和熔渣的凝固等过程，都与焊条电弧焊基本相同。两者的主要不同之处在于三点：埋弧自动焊用颗粒状焊剂取代焊条药皮；用连续自动送进的焊丝取代焊芯；用自动焊机取代焊工的手工操作。

埋弧自动焊焊机包括电源（直流电源、交流电源）、焊接小车、控制箱。根据送丝速度分为等速送丝式焊机（MZ1 系列）和变速送丝式焊机（MZ 系列）。焊接小车包括送丝系统、行走系统、机头调节系统、导电嘴。

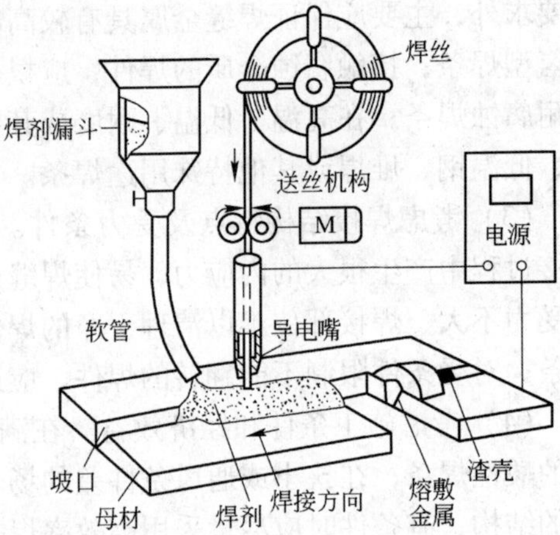

图 10－5 埋弧自动焊示意图

对焊机的要求有：能自动引弧并保持电弧稳定；能按预定速度送给焊丝；电弧能按预定方向和速度行走；能够调节焊接电流与电弧电压；能自动控制引弧、焊接及熄弧。

10.4.2 埋弧自动焊的特点和应用范围

埋弧自动焊有如下优点：

（1）生产率高。埋弧自动焊的生产率比手工焊提高 5～10 倍。因为埋弧自动焊时使用光焊丝，焊丝上无药皮，焊丝可很长，并能连续送进而无需更换焊条。所以可采用大电流焊接（比手工焊大 6～8 倍），电弧热量大，焊丝熔化快，熔深也大，焊接速度比手工焊快得多。板厚 30mm 以下的自动焊可不开坡口，而且焊接变形小。

（2）焊缝质量高且稳定。焊剂层对焊接熔池保护较完善，焊缝金属中杂质较少，只要焊接工艺选择恰当，较易获得稳定高质量的焊缝。

（3）节约钢材和电能。钢板厚度在 30mm 以下时，埋弧自动焊可不开坡口，不留间隙，这就减少了填充金属的数量，大大节省了钢材，而且由于电弧被焊剂保护着，使电弧的热得到充分利用，从而节省了电能。

（4）劳动条件好。除了减轻手工操作的劳动强度外，电弧弧光埋在焊剂层下，没有弧光辐射，劳动条件较好。

这种焊接方法也有不足之处，如不及手工焊灵活，一般只适合于平焊长直焊缝和较大直径的环形焊缝，而对于短焊缝、曲折焊缝、狭窄位置及薄板的焊接，不能发挥其长处。在焊接工艺方面，对焊前准备工作要求严格，工件边缘准备和装配质量要求较高、费工时；需要采用引弧板和引出板；焊缝背面需要采用焊剂垫或钢垫板。由于是埋弧操作，看不到熔池和焊缝形成过程，需要采用导向装置，因此，必须严格控制焊接规范。

埋弧焊至今仍然是工业生产中常用的一种焊接方法。适用于较厚较长的直焊缝和大直径的环形焊缝的焊接，尤其适用于大批量生产。它广泛应用于锅炉、化工容器、造船、机车车辆、起重机等金属结构的制造中。

10.4.3 焊丝和焊剂

焊丝用来导电以及作为填充金属。可分为碳钢焊丝、合金钢焊丝和不锈钢焊丝。埋弧焊用焊丝的作用相当于手工电弧焊焊条的焊芯。焊丝牌号与焊芯牌号相同。焊丝牌号的表示方法与钢号的表示方法类似，只是在牌号的前面加上“H”。强度钢用焊丝牌号如 H08、H08A、H10Mn2 等，H 后面的头两个数字表示焊丝平均碳含量的万分之几，焊丝中如果有合金元素，则将它们用元素符号依次写在碳含量的后面。当元素的含量在 1% 左右时，只写元素名称，不注含量；若元素含量达到或超过 2% 时，则依次将含量的百分数写在该元素的后面。若牌号最后带有 A 字，表示为硫、磷含量较少的优质焊丝。

焊剂主要用来造渣保护、参与冶金反应、调整焊缝成分。埋弧焊用焊剂的作用相当于手工焊焊条的药皮。焊剂按制造方法分烧结焊剂、黏结焊剂、熔炼焊剂。烧结焊剂和黏结焊剂制造温度低，合金元素以单质存在，但成分不均匀，易吸湿；熔炼焊剂制造温度高，金属以氧化物形式存在，成分均匀，不易吸湿。焊剂也可按化学成分分类（以氧化锰、二氧化硅、氟化钙成分分类）。国产焊剂主要依据化学成分分类，其编号方法是在牌号前面加 HJ（焊剂），如 HJ431。牌号后面的第一位数字表示氧化锰的平均含量，如“4”表示 $w(MnO) > 30\%$；第二位数字表示二氧化硅、氟化钙的平均含量，如“3”表示高硅低氟型（$w(SiO_2) > 30\%$，$w(CaF_2) < 10\%$）；末位数字表示同类焊剂的不同序号。

使用不同牌号的焊丝与焊剂搭配施焊，可以得到具有不同力学性能的焊缝金属。埋弧焊时，焊缝的化学成分和力学性能，必须根据被焊件的成分和性能正确、合理地选配焊丝与焊剂。一般 H08A 焊丝配 HJ430、HJ431 等焊剂，H10Mn2A 焊丝配 SJ101、SJ331 等焊剂。

10.4.4 埋弧自动焊的焊接工艺

焊前准备工作包括：焊接材料的选择；坡口的选择和加工（坡口形式与焊条电弧焊相同）；工件的装配（装引弧板和熄弧板）与清理；焊机的检查与调试。

工艺参数的选择包括：焊丝直径；焊接电流；电弧电压；焊接速度；焊丝伸出长度；电源极性等。

双面对接焊双面成形分为悬空焊、预留间隙双面焊、开坡口双面焊、焊条电弧焊仰焊封底的双面焊。除悬空焊外，其他几种焊接技术在焊接第一面时，背面需加保护衬垫（焊接垫），防止液态金属的流失，背面焊完后进行清根，再翻过来焊接第二面。

单面对接焊双面成形主要用于中、薄板工件的焊接。焊接时工件背面加衬垫，衬垫分临时垫板（焊剂垫）和永久垫板。焊接生产中有焊剂铜垫法、水冷滑块式铜垫法和热固化焊剂垫法。对于厚度小于 10mm 且允许焊后保留永久性垫板的焊件，还可以采用在焊缝背面加永久性垫板进行单面焊接。

环缝焊接时，焊接位置一般逆着焊接方向偏离最低（高）处 50～70mm，先焊内环缝，再焊外环缝。

10.5 气体保护电弧焊

气体保护焊（gas shielded - arc welding）是利用电弧作为热源，气体作为保护介质的熔化焊。在焊接过程中，依靠特殊的焊枪将保护气体连续不断地送到电弧周围，保护气体在电弧周围造成气体保护层，将电弧、熔池与空气隔开，防止有害气体的影响，并保证电弧稳定燃烧。

气体保护焊可以按电极的状态、操作方式、保护气体种类、电特性、极性、适用范围等不同加以分类。根据不同的具体情况，气体保护焊可以采用不同的气体，常用的保护气体有二氧化碳、氩气、氦气、氢气以及混合气体。气体保护焊的优点是：电弧线性好，对中容易，易实现全位置焊接和自动焊接；电弧热量集中，熔池小，焊接速度快，热影响区较窄，焊件变形小，抗裂能力强，焊缝质量好。缺点是不宜在有风的场地施焊，电弧光辐射较强。本节着重介绍钨极氩弧焊、熔化极氩弧焊和 CO_2 气体保护焊。

10.5.1 钨极氩弧焊

10.5.1.1 钨极氩弧焊的工作原理

钨极氩弧焊（tungsten inert gas welding，简称 TIG 焊），是常用的非熔化极氩弧焊方法。

钨极氩弧焊的工作原理如图 10－6 所示。焊枪的喷嘴中夹持着钨极，电流经导电嘴输入并在钨极和焊件之间产生电弧。保护气（通常是氩气）由入口处进入喷嘴后喷向焊接区，形成气体保护层。

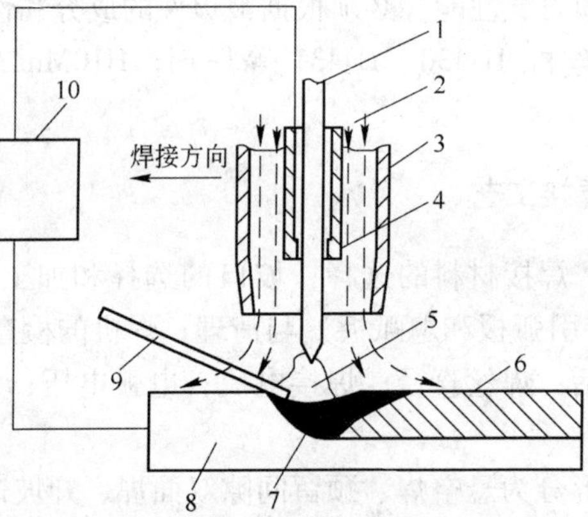

图 10－6 钨极氩弧焊示意图

1—钨极；2—惰性气体；3—喷嘴；4—电极夹；5—电弧；6—焊缝；7—熔池；8—母材；9—填充焊丝；10—焊接电源

钨极氩弧焊的电极可以是纯钨或钨合金，作为不熔化极气体保护焊时，电极材料要满足 3 个要求：耐高温、焊接过程中不发生损耗；电流容量大；引弧和稳弧性好。

一般用纯钨极的效果不如用钨合金极的效果好。钨合金电极通常含有 1% ~2% 的氧化钍或氧化铈。加氧化钍可以增大电极的电流容量和电子发射能力，在给定电流下使电极尖端保持较低温度，起弧更容易。经实践证明：Y_2O_3、ZrO_2、CeO_2 性能较好，许用电流高，耐用，引弧及稳定电弧性好，放射性小，是常用的电极材料。

钨极氩弧焊的保护气体可以是氩气、氦气或氩气和氦气的混合气体。因为氩气比氦气便宜、容易引弧，而且在一定的焊速下，能得到比较窄的焊缝，焊接热影响区也较小，所以氩气使用更为普遍。氩气是惰性气体，保护效果极好，可以获得优质焊缝。但氩气没有脱氧作用，所以钨极氩弧焊中，对氩气的纯度要求很高，否则会严重影响焊接质量。一般来说，氩气的纯度应不低于99.7%，氧和其他气体以及水分的含量应极小。

10.5.1.2 钨极氩弧焊的特点和应用

钨极氩弧焊有如下特点：

(1) 钨极不熔化，只起导电和产生电弧作用，比较容易维持电弧的长度，焊接过程稳定，易实现机械化；保护效果好，焊缝质量高。

(2) 在薄板焊接时无需添加焊丝；在厚板焊接时，由于填充焊丝不通过焊接电流，所以不会产生因熔滴过渡引起电弧电压和电流变化而产生的飞溅现象，为获得光滑的焊缝表面提供了良好条件。尤其适用于焊接厚度为6mm以下的薄板。

(3) 一般不采用直流反接，但焊接铝、镁及其合金时，则采用交流电源或直流反接。

(4) 生产成本较高，焊接效率低。由于钨极承载电流能力有限，且电弧较易扩展而不集中，钨极氩弧焊的功率密度受到制约，致使焊缝熔深浅，熔敷速度小，焊接速度不高和生产率低。由于惰性气体的价格较高，因此，钨极氩弧焊的生产成本比焊条电弧焊、埋弧焊和CO_2气体保护焊都要高。

(5) 氩气没有脱氧或去氢作用，所以焊前对除油、去锈、去水等准备工作要求严格，否则易产生气孔，影响焊缝的质量。

(6) 焊接时钨极有少量的熔化蒸发，钨微粒如果进入熔池会造成夹钨，影响焊缝质量，电流过大时尤为明显。

由于氩气的保护，隔离了空气对熔化金属的有害作用，所以钨极氩弧焊广泛用于焊接容易氧化的有色金属铝、镁等及其合金、不锈钢、高温合金、钛及钛合金，还有难熔的活性金属（如钼、铌、锆等），而一般碳钢、低合金钢等普通材料，除了对焊接质量要求很高的场合，一般不采用钨极氩弧焊。

10.5.2 熔化极氩弧焊

10.5.2.1 熔化极氩弧焊的工作原理

熔化极氩弧焊采用可熔化的焊丝作电极，以连续送进的焊丝与被焊工件之间燃烧的电弧作为热源来熔化焊丝和母材金属。在焊接过程中，保护气体氩气通过焊枪喷嘴连续输送到焊接区，使电弧、熔池及其附近的母材金属免受周围空气的有害作用。焊丝不断熔化并以熔滴的形式过渡到熔池中，与熔化的母材金属熔合、冷凝后形成焊缝金属。熔化极氩弧焊焊接过程示意图如图10-7所示。

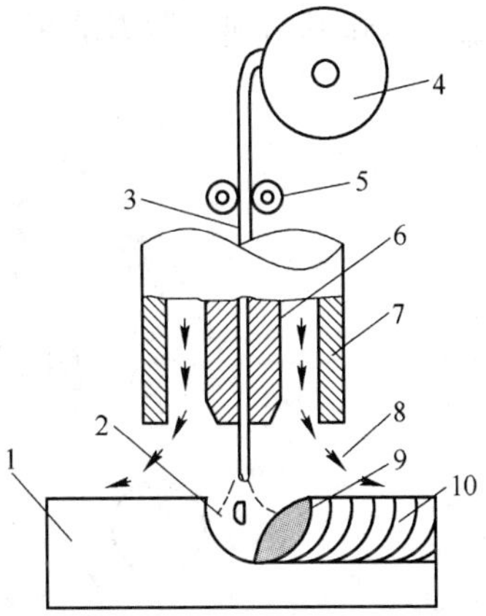

图10-7 熔化极氩弧焊焊接过程示意图
1—焊件；2—电弧；3—焊丝；4—焊丝盘；5—送丝滚轮；6—导电嘴；7—保护罩；8—保护气体；9—熔池；10—焊缝金属

熔化极氩弧焊和钨极氩弧焊的区别主要在于两个方面：一是焊丝作电极，并被不断熔化填入熔池，冷凝后形成焊缝；另一个是保护气体，随着熔化极氩弧焊的技术应用，保护气体已由单一的氩气发展出多种混合气体的广泛应用，如Ar 80% + $CO_2$20%（体积分数）的富氩混合保护气。从其操作方式看，目前应用最广的是半自动熔化极氩弧焊和富氩混合气体保护焊，其次是自动熔化极氩弧焊。

10.5.2.2 熔化极氩弧焊的特点

熔化极氩弧焊的特点是：

（1）电弧空间无氧化性，能避免氧化，焊接中不产生熔渣，在焊丝中不需要加入脱氧剂，可以使用与母材同等成分的焊丝进行焊接。

（2）熔化极氩弧焊几乎可以焊接所有的金属，尤其适合于焊接铝及铝合金、铜及铜合金以及不锈钢等材料。焊接过程中几乎没有氧化烧损，只有少量的蒸发损失，冶金过程比较简单，焊缝质量高。

（3）熔化极氩弧焊可以直流反接，焊接铝、镁等金属时有良好的阴极雾化作用，可有效去除氧化膜，提高了接头的焊接质量。

（4）由于氩为惰性气体，不与任何物质发生化学反应，所以对焊丝及母材表面的油污、铁锈等较为敏感，容易产生气孔，焊前必须仔细清理焊丝和工件。

10.5.2.3 熔化极氩弧焊的应用

熔化极氩弧焊几乎可以焊接所有的金属材料，主要用于焊接铝、镁、铜、钛及其合金，以及不锈钢。富氩混合气体保护焊可以焊接碳钢和某些低合金钢，在要求不高的情况下也可以焊接不锈钢，但不能焊接铝、镁、铜、钛等容易氧化的金属及其合金。熔化极氩弧焊目前广泛应用于汽车制造、工程机械、化工设备、矿山设备、机车车辆、船舶制造、电站锅炉等行业。

10.5.3 CO_2 气体保护焊

10.5.3.1 CO_2 气体保护焊的工作原理

CO_2 气体保护焊是使用 CO_2 作为保护气体，使用焊丝作为熔化电极的电弧焊方法，简称为 CO_2 焊，其工作原理如图 10-8 所示。焊接时，在焊丝与焊件之间产生电弧；焊丝由送丝机构自动送进，被电弧熔化形成熔滴，并进入熔池；同时，CO_2 气体经喷嘴喷出，包围电弧和熔池，起着隔离空气和保护焊接金属的作用。

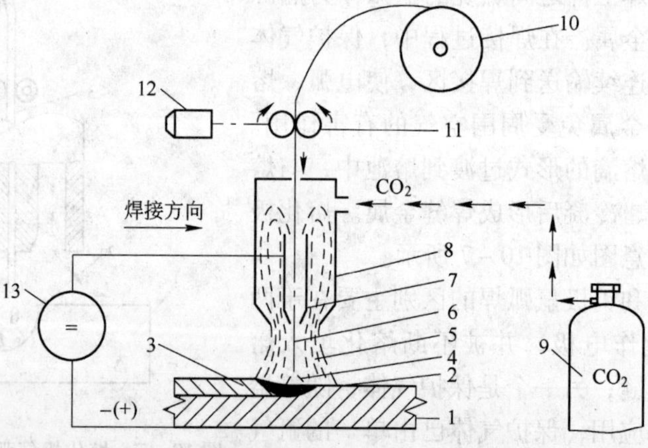

图 10-8 实芯焊丝 CO_2 气体保护焊工作原理

1—母材；2—熔池；3—焊缝；4—电弧；5—CO_2 保护区；6—焊丝；7—导电嘴；8—喷嘴；9—气瓶；10—焊丝盘；11—送丝滚轮；12—送丝电动机；13—直流电源

10.5.3.2　CO_2 气体保护焊的特点

CO_2 气体保护焊的优点是：

（1）生产成本低。CO_2 气体保护焊所使用的气体和焊丝价格便宜，焊接设备在国内已定型生产，为该方法的应用创造了十分有利的条件。

（2）焊接质量好。CO_2 气具有一定的冷却作用，使电弧加热集中，热影响区及焊接变形小。

（3）操作性能好。CO_2 气体保护焊是一种明弧焊接方法，焊接时便于监视和控制电弧和熔池，有利于实现焊接过程的机械化和自动化。

（4）焊接生产率高。

CO_2 气体保护焊的缺点是：焊接过程中金属飞溅较多，焊缝外形较为粗糙，特别是当焊接参数匹配不当时，飞溅就更严重；不能焊接易氧化的金属材料，也不适于在有风的地方施焊。

另外，CO_2 气体在电弧高温下将发生剧烈的氧化反应，分解为 CO 和［O］，使得钢中的合金元素（C、Mn、Si 等）烧损，并且容易产生 CO 气孔和金属飞溅等问题。这几个方面的问题都与 CO_2 气体在高温时的氧化性有关。

通常是在焊丝金属中加入一定量的脱氧剂（与氧的亲和力比铁大的合金元素），使 FeO 中的 Fe 还原。脱氧剂在完成脱氧任务之余，所剩余的量便作为合金元素留在焊缝中，起着提高焊缝力学性能的作用。实践表明，Si、Mn 联合脱氧（如应用 H08Mn2SiA 焊丝）具有满意的效果，可以得到高质量的焊缝。

10.5.3.3　CO_2 气体保护焊的应用

CO_2 气体保护焊自从 20 世纪 50 年代初问世以后，在世界各国得到迅速地推广应用和不断发展。CO_2 气体保护焊在机车车辆制造、汽车制造、船舶制造、金属结构及机械制造等方面应用十分普遍。目前，CO_2 气体保护焊除了不适于焊接容易氧化的有色金属及其合金外，可以焊接碳钢和合金结构钢构件，甚至用于焊接不锈钢也取得了较好的效果。

10.5.3.4　药芯焊丝 CO_2 气体保护焊

近年来，随着焊接新材料的不断研发以及焊接新技术的不断进步，新的焊接方法也不断涌现。药芯焊丝 CO_2 气体保护焊就是一种采用 CO_2 气体和焊剂联合保护的新的焊接方法。焊接时，在利用 CO_2 气体保护的同时，使用药芯焊丝作为熔化电极，焊丝的药芯（焊剂）受热熔化，在焊缝表面上形成一层薄薄的熔渣，也起到保护作用，实质上是一种气－渣联合保护的焊接方法。药芯焊丝是一种由薄钢带卷成圆形钢管或异形钢管的同时，在其管中填满一定成分的药粉，经拉制而成的焊丝。

药芯焊丝气体保护焊通常采用 CO_2 或 CO_2 + Ar 混合气体作为保护气体，其主要优点是：

（1）保护效果好。采用气－渣联合保护，焊缝成形美观，电弧稳定性好，飞溅少且颗粒细小。

（2）焊丝熔敷速度快，熔敷效率高，达 85% ~90%，生产率比手弧焊高 3 ~5 倍。

（3）通过调整药芯成分可提供所要求的焊缝金属化学成分，以适应各种钢材的焊接。

其缺点是：药芯焊丝制造过程复杂，送丝较困难，且粉剂易吸潮，需要妥善保管。

由于药芯焊丝 CO_2 气体保护焊使用的焊接电流较大，获得的焊缝熔深较大，目前主要用于造船、发电设备、石油及金属结构行业中一些中厚钢板的焊接。

10.6 等离子弧焊

10.6.1 等离子弧的产生机制

等离子弧是利用等离子弧焊枪，借助水冷喷嘴对电弧的拘束压缩作用，将阴极（如钨极）和阳极之间的自由电弧压缩成高温、高电离度及高能量密度的压缩电弧。因此，等离子弧是一种比普通电弧能量密度及温度更高、导电性更好的压缩电弧。

等离子弧焊接（plasma arc welding）是利用等离子弧作焊接热源的熔焊方法。

等离子弧是通过3种压缩效应得到的（其发生装置见图10-9）：

（1）热收缩效应。当钨极和工件之间的电弧通过水冷喷嘴时，由于喷嘴是用导热性好的紫铜制成，内部通有循环冷却水，所以它的温度较低。另外，喷嘴内不断通入具有一定压力和流量的高速冷气，迫使弧柱导电面积进一步减小，电流密度大大增加，此称为热收缩效应。

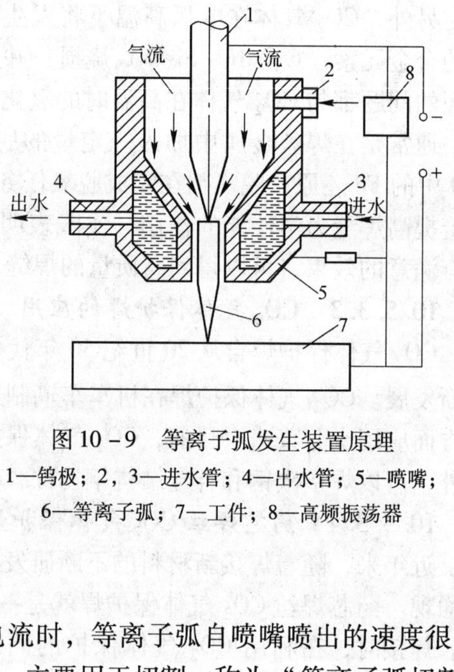

图10-9 等离子弧发生装置原理
1—钨极；2，3—进水管；4—出水管；5—喷嘴；6—等离子弧；7—工件；8—高频振荡器

（2）电磁收缩效应。电弧可看成是一束平行的导线，导线中通过同一方向的电流，这些电流所产生的磁场因互相吸引而迫使电弧收缩。电流密度越大，磁收缩作用越强。

（3）机械压缩效应。电弧经过有一定孔径的水冷喷嘴通道，使电弧截面受到拘束，不能自由扩展。

当采用小直径喷嘴、大的气体流量和增大电流时，等离子弧自喷嘴喷出的速度很高，具有很大的冲力，这种等离子弧称为“刚性弧”，主要用于切割，称为“等离子弧切割”；反之，若等离子弧的冲力很小，则称“柔性弧”，主要用于焊接，称为“等离子弧焊接”。

通常具有下降或垂降外特性的整流电源均可作为等离子弧焊接电源。等离子弧焊接一般均采用直流正接法（电极接焊接电源负极）。为了焊接铝及铝合金等有色金属，可采用方波交流电源或变极性等离子弧电源。

10.6.2 等离子弧焊接的特点

等离子弧焊接的特点是：

（1）弧柱温度高，能量密度大，加热集中，熔透能力强，可以高速施焊，生产率高；

（2）等离子弧工作稳定，工艺参数调节范围宽，可焊接极薄的金属，也可完成厚板的穿孔型焊接；

（3）焊缝深宽比大，热影响区窄，焊接变形小，可保证优良的焊接质量；

（4）由于钨极内缩至喷嘴内，不与焊件接触，钨极损耗小；

（5）设备复杂，成本高，工艺参数的调节较复杂，喷嘴的使用寿命短。

10.6.3 等离子弧焊接的应用

等离子弧可焊不锈钢、耐热钢、铜合金、钛合金以及钨、钼、钴、铬、镍、钽等难熔、易氧化材料，目前主要应用于化工、原子能、电子、精密仪器仪表、火箭、航空和空间技术中。

10.7 其他常用焊接方法

10.7.1 电阻焊

电阻焊是利用接触电阻热将接头加热到塑性或熔化状态，并由电极对工件施加压力，形成原子间结合的焊接方法。

10.7.1.1 电阻焊的特点

电阻焊有以下优点：

（1）两金属是在压力下从内部加热完成焊接的，无论是焊点的形成过程或结合面的形成过程，其冶金问题都很简单。因此，焊接时无需焊剂或气体保护，也不需使用焊丝、焊条等填充金属，便可获得质量较好的焊接接头，其焊接成本低。

（2）由于热量集中，加热时间短，所以热影响区小，变形和应力也小。通常焊后不必考虑校正或热处理工序。

（3）操作简单，易于实现机械化和自动化生产，无噪声及烟尘，劳动条件好。

（4）生产率高，在大批量生产中可以与其他制造工序一起编到组装生产线。只有闪光对焊因为有火花喷溅，需要做适当隔离。

电阻焊的缺点是：

（1）目前尚缺乏可靠的无损检测方法，焊接质量只能靠工艺试样和破坏性试验来检查，靠各种监控技术来保证。

（2）点焊和缝焊需要搭接接头，增加了构件的重量，其接头的拉伸强度和疲劳强度均较低。

（3）设备功率大，而且机械化和自动化程度较高，所以设备投资大，维修较困难。大功率焊机（可达 1000kV）电网负荷较大。若是单相交流焊机，则对电网的正常运行有不利的影响。

10.7.1.2 电阻焊的类型

电阻焊包括 3 种类型，即点焊、缝焊和对焊。具体为：

（1）点焊。首先用两柱状电极压紧工件，然后通电，使接触面发生点状熔化（熔核），最后断电，这样在压力下就完成一个焊点的结晶过程。点焊多用于薄板的非密封性连接。

（2）缝焊。用滚轮电极滚压工件，配合断续通电，相邻的焊点互相重叠，从而形成连续致密焊缝。缝焊多用于焊接有密封性要求的薄壁结构（壁厚 $\delta \leqslant 3mm$）。

（3）电阻对焊。它是将焊件装配成对接接头，使其端面紧密接触，利用强电流通过接头时产生的电阻热将金属加热至塑性状态，然后迅速施加顶锻力完成焊接的方法。

电阻对焊的特点是接头性能较差，多用于对接头强度和质量要求不很高，直径小于 20mm 的棒料、管材、门窗等构件的焊接。

（4）闪光对焊。它是将焊件装配成对接接头，接通电源，并使其端面逐渐靠拢达到局部接触，利用强电流产生的电阻热将接触面（点）金属迅速熔化达一定深度后，迅速施加顶锻力完成焊接的方法。

焊接过程为：首先在电极夹具中装工件并夹紧，使工件不紧密地接触（真正接触的是一些点），然后通电流，使接触点受电阻热熔化及汽化，液体金属发生爆裂，产生火花与闪光，继续移动工件，连续产生闪光，直到端面全部熔化，迅速加压工件，之后切断电流，工件在压力下产生塑性变形，最后形成接头。

闪光对焊具有以下特点：

（1）焊接质量好，生产率高；

（2）可焊同种金属或异种金属（钢－钢、铜－钢、铝－钢、铝－铜等）；

（3）可焊直径为 0.01mm 的金属丝和断面为上万平方毫米的金属棒、管或异形材料。

10.7.2 摩擦焊

摩擦焊是利用焊件接触面的强烈摩擦产生的热量，将焊件连接面快速加热到塑性状态，并在压力下形成接头的热压焊方法，如图 10－10 所示。

摩擦焊有多种类型，目前应用最广的是旋转式连续驱动摩擦焊。两焊件对中夹紧后，焊件 1 首先高速旋转，然后移动焊件 2 使其与焊件 1 接触并施加一定压力，当焊件 1、焊件 2 的接触端面因摩擦热而升温至黄白色（焊件表面处于塑性状态）时，停止焊件的旋转，同时加大压力对两个焊件进行顶锻，使产生一定的塑性变形，去压后焊件即被焊在一起。

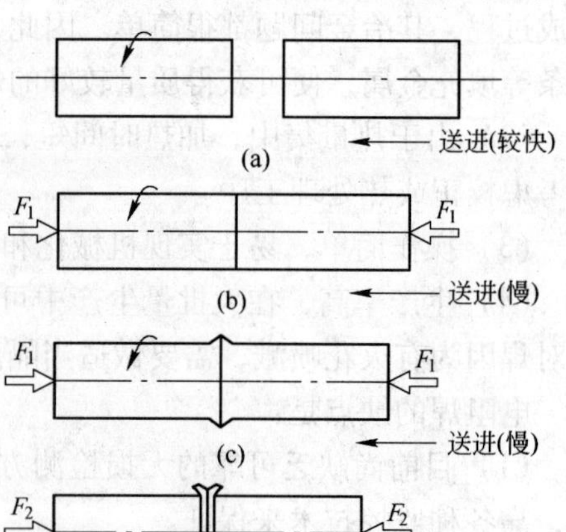

图 10－10 摩擦焊示意图

（a）焊接准备；（b）摩擦加热开始；（c）摩擦加热终了；（d）顶锻焊接

10.7.2.1 摩擦焊的特点

摩擦焊的特点是：

（1）加热温度低，接头质量好；

（2）焊接生产率高（1200 件/h），成本低（耗电为闪光焊的 10%～20%，焊接成本为 CO_2 电弧焊的 70% 左右）；

（3）能焊同种金属、异种金属及某些非金属材料；

（4）焊接过程可控性好，质量稳定，焊件精度高；

（5）劳动条件好，无弧光、烟尘、射线污染；

（6）要求被焊工件至少应有一件是旋转体（如棒料、管材）；

（7）摩擦焊设备的一次投资大，适用于成批大量生产。

10.7.2.2 摩擦焊的应用

在各种回转体结构的焊接方法中，摩擦焊可逐步取代电弧焊、电阻焊、闪光焊；一些用熔焊、电阻焊不能焊的异种金属，可用摩擦焊焊接（如铜－铝摩擦焊等）。

常用的黑色及有色金属均可应用摩擦焊，最适合焊接圆截面件及管子，焊件截面常用范围为 30 ~ 8000mm^2，最大可达 2000mm^2 左右。摩擦焊在建筑、电站、切削刀具生产、汽车、拖拉机、石油钻杆加工、纺织机械等部门都有应用。

10.7.3 钎焊

10.7.3.1 钎焊的原理

钎焊是采用熔点比母材低的金属作钎料，将焊件加热到高于钎料熔点、低于母材熔点的温度，使钎料填充接头间隙，与母材产生相互扩散，冷却后实现连接焊件的方法。

钎焊的根本问题是如何得到一个优质的接头，得到这样的接头有两个前提：（1）液体钎料能充分流入并致密地填满全部钎焊间隙，润湿性好；（2）钎料与母材很好地相互作用。

钎焊包含着两个过程：一是钎料填满钎缝的过程（液体对固体的润湿性好、钎缝间隙的毛细作用）；二是钎料同母材相互作用的过程（母材向液态钎料的扩散，即溶解；钎料组分向母材的扩散）。还有就是钎剂的填缝过程（真空钎焊、保护气氛中钎焊无此过程）。

钎焊时一般都要用钎剂，它的作用是清除钎料和母材表面的氧化物，并保护焊件和液态钎料在钎焊过程中免于被氧化，改善液态钎料对焊件的润湿性。

钎焊多用搭接接头，以便通过增加搭接长度（一般为板厚的 2 ~ 5 倍，但实际生产中，一般根据经验确定，不推荐搭接长度值大于 15mm）来提高接头强度。焊件之间的装配间隙很小（百分之几到十分之几毫米），目的是增强毛细作用。

10.7.3.2 钎焊的特点

与熔焊和压焊两种焊接方法相比，钎焊具有以下特点：钎焊时只有钎料熔化而母材保持固态；钎料熔点低于母材的熔点，其成分与母材有很大差别；熔化的钎料依靠润湿和毛细作用吸入并保持在母材间隙内；依靠液态钎料与固态母材间的相互扩散形成冶金结合。

钎焊有如下优点：

（1）对母材的物理化学性能通常没有明显的不利影响（加热温度一般远低于母材的熔点）；

（2）钎焊温度低，可对焊件整体加热，引起的应力和变形小，容易保证焊件的尺寸精度；

（3）有对焊件整体加热的可能性，可用于结构复杂、开敞性差的焊件，并可一次完成多缝多零件的连接；

（4）容易实现异种金属、金属与非金属的连接；

（5）对热源要求较低，工艺过程简单。

钎焊的缺点是：钎焊接头的强度一般比较低、耐热能力差；多采用搭接接头形式，增加了母材消耗和结构重量。

10.7.3.3 钎焊的分类

通常是以实现钎焊加热所使用的热源来命名钎焊方法，热源的主要作用是创造必要的温度条件，获得优质的钎焊接头。

常用钎焊方法有烙铁、火焰、炉中钎焊等。

特殊钎焊方法有红外线钎焊、激光钎焊、光束钎焊、蒸气浴钎焊等。

如果按钎料熔点的不同，钎焊分为硬钎焊和软钎焊两种。具体为：

（1）硬钎焊。钎料熔点高于450℃（硬钎料），有铜锌、铜磷、银基、铝基、镍基及其他等不同类型的合金。钎剂常由硼砂、硼酸、氯化物、氟化物等组成，含硼酸的熔点较高，含氯化物或氟化物的熔点较低。若钎料为铜磷合金，可不用钎剂。加热方法有火焰加热（用钎炬或喷灯）、炉内加热、电阻加热、高频感应加热、盐浴（氯化盐类物质的液态浴槽）加热和金属浴（覆盖有钎剂的钎料浴槽）加热等。硬钎焊的接头强度可达490MPa，适用于受力较大或工作温度较高的焊件。

（2）软钎焊。钎料熔点低于450℃（软钎料），应用最广的是锡铅钎料（即焊锡）。钎剂常用的有松香（中性）、氯化锌或氯化铵溶液（酸性）。常用烙铁加热，也可用火焰或其他方法加热。软钎焊接头强度较低，一般不超过68.6MPa，只用于受力不大或工作温度较低的焊件。

10.7.3.4 钎焊的应用

钎焊可用于各种黑色及有色金属和合金以及异种金属的连接，适宜于小而薄和精度要求高的零件。在机械、电机、无线电、仪表、航空、导弹、原子能、空间技术以及化工、食品等部门都有应用。

10.8 常用金属材料的焊接

10.8.1 金属材料的焊接性

金属的焊接性是指在一定的焊接工艺条件下，获得优质焊接接头的难易程度。优质焊接接头应具备两个条件：一是接头中不允许存在超过质量标准规定的缺陷；二是要具有预期的使用性能。

金属的焊接性受焊接材料、焊接方法、构件类型及使用要求等4个方面因素的影响，它包含工艺焊接性和使用焊接性两方面内容。工艺焊接性说明该金属材料能不能焊接问题，使用焊接性说明焊接后能不能使用问题。具体为：

（1）工艺焊接性。工艺焊接性是指金属材料对各种焊接方法的适应能力，也就是在一定的焊接工艺条件下能否获得符合要求的优质焊接接头的能力。它不是金属材料本身所固有的性能，但取决于金属的成分和性能，并且随着焊接方法、焊接材料和工艺措施的发展而变化。

（2）使用焊接性。使用焊接性是指焊接接头或整体结构满足技术条件中所规定的使用性能的能力。它取决于焊接结构所满足的技术条件规定的各种性能。

碳当量法是根据化学成分对钢材焊接热影响区淬硬性的影响程度，粗略地评价焊接时产生冷裂及脆化倾向的估算方法。碳钢和低合金结构钢常用的碳当量公式为：

$$w_{Ceq}=w_C+\frac{1}{6}w_{Mn}+\frac{1}{5}(w_{Cr}+w_{Mo}+w_V)+\frac{1}{15}(w_{Ni}+w_{Cu})$$

根据经验，$w_{Ceq}<0.4\%$时，焊接性优良，焊接时一般不需要预热；$w_{Ceq}=0.4\%\sim0.6\%$时，钢材淬硬倾向明显，需要预热及采用工艺措施；$w_{Ceq}>0.6\%$时，焊接性差，需要较高的预热温度和严格的工艺措施。

10.8.2 碳钢的焊接

10.8.2.1 低碳钢的焊接

由于低碳钢碳含量低（≤0.25%），锰、硅含量也少，所以，通常情况下不会因焊接而产生严重硬化组织或淬火组织。低碳钢焊后的接头塑性和冲击韧度良好，焊接时，一般不需预热、控制层间温度和后热，焊后也不必采用热处理改善组织，整个焊接过程不必采取特殊的工艺措施，焊接性优良。一般只在环境温度较低或结构刚性过大时，才需要考虑预热。

低碳钢是焊接性最好、最容易焊接的钢种，所有焊接方法都能适用于低碳钢的焊接。常用焊接方法有手工电弧焊、埋弧自动焊、电阻焊、气体保护焊和电渣焊等。

10.8.2.2 中碳钢的焊接

中碳钢的碳含量一般为0.25%～0.6%，其强度较高，随着碳含量的增加，淬硬倾向增大，焊接性变差。中碳钢的焊接特点是熔合区和热影响区易产生淬硬组织和冷裂纹；焊缝金属热裂倾向较大。

焊接中碳钢时，常采取的工艺措施有：

(1) 焊前预热，焊后缓冷。

(2) 选用抗裂性好的碱性焊条。

(3) 选用细焊条小电流、开坡口、多层焊工艺。

(4) 焊后也可以采用调质热处理，改善接头性能，也可趁热（800～850℃）捶击焊缝减少应力结构，提高力学性能。

中碳钢常用的焊接方法有手工电弧焊、电渣焊等。

10.8.2.3 高碳钢的焊接

高碳钢碳含量更高（>0.6%），使焊接性变得更差，进行焊接时应采用更高的预热温度、更严格的工艺措施。实际上，高碳钢的焊接一般只限于利用焊条电弧焊进行修补工作。

10.8.3 合金结构钢的焊接

10.8.3.1 低合金结构钢的焊接

低合金结构钢的碳含量都很低，加入了少量合金元素后，强度显著提高，韧塑性也好，其焊接性随强度等级的提高而变差。

屈服强度σ_s为300～400MPa的低合金结构钢焊接性良好，其焊接工艺具有以下特点：

(1) 常温下焊接时，原则上可按焊接低碳钢情况对待；

(2) 在低温下焊接或对大厚度、大刚度的结构钢焊接时，应适当增大电流，减小焊速，选用碱性焊条，并进行预热；

（3）对受压容器的焊接，注意焊后退火，以消除应力。

屈服强度 $\sigma_s \geqslant 450$MPa 的低合金结构钢的焊接性较差，其焊接工艺具有以下特点：

（1）焊前预热；

（2）焊接时采用大电流、小焊速；

（3）焊后回火；

（4）烘干焊条或焊剂，认真清理焊件。

10.8.3.2 不锈钢的焊接

不锈钢分为奥氏体不锈钢、铁素体不锈钢、马氏体不锈钢。应用最广的是铬镍奥氏体不锈钢，如 1Cr18Ni9Ti 等，这类钢的焊接性良好。

由于奥氏体不锈钢的焊接性良好，可采取焊条电弧焊或氩弧焊等方法焊接。焊接时采用化学成分接近的焊条或焊丝。焊接时不需要采取特殊的措施。

铁素体不锈钢焊接的主要问题是晶粒的过热长大和裂纹，可进行焊前预热并采用小电流、大焊速进行焊接。

马氏体不锈钢的焊接性较差，可进行焊前预热和焊后热处理。

不锈钢焊接多采用氩弧焊、焊条电弧焊和埋弧焊等。

10.8.4 铸铁的补焊

铸铁的焊接性很差，一般只对某些铸造缺陷进行补焊。

10.8.4.1 铸铁的补焊特点

铸铁焊接时易产生白口及淬硬组织；易产生裂纹；焊缝中易产生气孔和夹渣。

铸铁流动性好，立焊时焊接熔池金属容易流失，所以一般只适用于平焊。

10.8.4.2 补焊方法

一般采用气焊、手工电弧焊（个别大工件可采用电渣焊）来焊补铸铁件。

（1）热焊法。为了提高铸铁的焊接性，可采用焊条电弧焊或气焊的热焊法。焊前将焊件局部或整体预热至 600 ~ 700℃ 并在焊接过程中保持，焊后缓慢冷却。适用于焊接形状复杂及焊后需机械加工的工件，如气缸缸体等。所用的焊条可采用铸铁焊条 Z248 等。

（2）冷焊法。焊前不预热或只预热至 400℃ 以下。机床底座等工件的焊补，不易预热且焊后无需加工，可采用冷焊法。即用镍基铸铁焊条进行手工电弧焊，采用小电流、分段焊等工艺措施，依靠焊条来调整焊缝的化学成分，防止白口组织和裂纹。

铸铁常用的焊接方法主要有焊条电弧焊、气焊、CO_2 气体保护电弧焊、气体火焰钎焊以及气体火焰粉末喷焊等。

10.8.5 铝、铜及其合金的焊接

10.8.5.1 铝及铝合金的焊接

工业中主要对纯铝、铝锰合金、铝镁合金和铸铝件进行焊接。铝及铝合金的焊接也比较困难。其焊接特点是：

（1）铝与氧的亲和力很大，极易氧化生成氧化铝（Al_2O_3）。氧化铝组织致密，熔点高达 2050℃，覆盖在金属表面，能阻碍金属熔合。此外，氧化铝的密度较大，易使焊缝

形成夹渣缺陷。

（2）铝的导热系数和膨胀系数较大。铝的导热系数较大，焊接中要使用大功率或能量集中的热源，焊件厚度较大时应考虑预热。另外，铝的膨胀系数也较大，易产生焊接应力与变形，并可能导致裂纹的产生。

（3）在熔池凝固中易产生气孔。液态铝能吸收大量氢气，而固态铝却几乎不能溶解氢。

（4）常需采用垫板进行焊接。铝在高温时强度和塑性都很低，焊接中常由于不能支持熔池金属而形成焊缝塌陷。

目前焊接铝及铝合金的常用方法有氩弧焊、气焊、点焊、缝焊和钎焊。氩弧焊是焊接铝及铝合金较好的方法，由于氩气的保护作用，焊接时可不用焊剂，但要求氩气纯度大于99.9%。气焊常用于要求不高的铝及铝合金工件的焊接。

10.8.5.2　铜及铜合金的焊接

铜及铜合金的焊接比低碳钢困难得多。其特点是：

（1）铜的导热性很高，容易造成焊不透的缺陷。铜和大多数铜合金的热导率比普通碳钢大得多（高7～11倍），焊接时热量极易散失。因此，焊前工件要预热，焊接中要选用较大的电流或火焰，增加热输入量。

（2）焊接过程中极易引起开裂。液态铜易氧化，生成的Cu_2O与铜可组成低熔点共晶体，分布在晶界上形成薄弱环节。又因为铜的膨胀系数大，冷却时收缩率也大，容易产生较大的焊接应力。

（3）容易在工件中形成气孔。铜在液态时吸气性强，特别容易吸收氢气。凝固时，气体将从熔池中析出，来不及逸出去。

（4）铜的电阻极小，不适于电阻焊。

（5）某些铜合金比纯铜更容易氧化，使焊接的困难增大。例如，黄铜（铜锌合金）中的锌沸点很低，极易烧蚀蒸发并生成氧化锌（ZnO）。锌的烧损不但改变了接头的化学成分、降低接头性能，而且所形成的氧化锌烟雾易引起焊工中毒。铝青铜中的铝，在焊接中易生成难熔的氧化铝，增大熔渣黏度，生成气孔和夹渣。

铜及铜合金可用氩弧焊、气焊、碳弧焊、钎焊等方法进行焊接。其中，氩弧焊主要用于焊接紫铜和青铜件，气焊主要用于焊接黄铜件。

10.9　焊接应力与变形

10.9.1　焊接应力与焊接变形

焊接应力是焊接过程中及焊接过程结束后，存在于焊件中的内应力。由焊接而引起的焊件尺寸的改变称为焊接变形。

由于焊接局部高温加热而造成焊件上温度分布不均匀，导致在焊接结构内部产生了焊接应力与变形。焊接应力是引起脆性断裂、疲劳断裂、应力腐蚀断裂和失稳破坏的主要原因，焊接变形使结构的形状和尺寸精度难以达到技术要求，直接影响结构的制造质量和使用性能。

产生焊接应力与变形的原因是：

（1）受阻加热和冷却；

（2）不均匀收缩，如图 10－11 ~ 图 10－13 所示；

（3）焊接接头组织转变；

（4）焊接结构不合理。

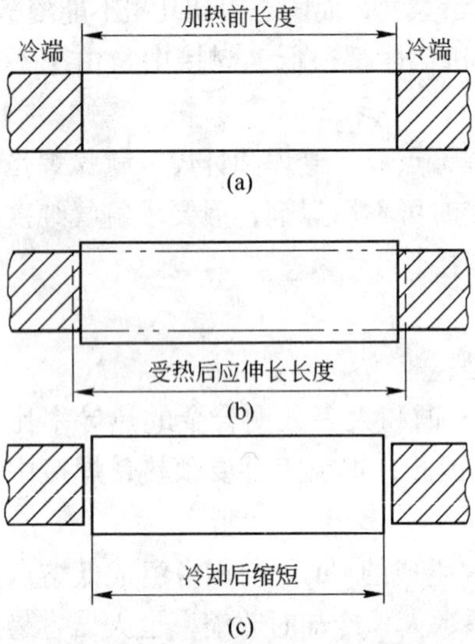

图 10－11 焊接过程中的不均匀收缩

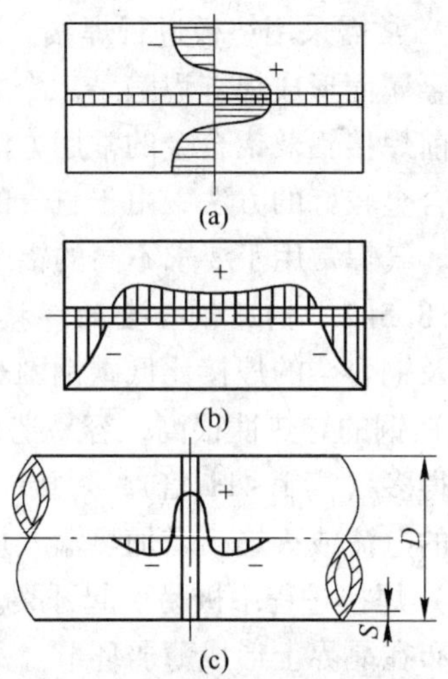

图 10－12 焊接过程中焊件受到的焊接应力

（a）纵向应力；（b）横向应力；（c）圆筒环形焊缝应力

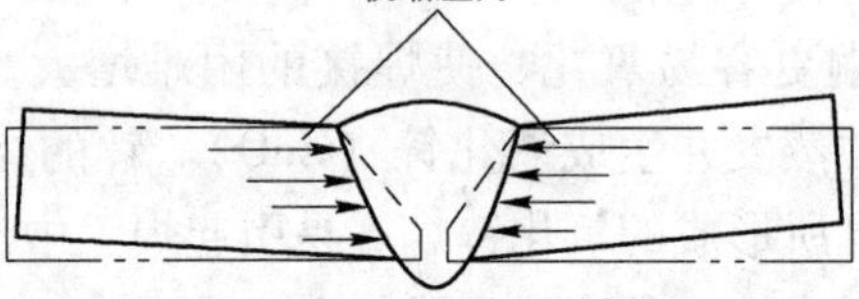

图 10－13 焊接过程中的收缩应力

其中，焊接过程的加热和冷却受到周围冷金属的拘束，不能自由膨胀和收缩，这是焊件产生焊接应力与变形的根本原因。

10.9.2 焊接变形的基本形式

焊接变形的基本形式有收缩变形、角变形、弯曲变形、扭曲变形和波浪变形等，如图 10－14 所示。

10.9.3 焊接变形与应力的危害

工件焊接后产生变形和应力对结构的制造和使用会产生不利影响：

（1）产生焊接变形，可能使焊接结构尺寸不合要求，组装困难，间隙大小不一致等，从而影响焊件质量。

（2）焊接残余应力会增加工件工作时的内应力，降低承载能力；还会引起裂纹，甚至造成脆断，应力的存在会诱发应力腐蚀裂纹。

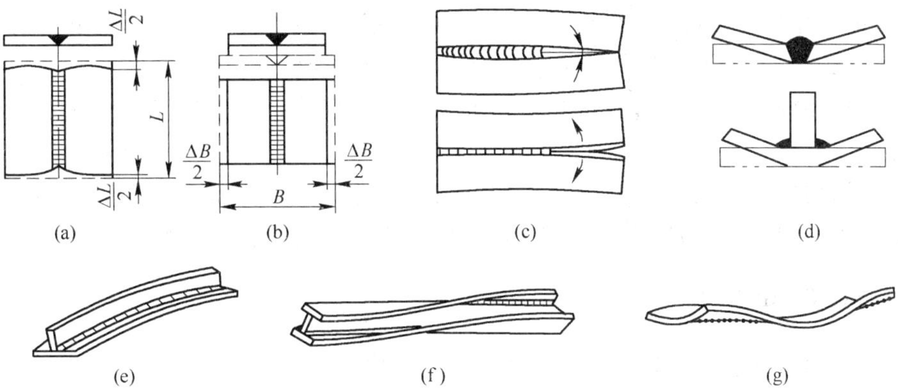

图 10－14 焊接变形的基本形式

(a)～(c) 收缩变形；(d) 角变形；(e) 弯曲变形；(f) 扭曲变形；(g) 波浪变形

残余应力是一种不稳定状态，在一定条件下会衰减而产生一定的变形，使构件尺寸不稳定，所以减少和防止焊接变形和应力是十分必要的。

10.9.4 预防和减小焊接应力及焊接变形的措施

预防和减小焊接应力及焊接变形的措施有：

(1) 合理设计焊接结构。尽量减少焊缝及焊缝的长度和截面积，并尽量使结构中的所有焊缝对称，避免交叉焊缝等。

(2) 焊前预热。焊前对焊件预热，可减少焊件各部分的温差，对减小焊接应力与变形较为有效。重要焊件可整体预热，还有局部预热，即焊前选择焊件的合理部位局部加热使其伸长，焊后冷却时，加热区与焊缝同时收缩。

(3) 反变形法。根据实验或计算，确定工件焊后产生变形的方向和大小，焊前将工件预先斜置或弯曲成等值反向角度，以期达到焊后与所要求的工件角度正好吻合。

(4) 刚性固定法。采用工装夹具或定位焊固定，此法可显著减小但不能完全消除焊后残余变形。

(5) 选择合理的焊接顺序。应尽量使焊缝的纵向和横向都能自由收缩，避免交叉焊缝处应力过大产生裂纹；采用对称焊接顺序以减小变形；长焊缝可采用分段退焊法或跳焊法。图 10－15 所示为采用不同焊接顺序的对接焊缝示意图。

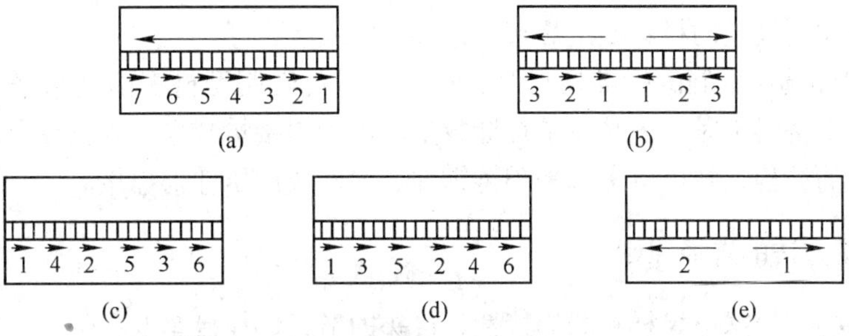

图 10－15 采用不同焊接顺序的对接焊缝示意图

(a) 分段退焊法；(b) 分中分段退焊法；(c) 跳焊法；(d) 交替焊法；(e) 分中对称焊法

（6）锤击焊缝法。用圆头小锤对焊后红热的焊缝金属进行均匀适度锤击，以延伸变形，补偿其收缩，同时释放出部分能量，减小焊接应力和变形。

（7）强迫冷却法。将焊缝区的热量迅速散掉，使焊接时金属受热面积减小，此法又称散热法。

（8）焊后热处理。采取去应力退火的方法将焊件整体或局部加热到600～650℃，保温一定时间后（不小于1h）缓慢冷却，这样可消除焊接残余应力80%～90%。

10.9.5 焊接变形的矫正

常用的焊接变形矫正方法有机械矫正法和火焰矫正法。具体为：

（1）机械矫正法，即用机械的方法将变形矫正过来。生产中常用的设备有辊床、压力机、矫直机等。薄板焊接最常见的变形为波浪变形，其矫正较难，一般用锤击法进行矫正。

（2）火焰矫正法。采用局部加热焊件的某些部位，使其受热时膨胀，受周围冷金属制约引起长度方向被压缩，冷却时收缩而矫正变形。

10.10 焊接结构设计

10.10.1 焊接结构材料的选择原则

选材是结构设计中重要的一环。根据所采用的焊接方法和施工条件的不同，焊接结构材料的选择应遵循下列设计原则：

（1）在满足使用性能的前提下，应优先选用焊接性较好的材料。

1）选用低合金钢。碳含量小于0.25%的低碳钢和碳当量小于0.4%的低合金钢，都具有良好的焊接性。

2）选用镇静钢。因脱氧完全、组织致密，质量较好，重要的焊接结构应选用这种钢材。

3）不宜选用沸腾钢。因沸腾钢氧含量较高，组织成分不均匀，有较显著的区域偏析、疏松和夹杂，焊接时易产生裂纹。

（2）采用异种材料焊接时，要特别注意材料的焊接性。

1）化学成分和物理性能相近的材料，焊接一般困难不大。

2）成分和性能差别很大的材料，一般焊接困难较大。

通常应以焊接性差的材料确定焊接工艺。

（3）尽可能选用轧制的标准型材和异形材。通常轧制型材表面光洁平整、质量均匀可靠，不仅节省备料工时，还减少了焊缝数量。由于焊接量减少，焊接变形易控制。对于形状比较复杂的结构，则可以考虑采用铸钢件、锻件或冲压件来焊接。

10.10.2 焊接方法的选择原则

焊接方法必须根据被焊材料的焊接性、接头的形式、焊接厚度、焊缝空间位置、焊接结构特点以及工作场合等多方面因素综合考虑后予以选择确定。焊接方法选择的总原则是在保证产品质量条件下，优先选择常用的焊接方法，若生产批量大，还必须考虑尽量提高生产效率和降低成本。具体选择原则是：

（1）低碳钢和低合金结构钢焊接性能好，各种焊接方法均适用。

（2）若焊件板厚为中等厚度（10～20mm），可选用手弧焊、埋弧焊和气体保护焊。氩弧焊成本较高，一般不宜选用。

（3）若焊件为长直焊缝或大直径环形焊缝、生产批量也较大，可选用埋弧焊。

（4）焊件为单件生产，或焊缝短且处于不同空间位置，则选用手弧焊为好。

（5）焊件是薄板轻型结构，且无密封要求，则采用点焊可提高生产效率，如果有密封要求，则可选用缝焊。

（6）对于低碳钢焊件，一般不应选用氩弧焊等高成本的焊接方法。但当焊接合金钢、不锈钢等重要工件时，则应采用氩弧焊等保护条件较好的焊接方法。

（7）对于稀有金属或高熔点合金的特殊构件，焊接时可考虑采用等离子弧焊接、真空电子束焊接、脉冲氩弧焊焊接，以确保焊接件的质量。

（8）对于微型箔件，则应选用微束等离子弧焊或脉冲激光点焊。

10.10.3　焊接接头设计

10.10.3.1　接头形式的选择与设计

常用的焊接接头形式有对接、角接、T接和搭接4种形式，分别如图10－16～图10－19所示。

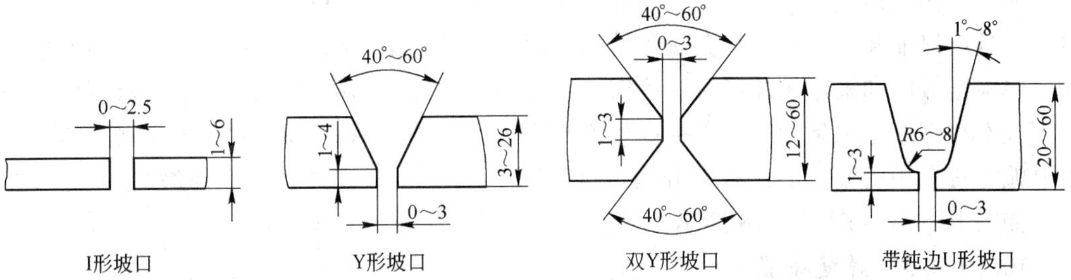

图10－16　对接接头

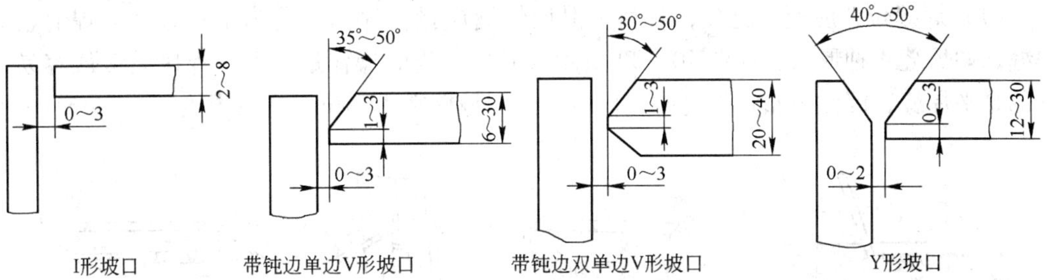

图10－17　角接接头

（1）对接接头。受力均匀，在静载和动载作用下都具有很高的强度，且外形平整美观，是应用最多的接头形式。但对焊前准备和装配要求较高。

（2）角接接头。通常只起连接作用，只能用来传递工作载荷。

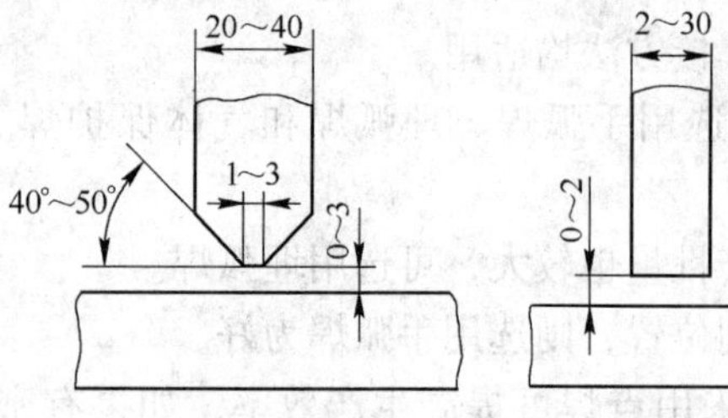

带钝边双单边V形坡口　　I形坡口

图 10－18　T 接接头

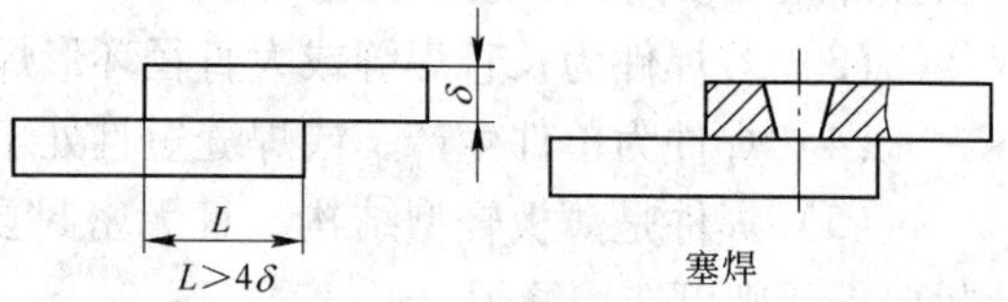

塞焊

图 10－19　搭接接头

（3）T 接接头。广泛采用在空间类焊件上，具有较高的强度，如船体结构中约 70%的焊缝采用了 T 接接头。

（4）搭接接头。焊前准备简便，但受力时产生附加弯曲应力，降低了接头强度。

焊接接头的选择原则主要有 3 个方面：

（1）考虑焊接结构形式、接头承载状况（焊缝强度要求）及焊件厚度；

（2）考虑焊接材料的消耗量及加工条件；

（3）考虑焊接应力及变形。

10.10.3.2　焊接坡口形式

坡口的作用是使厚度较大的焊件能够焊透，常将金属材料边缘加工成一定形状的坡口，并且坡口能起到调节母材金属和填充金属比例即调整焊缝成分的作用。坡口形式的选择主要根据板厚和采用的焊接方法确定，同时兼顾焊接工作量大小、焊接材料消耗、坡口加工成本和焊接施工条件等，以提高生产率和降低成本。根据 GB 985—1988 的规定，焊条电弧焊常采用的坡口形式有不开坡口（I 形坡口）、Y 形坡口、双 Y 形坡口、U 形坡口等，如图 10－16～图 10－18 所示。

10.10.3.3　焊缝布置

焊缝位置对焊接接头的质量、焊接应力和变形以及焊接生产率均有较大影响，因此在布置焊缝时，应考虑以下几个方面：

（1）焊缝位置应便于施焊，有利于保证焊缝质量。焊缝可分为平焊缝、横焊缝、立焊缝和仰焊缝 4 种形式，如图 10－20 所示。其中，施焊操作最方便、焊接质量最容易保证的是平焊缝，因此在布置焊缝时，应尽量使焊缝能在水平位置进行焊接。

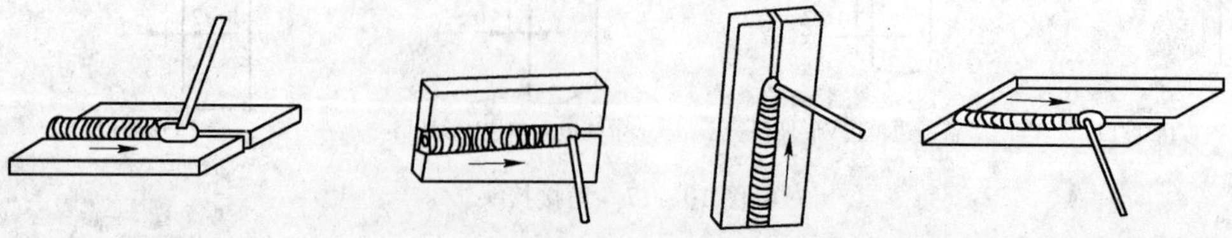

(a)　(b)　(c)　(d)

图 10－20　焊缝的空间位置

（a）平焊；（b）横焊；（c）立焊；（d）仰焊

除焊缝空间位置外，还应考虑各种焊接方法所需要的施焊操作空间。图 10－21 所示为考虑手工电弧焊施焊空间时对焊缝的布置要求；图 10－22 所示为考虑点焊或缝焊施焊空间（电极位置）时的焊缝布置要求。

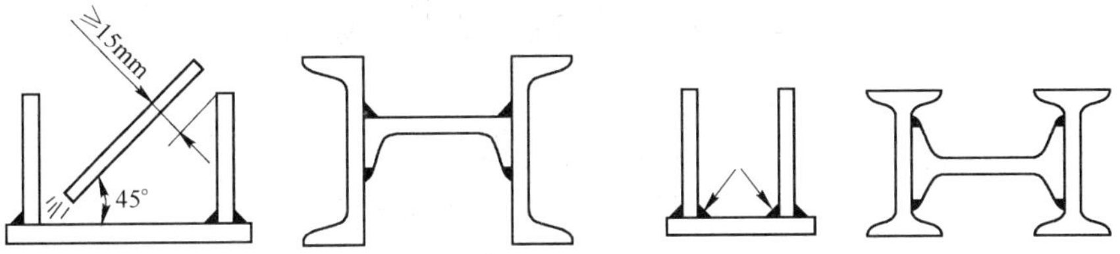

(a)　(b)

图 10－21　手工电弧焊对操作空间的要求
（a）合理；（b）不合理

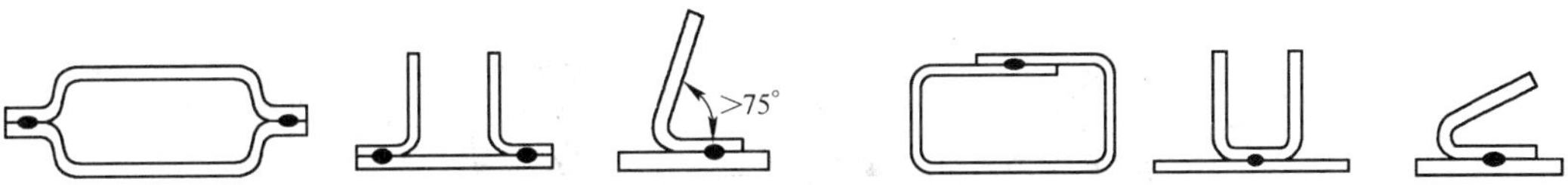

(a)　(b)

图 10－22　点焊和缝焊时的焊缝布置
（a）合理；（b）不合理

另外，还应注意焊接过程中对熔化金属的保护情况。气体保护焊时，要考虑气体的保护作用，如图 10－23 所示。埋弧焊时，要考虑接头处有利于熔渣形成封闭空间，如图 10－24 所示。

（2）焊缝布置应有利于减少焊接应力和变形。通过合理布置焊缝来减小焊接应力和变形主要有以下途径：

1）尽量减少焊缝数量。采用型材、管材、冲压件、锻件和铸钢件等作为被焊材料。这样不仅能减小焊接应力和变形，还能减少焊接材料消耗，提高生产率。图 10－25 所示的箱体构件如采用型材或冲压件（见图 10－25（b））焊接，可较板材（见图 10－25（a））减少两条焊缝。

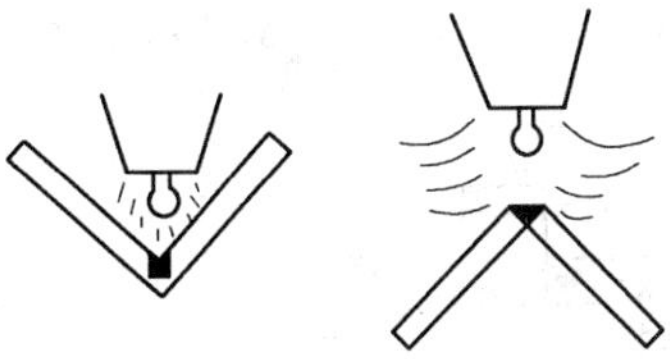
(a)　(b)

图 10－23　气体保护电弧焊时的焊缝布置
（a）合理；（b）不合理

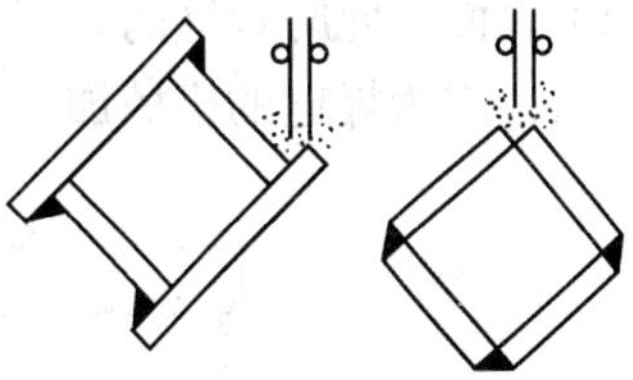
(a)　(b)

图 10－24　埋弧焊时的焊缝布置
（a）合理；（b）不合理

2）尽可能分散布置焊缝。如图 10－26 所示，焊缝集中分布容易使接头过热，材料的力学性能降低。两条焊缝的间距一般要求大于板厚的 3 倍或 5 倍。

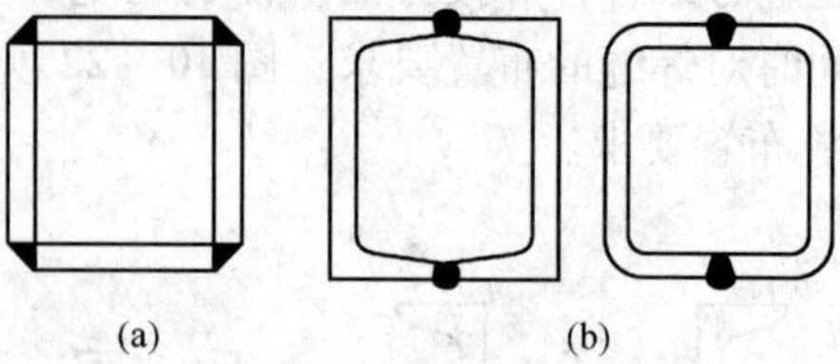

图 10－25 减少焊缝数量
（a）采用板材焊接；（b）采用型材或冲压件焊接

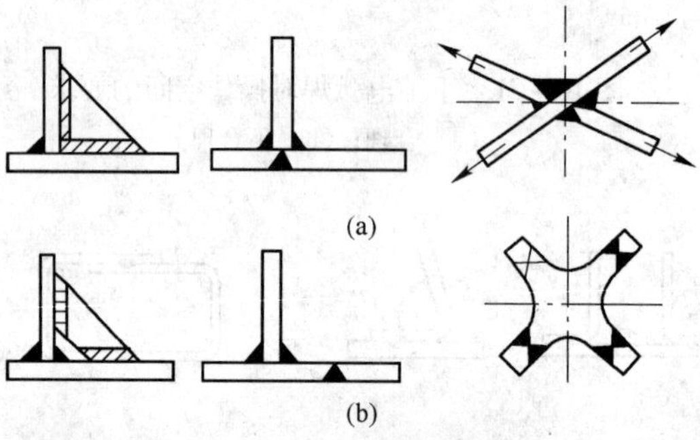

图 10－26 分散布置焊缝
（a）不合理；（b）合理

3）尽可能对称分布焊缝。如图 10－27 所示，焊缝的对称布置可以使各条焊缝的焊接变形相抵消，对减小梁柱结构的焊接变形有明显的效果。

（3）焊缝应尽量避开最大应力和应力集中部位，如图 10－28 所示，以防止焊接应力与外加应力相互叠加，造成过大的应力而开裂。不可避免时，应附加刚性支承，以减小焊缝承受的应力。

（4）焊缝应尽量避开机械加工面。一般情况下，焊接工序应在机械加工工序之前完成，以防止焊接损坏机械加工表面。此时焊缝的布置也应尽量避开需要加工的表面，因为焊缝的机械加工性能不好，且焊接

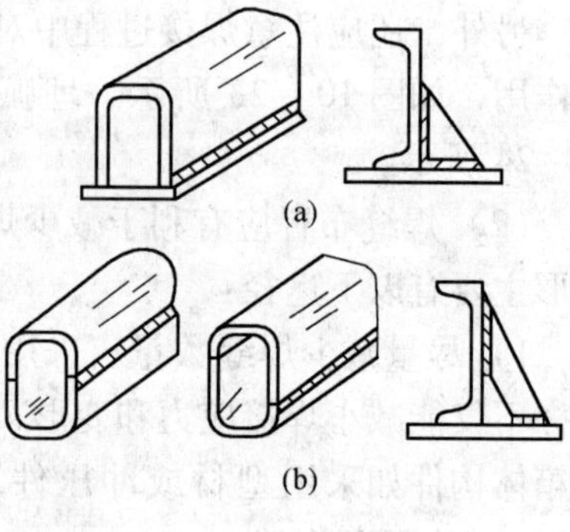

图 10－27 对称分布焊缝
（a）不合理；（b）合理

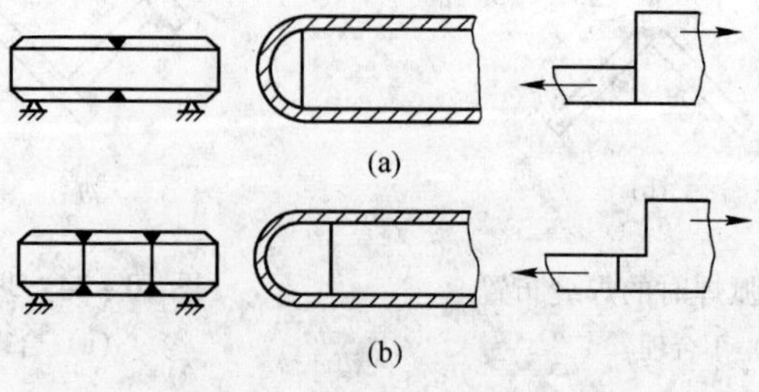

图 10－28 焊缝避开最大应力集中部位
（a）不合理；（b）合理

残余应力会影响加工精度。如果焊接结构上某一部位的加工精度要求较高，又必须在机械加工完成之后进行焊接工序时，应将焊缝布置在远离加工面处，如图 10－29 所示，以避免焊接应力和变形对已加工表面精度的影响。

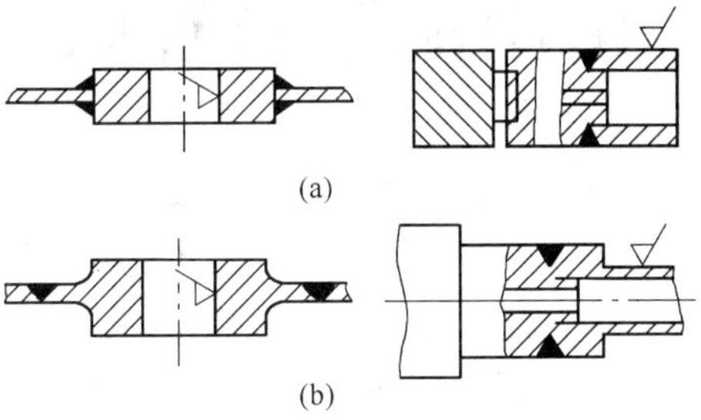

图 10－29　焊缝远离机械加工表面
（a）不合理；（b）合理

习题与思考题

10－1　什么是焊接，焊接方法通常可以分为哪几类？

10－2　焊接电弧由哪几个区域构成，各区域的产热特性和温度分布有什么特点？

10－3　使用直流弧焊电源焊接时，工件与电源输出端正负极的接法有两种，即正接和反接，这两种接法有什么不同？

10－4　焊条电弧焊有什么特点？

10－5　焊条电弧焊工艺中如何选用焊条？

10－6　焊条药皮起什么作用，在其他电弧焊中，用什么取代药皮的作用？

10－7　埋弧焊有什么特点？

10－8　列表比较 3 种常用的气体保护焊方法即钨极氩弧焊、熔化极氩弧焊和 CO_2 气体保护焊的原理、特点和应用。

10－9　等离子弧是怎样产生的，等离子弧焊有什么特点？

10－10　电阻焊、摩擦焊和钎焊各有什么特点，与熔焊有什么实质差别？

10－11　什么是金属的焊接性？

10－12　中碳钢和高碳钢的焊接工艺有什么特点，需要采取哪些工艺措施？

10－13　为什么铜及铜合金的焊接比低碳钢困难得多？

10－14　什么是焊接应力与焊接变形，预防和减小焊接应力及焊接变形的措施有哪些？

10－15　在设计焊接结构时，如何选择焊接材料和焊接方法？

11 切削加工的基础知识

在机械制造中，加工方法按工件材料质量的变化 Δm 分为：

（1）材料成形加工。$\Delta m = 0$，如铸造、锻造、挤压、粉末冶金等。

（2）材料去除加工。$\Delta m < 0$，按去除材料的方法不同分为切削加工和特种加工。切削加工是利用切削刀具从工件上切除多余材料的方法；特种加工是利用机械能以外的其他能量直接去除材料的方法。

（3）材料累积。$\Delta m > 0$，利用微体积材料逐渐叠加的方式使零件成形的质量增加的方法。

一般铸件、锻件及型材等坯料绝大多数需要经过切削加工才能使用。切削加工是利用切削刃具（刀具、磨具和磨料）与工件间的相对运动，使切削刃具从毛坯（工件）表面去除多余的材料层，以获得符合设计要求（即具有一定的几何形状、尺寸精度、位置精度和表面质量）的工件（半成品）或零件的加工方法。切削加工金属工件时，一般是处于常温状态下进行的加工，属于冷加工。

切削加工分为钳工和机械加工（简称机加）两部分。

钳工一般是通过工人手持简单特定的工具来对工件进行切削加工的。钳工常用的加工方法有划线、錾切、锯切、锉削、刮削、研磨、钻孔、扩孔、铰孔、攻丝和套扣、机械装配和修理等。钳工对工人的技术水平要求高，在某些场合下有其独特的价值，如在机器装配和修理中，对某些配件的锉修、选择性对机器导轨面进行的刮削等，在装配和维修等工作中占有一定的地位。

机械加工是通过工人操纵机床来完成对材料的切削加工的。其主要方法有车、刨、铣、镗、磨及齿轮加工等。所用的设备相应为车床、刨床、铣床、镗床、磨床、齿轮加工机床、数控机床及加工中心等。

切削加工能够使工件（零件）获得较高的精度和表面光洁度，以满足现代机器不断提高的精度和性能要求。切削金属的加工方法是多种多样的，然而其间的相对运动、切削刃具的基本构造及其切削过程中的物理实质、基础理论都有着共通的现象与规律。因此，认识各种切削加工方法的实质，对正确地进行切削加工，保证产品质量、提高生产效率和降低成本有着重要的意义。

11.1 切削运动

11.1.1 概述

零件表面的形状虽然很多，但仔细分析后可知，零件表面可以看做是一条线（称为母线，可以是直线或曲线）沿另一条线（称为导线，也可以是直线或曲线）运动的轨迹。

用来形成被加工工件表面形状的切削刀具与工件之间的相对运动（见图11－1），称为切削运动。切削运动的形式（见图11－1）有旋转的、往复直行的、连续的、间歇的。根据这些运动在切削过程中所起作用的不同，切削运动分为主运动和进给运动。

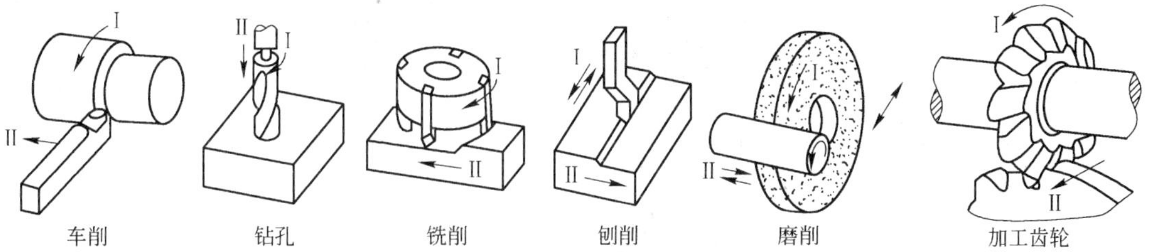

图11－1 几种主要加工方式的切削运动

Ⅰ—主运动；Ⅱ—进给运动

主运动是使刀具从工件上切下切屑形成一定几何表面所必需的相对运动，是切削运动中速度最高、消耗功率最大的运动。主运动（见图11－1中运动Ⅰ）可由工件或刀具来实现，可以是旋转运动，也可以是直线运动，如车削中工件的旋转，钻孔、铣削、磨削中刀具的旋转，刨削时刀具的直线往复运动等。

进给运动是配合主运动使工件上的未加工部分不断投入被切削，从而加工出完整表面所需的运动（见图11－1中运动Ⅱ），它为实现连续切削提供条件。如车削中车刀沿工件轴线方向的直线运动，钻削中钻头沿轴线方向的直线运动，刨削平面时工件的横向间歇直线移动。

在切削加工中，主运动只有一个，进给运动可以是一个或几个。主运动和进给运动可以分别由刀具和工件完成，也可以由刀具单独完成。

在切削加工过程中，随着切削运动的进行，在被加工的工件上形成三个不断变化着的表面（见图11－2）：

（1）待加工表面，工件上即将被切除的表面；

（2）已加工表面，工件上切去多余材料层后形成的新的工件表面；

（3）加工表面，又称过渡表面，加工时主切削刃正在切削的表面，它处于已加工表面和待加工表面之间。

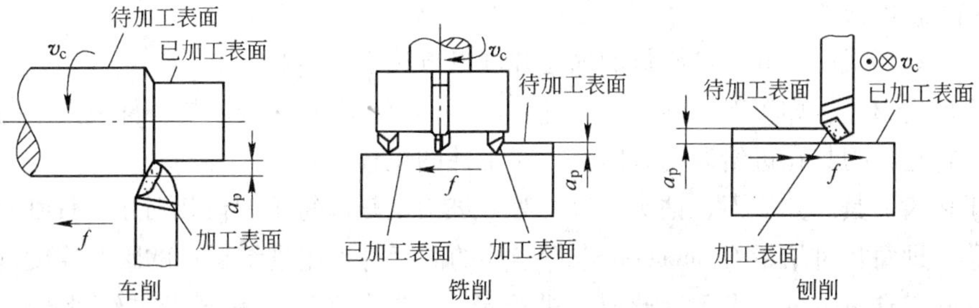

图11－2 加工时工件上的三个表面

11.1.2 切削要素

切削要素包括切削用量和切削层参数，如图11－3所示。

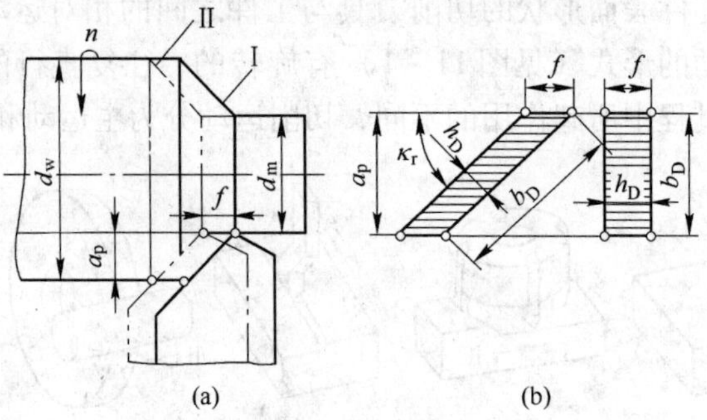

图 11－3　切削要素
（a）切削用量；（b）切削层参数

11.1.2.1　切削用量

在切削加工中，切削用量是指切削速度 v_c、进给量 f（或进给速度 v_f）和背吃刀量 a_p，以之表示切削时各运动量的参数，三者又称为切削用量三要素，是切削前调整机床运动的依据。

A　切削速度 v_c

切削速度（m/s 或 m/min）是切削刃上任一选定点相对于工件的主运动的瞬时速度。当主运动为旋转运动时，其切削速度为其最大的线速度，即：

$$v_c = \frac{\pi dn}{1000}$$

式中　d——工件或刀具的最大直径，mm；

n——工件或刀具的转速，r/s 或 r/min。

当主运动为直线往复运动时，则取其平均速度为切削速度，即：

$$v_c = \frac{2Ln_r}{1000}$$

式中　L——工件或刀具往复行程的长度，mm；

n_r——往复频率，str/s 或 str/min（str 为行程）。

B　进给量 f

由于运动形式的不同，进给量的描述和度量方法也不尽相同。

对于单齿刀具，如车刀、刨刀等，进给量（mm/r 或 mm/str）是工件或刀具每转一周或走每一行程，刀具在进给运动方向上相对工件的位移。

对于多齿刀具，如铣刀、钻头、拉刀等，进给量是以每个刀齿相对于工件在进给方向上的位移，即每齿进给量 f_z(mm/z）进行描述的。有时也用进给运动的瞬时速度（称进给速度 v_f，m/s 或 m/min）表示。此时，进给量 f、进给速度 v_f 和每齿进给量 f_z 之间的关系为：

$$v_f = nf = nzf_z$$

式中　n——工件或刀具的转速，r/s 或 r/min；

z——刀具的齿数。

C 背吃刀量 a_p

背吃刀量（mm）是待加工表面与已加工表面间的垂直距离。如纵车外圆时的背吃刀量为：

$$a_p = \frac{d_w - d_m}{2}$$

式中 d_w——工件上待加工表面的直径，mm；

d_m——工件上已加工表面的直径，mm。

11.1.2.2 切削层参数

切削刃在前后相邻两加工表面（见图 11－3 中Ⅰ、Ⅱ表面）之间从工件上切下的材料层的截面尺寸参数，称为切削层参数。切削层参数通常规定在与主运动方向相垂直的平面（基面）内观察和度量，它包括切削层公称宽度、切削层公称厚度、切削层公称横截面积。

A 切削层公称厚度 h_D

切削层公称厚度（mm）简称为切削厚度，即工件上前后相邻两加工表面之间垂直距离。如车外圆时，若车刀主切削刃为直线时（见图 11－3）：

$$h_D = f\sin\kappa_r$$

B 切削层公称宽度 b_D

切削层公称宽度（mm）简称为切削宽度，是主切削刃的作用线上两个极点间的直线距离。如车外圆时：

$$b_D = a_p / \sin\kappa_r$$

C 切削层公称横截面积 A_D

切削层公称横截面积简称切削面积，是切削层在与主运动方向相垂直的平面（基面）内度量的横截面积。如车外圆时：

$$A_D = h_D b_D \approx f a_p$$

11.2 切削刀具

11.2.1 切削刀具的结构

切削刀具一般都是由工作部分和夹持部分组成的（见图 11－4）。夹持部分是用来将刀具夹持在机床上的部分（即刀体），要求它夹固可靠，装卸方便，能传递所需要的运动和动力。工作部分是刀具上直接参与切削工作的部分（即刃部）。刀具使用性能的优劣，取决于刃部的材料、几何形状和结构。

刀具的结构形式很多，就车刀而言有整体式、焊接式、机夹重磨式和机夹可转位式等。

整体式刀具是比较传统的一种刀具，其结构简单，制造、使用灵活方便，但是对贵重材质消耗较大。

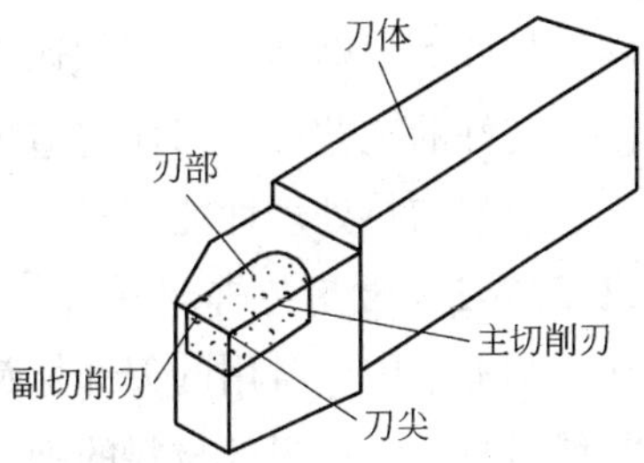

图 11－4 刀具的结构

焊接式刀具结构简单、紧凑、刚性好，制造方便，应用十分普遍，但其硬质合金刀片在经过高温焊接和刃磨后会产生内应力，影响刀具的可加工性和耐用度。

机夹重磨式刀具（见图 11－5）的主要特点是刀片与刀杆是两个可拆开的独立组件，工作时靠夹紧组件紧固在一起，它避免了焊接式的缺陷，提高了刀具的切削性能，并使刀杆能多次使用。

机夹可转位式车刀（见图 11－6）由刀杆、刀片、刀垫及夹紧机构等组成。其刀片是压制而成的具有一定几何参数、断屑槽和装夹孔的硬质合金的多边形刀片，用机械紧固的方法装夹在特制的刀杆上，多用于自动、数控机床。使用中，当刀片上一个切削刃用钝后，松开夹紧机构，转位换成另一个切削刃，夹紧后即可继续进行切削。刀片转位不影响加工尺寸，减少了换刀、对刀等辅助操作时间。机夹可转位式刀具有利于推广使用新型材料刀片，刀片和刀杆可以标准化，有利于刀具的管理，提高经济效益。

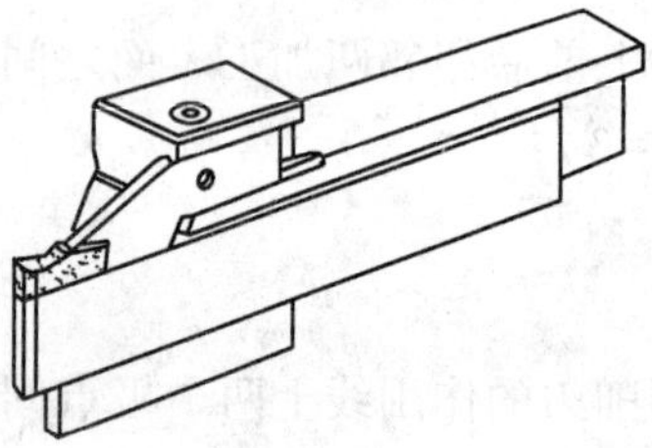

图 11－5　机夹重磨式刀具

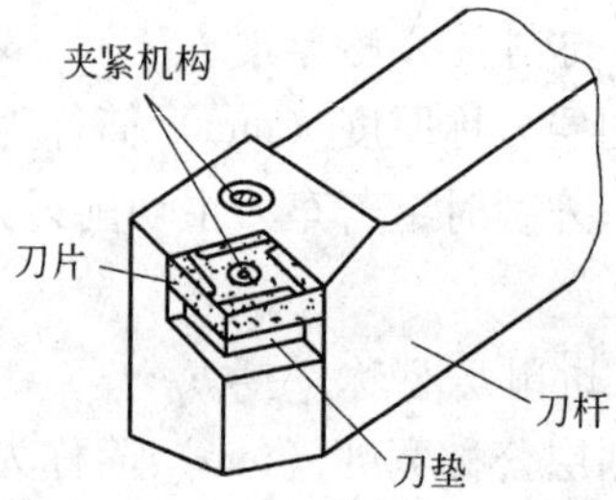

图 11－6　机夹可转位式车刀

11.2.2　刃部材料

刃部材料的选择对刃部寿命、加工质量、生产效率影响极大。

11.2.2.1　刃部材料的性能要求

切削过程中，刃部要承受高温、较大压力、摩擦、冲击和振动的作用，刃部的材料需具备以下基本性能：

（1）高的硬度，常温下的硬度一般在 HRC60 以上，以便切入工件。

（2）足够的强度和韧性，以承受切削力和冲击。

（3）良好的导热性和热硬性。良好的导热性可迅速地散去切削热，降低刀具的工作温度。热硬性是指材料在高温下仍能保持其较高硬度的性能，又称红硬性。

（4）较好的耐磨性，以抵抗切削过程中的磨损，延长刃部的耐用度。

（5）良好的工艺性，以便制造出各种刃部。刃部的工艺性包括锻造、轧制、焊接、切削加工、磨削和热处理性能等。

11.2.2.2　常用刃部材料

在切削加工中，常用的刃部材料有碳素工具钢、合金工具钢、高速钢、硬质合金和陶瓷等其他材料。常用刃部材料的牌号、性能和应用范围见表 11－1。当前，在生产中常用的刃部材料主要是高速钢和硬质合金两类，陶瓷刃部主要用于精加工。

表 11－1 常用刃部材料的牌号、性能和应用范围

种类		常用牌号	硬度	抗弯强度/MPa	耐热温度/℃	工艺性能	应用范围
工具钢	碳素工具钢	T08、T10A、T12A	HRC60～64	2.5×10^3～2.8×10^3	200～250	可冷、热加工，热处理性能好	只适用于制造手动工具，如锉刀、丝锥、板牙、刮刀、凿子和手工锯条等
	合金工具钢	9SiCr、CrWMn	HRC60～65	2.5×10^3～2.8×10^3	250～300		用来制造手动或低速机动刀具，如丝锥、板牙、铰刀和拉刀等
高速钢		W18Cr4V、W6Mo5Cr4V2	HRC62～69	3.4×10^3～4.5×10^3	540～600		用于制造各种形状复杂的刀具，如钻头、铣刀、拉刀、齿轮刀具和成形刀具等
硬质合金	钨钴类	YG3、K20（YG6）、K30（YG8）	HRC89～92	0.9×10^3～1.5×10^3	800～1000	只能粉末压制烧结成形，磨削后即可使用，不能热处理	一般做成刀片固定在刀体上使用。K类用于加工铸铁、有色金属与非金属材料；P类用于加工钢件；M类既适用于加工脆性材料，又适用于加工塑性材料
	钨钛钴类	P30（YT5）、P10（YT15）、P01（YT30）					
	钨钛钽类	M10（YW1）、M20（YW2）					
陶瓷材料		AM、AMF	HRC91～94	0.44×10^3～0.83×10^3	>1200	冷压烧结而成	用于铸铁、钢、有色金属的精加工和半精加工

A　碳素工具钢与合金工具钢

碳素工具钢是碳含量为0.7%～1.2%的优质碳素钢，刃磨锋利，价廉，但热硬性差，热处理变形大。

合金工具钢是在碳含量为0.85%～1.5%的优质碳素钢的基础上，加入总量不超过5%的少量铬（Cr）、钨（W）、锰（Mn）、硅（Si）等元素形成的，适当地提高了耐热性和减少了热处理变形。

B　高速钢与硬质合金

高速钢是含钨（W）、钼（Mo）、铬（Cr）、钒（V）等元素较多的合金工具钢，又称锋钢、白钢。高速钢的强度高，韧性好，制造工艺性好，易刃磨，可在有冲击、振动的场合应用，可用于加工有色金属、结构钢、铸铁、高温合金等材料。

高速钢具有高于碳素工具钢和合金工具钢的硬度和耐热性，有优于硬质合金的强度、韧性和工艺性，但其硬度、耐磨性和耐热性却低于硬质合金。

硬质合金是用高硬度、高熔点的金属碳化物（WC、TiC）等粉末作基体，以金属钴（Co）、镍（Ni）等作黏结剂，经高温烧结而成的粉末冶金制品。硬质合金的硬度高，耐磨性和耐热性好，允许的切削速度也很高，但工艺性不如高速钢。

切削用硬质合金依据排屑形式和加工对象分为3类：K类、P类和M类。

K类硬质合金由WC和Co组成，也称钨钴类硬质合金，其韧性较好，但切削塑性材料时耐磨性较差。

P类硬质合金由WC、TiC和Co组成，也称钨钛钴类硬质合金，其硬度和耐热性优于K类硬质合金，但韧性较差，切削韧性材料时较耐磨。

M类硬质合金是在WC、TiC、Co的基础上再加入碳化钽（TaC）或碳化铌（NbC）而成，其综合性能好。它既可用于加工铸铁和有色金属，又可用于加工钢料，还可用于加工高温合金和不锈钢等难加工材料，有通用硬质合金之称。

C　其他刃部材料

其他刃部材料有：

（1）陶瓷材料。用于制作刃部的陶瓷材料主要分氧化铝（Al_2O_3）系和氮化硅（Si_3N_4）系两大类。陶瓷刀片硬度高，耐磨性好，耐热性高，允许的切削速度较高，价廉，但性脆，易崩刃。

（2）人造金刚石。硬度极高，耐热性较好，分为单晶金刚石和聚晶金刚石。单晶微粒主要制成砂轮或作研磨剂用；聚晶金刚石的大晶粒常用于制造刃部，可用于加工硬质合金、陶瓷、高硅铝合金等高硬度、高耐磨材料，还可用于有色金属的高速精细切削。金刚石不是碳的稳定状态，不宜加工铁族元素，因为金刚石中的碳原子和铁族元素的亲和力大，刀具寿命短。

（3）立方氮化硼（CBN）。它是人工合成的又一种高硬度材料，其硬度（HV8000）仅次于金刚石，但其耐热性和化学稳定性都远高于金刚石，非铁族难加工材料和铁族材料的加工都可以用它。

11.2.3　刀具角度

切削刀具的种类虽然很多、形状各异，但就一个刀齿而言，其刃部的组成要素和角度基本是相同的。

下面以外圆车刀为例，给出刃部的相关概念。

11.2.3.1　刃部的组成

外圆车刀的刃部是由一尖两刃三刀面组成的，如图11－7所示。

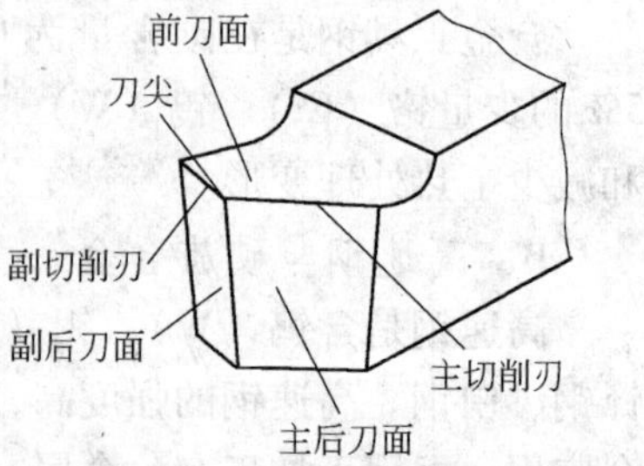

图11－7　刃部的组成

（1）前刀面。切削时切屑流出所经过的刀具上的表面。

（2）主后刀面。切削时与工件的加工表面相对的刀具上的表面。

（3）副后刀面。切削时与工件的已加工表面相对的刀具上的表面。

（4）主切削刃。是前刀面与主后刀面相交形成的切削刃，它担负主要的切削工作，简称主刀刃。

（5）副切削刃。是副后刀面与前刀面相交形成的切削刃，起着不很明显的切削作用，简称副刀刃。

（6）刀尖。是主切削刃和副切削刃相交的地方，一般是一小段过渡圆弧或直线，并非绝对尖锐，所以称为过渡刃。

11.2.3.2　刃部的主要角度

刃部的角度对切削加工至关重要，根据其工作状态的不同，描述刃部的角度所需的相关的参考系也有所不同，一般分静态参考系和工作参考系。

静态参考系主要用于定义刃部的设计、制造、刃磨和测量。在静态参考系中测得的角度称为标注角度。工作参考系是指切削加工时由于刀具的安装和切削运动影响所形成的实际参考系，在这个参考系中所形成的角度称为工作角度。静态参考系和工作参考系的区别在于工作参考系以实际合成的主运动方向、进给运动方向取代了静态参考系理论上的主运动方向、进给运动方向。

A 刃部静态正交平面参考系

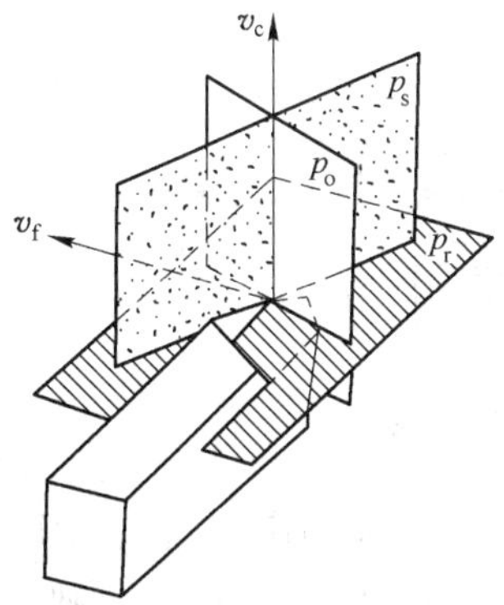

图 11－8 刃部静态正交平面参考系

刃部静态正交平面参考系如图 11－8 所示，由以下部分组成：

(1) 基面 p_r。通过主切削刃上任一指定点，并与该点理论上的主运动方向垂直的平面。

(2) 切削平面 p_s。通过主切削刃上指定点，与主切削刃相切并垂直于该点基面的平面。

(3) 正交平面 p_o。通过主切削刃上指定点，同时垂直于该点基面和切削平面的平面。

B 刃部的标注角度

标注角度应标注在刀具的设计图中。刃部的标注角度（见图 11－9）主要有：

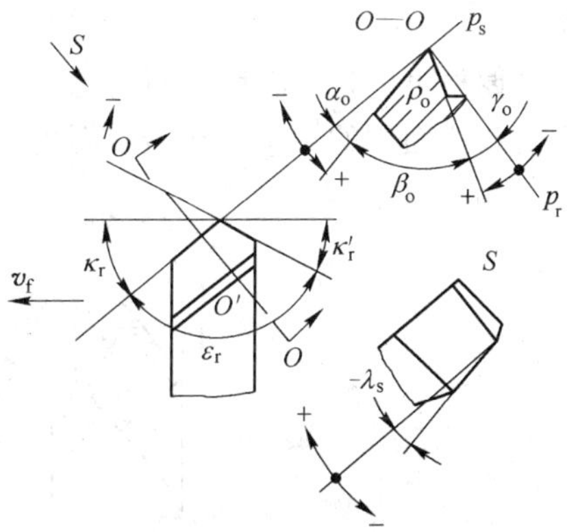

图 11－9 刃部的主要标注角度

(1) 前角 γ_o。它是在正交平面内测量的前刀面与基面之间的夹角，反映了前刀面的倾斜程度，且有正负之分，前刀面在基面之下时前角为正值，前刀面在基面之上时前角为负值，与基面重合时为零。

前角影响着切削刃的锋利程度。前角越大，刀刃越锋利，切削越轻松，但前角过大时会降低刃部的强度、散热条件，使刃部易磨损，甚至崩刃。

前角值常根据工件材料、刃部材料和加工性质来选择。一般加工强度较低、韧性好的塑性材料时，取较大的前角；加工脆性材料或粗加工时，为保证刀刃强度，取较小的前角。精加工时，为提高表面质量，可取较大的前角。工艺系统刚性差时，应取较大前角。用硬质合金刀具加工一般钢时，取 $\gamma_o = 10° \sim 20°$；加工灰铸铁时，取 $\gamma_o = 8° \sim 12°$。高速钢刀具允许选用较大的前角（15°～20°）。

(2) 后角 α_o。它是在正交平面内测量的主后刀面与切削平面之间的夹角。它只能为正值，其目的是减少后刀面与工件加工表面间的摩擦。

当前角一定时，后角大时，摩擦小，刃部锋利，但后角过大会降低刃部的强度和耐用度。一般粗加工、强力切削及承受冲击载荷或工件材料较强硬时，取较小后角，一般为 6°～8°；精加工或工件材料较软、塑性较大时，后角取值较大，一般为 8°～12°。

(3) 楔角 β_o。它是在正交平面内测量的前刀面与主后刀面的夹角。它只能为正值。当前角取正值时，楔角与前角、后角之和为 90°，所以它的大小决定了主切削刃的强度。

(4) 主偏角 κ_r。它是在基面内测量的主切削刃在基面上的投影与进给运动方向的夹角。

主偏角主要影响着主切削刃参与工作的长度，影响刀具的寿命及切削层截面的形状，并与副偏角一起影响着已加工表面的粗糙度（见图 11－10）。主偏角减小，主切削刃的工作长度增加，则单位长度上的负荷减小，散热好，增加了刀具的耐用度，但易顶弯细长工件，影响加工精度。

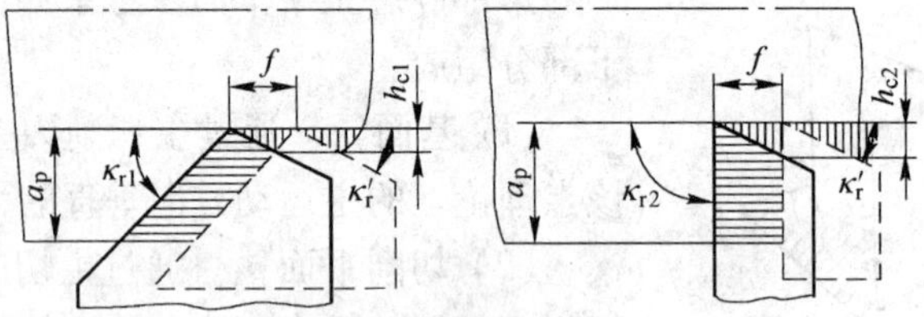

图 11－10　主偏角对已加工表面粗糙度的影响

一般车刀常用的主偏角有 45°、60°、75°、90°。当车刀强力切削时，主偏角取 75°；工艺系统刚性较差时，宜取较大的主偏角，如车削细长轴时取 90°。当加工高硬高强材料，如淬硬钢、冷硬铸铁、高硅铸铁时，主偏角宜取较小值（10°～30°）。

(5) 副偏角 κ_r'。它是在基面内测量的副切削刃在基面上的投影与进给运动反方向的夹角。

副偏角可以减小副后刀面与已加工表面间的摩擦作用，并与主偏角一起影响着已加工表面的残留面积的大小，导致表面粗糙度受影响（见图 11－11）。

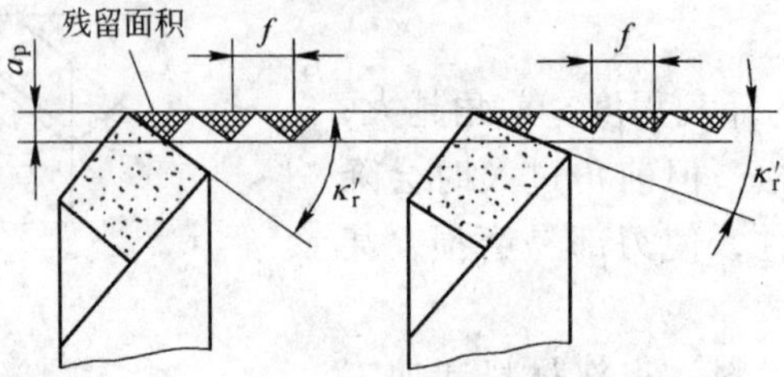

图 11－11　副偏角对已加工表面残留面积的影响

一般副偏角取值为 5°～15°。粗加工时取较大值，精加工时取较小值；工件强度、硬度较高或刀具做断续切削时，宜取较小值，以增加刀尖强度。

(6) 刃倾角 λ_s。它是在切削平面内测量的主切削刃与基面之间的夹角。刃倾角有正、负值之分（见图 11－12）。在主切削刃上，刀尖为最高点时刃倾角为正值；刀尖为最低点时刃倾角为负值；主切削刃与基面平行时，刃倾角为零。

刃倾角主要影响刀尖的强度和切屑流出方向。负刃倾角的刀头强度高，散热条件也好，使切屑流向已加工表面，导致已加工表面的粗糙度变大；正刃倾角刀头强度较弱，使切屑流向待加工表面。

因此，粗加工时刃倾角常取负值，以增强活力刀头；精加工时常取零或正值，以保护已加工表面。一般车刀的刃倾角取值为 －5°～5°之间。

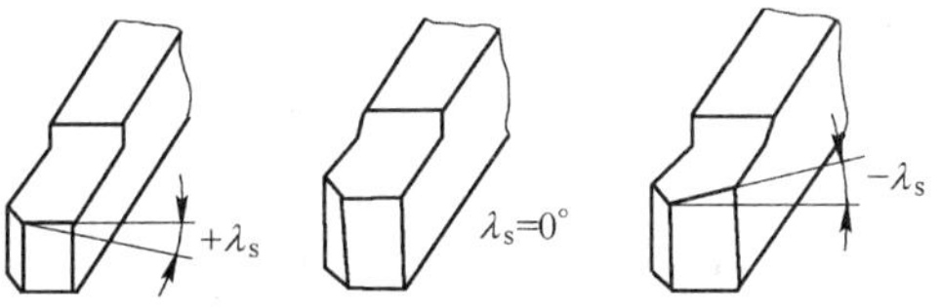

图 11－12 刃倾角的零、正负值

C 刀具的工作角度

在工作状态中确定的刀具角度称为刀具的工作角度，它反映了刀具的实际工作状态。

a 横向进给运动中的工作角度

当车刀横向对工件做切断或切槽时（见图 11－13），主切削刃在工件上的运动轨迹为阿基米德螺旋线，确定工作参考系为 p_{re} 和 p_{se}，则工作前角 γ_{oe} 大于标注前角 γ_o，工作后角 α_{oe} 小于标注后角 α_o。

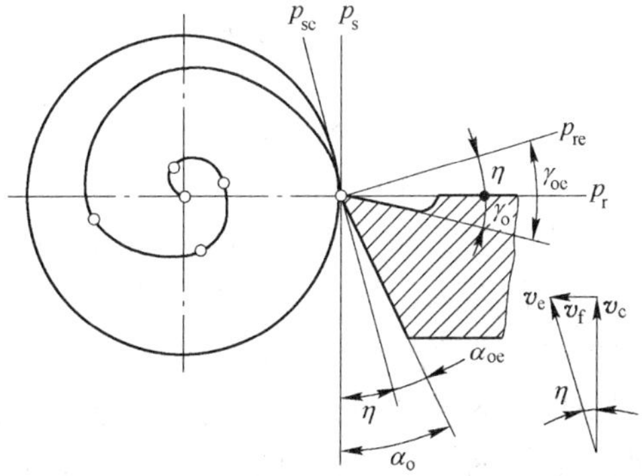

图 11－13 横向进给运动中的工作角度

b 刀具安装位置对工作角度的影响

安装车刀时，如果刀尖高于或低于工件回转轴线，都会引起刀具的工作角度与标注角度的不同，如图 11－14 所示。如：当车刀纵向进给时，若刀尖安装得高于工件中心，则工作前角 γ_{oe} 大于标注前角 γ_o，工作后角 α_{oe} 小于标注后角 α_o；反之，则 $\gamma_{oe}<\gamma_o$，$\alpha_{oe}>\alpha_o$。镗孔时的情况正好与此相反。

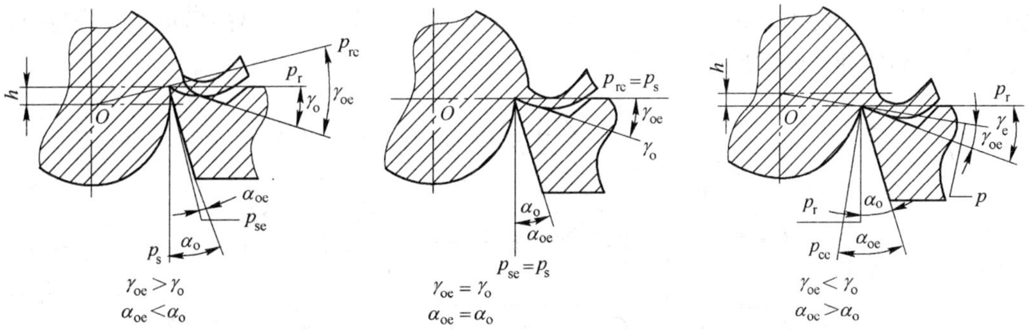

图 11－14 车刀安装高度对前角和后角的影响

安装车刀时，如果车刀刀杆中心线与进给方向不垂直时，也会引起工作主、副偏角与标注主、副偏角的不同，如图 11－15 所示。

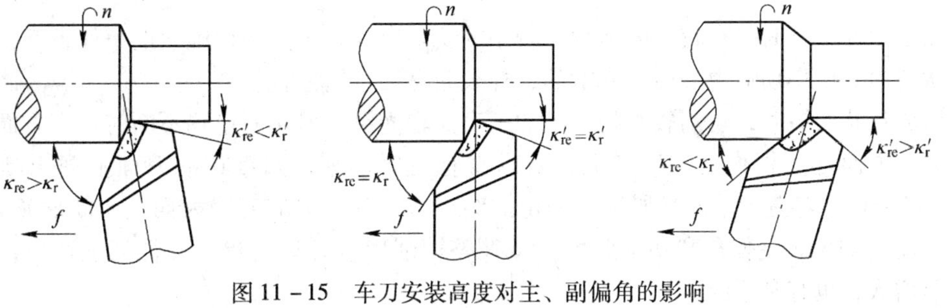

图 11－15 车刀安装高度对主、副偏角的影响

因此，在正常安装的条件下，如车刀的刀尖与工件的回转轴线等高、刀杆的纵向轴线与进给方向垂直时，车刀的工作角度近似等于标注角度。

11.3　切削过程

切削金属的过程实质上是一种挤压过程，是被切材料层受刀具的挤压产生变形、挤裂的过程，在这个过程中产生的切削力、切削热、刀具磨损等物理现象，都与被切金属层的变形、摩擦有着密切的关系，并将直接影响着加工质量、生产成本和生产效率等。

11.3.1　切屑的形成及其种类

11.3.1.1　切屑的形成

金属的切削过程实际上就是切屑形成的过程，如图 11－16 所示。切削中，被切削金属层在主切削刃和前刀面的推挤下开始产生弹性变形；随着刀具的深入，切应力、切应变逐渐增大，达到其屈服强度时，继而产生塑性变形、滑移；刀具再继续切入，金属材料层内部的应力、应变继续增大，当切应力达到其断裂强度时，金属材料层被挤裂，形成切屑，并沿前刀面流出。

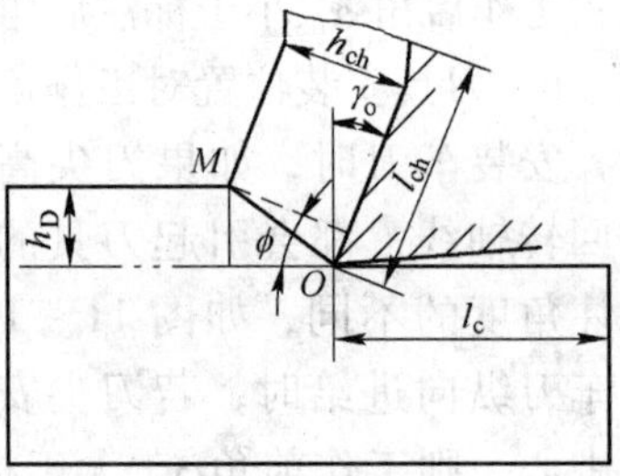

图 11－16　切屑的形成

11.3.1.2　切屑的种类

由于工件材料的不同，切削条件各异，因而切削过程中切屑的变形程度不同，所产生的切屑形状也是多种多样的。切屑的形状一般分为带状切屑、节状切屑和崩碎切屑 3 种，如图 11－17 所示。

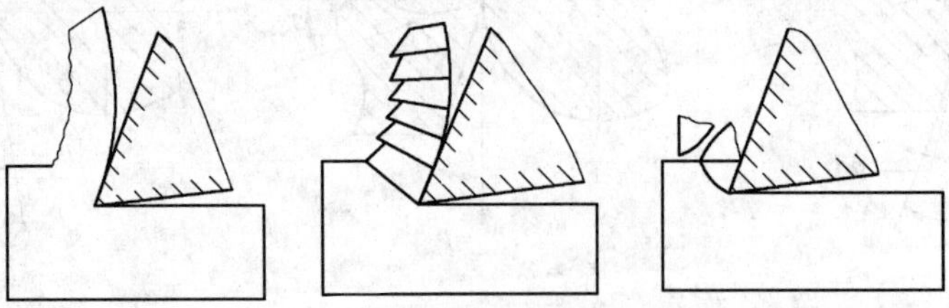

(a)　(b)　(c)

图 11－17　切屑的种类

（a）带状切屑；（b）节状切屑；（c）崩碎切屑

A　带状切屑

加工塑性金属时，在较大的前角、较小的切削厚度和较高的切削速度条件下，常易得到带状切屑。该类切屑内表面是光滑的，外表面呈细小锯齿状。

形成带状切屑时，切削较平稳，已加工表面较光滑，但切屑连绵不断时，一方面不安全，另一方面可能划伤已加工表面，所以需有断屑措施，如常在前刀面上磨出断屑槽（见图 11－18，对流动中的切屑施加一定的约束力，使切屑应变增大而利于断屑）、改变刀具角度（如增大主偏角和切削厚度）或调整切削用量（如适当地降低切削速度，使切削变形增大，也有利于断屑）。

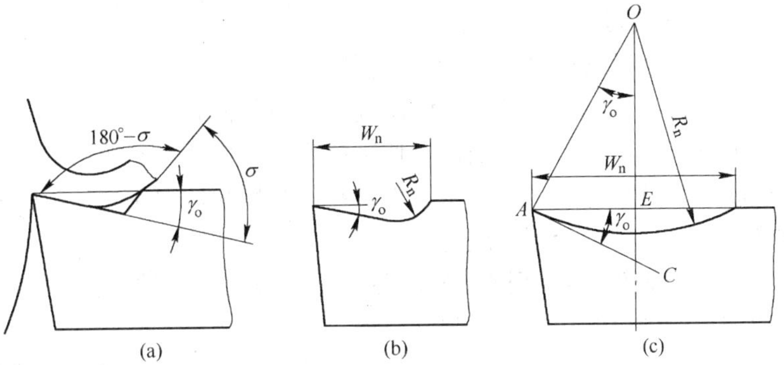

图 11－18 断屑槽截面形状

（a）折线形；（b）直线圆弧形；（c）全圆弧形

B 节状切屑

节状切屑，又称挤裂切屑。粗加工中等硬度的塑性材料时，在较小的前角、较低的切削速度、较大的切削厚度的工况下，常产生节状切屑。该类切屑的外表面呈粗大锯齿形，内表面有裂纹。

形成节状切屑时，切削波动大，已加工表面较粗糙。其形成过程是典型的切削过程，即金属层经过弹性变形、塑性变形挤裂和分离等阶段。

C 崩碎切屑

加工青铜、铸铁等脆性材料时，在较小的前角、较大的切削厚度的工况下，常产生崩碎切屑。因为工件材料的塑性很小，切削层金属发生弹性变形后，一般不经过塑性变形就被挤裂、崩碎，形成无规则的碎块状切屑。

产生崩碎切屑时，切削力都集中在主切削刃和刀尖附近，刀尖易磨损，并易产生振动，影响已加工表面质量。

由此可见，加工塑性金属时，带状切屑与节状切屑这两种切屑类型可以随切削条件的变化而相互改变。例如，在形成节状切屑工况条件下，如进一步加大前角、提高切削速度或减小切削厚度，就可得到带状切屑，使加工的表面较为光洁。

11.3.2 积屑瘤

11.3.2.1 积屑瘤的形成

在一定范围的切削速度下切削塑性金属时，由于切屑和前刀面的剧烈摩擦，使切屑底部的一部分金属因一定的温度和压力作用被阻滞，继而黏结在工作刃附近，形成积屑瘤。

积屑瘤形成后不断长大，达到一定高度后，当摩擦力超过切屑内部的结合力时又会破裂，被不断流动的切屑带走或嵌附在工件已加工表面，影响其表面粗糙度，如此反复。

11.3.2.2 积屑瘤对切削加工的影响

积屑瘤的硬度因在切削过程中的塑性变形而被强化，比被切材料高得多，因而可以代替切削刃进行切削，起到保护切削刃的作用，同时，由于积屑瘤增大了刀具的工作前角，使切削变得轻快，所以粗加工时希望其存在。然而，积屑瘤时小时大，时有时无，易引起振动，且会导致尺寸精度下降，影响已加工表面粗糙度，因此，精加工时必须防止产生积屑瘤。

11.3.2.3 积屑瘤的控制

积屑瘤的产生及其成长与工件材料的力学性能、切削区的温度有关。塑性越好、加工硬化倾向越强，越易产生积屑瘤；切削区的温度和压力较低时，不会产生积屑瘤；温度太高时，由于材料变软，也不易产生积屑瘤。切削过程中产生的热是随切削速度的提高而增加的，所以影响积屑瘤产生的主要因素是工件材料的塑性和切削速度。所以要在精加工时防止积屑瘤的产生，可采取的控制措施有：

（1）正确选用切削速度，使切削速度避开产生积屑瘤的区域。如一般精车、精铣采用高速切削，拉削、铰削时均用低速切削。

（2）增大刀具前角，减小切削厚度，以减小刀具前刀面与切屑之间的摩擦。

（3）选用适当的切削液，既可有效地降低切削区的温度，又能减小切屑底层材料与刀具前刀面间的摩擦。

（4）适当提高工件材料硬度，如对塑性好的工件进行正火或调质处理，以提高其强度和硬度，减小加工硬化倾向。

11.3.3 切削力和切削功率

刀具切削工件时所需克服的力称为切削力，它包括工件材料的变形抗力、刀具与工件的摩擦力以及刀具与切屑的摩擦力。切削力是设计工艺系统（即使用机床、刀具、夹具）的主要依据，其大小直接影响切削热、已加工表面的质量和刀具的耐用度。

为便于测定和研究切削力，适应工艺设计的需要，常常研究的是切削力在一定方向上的分力。

11.3.3.1 切削力的分解

以车削外圆为例（见图 11－19），将切削力 F 分解如下：

（1）主切削力 F_c。切削力 F 在主运动方向上的分力，大小约占切削力的 80%～90%，是计算机床动力、主传动系统零件和刀具强度及刚度的主要依据。

（2）进给力 F_f。又称轴向力或进给抗力，是切削力 F 在进给运动方向上的分力，是设计和校验进给机构所必需的数据。

（3）背向力 F_p。又称吃刀抗力，是切削力 F 在工件径向上的分力，一般作用在工件刚度较弱的方向上，易使工件产生弯曲变形或引起振动，影响加工精度（见图 11－20）。

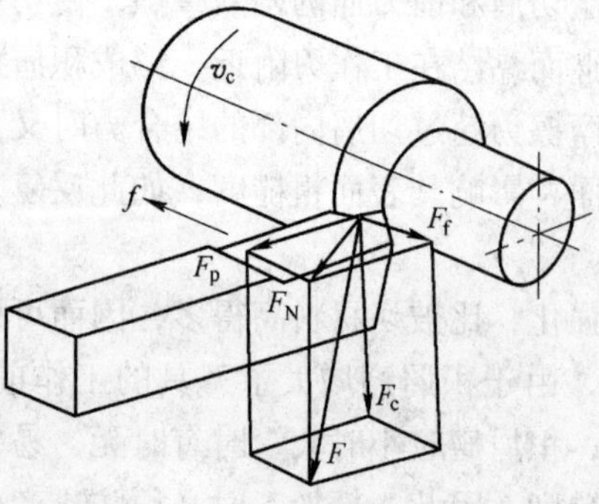

图 11－19 切削力及其分力

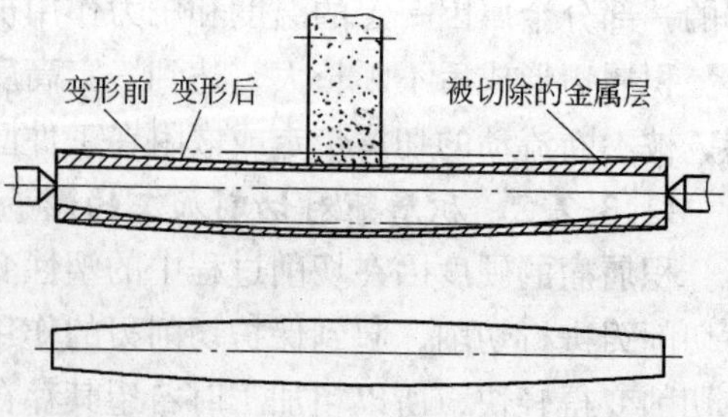

图 11－20 背向力对加工精度的影响

所以，切削力 F 与三个方向的分力的关系为：

$$F=\sqrt{F_c^2+F_p^2+F_f^2}$$

11.3.3.2 切削力的影响因素

切削力的影响因素有很多，如工件材料、切削用量、刀具几何参数、切削液和刀具材料等。具体为：

（1）工件材料的强度、硬度越高，切削力 F 越大。切削脆性材料时，由于其塑性变形比较小，所以其切削力相对较小。

（2）切削用量中，背吃刀量 a_p 和进给量 f 增大，都会使切削力增大，但两者的影响程度不同。a_p 增大时，切削力 F 成正比增大；f 增大时，切削力 F 的增大幅度小于正比。因此，单纯从切削力 F 考虑，加大 f 比加大 a_p 有利。切削速度 v_c 只在切削塑性材料时使切削力下降，因为随着 v_c 的增大，切削温度升高，变形减小，切削力 F 下降。

（3）刀具几何参数中，增大前角 γ_o，切削塑性材料时，变形减小，切削力 F 下降；增大主偏角 κ_r 和刃倾角 λ_s，均会使背向力 F_p 减小，进给力 F_f 增大。

另外，使用润滑作用强的切削液可使切削力减小；刀具材料与工件材料间的摩擦系数小的，切削力小。如：在其他切削条件完全相同的条件下，用陶瓷刀具切削比用硬质合金刀具切削的切削力小，用高速钢刀具进行切削的切削力大于前两者。

11.3.3.3 切削功率

消耗在切削过程中的功率称为切削功率。

切削力 F 的三个分力中，背向力 F_p 消耗的功率为零，进给力 F_f 消耗的功率很小，一般可不计，所以切削功率 P_c（kW）可计算为：

$$P_c=F_cv_c\times10^{-3}$$

式中 F_c——主切削力，N；

v_c——切削速度，m/s 或 m/min。

根据 P_c 选择机床电动机时，考虑到机床的传动效率，机床电动机的功率 P_E（kW）为：

$$P_E\geqslant\frac{P_c}{\eta_m}$$

式中 η_m——机床传动效率，一般为 0.75 ~ 0.85。

11.3.4 切削热的产生与传导

切削过程中，大部分的切削功转变成了热，即切削热。

切削热来源于两个方面：一是切屑变形所产生的热，也是主要来源；二是切屑与前刀面、工件与后刀面间产生的摩擦热。

切削热使切削区中的刀具、工件温度升高，一方面加剧刀具的磨损，影响刀具的使用寿命；另一方面引起工件变形，影响加工质量和表面质量。因此，切削时应尽量减少切削热，改善散热条件。

切削热由切屑、工件、刀具及周围的介质（如空气、切削液）向外散出。一般车削时，50% ~80% 的切削热由切屑带走，10% ~40% 的切削热由工件传出，3% ~9% 的切削热由刀具散出，约 1% 的切削热由周围介质散出。

影响切削热传出的因素有工件材料、刀具材料、切削用量、刀具几何参数及周围介质。导热性好的工件材料和刀具材料可以降低切削区的温度；采用冷却性能好的切削液，可以改善散热条件，减少摩擦热的产生；合理的切削用量、刀具几何参数，可以减少切削热的产生。如在保持切削效率不变及切削面积相同的条件下，选用较大的背吃刀量 a_p 和进给量 f 比选用较大的切削速度 v_c 更为有利。又如，在刀具几何参数中，适当增大前角 γ_o，可减小变形，使切削温度下降；减小主偏角 κ_r，可增加切削刃工作长度，改善散热条件，使切削温度下降。

11.3.5　刀具磨损和刀具耐用度

在切削过程中，切屑与刀具、工件与刀具的摩擦，都可能使刀具在前刀面、后刀面出现磨损。重磨刀具制成后都要经过使用—磨损—刃磨若干个循环后，至刃部无法继续使用而完全报废。刀具从开始切削到完全报废所经历的实际切削时间的总和，称为刀具的寿命。

刀具在初期使用阶段，由于刃磨后其表面粗糙，表层组织不耐磨，因而磨损较快；随后，进入磨损缓慢的正常磨损阶段；当刀具继续磨损钝化后，切削出现振动，致使工件表面粗糙，刀具磨损就进入了急剧磨损阶段。刀具磨损曲线如图 11－21 所示。所以在加工过程中，应尽量缩短初期阶段，增长正常磨损阶段，在进入急剧磨损阶段前就换刀重磨。

刀具磨损按刀具出现磨损的部位分为前刀面磨损、后刀面磨损、前后刀面都有磨损 3 种形式（见图 11－22）。

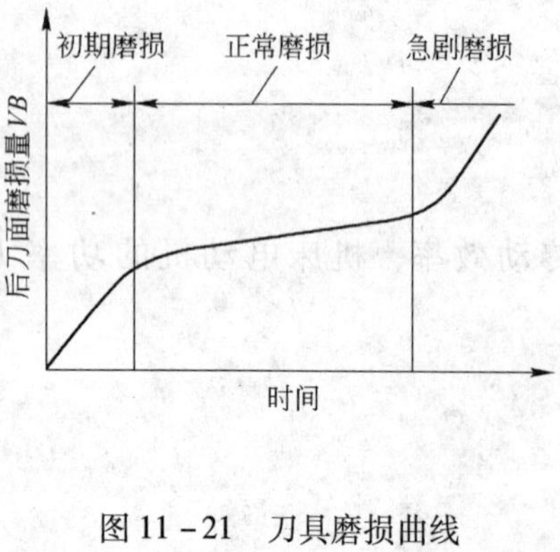

图 11－21　刀具磨损曲线

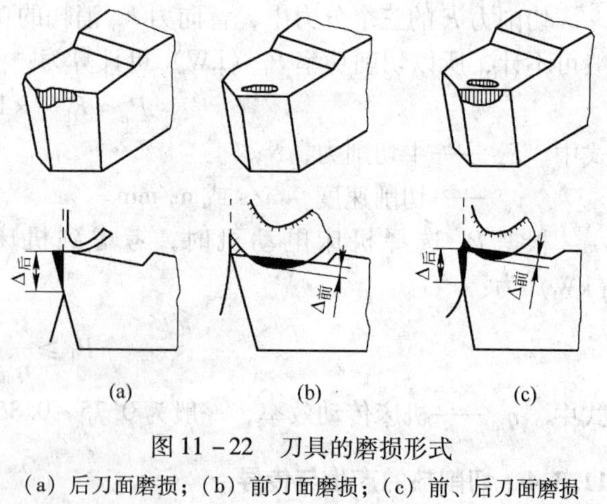

图 11－22　刀具的磨损形式

（a）后刀面磨损；（b）前刀面磨损；（c）前、后刀面磨损

生产中，把刀具刃磨后自开始切削至磨损量达到磨损标准（参见国际标准 ISO 统一规定）为止所经历的实际切削时间，称为刀具的耐用度 T(min)。

刀具材料、刀具几何参数、工件材料及使用切削液情况基本相同时，切削用量中的切削速度对刀具的耐用度影响最大。刀具耐用度对工件的加工质量、生产率及加工成本都有直接的影响。

11.3.6　切削液的选用

在切削过程中，切削液具有冷却、润滑、洗涤和防锈等主要作用，通过降低切削温度，抑制积屑瘤的生长，减小前刀面与切屑、后刀面与工件加工表面之间的摩擦力，增加刀具耐用度，改善表面质量，提高产品质量和生产率；切削液可将切削中产生的细小切屑、磨削中的磨屑冲刷带走，防止废物塞进机床的运动部件之间，损坏机床，或者黏附在工件上划伤已加工表面；在切削液中加入各种防锈剂，如亚硝酸钠、苯甲酸钠等，可使金属表面与腐蚀介质隔开，起到防锈的作用。

常用的切削液主要有水基切削液和油基切削液。水基切削液比热容大，流动性好，主要起冷却作用，也有一定的润滑、防锈作用，如乳化液、肥皂水等；油基切削液又称为切削油，主要成分是矿物油，主要起润滑作用，也有一定的冷却作用。

切削液通常根据加工性质、工件材料和刀具材料等来选用。

粗加工时，主要为冷却切削温度、减小摩擦力，应选用冷却作用好的切削液，如低浓度的乳化液等；精加工时，主要希望提高表面质量和精度，提高刀具耐用度，应选用有良好润滑性的切削液，如切削油或高浓度的乳化液等。

通常，加工一般钢材时，选用乳化液或硫化切削油；加工脆性材料（如铸铁、青铜、黄铜）时，不用切削液，但在低速精刨床身、攻丝时，用煤油润滑效果很好。

高速钢刀具应根据加工性质和工件材料选用合适的切削液；硬质合金刀具一般也不用切削液。

11.4 工件材料的切削加工性

工件材料的切削加工性是指该材料在一定条件下被切削加工成合格零件的难易程度。它具有一定的相对性，具体的加工条件和要求不同，切削加工性也不同，所以，在不同的情况下要用不同的指标来衡量。常用一定刀具耐用度下的切削速度 v_T 或相对加工性 K_r 两项指标表示。

一定刀具耐用度下的切削速度 v_T，即刀具耐用度为 T(min) 时，切削该材料所允许的最大切削速度。v_T 越高，材料的切削加工性越好。若取刀具耐用度 $T=60\text{min}$，则 v_T 记作 v_{60}。难加工的材料，也有取 v_{30} 用的。

相对加工性 K_r，即各种材料的 v_{60} 与正火态的 45 钢（$\sigma_b=736\text{MPa}$）的 v_{60}（记作 $(v_{60})_j$）之比值：

$$K_r=v_{60}/(v_{60})_j$$

常用材料的相对加工性分 8 级，见表 11－2。

直接影响工件材料切削加工性的主要因素是其物理、力学性能。通常，工件材料的强度、硬度越高，则切削力越大，切削温度越高，刀具磨损越快，切削加工性越差；工件材料的塑性、韧性大，则断屑困难，不易获得好的表面质量，所以切削性也差；工件材料导热性差，切削温度易高，刀具易磨损，切削加工性也不好。

材料的使用要求经常与其切削加工性发生矛盾，如在碳素钢中加入一定的合金元素，如 Si、Mn、Cr、Ni、Mo、W、V、Ti 等，使钢的力学性能提高，但加工性也随之变差。在保证零件使用性能的前提下，可通过下列主要途径来改善工件材料的切削加工性：

(1) 通过改变材料的力学性能来改善其切削加工性。具体有：

1）适当的热处理改变力学性能，如高碳钢球化退火后可降低其硬度、低碳钢正火可降低其塑性、铸铁退火可降低其表层硬度，这些都能使其切削加工较易进行；

2）用其他辅助性的加工改变力学性能，如低碳钢冷拔后可降低其塑性，这也能改善材料的切削加工性。

（2）根据生产批量的大小，可通过适当调整材料的化学成分来改善其切削加工性。如在钢中添加硫、铅等，可使其切削加工性显著改善（这种钢称为“易切削钢”）。

表 11－2　常用材料相对加工性分级

加工性等级	材料名称及种类		相对加工性 K_r	代表性材料
1	很易切削材料	一般有色金属	>3.0	铜铅合金、铝铜合金、铝镁合金
2	容易切削材料	易切削钢	2.5～3	退火 15Cr 钢，$\sigma_b=380\sim450$MPa；自动机钢，$\sigma_b=400\sim500$MPa
3		较易切削钢	1.6～2.5	正火 30 钢，$\sigma_b=450\sim560$MPa
4	普通材料	一般钢、铸铁	1.0～1.6	45 钢、灰铸铁
5		稍难切削材料	0.65～1.0	调质 2Cr13 钢，$\sigma_b=850$MPa；85 钢，$\sigma_b=900$MPa
6	难加工材料	较难切削材料	0.5～0.65	调质 45Cr 钢，$\sigma_b=1050$MPa；调质 65Mn 钢，$\sigma_b=950\sim1000$MPa
7		难切削材料	0.15～0.5	50CrV 调质、1Cr18Ni9Ti、某些钛合金
8		很难切削材料	<0.15	某些钛合金、铸造镍基高温合金

习题与思考题

11－1　请说明车削的切削用量，包括名称、定义、代号和单位。

11－2　刀具刃部的材料应具备哪些要求？

11－3　高速钢和硬质合金在性能上的主要区别是什么，各适合制造何种刀具？

11－4　简述车刀前角、后角、主偏角、副偏角和刃倾角的作用及选择其角度时主要考虑的因素。

11－5　什么是积屑瘤，它的存在一定不好吗，为什么？

11－6　请分析车外圆时各切削分力的作用和影响。

11－7　切削热对切削加工有什么影响？

11－8　机夹可转位车刀有何优点？

11－9　什么是刀具耐用度？

11－10　常用的切削液有哪几种，各自的作用和适用范围有哪些？

11－11　什么是工件材料的切削加工性，常用的衡量指标有哪些？

11－12　改善工件材料的切削加工性的主要途径有哪些？

12 常用切削加工方法综述

在加工过程中，切削加工使工件坯料的质量减少了，虽然材料的利用率有所降低，但它的加工精度和表面质量较高，切削加工有较强的适应性。切削加工的方法很多，常按切削机床的种类分为车削、钻削、镗削、刨削、拉削、铣削、磨削和齿轮加工等工艺。

12.1 切削机床的基本知识

12.1.1 切削机床的类型

金属切削机床是切削加工的主要设备。机床的种类很多，分为非数控机床（传统机床）和数控机床两大类。国家制定的机床的编制方法（详见 GB/T 15375—1994）中将机床分为 11 类，见表 12 – 1。

表 12 – 1 金属切削机床类别的代号

类别	车床	钻床	镗床	磨床	齿轮加工机床	螺纹加工机床	铣床	刨插床	拉床	切割机床	其他机床
代号	C	Z	T	M	Y	S	X	B	L	G	Q
读音	车	钻	镗	磨	牙	丝	铣	刨	拉	割	其

按机床的其他特征分类的方法还有很多。根据加工工件的质量和尺寸的不同，分为仪表机床、中小机床、大型机床、重型机床和超重型机床；按机床的工艺范围分为通用机床、专门化机床和专用机床；按自动化程度的不同，分为普通机床、万能机床、半自动机床、自动机床、数控机床和仿形机床；按机床布局分为卧式机床、立式机床、龙门机床、马鞍机床和落地机床；按加工精度的不同，同类机床可分为普通精度等级机床、精密级机床和高精度等级机床。金属切削机床通用特性的代号见表 12 – 2。

表 12 – 2 金属切削机床通用特性的代号

通用性	高精度	精密	自动	半自动	数控	加工中心（自动换刀）	仿形	轻型	加重型	经济型	柔性加工单元	数显	高速
代号	G	M	Z	B	K	H	F	Q	C	J	R	X	S
读音	高	密	自	半	控	换	仿	轻	重	简	柔	显	速

注：加工中心也称自动换刀型，经济型又称简式。

12.1.2 机床的基本结构

各类机床的外形和构造虽各不相同，但都具备以下主要部分：

（1）动力源，为机床的执行机构提供动力和运动（即电动机）；

（2）执行机构，用来装夹刀具或工件，并沿轨迹完成一定形式的运动，如车床的卡盘、立式铣床的主轴等；

（3）传动部件，将动力源（或某个执行机构）的运动和动力传给执行机构（或另一个执行机构），使该执行机构获得一定速度和方向的运动，如主传动部件；

（4）控制系统，对机床运动进行控制，准确协调各运动；

（5）支撑系统，用来支撑和连接机床的各零部件，是机床的基础构件，如床身、底座、立柱等。

12.1.3 机床的传动

机床的传动有机械传动、液压传动、气动传动、电气传动等多种形式，这里主要介绍机械传动和液压传动。

12.1.3.1 机床的机械传动

A 机床机械传动的主要组成部分

机床机械传动的主要组成部分有：

（1）定比传动机构，即具有固定传动比或固定传动关系的传动机构；

（2）变速机构，即改变机床部件运动速度的机构；

（3）换向机构，即变换机床部件运动方向的机构；

（4）操纵机构，即实现机床运动部件变速、换向、启动、停止、制动及调整的机构；

（5）箱体及其他装置，即用来支撑、连接、精确定位各机构、润滑与密封等的装置。

B 机床上常用的传动副

机床上用来传递运动和动力的各种传动部件，也称为传动副。常用的传动副有：

（1）带传动。它是利用传动带与带轮间的摩擦作用进行动力和运动的传递。常用的带传动有平带传动、V带传动（见图12－1）、多楔带传动和同步齿传动等。带传动的传动比 i（从动件与主动件的运动速度之比）为主动轮与从动轮的直径之比，即转速 n 与直径 d 成反比：

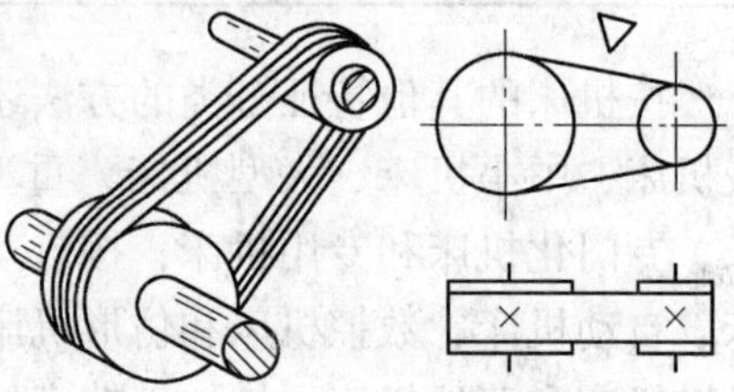

图12－1 V带传动及其简图

$$i = n_2/n_1 = d_1/d_2$$

式中 d_1，d_2——分别为主动带轮、从动带轮的直径，mm；

n_1，n_2——分别为主动带轮、从动带轮的转速，r/min。

带传动的特点是传动平稳，结构简单，制造、维护方便，过载时会打滑，保护设备不受损坏；但传动效率低，不能保证准确的传动比。

（2）齿轮传动。它是利用齿轮齿间啮合力进行动力与运动的传递。常用的齿轮有直齿圆柱齿轮、斜齿圆柱齿轮、人字齿圆柱齿轮、圆弧齿圆柱齿轮。齿轮传动（见图12－2）的传动比为主动轮与从动轮的齿数之比，即转速 n 与齿数 z 成反比：

$$i = n_2/n_1 = z_1/z_2$$

式中 z_1，z_2——分别为主动齿轮、从动齿轮的齿数，个；

n_1，n_2——分别为主动齿轮、从动齿轮的转速，r/min。

齿轮传动的特点是结构紧凑，传动比准确，传动效率高，传递扭矩大；但线速度不能过高，制造精度不高时传动不平稳、有噪声。

（3）蜗杆传动。蜗杆传动中只能蜗杆带动蜗轮，不能逆转。蜗杆传动（见图 12－3）的传动比为蜗杆的螺纹头数 k 与从蜗轮的齿数 z 之比：

$$i=n_2/n_1=k/z$$

式中 z——蜗轮的齿数，个；

k——蜗杆的螺纹头数，条；

n_1，n_2——分别为蜗杆、蜗轮的转速，r/min。

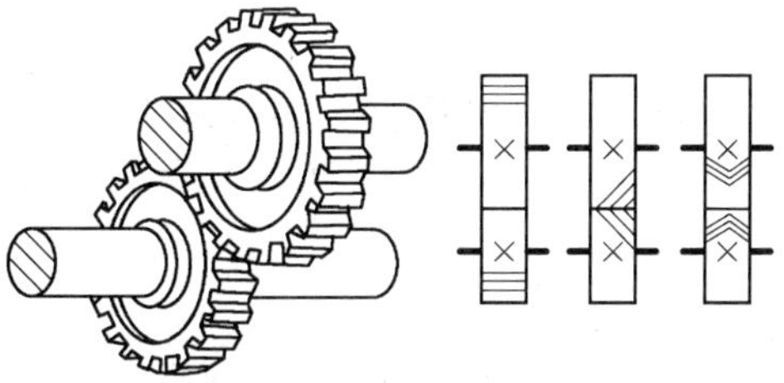

图 12－2 齿轮传动及其简图

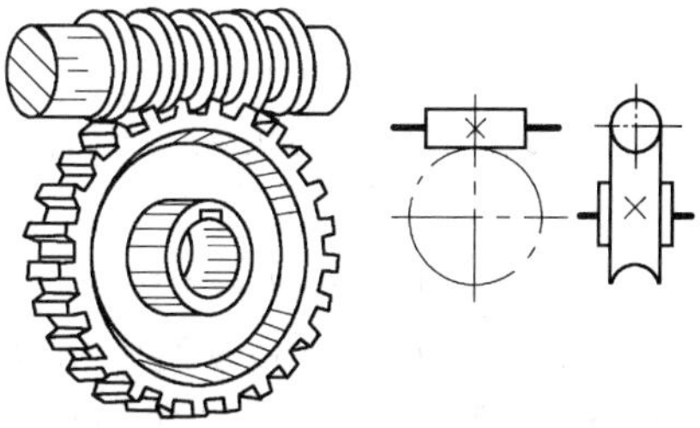

图 12－3 蜗杆传动及其简图

蜗杆传动的特点是结构紧凑，传动平稳、噪声小，可获得较大的降速比；但需要有良好的润滑条件。

（4）齿轮齿条传动。如图 12－4 所示，齿轮齿条传动可将直线运动与旋转运动互相转变。齿条移动的速度（mm/s）为：

$$v=pzn/60=\pi mzn/60$$

式中 z——齿轮的齿数，个；

p——齿条的齿距，$p=\pi m$，mm；

n——齿轮的转速，r/min；

m——齿轮、齿条的模数，mm。

齿轮齿条传动的特点与齿轮传动的特点基本相同。

（5）螺杆传动，也称丝杠传动（见图 12－5），一般是将旋转运动转变成直线运动的传动。丝杠沿其轴线的相对移动速度（mm/s）为：

$$v=knp/60$$

式中 k——螺杆的螺纹头数，条；

p——螺杆的螺距，mm；

n——螺杆的转速，r/min。

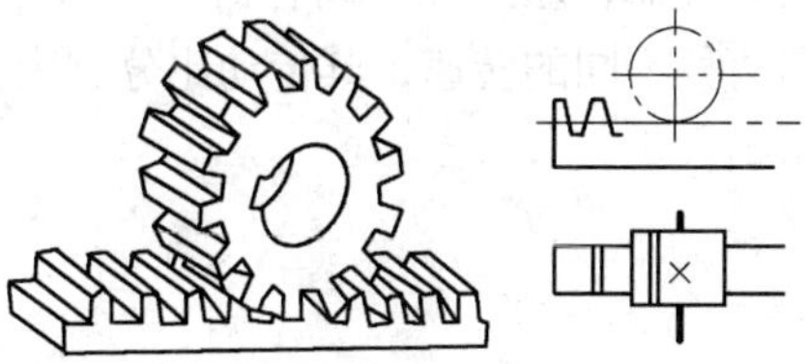

图 12－4 齿轮齿条传动及其简图

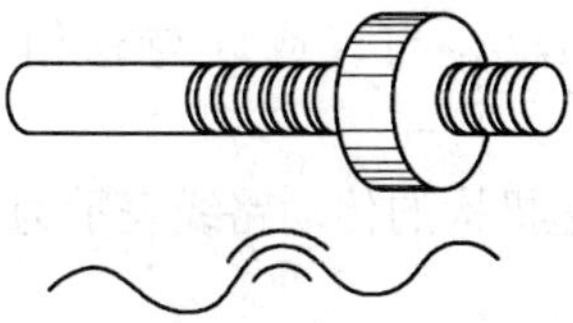

图 12－5 螺杆传动及其简图

螺杆传动的特点是传动平稳，噪声小，传动精度较高；但传动效率较低。

C　传动链及其传动比

传动链就是在动力源和运动执行机构之间、执行件与执行件间，由若干传动副按一定的次序组合而成的传动联系。

传动链的传动关系可用传动简图表示，图 12－6 所示的是执行件与执行件间的传动链：运动自转速为 n_1 的轴Ⅰ，经带轮 d_1、传动带和带轮 d_2 传至轴Ⅱ；再经圆柱齿轮 1、2 传到轴Ⅲ；经锥齿轮 3、4 传到轴Ⅳ；经圆柱齿轮 5、6 传到轴Ⅴ，最后经蜗杆 k 及蜗轮 7 传到轴Ⅵ。

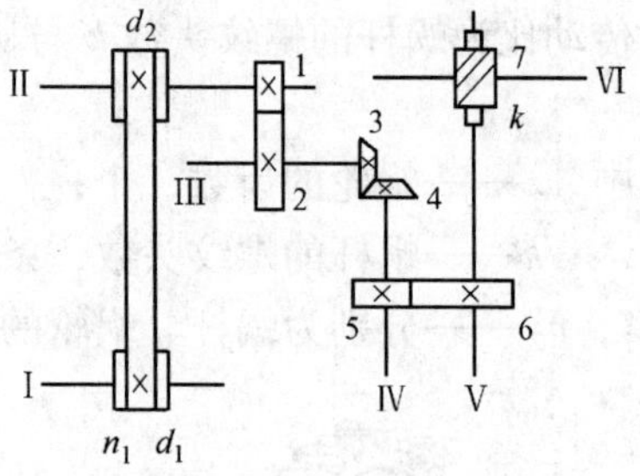

图 12－6　传动链图例
1，2，5，6—圆柱齿轮；3，4—锥齿轮；7—蜗轮

传动链的传动比 i 为传动链中各传动副传动比的乘积：

$$i = i_1 i_2 i_3 \cdots i_n$$

式中　i_1，i_2，i_3，i_n ——传动链中相应各传动副的传动比。

若已知图 12－6 中各个带轮的直径分别为 d_1、d_2，各个齿轮的齿数分别为 z_1、z_2、z_3、z_4、z_5、z_6、z_7，则轴Ⅵ的转速 $n_{\text{Ⅵ}}$ 为：

$$n_{\text{Ⅵ}} = n_1 i = n_1 i_1 i_2 i_3 \cdots i_5$$

$$= n_1 \cdot \frac{d_1}{d_2} \cdot \frac{z_1}{z_2} \cdot \frac{z_3}{z_4} \cdot \frac{z_5}{z_6} \cdot \frac{k}{z_7}$$

D　机床常用的变速机构

机床的变速机构主要为保证加工时能得到最有利的切削速度而设置，最常用的变速机构有：

（1）滑移齿轮变速机构。图 12－7 所示为一个装有三联滑移齿轮的变速机构，通过齿轮 z_1 与 z_2、z_3 与 z_4、z_5 与 z_6 相啮合可使轴Ⅱ得到三种转速，其传动比分别为：

$$i_1 = z_1/z_2,\ i_2 = z_3/z_4,\ i_3 = z_5/z_6$$

该变速机构的传动路线表示为：

$$—\text{Ⅰ}—\begin{Bmatrix} \dfrac{z_1}{z_2} \\ \dfrac{z_3}{z_4} \\ \dfrac{z_5}{z_6} \end{Bmatrix}—\text{Ⅱ}—$$

（2）离合器式变速机构。图 12－8 所示为牙嵌式离合器，通过控制离合器爪 1、2 的开合即可使齿轮 z_1 与 z_2 或 z_3 与 z_4 相啮合，使轴Ⅱ得到两种不同的转速，其传动比分别为：

$$i_1 = z_1/z_2,\ i_2 = z_3/z_4$$

该变速机构的传动路线表示为：

$$—\text{Ⅰ}—\begin{Bmatrix} \dfrac{z_1}{z_2} \\ \dfrac{z_3}{z_4} \end{Bmatrix}—\text{Ⅱ}—$$

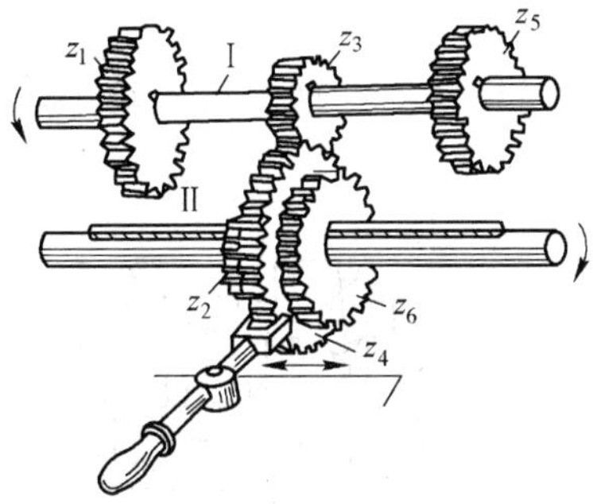

图 12－7 滑移齿轮变速机构

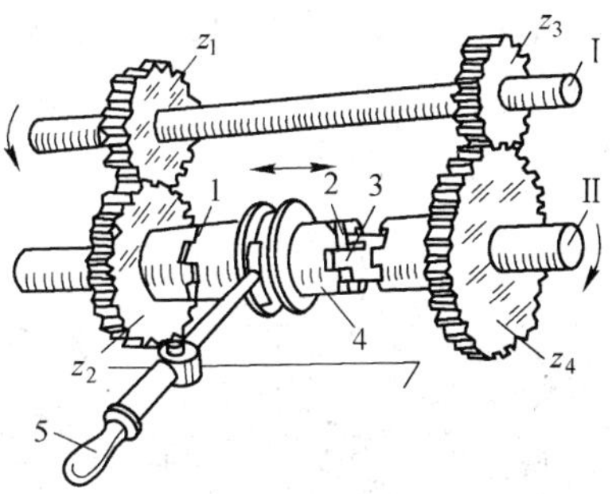

图 12－8 离合器式齿轮变速机构

E 机床机械传动的特点

与液压传动相比，机械传动的特点为：传动比准确，适用于定比传动；实现回转运动的结构简单，并能传递较大的扭矩；易发现故障，便于维修。但是制造精度不高时不够平稳，振动和噪声大。机械传动主要用于速度不太高的有级变速传动中。

12.1.3.2 机床的液压传动

A 机床液压传动的主要组成

机床液压传动的主要组成为：

（1）动力元件。油泵，是将电动机的机械能转换为液压能的能量转换装置。

（2）执行机构。油缸或油马达，是把油泵输入的液压能转换为工作部件机械能的能量转换装置。

（3）控制元件。即各种阀，目的是控制和调节液压、流量及流向。如溢流阀控制液压，节流阀控制油液流量，换向阀控制油液的流向等。

（4）辅助装置。它是创造液压系统的必要条件，如油箱、油管、滤油器、压力表等。

（5）工作介质。即矿物油，是传递能量的介质。

B 机床液压传动的特点

与机械传动相比，液压传动的特点为：传动平稳，自动防止过载；便于实现频繁的换向，易于在较大范围内实现无级变速；便于采用电液联合控制，以实现自动化；机件在油中工作，润滑好、寿命长。但由于油液有可压缩性，并有泄漏现象，所以液压传动不适于做定比传动。

12.2 常用切削加工方法综述

12.2.1 车床及其加工

在车床上使用车刀对工件进行的切削加工（车削），是轴、套类和盘类零件回转表面加工的主要工序。车床的通用性好，是应用最广泛的切削机床，约占机床总数的50%。车削加工的经济精度一般为IT7～IT11，甚至可达IT6；表面粗糙度 R_a 可达12.5～0.8μm。

12.2.1.1 车床的种类和用途

车床的种类和规格很多，根据用途和结构主要分为：

(1) 卧式车床（见图12－9），它是应用最广的车床。

(2) 立式车床（见图12－10），主要用于加工径向尺寸大、轴向尺寸较小的大型、重型的盘套类、壳体类工件。

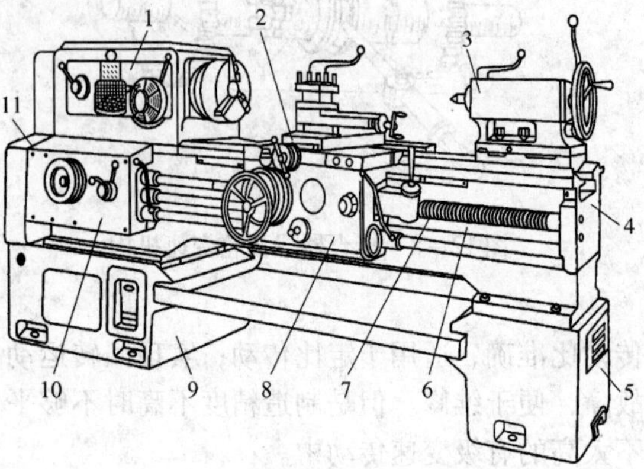

图12－9 卧式车床

1—主轴箱；2—刀架；3—尾架；4—床身；
5，9—床腿；6—光杠；7—丝杠；8—溜板箱；
10—进给箱；11—挂轮架

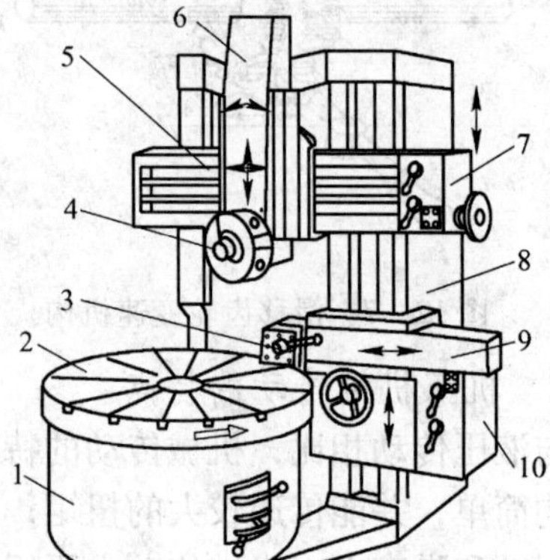

图12－10 立式车床

1—底座（主轴箱）；2—工作台；3—方刀架；
4—转塔；5—横梁；6—垂直刀架；
7—垂直刀架进给箱；8—立柱；
9—侧刀架；10—侧刀架进给箱

(3) 转塔车床，适用于在成批生产中加工内外圆有同轴度要求的较复杂的工件。

(4) 自动车床和半自动车床，能自动完成预定的工作循环，适用于在成批大量生产中加工形状不太复杂的小型零件。

(5) 仿形车床，能按照样板或样件的轮廓自动车削出形状和尺寸相同的工件，适用于在成批大量生产中加工成形回转面工件。

(6) 专门化车床，是为某类特定零件的加工而专门设计制造的，如凸轮轴车床、曲轴车床等。

12.2.1.2 车床的组成及传动系统

以CA6140型卧式车床为例（见图12－9）说明车床的组成，其主要部件有：主轴箱、刀架、尾架、床身、光杠、丝杠、溜板箱、进给箱、挂轮架。卧式车床常用的夹具有卡盘、花盘、拨盘、顶尖、鸡心夹头、心轴、中心架和跟刀架等。

CA6140型卧式车床的传动系统原理框图如图12－11所示，主轴共有12种转速，进给运动有20种转速。用丝杠传动可实现车螺纹所需的精确传动。

电动机经主换向机构、主变速机构带动主轴转动，主轴带动工件转动；进给传动从主轴开始，经进给换向机构、交换齿轮、进给箱内的变速机构和换向机构、溜板箱中的传动机构和换向机构传至刀架，使刀架做纵向或横向、正向或反向进给运动。

12.2.1.3 车削的应用及其工艺特点

车削常用来加工各种回转面（如外圆柱面、外圆锥面等）及螺纹、端面、切内外沟槽、成形回转面、滚花、绕弹簧、钻孔、铰孔和镗孔等，如图12－12所示。

车削一般分粗车和精车，粗车提高生产效率，精车提高尺寸精度和表面质量。车外圆

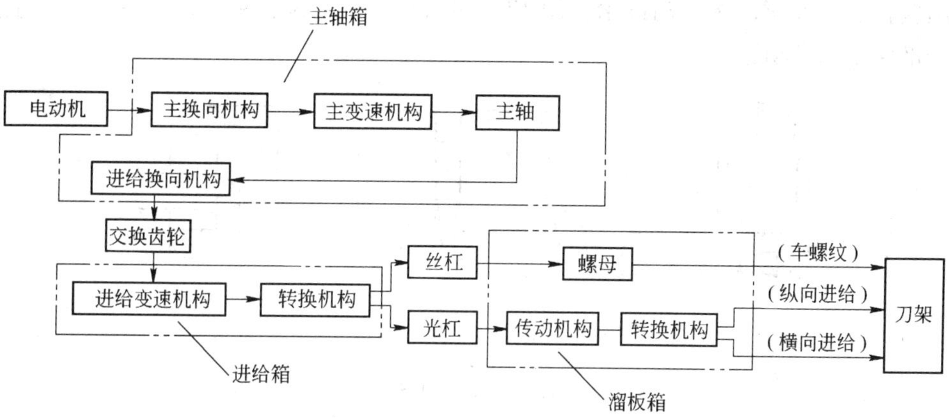

图 12－11 CA6140 型卧式车床的传动系统原理框图

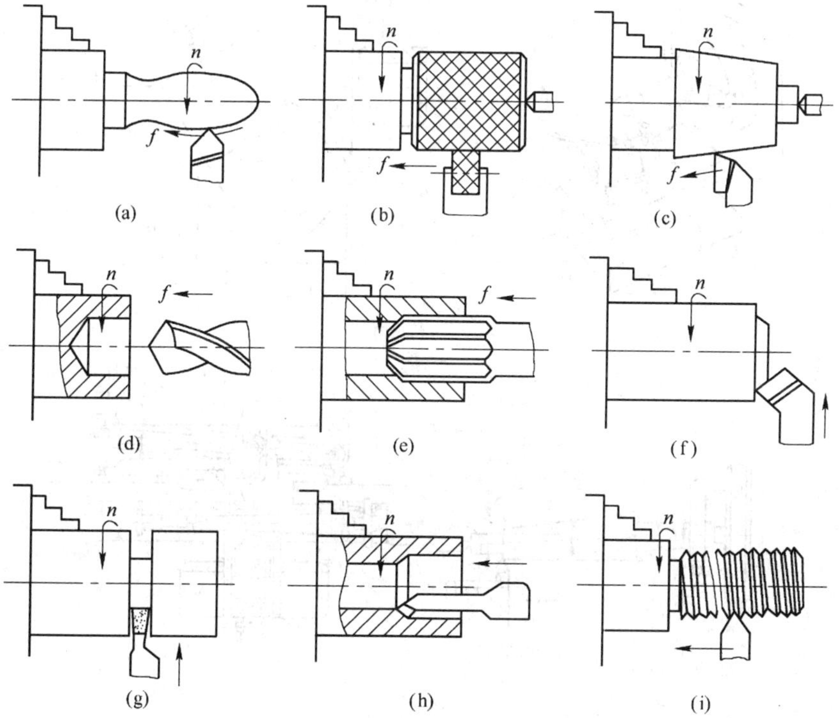

图 12－12 车削加工举例

（a）车成形面；（b）滚花；（c）车锥面；（d）钻孔；（e）铰孔；
（f）车端面；（g）车槽或切断；（h）镗孔；（i）车螺纹

和车端面是最基本、最简单、最大量的工作。车端面的槽（见图 12－13（a））主要是为了减轻重量，车内、外槽（见图 12－13（b）和（c））多数为切出退刀槽。车螺纹时，为避免乱扣，必须用丝杠带动刀架经过多次进给及退刀完成加工过程。车锥面有 4 种方法，如图 12－14 所示。图 12－14（a）所示为宽刀法（也称样板刀法），主要用于批量车削较短的锥面；图 12－14（b）所示为小刀架转位法，用于车削较大锥度和较短的内、外锥面，不能自动进给；图 12－14（c）所示为偏移尾座法，只能加工轴类零件的锥面，但可车削较长的圆锥面，能自动进给；图 12 - 14（d）所示为靠模法，适用于大批量加工内、外锥面，能自动进给。

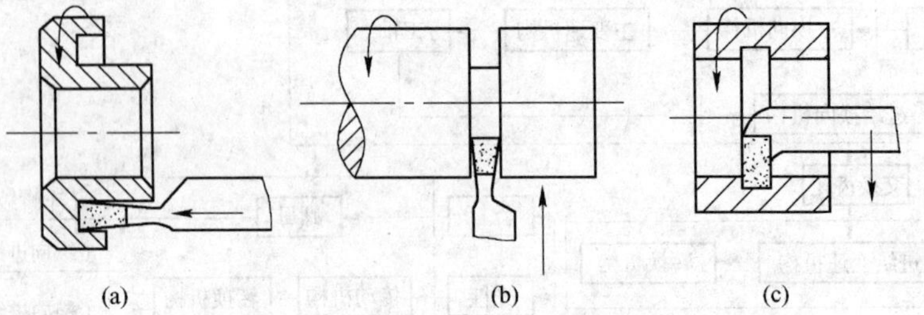

图 12 - 13　车槽

（a）车端面槽；（b）车外槽；（c）车内槽

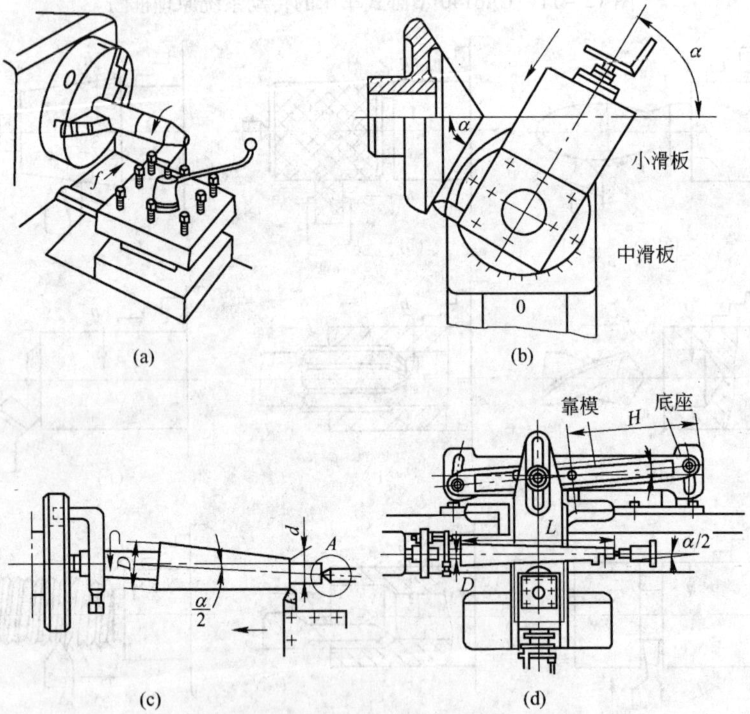

图 12 - 14　车锥面的方法

（a）宽刀法车锥面；（b）小刀架转位法车锥面；（c）偏移尾座法车锥面；（d）靠模法车锥面

车削加工过程连续、平稳，易于保证工件各回转表面的同轴度及工件端面与轴线的垂直度，且精细车削特别适用于磨削加工性不好的、易堵塞砂轮气孔的铝及铝合金等有色金属工件的精密加工。

12.2.2　铣床及其加工

铣削是在铣床上利用铣刀的旋转做主运动、工件的移动做进给运动来切削工件的加工方法。图 12 - 15 所示为铣削出的各种零件。铣削的尺寸精度可达 IT8 ~ IT9，表面粗糙度值 $R_a = 1.6 \sim 6.3\mu m$。

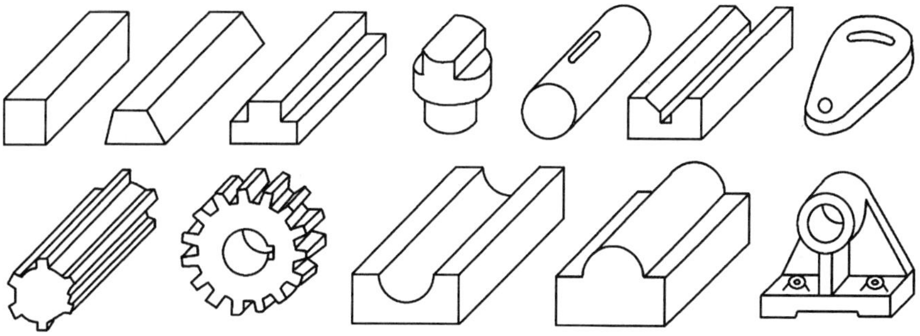

图 12－15 铣床加工零件举例

12.2.2.1 铣床的种类和用途

铣床的种类很多，最常用的是万能卧式铣床（见图 12－16）和立式铣床（见图 12－17），主要用于制造单件小批生产的中小型零件。此外，还有工具铣床、龙门铣床和数控铣床等。铣床的工作量仅次于车床。

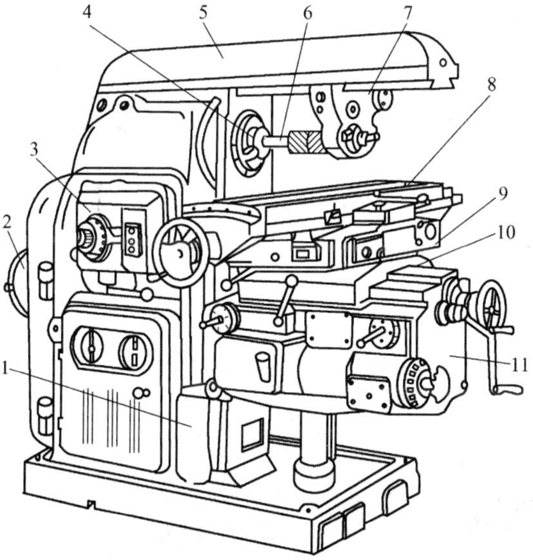

图 12－16 X6132 万能卧式铣床

1—床身；2—电动机；3—主轴变速机构；4—主轴；5—横梁；6—刀杆；7—吊架；8—纵向工作台；9—转台；10—横向工作台；11—升降台

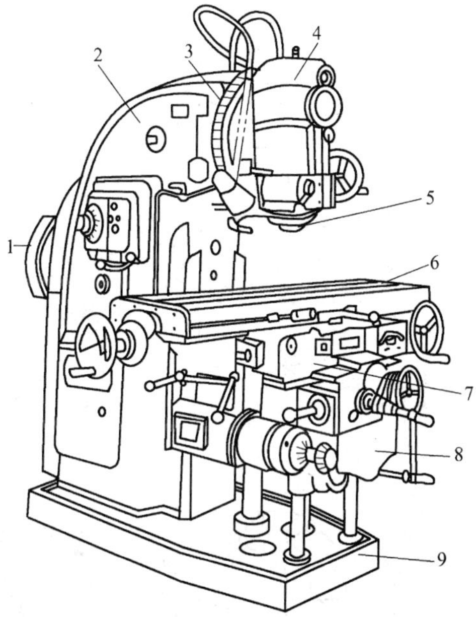

图 12－17 X5032 立式铣床

1—电动机；2—床身；3—主轴头架旋转刻度；4—主轴头架；5—主轴；6—工作台；7—横向工作台；8—升降台；9—底座

12.2.2.2 铣床的组成

以 X6132 万能卧式铣床（见图 12－16）为例，说明铣床的组成，其主轴与工作台面平行呈水平布置。其主要组成有：主轴变速机构、主轴、横梁、刀杆、吊架、纵向工作台、横向工作台、转台、升降台、床身。

立式铣床的主轴与工作台面垂直呈铅垂布置。在立式铣床上可以利用圆形工作台（见图 12－18）加工由几段圆弧和直线组成的曲线外形或圆弧槽等。

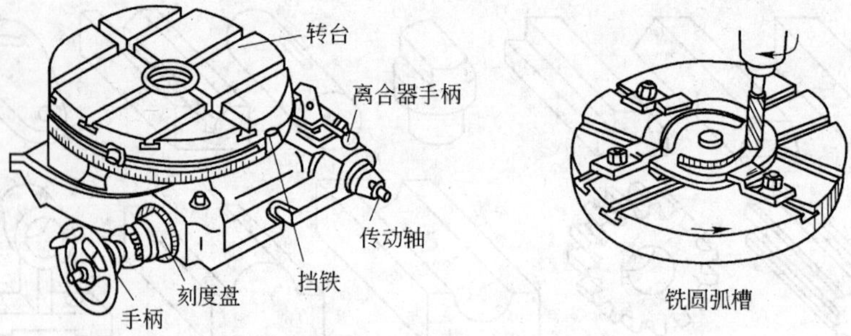

图 12 - 18 圆形工作台

12.2.2.3 铣削的应用及其工艺特点

铣削常用于加工各种平面、沟槽、齿轮、齿条和成形面等，如图 12 - 19 所示，还可进行分度、孔加工。

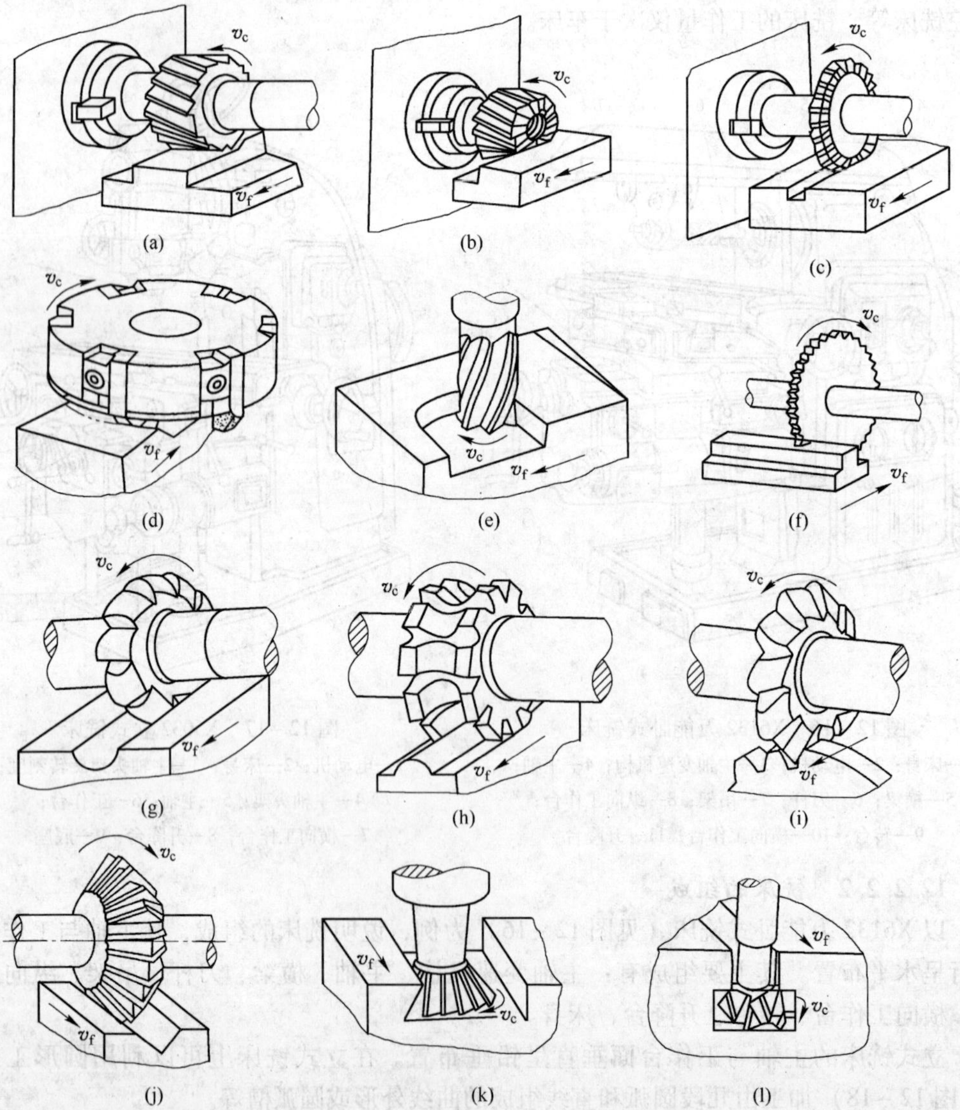

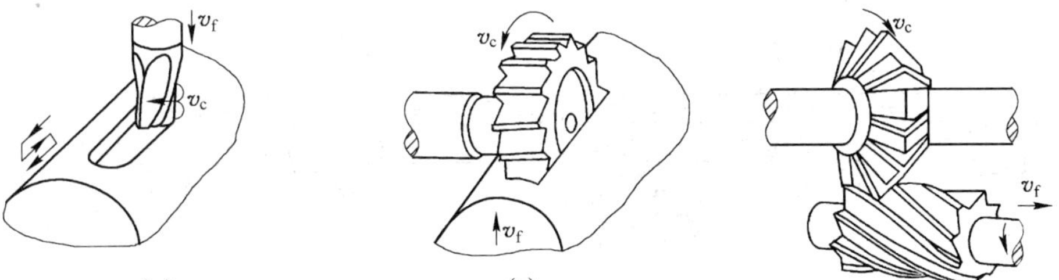

(m) (n) (o)

图 12－19 铣削的基本工作示例

（a）圆柱铣刀铣平面；（b）套式面铣刀铣台阶面；（c）三面刃铣刀铣直角槽；（d）面铣刀铣平面；（e）立铣刀铣凹平面；（f）锯片铣刀切断；（g）凸半圆铣刀铣凹圆弧面；（h）凹半圆铣刀铣凸圆弧面；（i）齿轮铣刀铣齿轮；（j）角度铣刀铣 V 形槽；（k）燕尾铣刀铣燕尾槽；（l）T 形槽铣刀铣 T 形槽；（m）键槽铣刀铣键槽；（n）半圆键槽铣刀铣半圆键槽；（o）角度铣刀铣螺旋槽

铣削是平面加工的主要方法之一，铣平面的方法有端铣法和周铣法两种，在卧式铣床或立式铣床上均可进行。端铣法是用面铣刀铣端面的方法，如图 12－20（a）所示。周铣法是用圆柱铣刀铣平面的方法，如图 12－20（b）所示。端铣法的刀具系统刚度好，可镶装硬质合金刀片，同时参与铣削的刀齿多，切削平稳，加工质量好，可采用高速铣削，还可利用修光刃提高已加工表面质量，生产率高，目前铣平面时大多采用端铣法，而用周铣法少；但是，周铣法可在同一刀杆上安装几把刀具同时加工几个表面，适应性广，常用多种形式的铣刀铣削沟槽、齿形和成形面等。

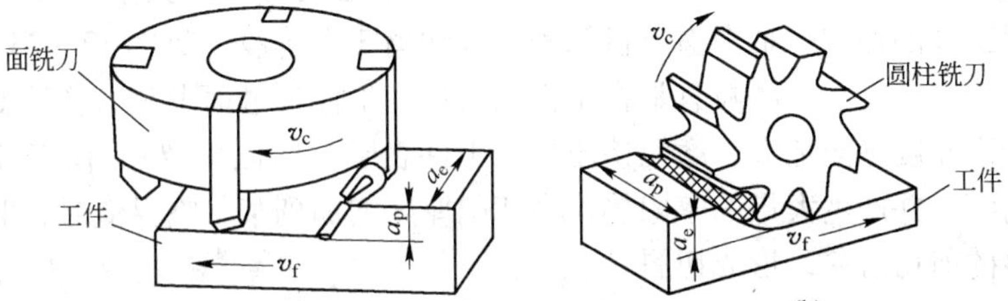

(a) (b)

图 12－20 周铣法与端铣法

（a）端铣法；（b）周铣法

根据刀齿的旋转方向在切削刃与工件的接触处是否与工件的进给方向相同，周铣法又分为逆铣和顺铣（见图 12－21）。方向相同时为顺铣；方向相反时为逆铣。顺铣时，铣刀将工件压向工作台，每齿的切深由厚到薄，可提高刀具耐用度、工件表面质量、增加工件夹持的稳定，但是，由于工作台的丝杠与螺母间间隙的存在，切深变化所引起的水平切削分力的变化会使工作台窜动，影响工件表面质量；逆铣时，铣削力上抬工件，每齿的切削都要经历挤压、滑行、由薄到厚的切入，刀齿磨损大，表面粗糙，但水平分力避免了铣削时的窜动（见图 12－22）。所以，逆铣适宜粗加工或铣削硬度较高及

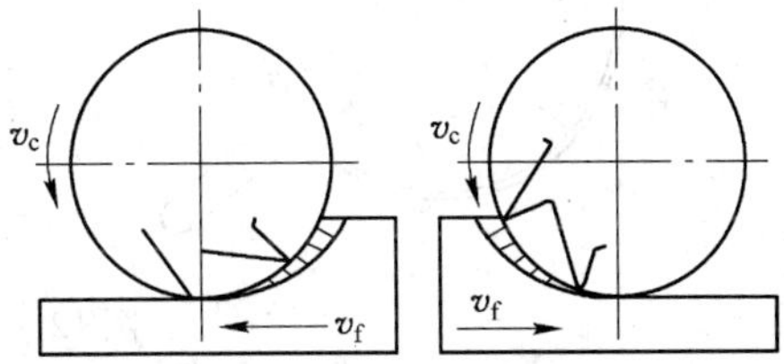

图 12－21 逆铣和顺铣

（a）逆铣；（b）顺铣

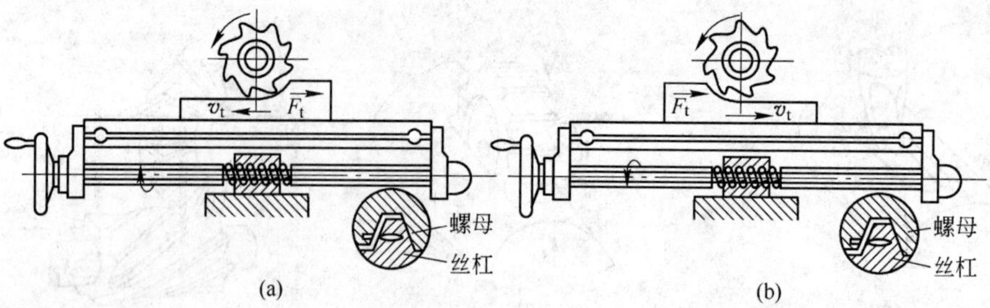

图 12－22　逆铣和顺铣时的丝杠与螺母的间隙
（a）逆铣；（b）顺铣

带有黑皮的工件（如铸件或锻件），顺铣宜用于精加工，以降低工件的表面粗糙度值。

铣刀是典型的多齿刀具，同时参与切削的刃长、齿多，散热条件较好，可以大进给、高转速切削，加工精度和生产率高，在大批大量生产中，铣平面已逐渐取代了刨平面，有色金属材料的平面加工几乎全部都用铣削。成批生产大件时，则多铣刨兼用，即粗铣、精刨。但是，铣削是断续切削，切入和切出时产生的冲击易产生振动，这会加速刀具的磨损，使铣削过程不平稳，影响加工质量。

12.2.3　磨床及其加工

磨削是用磨具以较高的线速度对工件表面进行切削加工的方法，是一种精度高、表面粗糙度值低的精加工方法。

在磨削过程中，磨具以砂轮为主，砂轮可以看做是具有很多微小刀齿（即磨粒）的铣刀，磨粒对工件的作用包括滑擦、耕犁和形成切屑 3 个阶段（见图 12－23），磨粒刚与工件接触时，切削厚度小，磨粒只是在工件上滑擦，工件接触面上只有弹性变形和少量摩擦热；随着切削厚度逐渐加大，磨粒挤压切入工件表层（形似耕犁），使工件表面产生塑性变形出现沟痕，并产生大量的摩擦热；当切削厚度增加到某一临界值时，磨粒前面的材料层产生明显的剪切滑移，形成切屑。

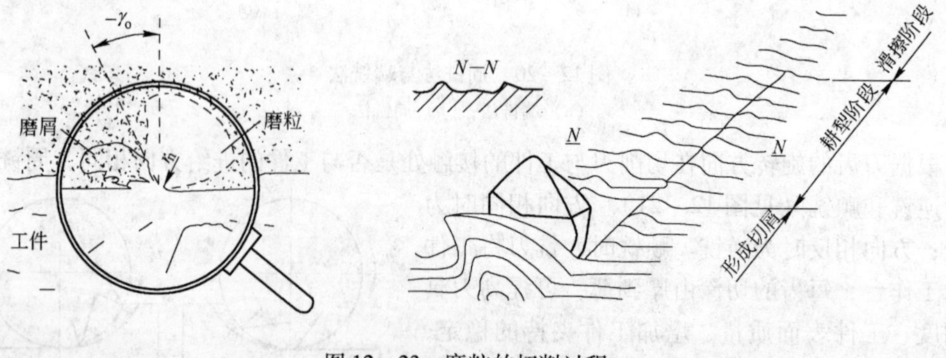

图 12－23　磨粒的切削过程

磨削能加工一般的金属材料（碳素钢、铸铁及有色金属）和高硬度材料（淬火钢、硬质合金）。磨削精度可达 IT5～IT6，表面粗糙度值 $R_a=0.8\sim0.1\mu m$。

12.2.3.1　磨床的种类和用途

磨床的种类很多，有外圆磨床、内圆磨床、平面磨床等。外圆磨床分为普通外圆磨床和万能外圆磨床，均可用来磨削外圆柱面、小锥度的外圆锥面、台阶面、端面。

万能外圆磨床的组成有：床身、工作台、砂轮架、内部液压传动系统、工作台、头架等。万能外圆磨床（图 12 - 24 所示为 M1432A 型）有内圆磨头，还能磨削短的、任意锥度的内、外圆锥面。

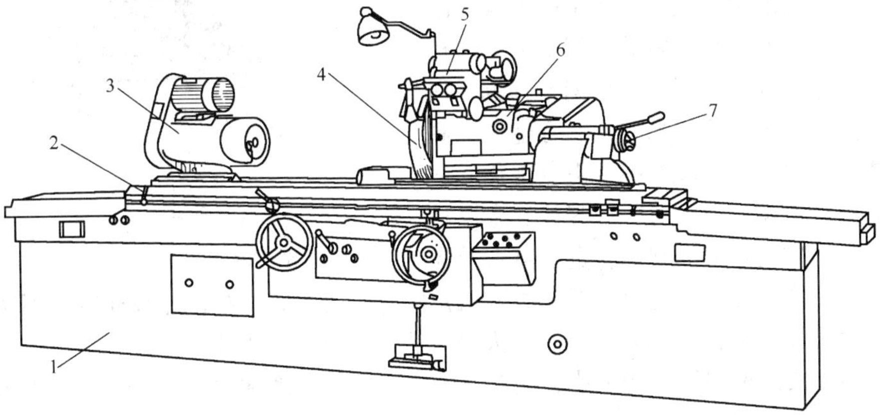

图 12 - 24 M1432A 万能外圆磨床

1—床身；2—工作台；3—头架；4—砂轮；5—内圆磨头；6—砂轮架；7—尾架

内圆磨床（图 12 - 25 所示为 M2120 型）主要用于磨削内圆柱面、内圆锥面及端面等。内圆磨床主要由床身、工作台、头架、砂轮架、砂轮修整器等组成。

平面磨床（图 12 - 26 所示为 M7120A 型）主要由床身、工作台、立柱、磨头及砂轮修整器等部分组成。平面磨床主要用于磨削工件上的平面。

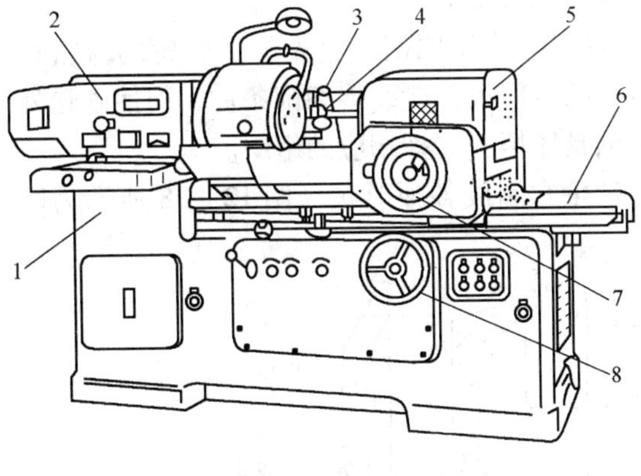

图 12 - 25 M2120 型内圆磨床

1—床身；2—头架；3—砂轮修整器；4—砂轮；5—磨具架；6—工作台；7—操纵磨具架手轮；8—操纵工作台手轮

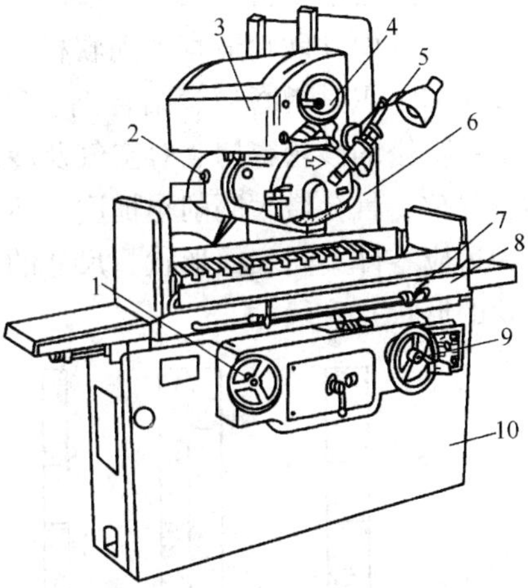

图 12 - 26 M7120A 型平面磨床

1—驱动工作台手轮；2—磨头；3—滑板；4—横向进给手轮；5—砂轮修整器；6—立柱；7—行程挡块；8—工作台；9—垂直进给手轮；10—床身

磨床工作台的往复运动采用液压传动，运转平稳，能在较大范围内实现无级变速，操作简便。

12.2.3.2　砂轮

砂轮是磨削的刃具，它是由磨料加结合剂烧制而成的多孔隙物体（见图12－27）。砂轮的特性取决于磨料、粒度、结合剂、硬度、组织、形状和尺寸及制造工艺。

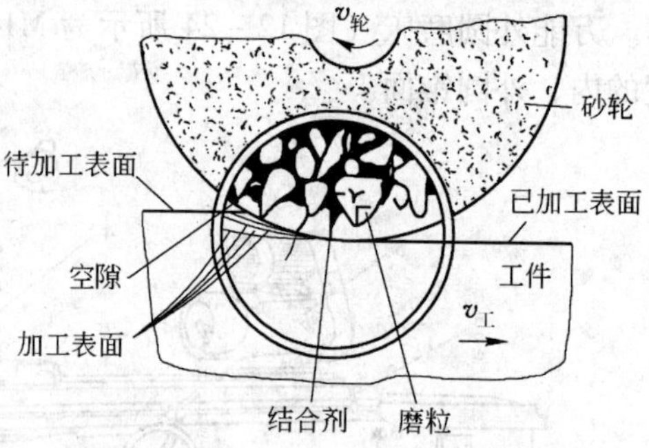

图12－27　砂轮的三要素

磨料是砂轮的主要成分，常用的磨料有刚玉类、碳化硅类及超硬磨料类。刚玉类中，棕色氧化铝适宜磨削碳素钢、合金钢与青铜，白色氧化铝适宜磨削淬硬的高碳钢、合金钢、高速钢、成形零件；碳化硅类中，黑色碳化硅适宜磨削铸铁、黄铜、耐火材料与其他非金属材料，绿色碳化硅适宜磨削硬质合金、宝石及光学玻璃；超硬磨料类有人造金刚石和立方氮化硼，主要适宜于高性能高速钢、不锈钢、耐热钢及其他难加工材料（如硬质合金、大理石、陶瓷等）的磨削。

粒度用来表示磨料颗粒的大小，它对工件的表面粗糙度和生产效率有重要影响。粗磨粒以筛网每英寸长度上的筛孔数目表示，微粉以显微测量法测定。粗磨磨削软材料时选用颗粒较粗的砂轮，以提高生产效率；精磨选用颗粒较细的砂轮，以减小加工表面粗糙度。砂轮与工件接触面积大时，选用颗粒较粗的砂轮，防止烧伤工件。

结合剂是将磨粒粘在一起固结成磨具的物质，它决定了磨具的强度、硬度、抗冲击性、耐热性及抗腐蚀能力。常用的结合剂有陶瓷结合剂（V）、树脂结合剂（B）、橡胶结合剂（R）等。其中陶瓷结合剂应用最多。

砂轮硬度是指砂轮表面的磨粒在外力作用下脱落的难易程度，它反映了磨粒固结的牢固程度。一般磨削硬材料工件，或砂轮与工件接触面较大，或导热性差的工件时，应选择较软的砂轮，而硬砂轮适宜磨削软材料工件、精磨和成形磨。

砂轮的组织是指磨粒、结合剂、气孔三者之间的体积比例，它表示了砂轮的疏密程度。组织疏松的砂轮容屑、容空气及冷却润滑液的空间大，能改善切削条件，但使砂轮外形不易保持，且会增大磨削粗糙度，所以应根据具体情况选择相应的组织。

为适应零件不同表面形状、尺寸的加工，砂轮常制成各种形状（图12－28所示为国产砂轮的形状）和尺寸。

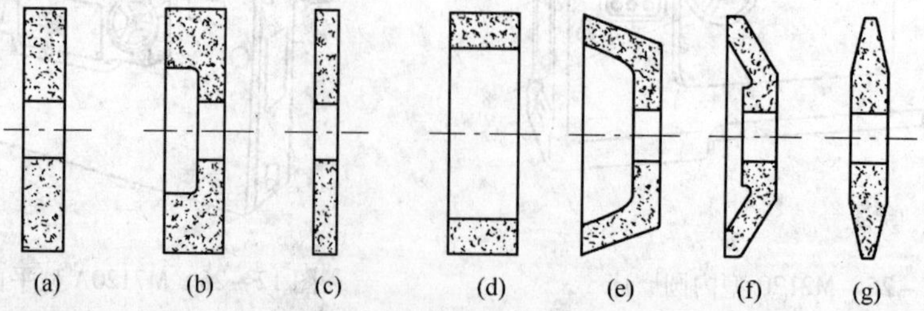

图12－28　砂轮的形状

（a）平形；（b）单面凹形；（c）薄片形；（d）筒形；（e）碗形；（f）蝶形；（g）双斜边形

砂轮与其他刃具相比有一种自锐性（或称自砺性），即：当磨粒的锋刃磨钝后，磨粒在增大切削力的作用下自行破碎或脱落，从而产生新的锋刃继续进行工作，始终保持砂轮锋利状态的性能。自锐性保证了磨削的生产效率。

砂轮工作一段时间后，会因切屑的堵塞及磨粒脱落的随机性而失去外形精度，需用金刚石对砂轮进行修整。

12.2.3.3　磨铣削的应用及其工艺特点

磨削主要用于回转面、平面及成形面（花键、螺纹、齿轮等）的精加工。磨削加工方式一般分为外圆磨削、内圆磨削、平面磨削、无心磨削、螺纹磨削和齿轮磨削等，如图12－29所示。

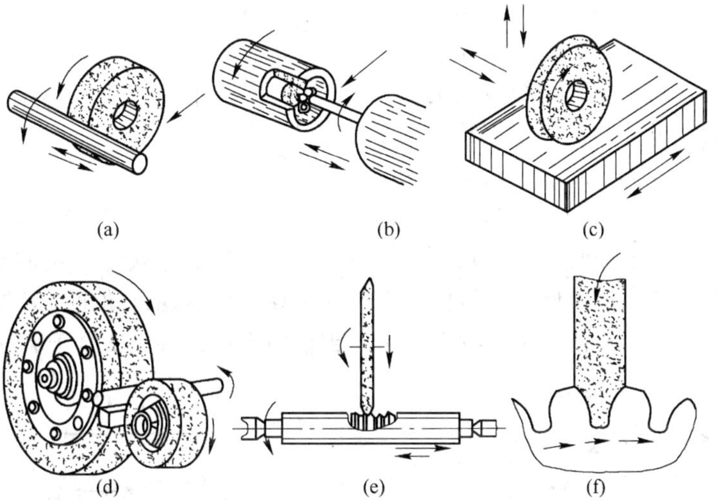

图12－29　磨削加工方式

（a）外圆磨削；（b）内圆磨削；（c）平面磨削；（d）无心磨削；（e）螺纹磨削；（f）齿轮磨削

外圆磨削常根据进给方式的不同分纵向磨削、横向（径向）磨削和综合磨削3种方法。

纵向磨削法如图12－30所示。磨削时，工件旋转的同时与工作台一起做往复纵向进给，工件每往复一次（或每单行程完成），砂轮横向进给一次，磨削余量在多次往复行程中磨去。最后还要做几次无横向进给的纵向光磨行程，直到磨削火花消失为止，以消除由于径向磨削力的作用在机床加工系统中产生的弹性变形。纵磨切深小，切削力小，散热条件好，精度较高，但生产效率低，广泛应用于单件小批生产较长的外圆表面。

横向磨削法如图12－31所示。磨削时，工件只做旋转运动，砂轮旋转的同时以慢速做连续的横向进给运动至磨去全部余量。横向磨削中，工件与砂轮接触面积大，切削力大，

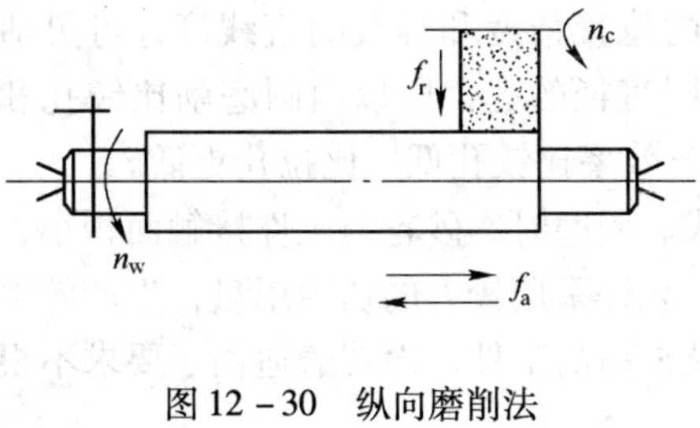

图12－30　纵向磨削法

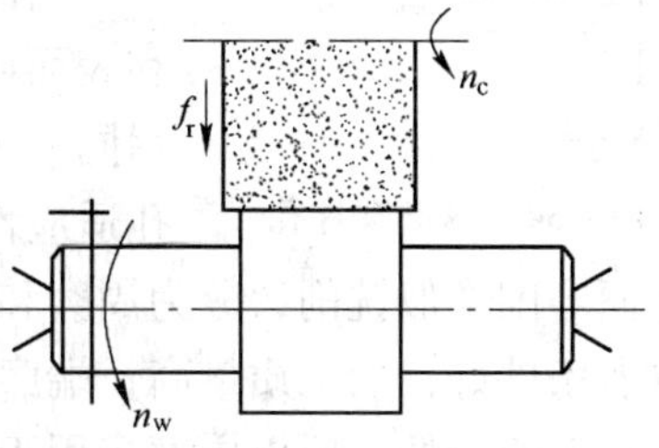

图12－31　横向磨削法

散热条件差，生产效率高，但加工精度低，适用于成批大量生产刚性较好的不太宽的外圆表面。

综合磨削法是先用横磨法分段粗磨工件，留 0.01～0.03mm 余量，相邻两段重叠 5～10mm，然后用纵向精磨至尺寸。此法综合了横磨法和纵磨法的优点。

外圆磨削中还可在砂轮外形修整后同时磨削零件上的外圆面和端面，如图 12－32所示。

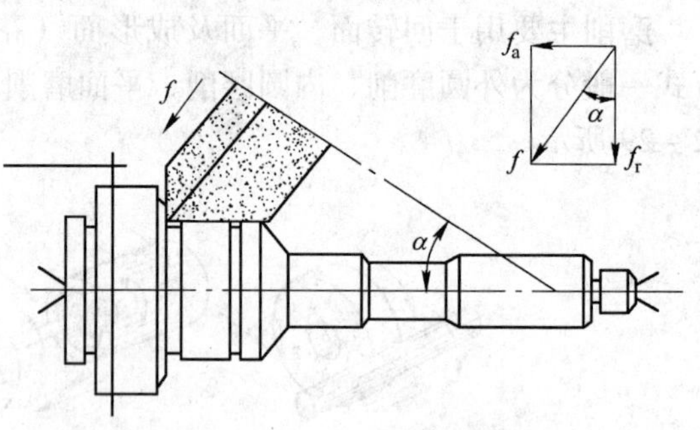

图 12－32　同时磨削外圆面和端面

无心外圆磨削如图 12－33 所示。在磨削时，工件放在磨削用砂轮与用摩擦系数较大的橡胶结合剂制作的磨粒较粗的导轮用砂轮之间的托板上，工件不用顶尖支承（所以称为无心磨削），靠导轮的摩擦力带动旋转，同时导轮的轴线相对于水平放置的砂轮和工件的轴线倾斜一个角度（1°～5°），可使工件获得一定的轴向进给速度。无心外圆磨削有利于保证工件的直线性，生产效率高，易实现自动化；但要求工件的外圆表面必须是连续的。主要适用于成批大量生产销轴类零件，特别适合于磨削细长的光轴。

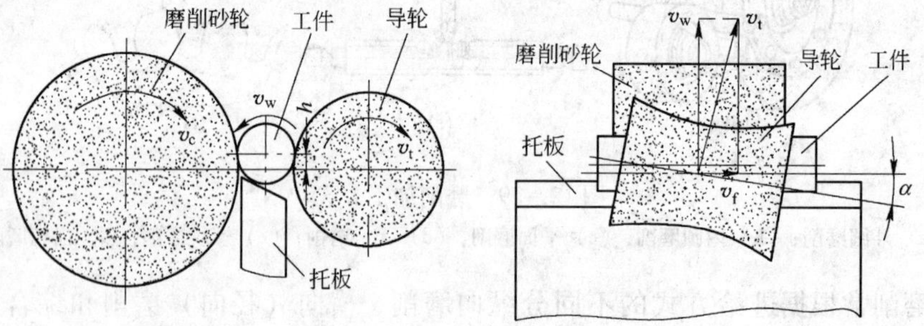

图 12－33　无心外圆磨削

内圆磨削分为纵磨法和横磨法。鉴于砂轮轴的刚度很差，横磨法仅用于磨削短孔及内成形面，所以多数情况下是采用纵磨法，如图 12－34 所示。

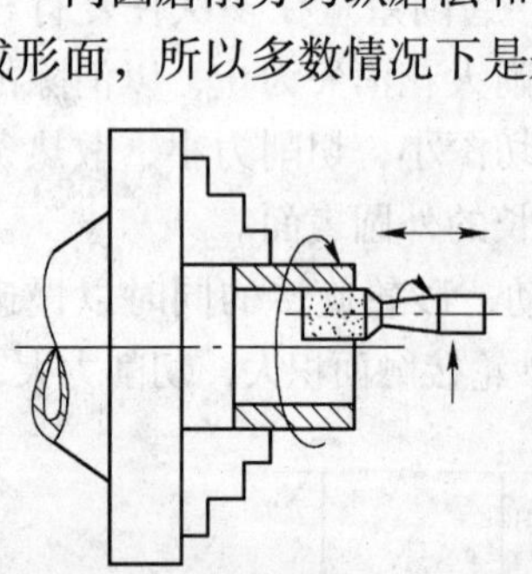
图 12－34　纵磨圆柱孔

内圆磨削时，砂轮直径受内孔直径限制，内圆磨头一般只能采用悬臂式单支承，线速度低，刚性差，易产生振动、变形和磨损，冷却和排屑困难，所以生产效率及表面粗糙度均低于外圆磨削。

内圆磨削可以磨削淬硬的孔，可保证孔本身的尺寸精度和表面质量、提高孔的位置精度和轴线的直线度，可灵活运用同一个砂轮磨削不同直径的孔，所以内圆磨削比铰孔和拉孔适应性更大，但生产效率比铰孔低，比拉孔更低。

平面磨削类似铣削，分为周磨和端磨两种方式。周磨时，砂轮与工件接触面积小，冷却和排屑条件好，加工质量高；端磨系统刚度好，允许采用较大的切削用量，生产效率较高，但加工质量低。所以周磨多用于加工质量要求较高的工件，而端磨适用于要求不很高的工件，或代替铣削作为精磨前的预加工。

磨削加工可获得很高的加工精度和很低的表面粗糙度，工艺范围较广泛，可对很多材料进行加工，尤其是高硬度材料。磨削的应用范围正在逐渐扩大。图 12－35 所示为砂带磨削。砂带磨削的设备一般比较简单，生产效率高，能方便地加工复杂型面，因而成为磨削加工的发展方向之一。

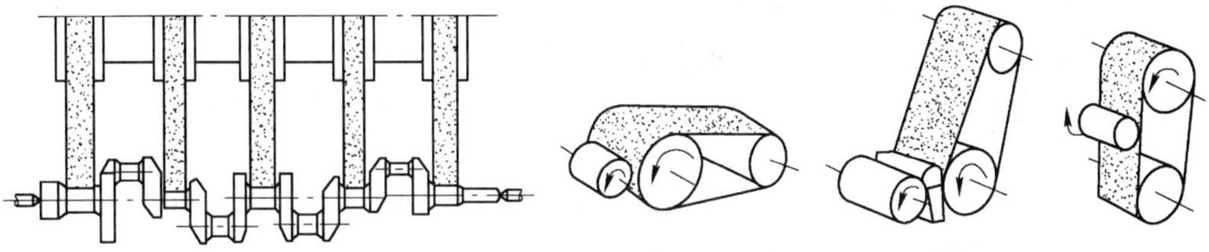

图 12－35　砂带磨削

12.2.4　钻床、镗孔及其加工

孔是组成零件的基本几何元素之一，钻床和镗床是加工孔的主要设备。

12.2.4.1　钻床及其加工

A　钻床的种类和用途

钻床是用钻头在实体工件上加工孔的机床。钻孔时，钻头的旋转运动是主运动，钻头的轴向移动是进给运动。钻孔属于粗加工，尺寸精度为 IT11 ~ IT14，表面粗糙度值 R_a = 50 ~ 12.5μm。

常用的钻床有台式钻床（见图 12－36）、立式钻床（见图 12－37）和摇臂钻床（见图 12－38）。

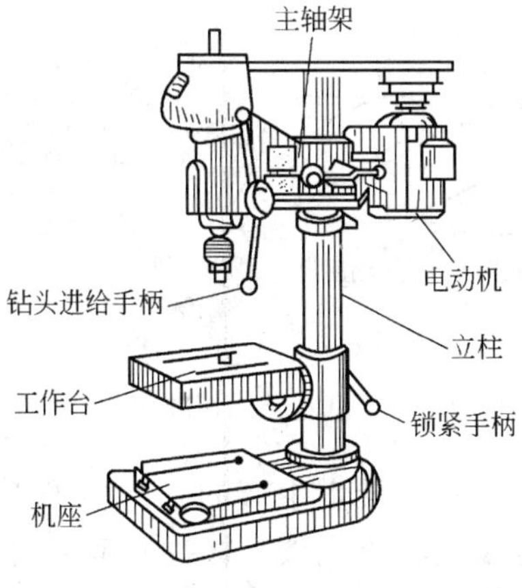

图 12－36　Z4012 型台式钻床

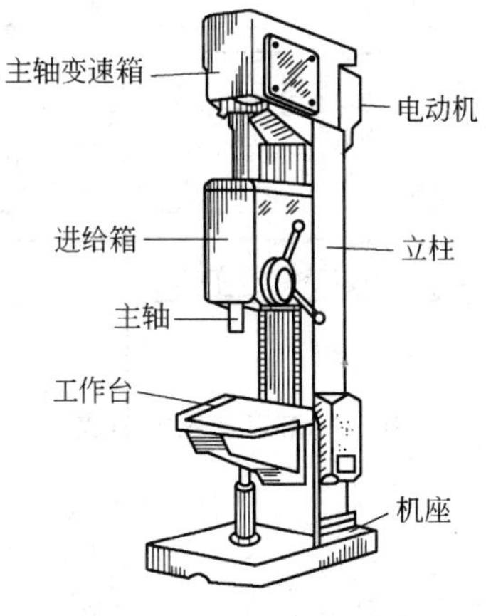

图 12－37　Z5125 型立式钻床

台式钻床简称台钻，是放在台桌上使用的小型钻床，钻孔直径一般在 12mm 以内。台钻主轴的进给是由手控制的，主要用于加工小型工件上的小孔。

立式钻床简称立钻，主要由主轴、主轴变速箱、进给箱、立柱、工作台和机座等组成。主轴进给可手动也可自动，主要用于加工中小型工件上的小孔。

摇臂钻床主要由底座、立柱、摇臂、主轴箱等组成，工件或夹具可安装在底座或工作台上不动，摇臂可绕立柱回转，通过调整在摇臂上水平移动的主轴箱找准被加工孔的位置。摇臂钻床广泛应用于单件和中、小批加工大、中型零件。

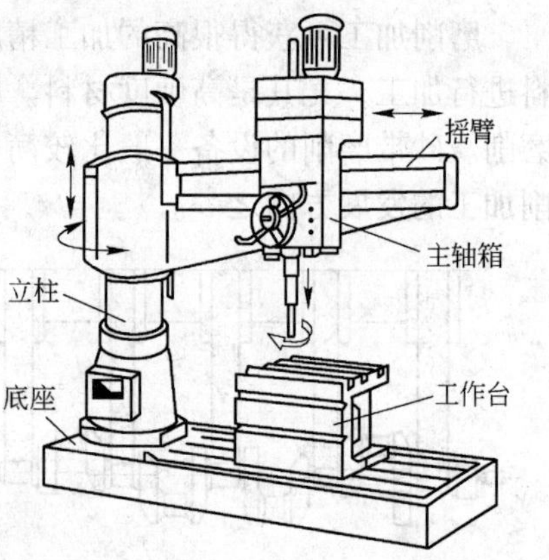

图 12－38 Z3040 型摇臂钻床

B 钻削的应用及其工艺特点

在钻床上进行钻孔、扩孔、铰孔、锪孔、锪平面、攻螺纹等工作（见图 12－39），最常用的钻削工艺是钻孔、扩孔和铰孔。

a 钻孔

麻花钻是钻孔最常用的刀具，标准的麻花钻（见图 12－40）由切削部分、导向部分、颈部和柄部组成。切削部分（见图 12－41）有两个对称的主切削刃，顶部有横刃；导向部分有两条螺旋槽和两条刃带，螺旋槽的作用是向孔外排屑，刃带的作用是导向和减少钻头与孔壁的摩擦；柄部形状有直柄和锥柄两种（见图 12－40）。

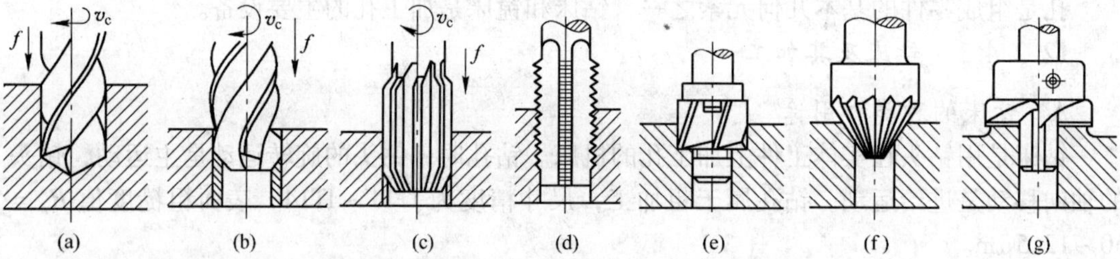

图 12－39 钻削的工作示例

（a）钻孔；（b）扩孔；（c）铰孔；（d）攻螺纹；（e）钻沉头座孔；（f）钻锥面；（g）锪平端面

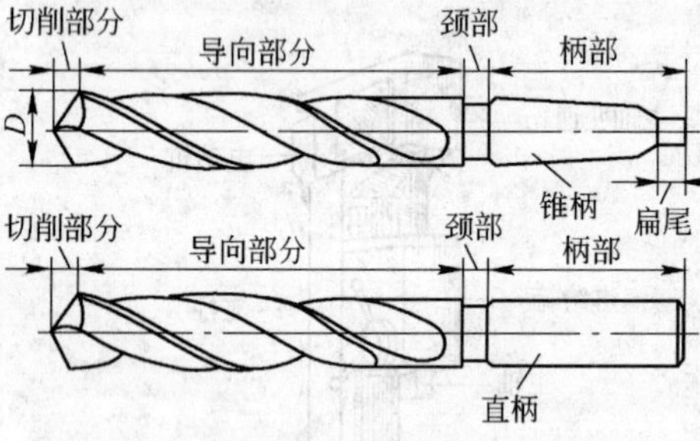

图 12－40 标准麻花钻的组成

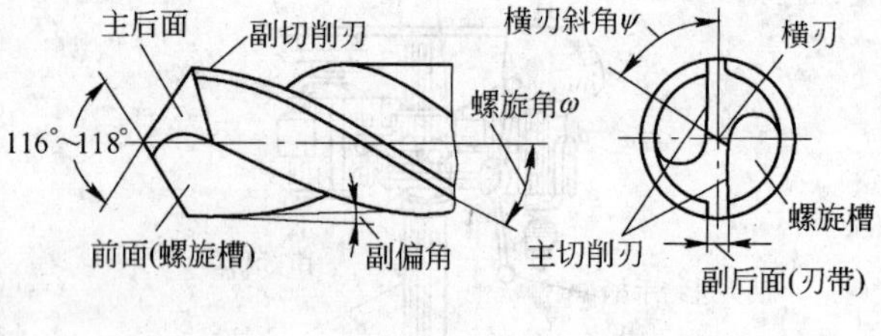

图 12－41 麻花钻的切削部分

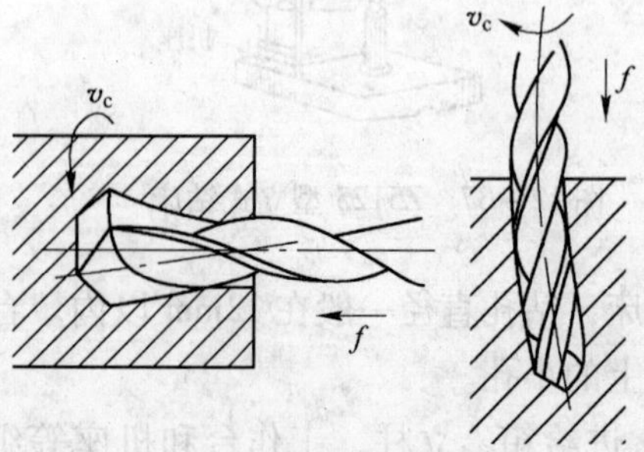
图 12－42 引偏缺陷

钻孔前，单件小批量生产的工件多采用平口钳或压板螺栓装夹，以划线、样冲眼确定孔的中心；孔的位置精度要求较高或大批量生产的工件，常采用钻套等夹具装夹定位。钻孔的尺寸精度为 IT12～IT13，表面粗糙度值 R_a 为 50～12.5μm。

钻孔时轴向抗力大，排屑困难，刚度差，定心性不好，钻头易产生弯曲甚至折断，还会产生孔不圆、孔径扩大或孔的轴线歪斜等引偏缺陷（见图 12－42）。这就要求钻头在刃磨时尽量使两个主切削刃对称或修磨出分屑槽（见图

12－43），钻孔前预钻锥形定心坑或用钻套导向（见图12－44）；钻孔时应根据工件材料的不同选用不同的切削用量，要常退出钻头以利排屑，加注切削液进行冷却。

图12－43　分屑槽

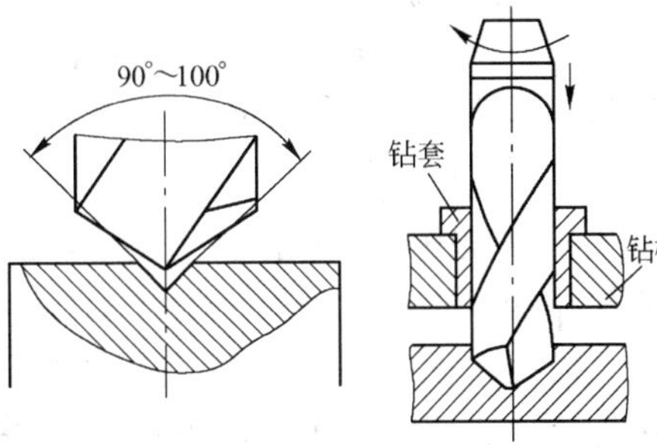

图12－44　防引偏措施

钻孔主要用于加工质量要求不高的孔，例如螺栓孔、螺纹底孔、油孔等。对于加工精度和表面质量要求较高的孔或直径大的孔，则应进行扩孔、铰孔、镗孔或磨孔等后续加工。

b　扩孔

扩孔是用扩孔钻（见图12－45）对已钻出、铸出或锻出的孔进行扩大孔径并提高其加工质量的加工工艺。

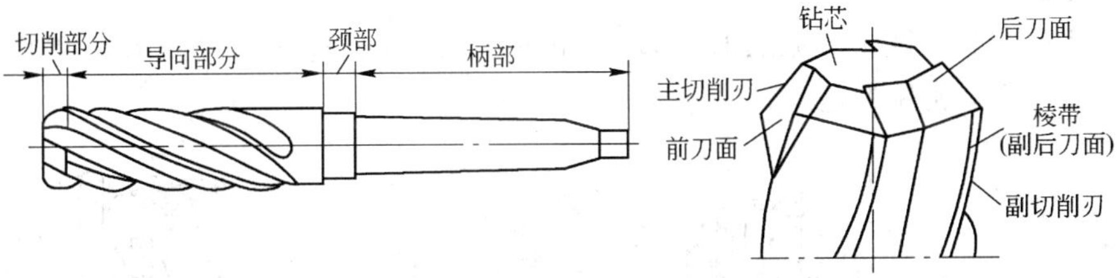

图12－45　扩孔钻

扩孔钻无横刃，刚性好，刀齿多，导向性好，背吃刀量较小，切削较平稳，可修正毛坯孔的轴线位置误差和孔径形状误差。一般扩孔的尺寸精度可达IT9～IT10，表面粗糙度值达$R_a=6.3\sim3.2\mu m$。生产中，直径在30～100mm之间的孔常采用小钻头（直径为孔径的0.5～0.7倍）预钻孔，然后再扩孔成相应尺寸的孔，这样可以提高孔的加工质量和生产效率。特殊形状的扩孔钻（也称锪钻）用来加工各种沉头座孔（锪钻的前端常带有导向柱，用已加工孔导向）和锪平端面。

扩孔可作为要求不高的孔的最终加工，也可作为孔的精加工前的预加工，当孔的精度和表面粗糙度要求高时，则要采用铰孔。

c　铰孔

铰孔是用铰刀（见图12－46）对孔进行精加工的方法之一。在钻床上铰孔时，工件不动，铰刀既做旋转主运动，也做纵向进给运动。铰孔的尺寸精度可达IT7～IT9，表面粗糙度值达$R_a=0.4\sim1.6\mu m$。

铰刀一般分为手铰刀和机铰刀两种，由切削部分、修光（校准）部分、颈部及柄部组成。铰刀可校准孔径、修光孔壁。

铰孔的加工余量一般为0.05～0.25mm。铰孔时必须用适当的切削液进行冷却、润滑和清洗，以防止产生积屑瘤并减少切屑在铰刀和孔壁上的黏附。与磨孔和镗孔相比，铰孔易保证孔的精度，生产率高；但铰孔不能校正孔轴线的位置误差，孔的位置精度应由前工序保证。铰孔不宜加工阶梯孔和盲孔。对于较小的孔，与内磨及精镗相比，铰孔是一种较为经济实用的加工方法。对于中等尺寸、精度要求较高的孔，钻—扩—铰工艺是生产中常用的典型加工方案。

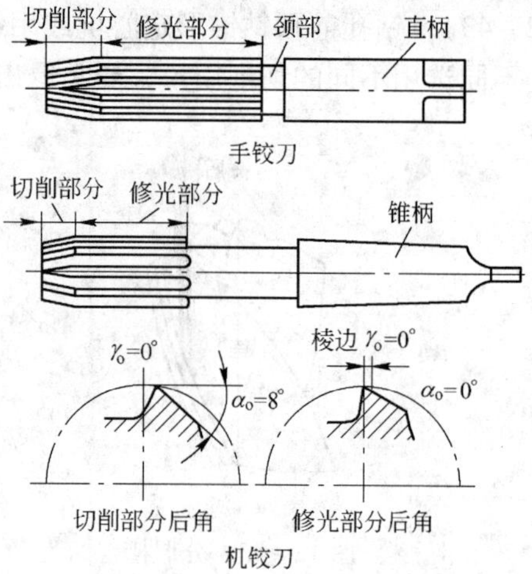

图12－46　铰刀

12.2.4.2　镗孔及其加工

镗孔是用镗刀在镗床、车床或铣床上对预制孔进行加工的一种工艺。一般镗孔的精度达IT7～IT8，表面粗糙度值达 $R_a=0.8\sim1.6\mu m$；精细镗的精度达IT6～IT7，表面粗糙度值达 $R_a=0.2\sim0.8\mu m$。

在车床上镗孔时，工件的旋转做主运动，刀具的移动做进给运动，它适用于加工与外圆表面有同轴度要求的孔；在镗床上镗孔时，刀具的旋转做主运动，刀具或工件的移动做纵向进给运动。

A　镗床的种类和用途

镗床主要有卧式镗床（见图12－47）、立式镗床、坐标镗床（见图12－48）、精密镗床、深孔镗床等。常用的是卧式镗床。

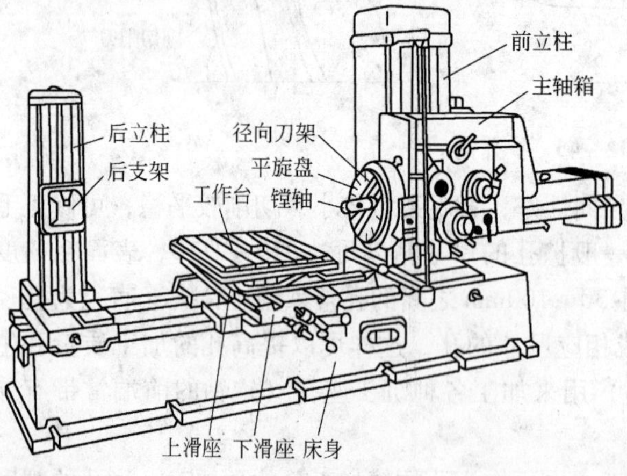

图12－47　卧式镗床

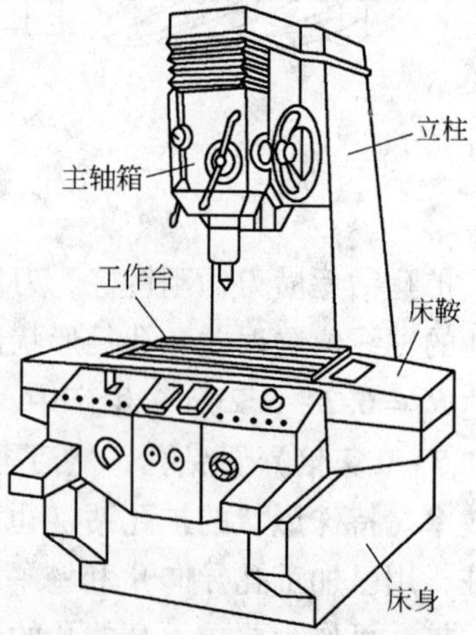

图12－48　立式单柱坐标镗床

卧式镗床的镗刀一般安装在水平布置的镗轴或平旋盘上，镗刀旋转做主运动，镗刀随主轴箱做上、下移动，工件安装在工作台上做纵向或横向进给运动，工作台还可在滑座上转动一定的角度，已加工互成一定角度的孔或平面后立柱上的后支架可用来支承伸出较长的镗杆，要提高镗杆的刚度。卧式镗床通用性好，应用广泛。

镗刀分为单刃镗刀（见图12－49）和多刃镗刀（图12－50所示为可调浮动镗刀）。

单刃镗刀结构简单灵活，可镗削通孔或盲孔，可粗加工也可精加工；适应性较广，一把镗刀可加工不同直径的孔，可校正孔的轴线的歪斜或位置偏差，但对工人的技术水平依赖性较高，生产效率低，适用于单件小批生产。

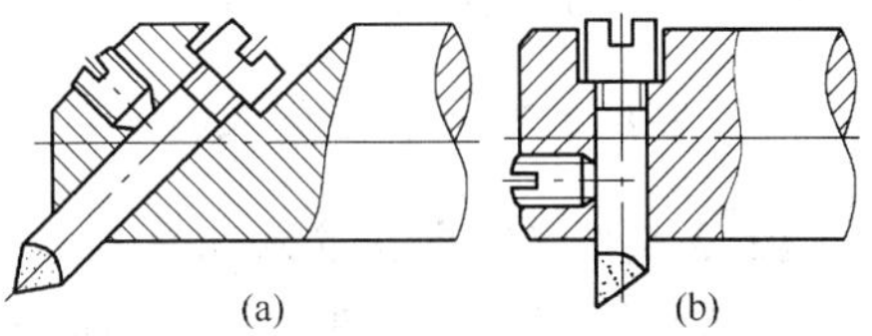

图 12-49 单刃镗刀

(a) 盲孔镗刀；(b) 通孔镗刀

多刃镗刀中最常见的是可调浮动镗刀（见图 12-50），它可通过调节活动刀片的位置来调整刀齿的径向尺寸。镗孔时，镗刀插在镗杆的长方孔中不固定，由两个对称的切削刃产生的切削力自动平衡其位置。多刃镗刀镗孔的质量高，生产率高，但不能校正孔的轴线的歪斜或位置偏差，成本也较高，主要用于批量生产或精加工箱体类零件上的直径较大的孔。

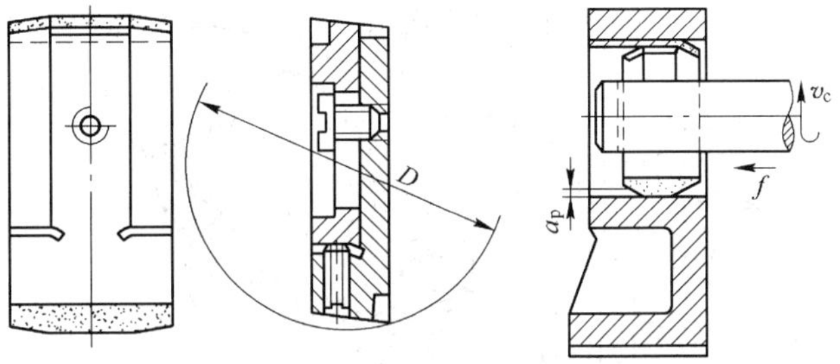

图 12-50 可调浮动镗刀及其工作状态

B 镗削的应用及其工艺特点

镗削主要适用于加工机座、箱体、支架等外形复杂的大型零件（见图 12-51）。

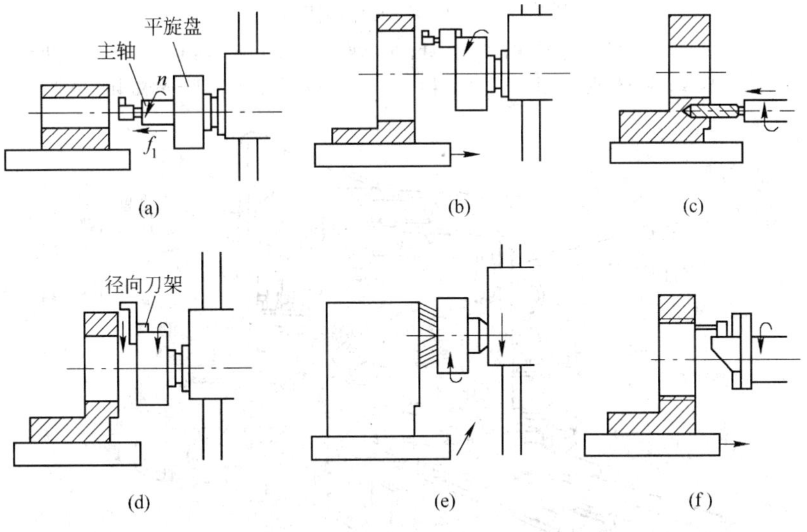

图 12-51 镗床的工作示例

(a) 镗孔；(b) 镗大孔；(c) 钻孔；(d) 车端面；(e) 铣平面；(f) 车螺纹

镗孔和钻—扩—铰工艺相比，孔径尺寸不受刀具尺寸的限制，且单刃镗刀镗孔具有较强的形状位置误差修正能力。

在镗床上镗孔可加工各种不同尺寸和不同精度等级的孔，工艺范围广，对于孔径较大、尺寸和位置精度要求较高的孔和孔系，镗孔几乎是唯一的加工方法。

12.2.5 刨床、插床、拉床及其加工

12.2.5.1 刨床及其加工

刨床是用刨刀对工件进行切削加工的机床。刨削的尺寸精度可达 IT7 ~ IT8，表面粗糙度值 $R_a = 6.3 \sim 1.6\mu m$。

A 刨床的种类和用途

常见的刨床有牛头刨床（见图 12－52）、龙门刨床（见图 12－53）等。

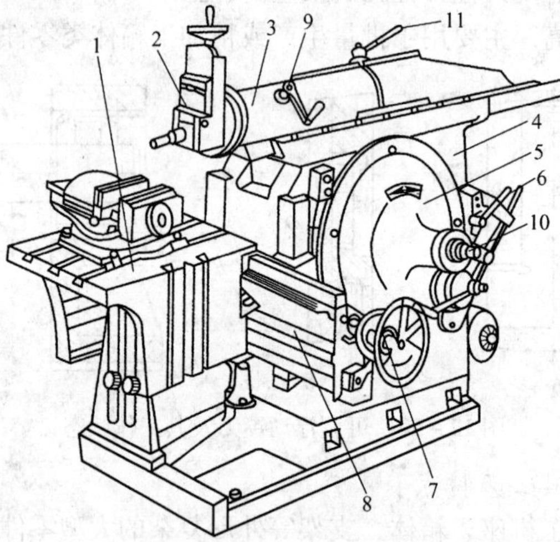

图 12－52 B6065 牛头刨床外形图

1—工作台；2—刀架；3—滑枕；4—床身；5—摆杆机构；6—变速手柄；7—进刀机构；8—横梁；9—行程位置调整手柄；10—行程长度调整方榫；11—滑枕锁紧手柄

图 12－53 B2010A 龙门刨床外形图

牛头刨床的主要组成部分有：床身、燕尾形导轨、滑枕、垂直导轨、横梁、工作台、摆杆机构、变速机构、刀架。

牛头刨床多用于单件、小批生产中的中小型零件和修配件。

龙门刨床刨削时，工件装夹在工作台上，并沿床身导轨做直线往复运动；侧刀架可沿立柱导轨垂直间歇进给；垂直刀架可沿横梁导轨做水平间歇进给；横梁可沿立柱导轨上下移动，以调节刨刀高度；所有刀架均可旋转一定的角度以便加工斜面。龙门刨床的主运动是工作台带动工件的直线往复运动，刀具的间歇移动是进给运动。

龙门刨床主要加工较大的箱体、支架、床身等零件上长而窄的平面或大平面，也可同时加工多个中、小型工件的平面或沟槽。

B　刨削的应用及其工艺特点

刨刀的切削部分形似车刀，刀杆为粗大的弯头状（以增加刀的强度），结构简单、灵活方便、成本低，刨削主要用来加工平面、各种沟槽和成形面（见图12－54）。

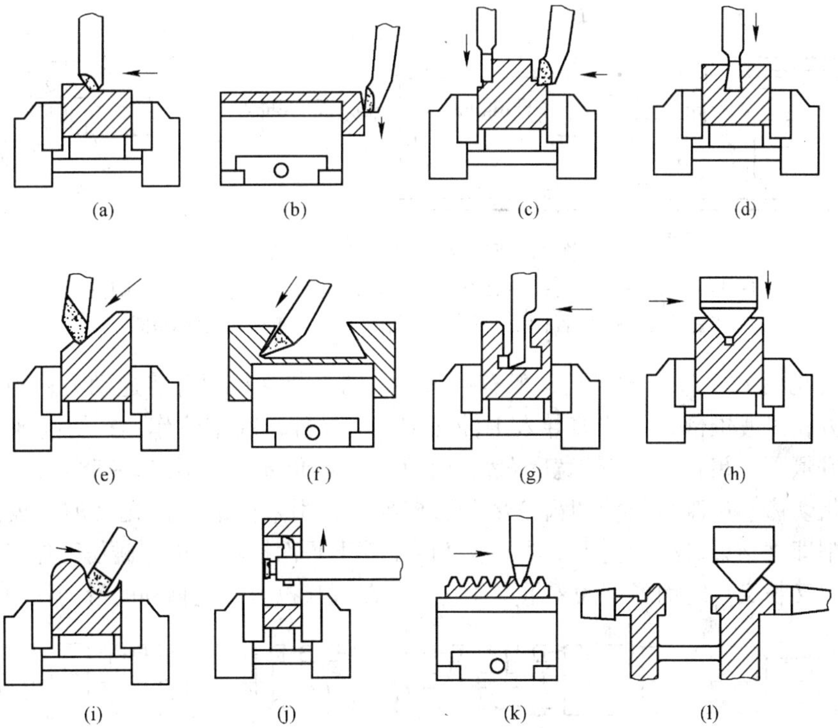

图12－54　刨削加工的基本内容

（a）刨平面；（b）刨垂直面；（c）刨台阶；（d）刨直角沟槽；（e）刨斜面；（f）刨燕尾形工件；（g）刨T形槽；（h）刨V形槽；（i）刨曲面；（j）孔内加工；（k）刨齿条；（l）刨复合表面

刨床结构简单，成本低，调整方便，通用性好。刨削是断续切削，有冲击、振动，还有空行程损失，生产率较铣削低，但对于狭长表面（如导轨、长槽等）的加工及龙门刨上多件或多刀加工时的生产效率可能高于铣削。

12.2.5.2　插床及其加工

插床是用插刀进行切削加工的机床（见图12－55）。

插削时，滑枕带动刀具上下往复做主运动，床鞍和溜板可分别做横向和纵向进给运动，圆工作台可完成圆周进给或分度。

插床有时也被称为立式牛头刨床，主要用于加工内孔键及多边形孔等，有时也用于加工成形内表面，特别适用于加工盲孔或有台肩障碍的内表面，但生产效率较低，通常只用于单件、小批生产。

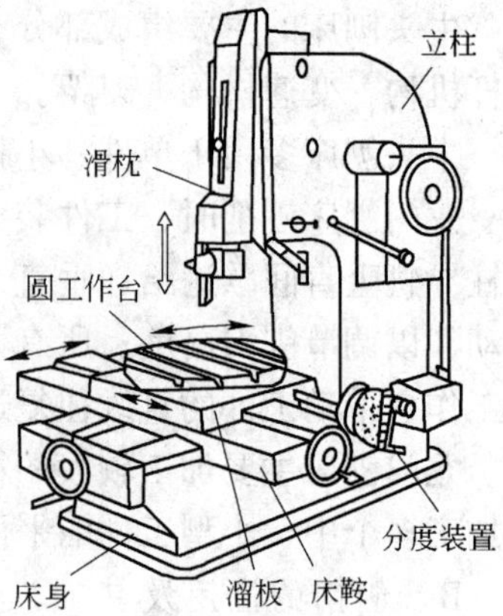

图 12－55　插床的外形图

12.2.5.3　拉床及其加工

拉床是用特制的拉刀进行切削加工的机床。一般拉孔的精度为 IT7～IT8，表面粗糙度值 $R_a = 0.4 \sim 0.8\mu m$。

拉床分卧式拉床（见图 12－56）和立式拉床两种，以卧式拉床最为常见。

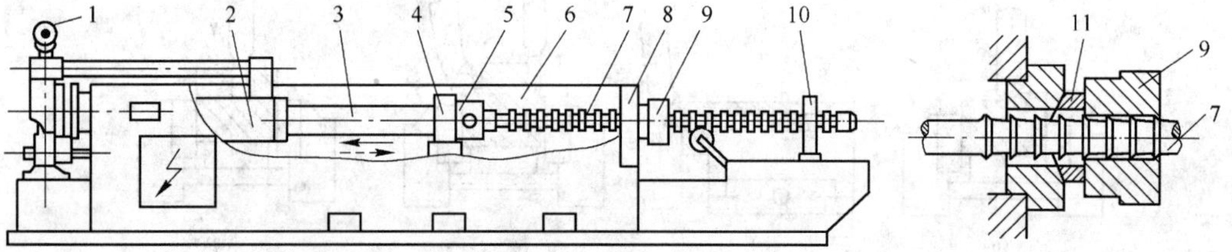

图 12－56　在卧式拉床上拉孔

1—压力表；2—液压缸；3—活塞拉杆；4—随动支架；5—夹头；6—床身；7—拉刀；8—靠板；9—工件；10—滑动托架；11—球面支承垫圈

拉刀（见图 12－57）的结构一般有：头部，用来装夹拉刀并传递动力；颈部，是打标记的地方；过渡锥部，使拉刀导入工件孔中；前导部，起定位作用；切削部（几何参数有：齿升量 a_f、齿距 p、刃带宽度 $b_{\alpha 1}$、前角 γ_o、后角 α_o，见图 12－58），担负切削工作，包括粗切齿、过渡齿与精切齿三部分；校准部，用来校准和刮光已加工表面；后导部，在拉削即将结束时继续支承工件，以防因工件下垂而损坏刀齿、碰伤已加工表面；尾部，当拉刀又长又重时而增设的支承点，它支承在可与拉刀一起移动的滑动托架上。

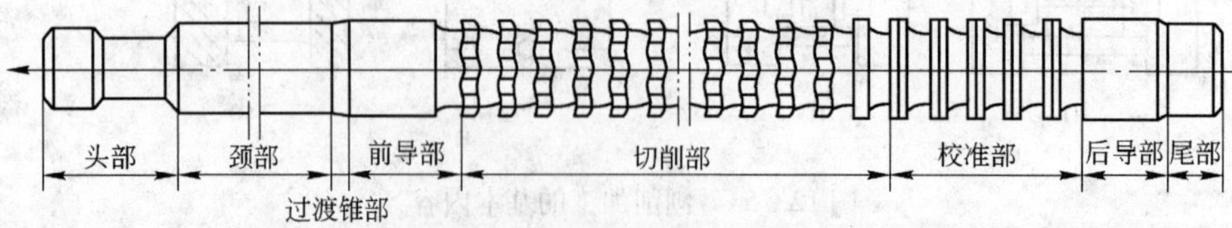

图 12－57　内孔拉刀

拉削可以说是刨削的进深发展，拉削只有一个主运动，它的进给运动是靠拉刀上后一个刀齿高出前一个刀齿的量（称为齿升量，一般根据被加工材料、拉刀类型、拉刀及工件刚性等因素选取）来实现的。拉削是利用拉刀各齿间的齿升量的不同（见图 12－59），逐齿依次从工件上切下很薄的金属层，从而达到较高精度和表面粗糙度的加工方法。

拉削的方式有：分层式拉削，用拉刀将工件加工余量一层一层顺序地切除，如图 12－59所示；分块式拉削，将加工表面的每一层金属由一组尺寸基本相同但刀齿切削位置相互交错的刀齿（通常每组由 2 ~ 3 个刀齿组成）切除，如图 12 – 60 所示；综合式拉削，集中了分层及分块式拉削的优点，粗切齿部分采用分块式拉削，精切齿部分采用分层式拉削。

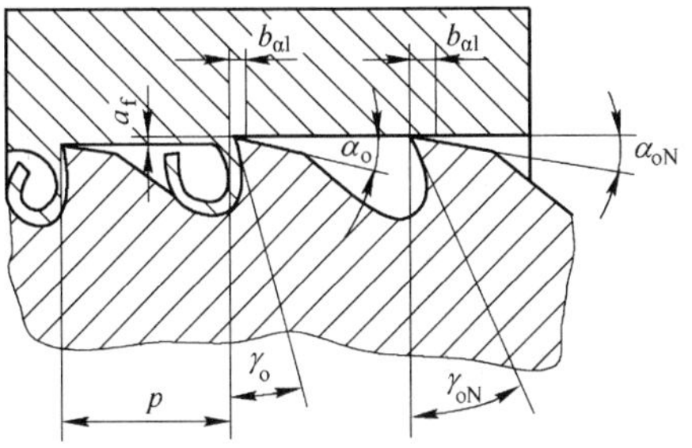

图 12 – 58　拉刀的切削部分

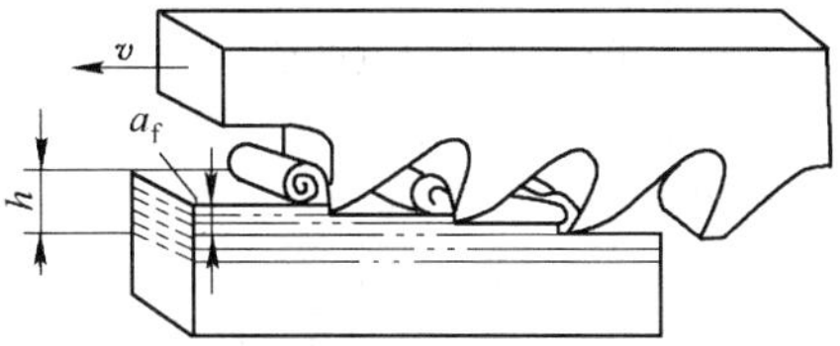

图 12 – 59　拉削平面

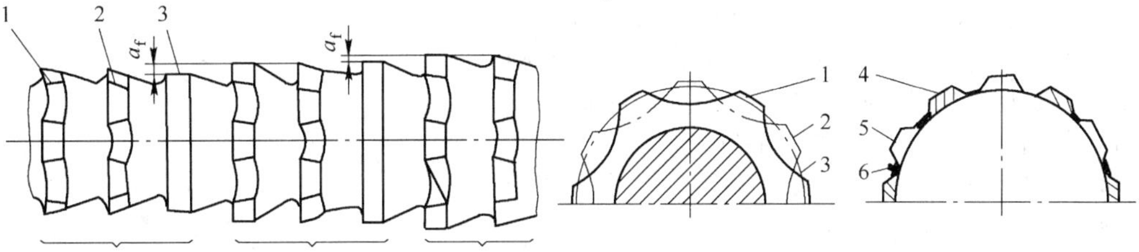

图 12 – 60　分块式拉削

1 ~ 3—分别为第一、第二、第三齿；4 ~ 6—分别被第一、第二、第三齿切除的金属层

拉削的加工范围较广（见图 12 – 61），它可加工各种形状的通孔，还可拉削多种形状的沟槽、T 形槽、燕尾槽和涡轮盘上的榫槽等，还可加工平面、成形面、外齿轮和叶片的榫头等。

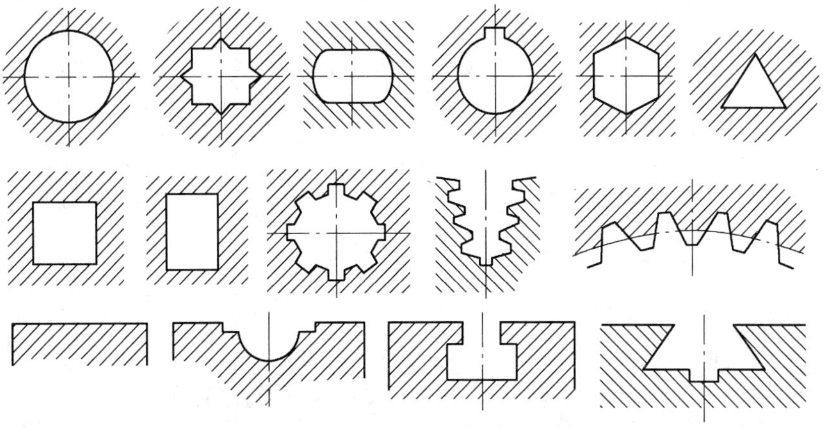

图 12 – 61　拉削工作示例

拉床的结构及操作简单，加工精度高、表面粗糙度值较小，在一次拉削行程中就能粗加工、精加工和精整、光整加工，生产率高；但拉刀是定尺寸刀具，形状复杂、价格昂贵，拉孔不易保证孔位置精度。所以拉削主要用于成批大量加工 10 ~ 80mm 的、孔深不超

过孔径5倍的中小零件上的通孔；在单件小批生产中，对于某些精度要求较高、形状特殊的成形表面，用其他方法很困难时，也有采用拉削的。

习题与思考题

12-1 机床主要由哪几部分组成，各自起什么作用？

12-2 机床机械传动主要由哪几部分组成，各有何特点？

12-3 机床上常用的传动副有哪几种，各有何特点？

12-4 机床液压传动主要由哪几部分组成？

12-5 车床上为什么既有光杠又有丝杠？

12-6 退刀槽的作用是什么，一般同一个零件上的退刀槽的宽度都应相等，为什么？

12-7 顺铣和逆铣有何不同，实际应用情况如何？

12-8 周铣和端铣有何不同，实际应用情况如何？

12-9 什么是钻孔时的“引偏”？试举出几种减小引偏的措施。

12-10 为什么用标准麻花钻钻孔的精度低且表面粗糙？

12-11 镗床镗孔与车床镗孔有何不同，各适用于什么场合？

12-12 一般情况下刨削的生产率为什么比铣削的低？

12-13 拉削有哪些特点，适用于何种场合？

12-14 普通砂轮有哪些组成要素？

12-15 什么是砂轮的自锐性？

12-16 常见的磨外圆的方式有哪几种？

12-17 扩孔与铰孔为什么能达到较高的精度和较小的表面粗糙度值？

12-18 为什么加注切削液对于磨削比一般切削加工更为重要？

13 精密加工与特种加工

随着现代科技的迅猛发展，各种新结构、新材料和复杂形状的精密零件大量出现，对制造业要求越来越高，迫使人们通过各种渠道，借助于多种能量形式，不断研究和探索新的加工方法，即发展精密和特种加工技术。

目前，精密加工与特种加工在难切削材料、复杂型面、精细零件、低刚度零件、模具加工以及大规模集成电路等领域发挥着越来越重要的作用。

13.1 精密加工

精密加工主要是根据加工精度和表面质量两项指标来划分的，这种划分是与时俱进的。也就是说，精密加工是在一定机械加工的发展时期，加工精度和表面质量达到较高水平的加工工艺。当前，精密加工是指被加工零件的加工精度为1 ~0.1μm，表面粗糙度值R_a为0.1 ~0.01μm的加工技术。

目前，常用的精密加工技术有精整加工和光整加工。

精整加工是精加工后，从工件表面上切除很薄金属层，以提高加工精度、减小表面粗糙度值或强化表面为目的的加工方法，如研磨、珩磨等。

光整加工是精加工后，从工件表面上不切除或切除极薄金属层，以减小表面粗糙度值为目的的加工方法，如超级光磨、抛光等。

13.1.1 研磨

13.1.1.1 研磨加工机理

研磨是在研具与工件之间置以研磨剂，研具在一定压力下与工件间做低速复杂的相对运动，通过研磨剂的机械、化学作用去除微量工件的材料，以达到很高的精度和高表面质量的加工方法。

研具即嵌入研磨剂的研磨工具，其材质比工件软，要有一定的被嵌入性、精度保持性、耐磨性、排屑性，一般可用铸铁、黄铜、塑料、软钢或硬木制造。

研磨剂由磨料、研磨液和辅助填料等混合而成。磨料要有高硬度、高耐磨性，以游离分散的磨粒做自由滑动、滚动和冲击来完成机械切削。常用的磨料有刚玉、碳化硅等。研磨液要有良好的混合性和悬浮性，主要作用是冷却、润滑、均布磨粒及排屑。常用的研磨液有煤油、汽油、机油等。辅助填料可以使工件表面产生极薄的、较软的化合物薄膜层，以便被磨粒切除，提高研磨效率。最常用的辅助填料是硬脂酸、油酸等化学活性物质。

研磨的操作方式有手工研磨和机械研磨。

手工研磨是手持研具进行的研磨。手工研磨外圆时，一般将工件装夹在车床卡盘上或顶尖上做低速旋转运动，研具套在工件上，用手推动研具做往复运动。

机械研磨在研磨机上进行，如图 13－1 所示，它可保证均匀地切除余量，获得很高的精度和很小的表面粗糙度值。

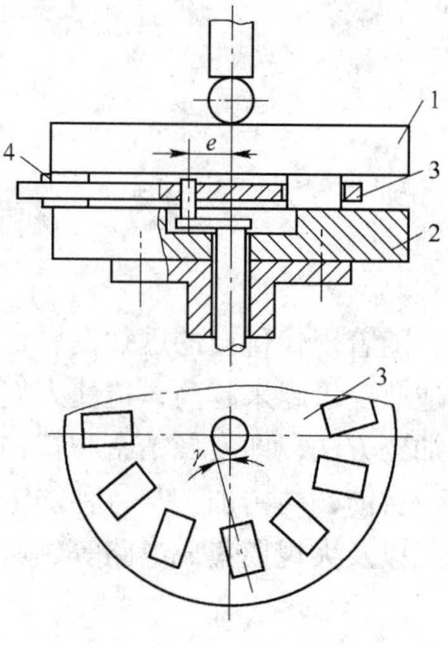

图 13－1 机械研磨原理
1，2—研磨盘；3—工件隔离盘；4—工件

13.1.1.2 研磨的工艺特点及应用

研磨设备和研具简单、成本低，可达到高的尺寸精度、形状精度和小的表面粗糙度值；但不能提高位置精度，生产率低，研磨的加工余量一般来说不超过 0.01～0.03mm，研磨过的表面有较好的耐腐蚀性和耐磨性，研磨剂易于飞溅，污染环境。

研磨可加工钢、铸铁、硬质合金、光学玻璃、陶瓷等多种材料的各种表面，如平面、外圆面、内圆面、球面、成形面等，适合于多品种小批量生产，常作为精密零件的最终加工。

13.1.2 珩磨

13.1.2.1 珩磨加工机理

珩磨是利用带有磨条（油石）的珩磨头对孔进行精整加工的方法。如图 13－2 所示，珩磨时，工件固定不动，珩磨头由机床主轴带动旋转并做轴向往复直线运动（应使每分钟转数与往复行程数互成质数），以保证磨条沿交叉且不重复的网纹的切削轨迹以一定压力从工件表面上切除一层极薄的材料。

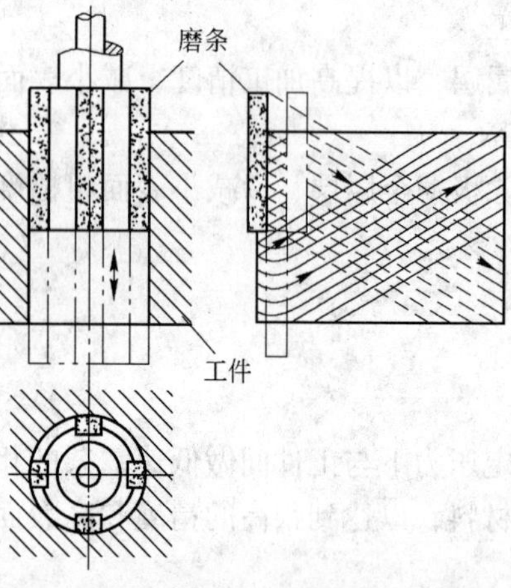

图 13－2 珩磨原理

珩磨时要浇注充分的珩磨液，以便及时地排出切屑和切削热，降低切削温度和表面粗糙度值。珩磨铸铁、钢件时，通常用煤油加少量机油或锭子油作珩磨液。

13.1.2.2 珩磨的工艺特点及应用

珩磨能提高孔的尺寸、形状精度和表面质量，但不能提高孔的位置精度；珩磨过的表面有交叉网纹，有利于油膜形成，润滑性能好，耐磨损；珩磨余量比研磨稍大，有较高的生产率。

珩磨广泛用于成批大量的孔的精整加工，能加工的孔径为 15～500mm 或更大，并可加工长径比大于 10 的深孔。但珩磨不适用于加工塑性较大的有色金属工件上的孔，也不能加工带键槽的孔、花键孔等断续表面。

13.1.3 超级光磨

13.1.3.1 超级光磨加工机理

超级光磨是用装有细粒度、低硬度油石的磨条或砂带，在一定压力下对工件表面进行光整加工的方法。如图 13－3 所示，加工时，磨条以恒定压力压于低速旋转的工件表面，沿工件轴向进给的同时做轴向低频振动，从而实现对工件表面的光磨。

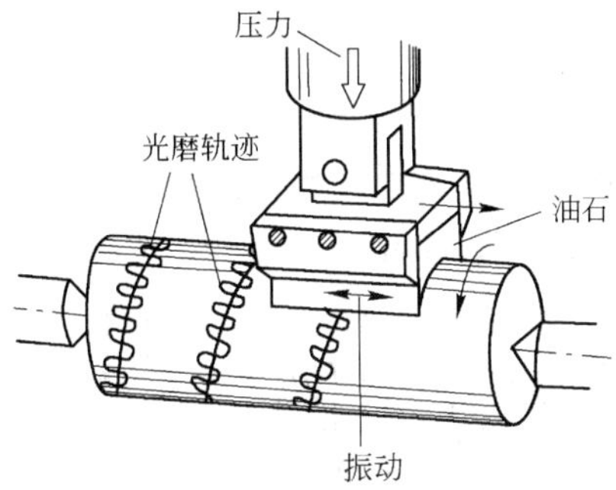

图 13-3 超级光磨外圆

超级光磨要在工件与油石间加注光磨液（煤油加锭子油），一是为了冷却、润滑和排屑；二是为了形成油膜，作为终止切削作用的信号。磨条与工件表面初接触时，只接触到面积很小的前道工序留下的凸峰，这时压强大，油膜不完整，切削能力强；随着加工表面逐渐平滑，接触面不断增大，压强不断减小，切削作用减弱；当工件表面与油石间形成完整的油膜时，切削作用便自动停止。

13.1.3.2 超级光磨的工艺特点及应用

超级光磨设备简单、自动化程度较高、操作简便；加工余量极小，只有 3～10μm，生产效率高；超级光磨能减小工件的表面粗糙度值，不能提高尺寸精度和形状位置精度，这些精度需由前工序保证；超级光磨后的表面耐磨性好。

超级光磨广泛应用于加工轴类零件的外圆柱面、圆锥面、孔、平面和球面等表面。

13.1.4 抛光

13.1.4.1 抛光加工机理

抛光是利用高速旋转的涂有抛光剂的抛光器，对工件表面进行光整加工的方法。抛光器一般由毛毡、橡胶、布、人造革或压制纸板等制成。抛光剂由磨料（氧化铬、氧化铁等）和油酸、软脂等配制而成。

抛光时，如图 13-4 所示，在一定的压力下，抛光剂的化学性溶析作用使材料表面产生极薄的软膜而被磨粒微切，以消除上道工序的加工痕迹；高速摩擦导致表面材料层热塑性流动，使原有的微观凹坑被填平，从而获得很光亮的表面。

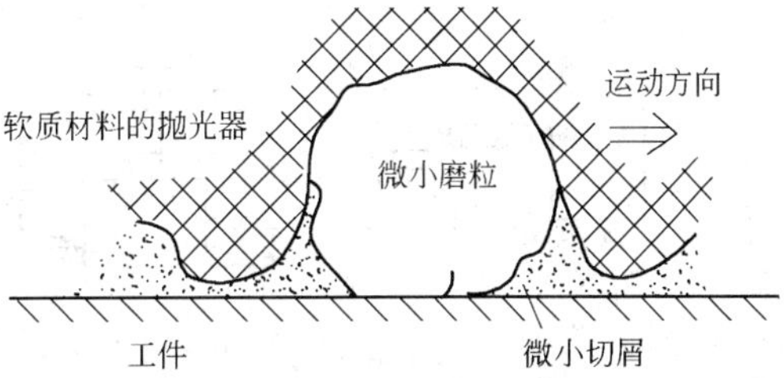

图 13-4 抛光原理

13.1.4.2 抛光的工艺特点及应用

抛光的设备和工具简单经济，易对曲面进行加工；抛光仅能提高工件表面的光亮度，表面粗糙度值降低不明显，不能提高加工精度；抛光的劳动条件差。

抛光可加工外圆、孔、平面及各种成形面，主要用于零件表面的装饰加工，以提高零件表面的疲劳强度；欲电镀的零件必须进行抛光预加工。

13.2 特种加工

不同于传统刀具、能源，特种加工是将电、磁、声、光等物理能量、化学能量或其组合直接施加在被加工部位上，从而使材料被去除、变形或改变性能的加工方法。

特种加工技术可以加工任何硬度、强度、韧性、脆性的金属、非金属材料或复合材料，而且特别适合于加工复杂、微细表面和低刚度的零件。

目前，特种加工在生产中应用较多的有电火花加工、电解加工、超声波加工、激光加工等。

13.2.1 电火花加工

13.2.1.1 电火花加工原理

电火花加工是在电火花加工机床上，利用工件电极与工具电极间脉冲放电（可见到火花）瞬时产生的高温，把金属熔化或汽化而蚀除材料的加工方法。

电火花加工机床（见图 13－5）一般由脉冲电源（供能装置）、电极间的间隙自动调节器、工作液（多用煤油或矿物油等绝缘液体）及其循环系统、机床本体组成。

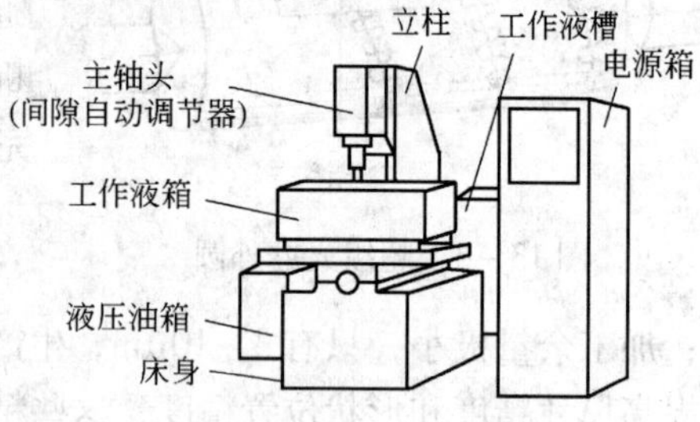

图 13－5 电火花加工机床

电火花加工原理如图 13－6 所示，间隙自动调节器使工具和工件间保持一定的放电间隙，当电容器 C 充电到一定电压时，绝缘介质（液体介质）在工具和工件两极间的“最接近点”被击穿，以放电形式瞬时短路，高温熔化或汽化掉一小部分金属，并在火花飞溅时抛出熔化的材料；放电之后，电极间电压骤降，液体介质回流绝缘，电容器 C 重新充电；如此循环脉冲放电，工具电极持续向工件进给，最终加工出与工具形状相吻合的型面或型腔的工件。

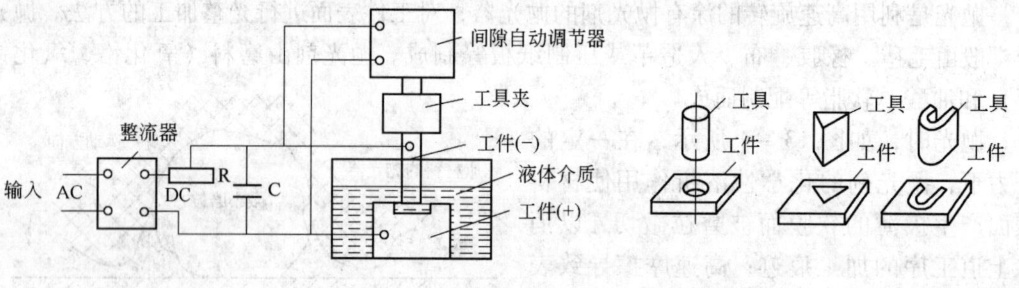

图 13－6 电火花加工原理及加工型孔示例

13.2.1.2 电火花加工的特点及应用

电火花加工能在同一台机床上进行粗、精加工，易于实现自动化，主要用于加工硬、脆、韧、软、高熔点的导电材料，还适用于加工热敏性强的材料；电火花加工无切削力，装夹方便，适宜加工低刚度工件及形状复杂、微细结构处的精密加工，还可进行表面强化和打印记。

电火花加工在生产上主要用于单件小批量生产。

电火花加工能进行线电极切割，如数控电火花线切割加工是用线状电极（钼丝或铜丝）通过电脑控制伺服进给移动，利用火花放电对工件进行切割成形的一种电火花加工方式，所以称为电火花线切割，简称线切割。如图 13－7 所示，卷丝筒做正反向交替转动，带动电极丝做上下往复移动，在电极丝和工件之间加注工作液介质、发生脉冲放电，从而对工件进行切割成形。

13.2.2 电解加工

13.2.2.1 电解加工原理

电解加工是利用金属在电解液中发生阳极溶解的电化学反应，对金属材料进行成形加

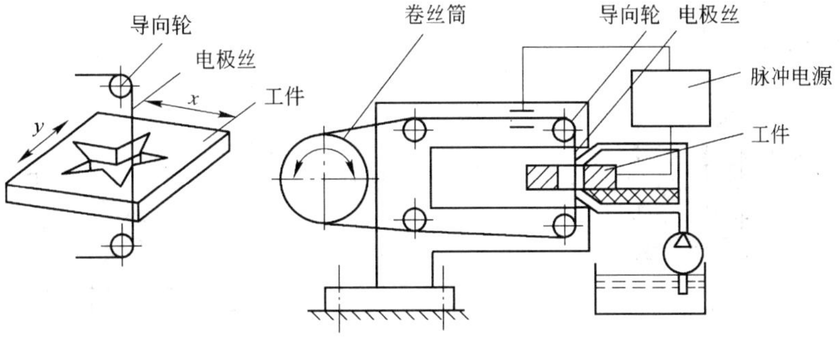

图 13－7 电火花线切割原理

工的工艺。

电解加工原理如图 13－8 所示。加工时，工件接直流电源的正极，工具接电源的负极，两极间通以 6～24V、约 200～20000A 的电流；工具向工件极缓慢进给，使两极之间保持狭小的间隙（0.1～1mm），具有一定压力的电解液从间隙中高速（5～60m/s）流过，工件表面的金属材料逐渐阳极溶解，并被电解液带走；两极距离较近处电流密度较大，电解液的流速较高，阳极溶解较快；随着工具的不断进给，工件表面不断被电解，直至与工具工作面形状相似为止。

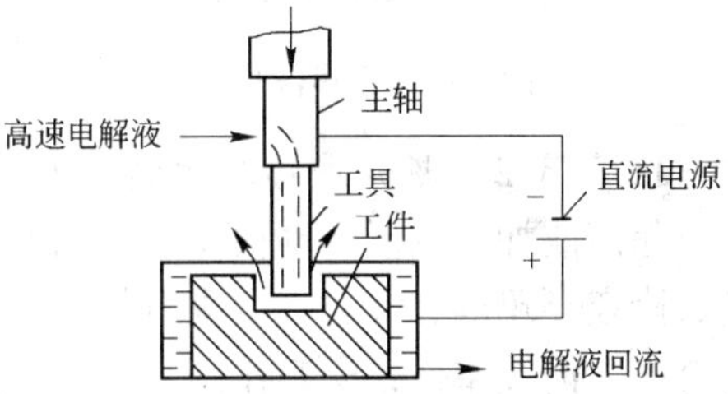

图 13－8 电解加工原理

13.2.2.2 电解加工的特点及应用

电解加工阴极工具不耗损，可长期使用；可一次性加工出形状复杂的型面或型腔；可加工高硬度、高强度及高韧性的金属材料；电解加工无机械切削力或切削热，适用于加工易变形或薄壁零件；加工后的零件无残余应力和变形，无飞边、毛刺，表面粗糙度值 R_a 可达 0.2～0.8μm；生产效率较高；但难以实现高精度的稳定加工；另外，电解加工的附属设备较多，造价较高，电解液对机床有腐蚀作用，电解产物的处理和回收困难，可能污染环境。

电解加工适用于成批大量生产有型孔、型腔、复杂型面、小而深的孔等的零件，以及用于套料、去毛刺、刻印等。

13.2.3 超声波加工

13.2.3.1 超声波加工原理

超声波加工是利用工具做超声频的振动，使悬浮磨料对工件表面进行高频冲击、抛磨，使工件成形的工艺。

超声波加工原理如图 13－9 所示。加工时，工具和工件间加注磨料液；超声波发生器将交流电转变为超声频振动，再经由超声波换能器、变幅杆将超声频振动转变为工具端面的高频机械振动；获得高能量、高频机械振动的工具端面捶击工件表面上的磨料液，通过磨料将加工区的材料粉碎；磨料液循环流动，不断地更新磨料液并带走碎屑；使工具逐渐深入到工件中，直至在工件上加工出与工具形状相吻合的型面或型腔（见图 13－10）。

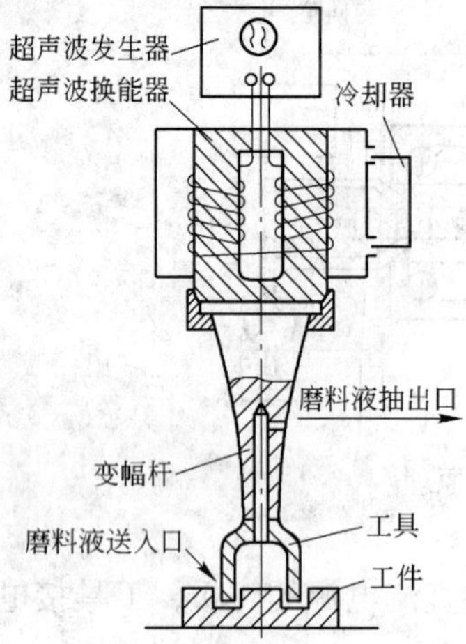

图 13－9 超声波加工原理

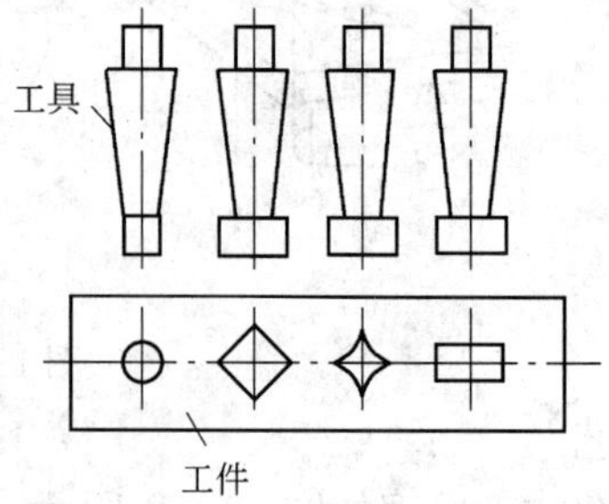

图 13－10 超声波加工的型孔示例

13.2.3.2 超声波加工的特点及应用

超声波加工成形运动简单，适合高效加工各种不导电的非金属脆性材料工件，如玻璃、陶瓷、玛瑙、宝石、金刚石等；也可加工硬度高、脆性较大的金属，如淬火钢、硬质合金等，但效率低；宏观作用力小、无热应力，可加工薄壁、窄缝、低刚度零件。

超声波加工的精度可达 0.02～0.05mm，表面粗糙度值 R_a 可达 1～0.1μm。

目前，超声波加工主要用于硬脆材料的型孔、型腔加工、套料、切割、雕刻以及研磨金刚石拉丝模等。

13.2.4 高能束加工

高能束加工是利用高密度能量射束聚集到加工部位上，以去除工件上多余材料的特种加工方法。目前，高能束加工有激光加工、电子束加工、离子束加工等。

13.2.4.1 激光加工的原理、特点及应用

激光是一种亮度高、单色性好、方向性好、发散角小的相干光。

加工时，如图 13－11 所示，激光器将电能转化为激光，通过光学系统聚焦为高密度能量的激光束照射到工件加工区域产生高温（瞬间可达上千摄氏度，甚至上万摄氏度），瞬时将材料熔化、蒸发，并由强烈的冲击光波喷射去除，形成型面。

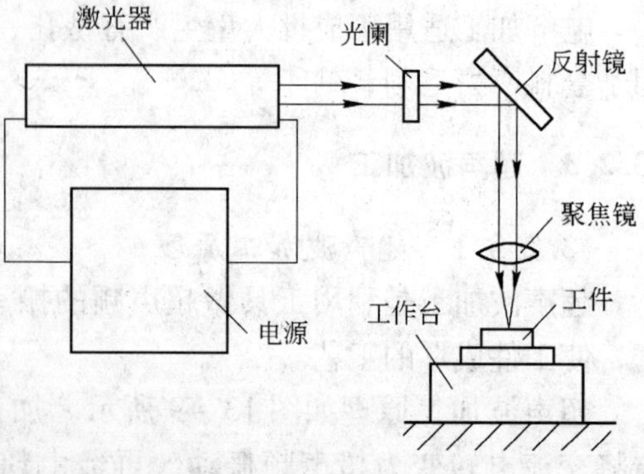

图 13－11 激光加工原理

激光加工速度极高，热影响区很小，易实现自动化；激光束接触工件，无机械力变形，可以加工各种材料，可用于精密微细加工；可通过气体或光学透明介质进行加工。

目前，激光加工可用于打孔、刻印、焊接、切割、热处理及激光制导等各个领域。

13.2.4.2 电子束加工的原理、特点及应用

电子束加工原理如图 13－12 所示。真空条件下，由旁热阴极发射的电子被高电压

(80～200kV) 加速，通过聚集系统形成高密度能量的电子束；当电子束冲击到工件时，使加工部位在瞬间升温至熔化或汽化，从而达到去除多余材料的目的。

电子束加工是一种精细工艺，加工点上化学纯度高，无机械切削力、无变形，适合各种材料的加工，生产率高；加工速度快，可控性好，易实现自动化控制；真空系统及本体系统设备比较复杂，设备成本高。

电子束加工已广泛应用于高速打孔、异形型孔和特殊面加工、蚀刻、焊接、热处理、光刻等。

13.2.4.3　离子束加工的原理、特点及应用

离子束加工原理如图 13－13 所示。用高频放电、电弧放电、等离子放电或电轰击等方法，使注入低真空电离室的氩、氪、氙等惰性气体电离成离子体；用加速电极将离子束拉出并加速；在高真空加工室，用静电透镜聚成细束离子高速冲击工件表面，靠机械动能将材料去除以达到加工的目的。

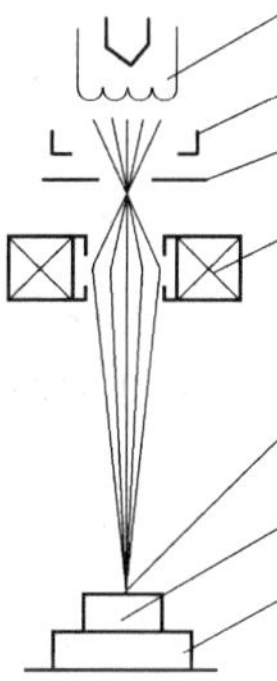

图 13－12　电子束加工原理

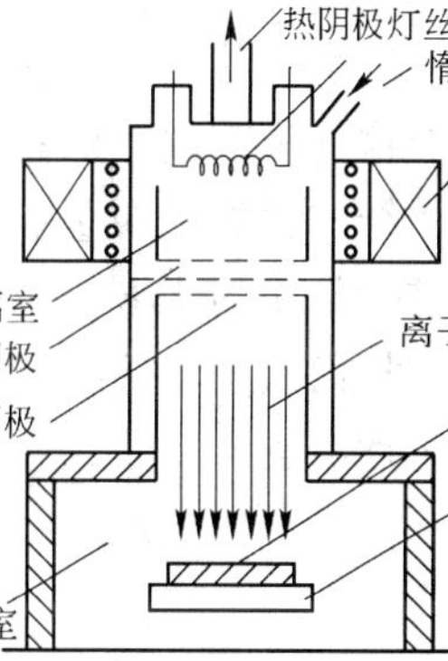

图 13－13　离子束加工原理

离子束加工可以精确控制，加工精度高；离子束加工的小环境纯度高、无污染，适用于易氧化材料和高纯度半导体加工；宏观压力小，无残余应力、热变形，适用于加工低刚度工件；离子束加工设备费用、成本高，加工效率低。

目前，离子束加工主要用于精微的穿孔、蚀刻、切割、离子溅射沉积、离子镀、离子注入、金属表面改性等。

精密与特种加工提高了材料的可加工性，改变了零件的传统工艺路线，大大缩短了新产品试制周期，对产品零件的结构设计产生很大的影响（如镶拼式结构可以制成整体式结构），对传统的结构工艺性好与坏的衡量标准产生了重要影响，将来必会有越来越多的应用。

习题与思考题

13－1　精密加工工艺有哪些，各有何特点？

13－2　特种加工“特”在何处，常用工艺有哪些？

13－3　电火花的加工原理是什么，有哪些应用？

13－4　试述电火花线切割的工作原理和应用。

13－5　电解加工的原理是什么？举例说明其实际用途。

13－6　什么是超声波加工技术，它有哪些应用？

13－7　激光加工的原理是什么？

14 工艺过程的基本知识

在生产过程中，根据零件的生产类型、材料、结构、形状、尺寸和技术要求等的不同，使用不同的机器、采用不同的加工方法、经过一定的工艺过程才能完成加工。这就要求根据零件的具体要求，结合现场的具体条件，选择合适的加工方法加工零件的各组成表面，同时还要合理地安排加工顺序，对零件逐步进行加工。

对于同一个零件，可能有几种不同的加工工艺方案，并且都能加工出合格的零件，但是可能只有一种方案，无论从生产效率还是经济效益来看，是比较合理且切实可行的。因此，必须根据零件的具体要求和可能的加工条件等，拟定较为合理的工艺过程。即为了使零件的加工过程满足“优质、高效、低消耗”的要求，首先要制订合理的零件加工工艺过程，然后按照这一工艺过程对零件进行加工。

零件本身的结构对加工质量、生产效率和经济效益有着重要影响。在设计零件结构时，不仅要考虑满足使用要求，还应当考虑是否能够制造和便于制造，也就是要考虑零件结构的工艺性，从而获得较好的技术经济效果。本章将介绍与拟定工艺过程有关的问题和零件结构的工艺性问题。

14.1 基本概念

14.1.1 生产过程和工艺过程

一台机器往往由几十个甚至成百上千个零件组成，其生产过程是相当复杂的。产品由原材料制成成品的过程中，各个相互联系的劳动过程的总和，称为生产过程。它包括原材料的运输与保管、生产和技术的准备、制造毛坯、零件的加工过程（包括机械加工、热处理、表面处理等)、产品的装配、产品的检验和调试、油漆和包装等。

为了降低生产成本，一台机器的生产往往由许多工厂联合完成，这有利于零部件的标准化和组织专业化生产。一个工厂的生产过程可以分为多个车间的生产过程。一个车间生产的产品，往往是其他车间的原材料。

在生产过程中，直接改变原材料（或毛坯）的形状、尺寸、相互位置和材料性质，使之成为成品的过程，称为工艺过程，它是生产过程中最主要的一部分过程。例如，铸造、锻造、焊接、冲压、热处理、机械加工、表面处理、装配等都是工艺过程。工艺过程又包括若干道工序。

工序是指在同一工作地点对一个（或同时对几个）工件所连续完成的那部分工艺过程。它是工艺过程的基本单元，又是生产管理和经济核算的基本依据。划分工序的主要依据是工作地是否变动和工作是否连续。如果零件批量较大，在单件生产中在同一地点完成的工作可能要分在几个工作地点完成，这就变成了多道工序。因此，零件的工艺过程与其生产类型有密切关系。

14.1.2 生产纲领和生产类型

14.1.2.1 生产纲领

生产纲领是指企业在计划期内应当生产的产品产量和进度计划。一般计划期限为一年，所以也称为年产量。生产纲领是划分生产类型的依据，对企业的生产过程及管理有着决定性的影响。生产纲领的大小影响着工艺过程的制定。

零件的生产纲领可按下式计算：

$$N = Qn(1+a)(1+b)$$

式中 N——零件的生产纲领，件/a；

Q——产品的年生产纲领，台/a；

n——每台产品中该零件的数量，件/台；

a——备品的百分率，%；

b——废品的百分率，%。

14.1.2.2 生产类型

生产类型是指企业（或车间、工段、班组、工作地）生产专业化程度的划分。根据生产纲领的大小和产品品种的多少，机械制造生产一般可分为3种类型：单件生产、成批生产和大量生产。具体为：

（1）单件生产。单个地制造某一零件，很少重复，甚至完全不重复的生产，称为单件生产。例如重型机器、大型船舶的制造，机修车间的生产和新产品的试制，通常都是单件生产。

（2）成批生产。成批地制造相同的零件，每隔一段时间又重复进行的生产，称为成批生产。例如通用机床和液压传动装置的制造就是这种生产类型。

每批所制造的相同零件的数量，称为批量。根据批量的大小和产品的特征，成批生产又可分为小批生产、中批生产和大批生产。小批生产的工艺过程的特点和单件生产十分接近，大批生产和大量生产的工艺过程的特点又比较接近，所以实际生产中往往相提并论，即单件小批生产和大批大量生产，而成批生产则仅指中批生产。

（3）大量生产。当产品的制造数量很大，大多数工作地点经常是重复地进行一种零件或某一工序的生产时，称为大量生产。例如汽车、拖拉机和轴承制造都属于大量生产。

生产类型与生产纲领的关系见表14-1，供确定生产类型的时候参考。

表14-1 生产类型与生产纲领的关系

生产类型		同一零件的年产量/件		
		重型零件（质量 >2000kg）	中型零件（质量100~2000kg）	轻型零件（质量 <100kg）
单件生产		<5	<10	<100
成批生产	小批生产	5~100	10~200	100~500
	中批生产	100~300	200~500	500~5000
	大批生产	300~1000	500~5000	5000~50000
大量生产		>1000	>5000	>50000

在拟定零件的工艺过程时，由于生产类型不同，所采用的工艺方法、设备、工艺装备和生产的组织以及对工人的技术要求等都有很大不同。各种生产类型的工艺特征见表14－2。

表14－2 各种生产类型的工艺特征

生产类型	单件生产	成批生产	大量生产
毛坯的制造方法及机加工余量	铸件用木模手工造型，锻件用自由锻。毛坯精度低，加工余量大	部分铸件用金属模，部分锻件用模锻。毛坯精度中等，加工余量中等	铸件广泛用金属模机器造型，锻件广泛采用模锻以及其他高生产率的毛坯制造方法。毛坯精度高，加工余量小
机床设备及其布置形式	采用通用机床。机床按类别和规格大小采用“机群分式”排列布置	采用部分通用机床和部分高生产率机床。机床按加工零件类别分工段排列布置	广泛采用高生产率的专用机床及自动机床。机床设备按流水线形式排列布置
夹 具	多用标准附件，很少采用专用夹具，靠画线及试切法达到尺寸精度	广泛采用夹具，部分靠画线达到加工精度	广泛采用高生产率夹具，靠模夹具及调整法达到加工精度
刀具与量具	采用通用刀具与万能量具	较多采用专用刀具及专用量具	广泛采用高生产率刀具和量具
对工人的要求	需要技术熟练的工人	需要一定技术熟练程度的工人	对操作工人的技术要求较低，对调整工人的技术要求高
工艺文件	有简单的工艺路线卡	有工艺规程，对关键零件有详细的工艺规程	有详细的工艺文件
生产率	低	中	高
成 本	高	中	低

14.2 机械加工工艺过程

机械加工工艺过程是指采用机械加工方法，改变毛坯的形状、尺寸和表面质量等，使其成为产品零件的过程。

机械加工工艺过程在机械制造的整个工艺过程中占有重要地位。它包括同时进行的和相互联系的各个过程，比如机械加工时金属的切削过程，工人的劳动过程，被加工零件尺寸、形状和性质的改变过程，机床设备的工作过程和工艺装备的工作过程等。

规定零件制造工艺过程和操作方法等的工艺文件称为机械加工工艺规程。它是在具体生产条件下，将合理的工艺过程和操作方法按规定的形式书写成工艺文件，并经过审批后用于指导生产。按工艺规程组织生产，对保证产品质量、提高生产率以及降低成本有着重要意义。生产中的各种准备工作和生产辅助工作，都以工艺规程为依据。

14.2.1 机械加工工艺过程组成

机械加工工艺过程是由一个或若干个顺序排列的工序组成的，毛坯依次通过这些工序转变成为成品。而工序又可划分为若干个安装、工位或工步。

14.2.1.1　工序

工序是指在同一工作地点对一个（或同时对几个）工件所连续完成的那部分工艺过程。它是工艺过程的基本单元，又是生产计划的基本单元。例如图 14－1 所示零件，当加工数量较少的时候，其工序划分见表 14－3；当加工数量较大时，其工序划分见表 14－4。

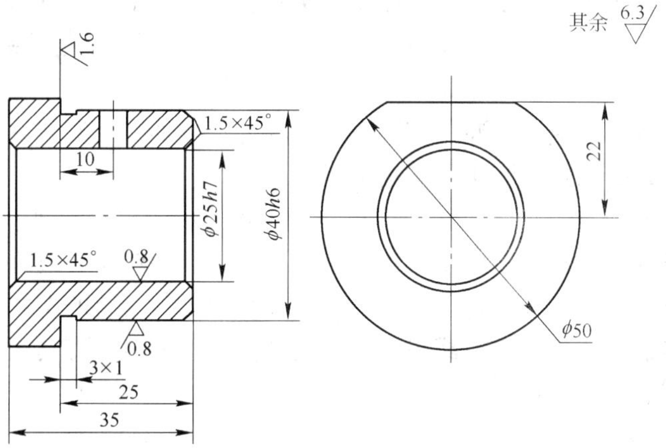

图 14－1　轴套零件图

表 14－3　轴套生产量较少时的加工工艺过程

工序号	工序内容	设　备
1	车	车　床
2	钻	钻　床
3	铣	铣　床
4	磨	磨　床

表 14－4　轴套生产量较大时的加工工艺过程

工序号	工序内容	设　备
1	车右端、外圆、钻孔	车　床
2	车左端、车孔	车　床
3	钻小孔	钻　床
4	铣平面	铣　床
5	磨　孔	磨　床
6	磨外圆	磨　床

在表 14－3 中的工序 1，先车小端及孔，再调头装夹车大端，这是一道工序。如果一批工件，先车好小端及孔，然后再车这批工件的大端，这时对每个工件来说，小端与大端的加工是不连续的。因此，应该是两道工序。

通常把产品或零部件在生产过程中，由毛坯准备到成品包装入库，经过企业各有关部门或工序的先后顺序，称为工艺路线。

14.2.1.2 安装

在进行工件的机械加工时，必须把工件放在机床上，使它在夹紧之前就有一个正确的位置，这个确定工件在机床上占有正确位置的过程就是定位。工件定位后，为了使工件在承受切削力的过程中保持正确的位置，必须把它压紧或夹牢，这称为夹紧。工件从定位到夹紧的一次装夹过程就称为安装。

在一个工序内，工件的加工可能只需要一次安装，也可能需要几次安装。如表 14-4 所示工序 1，要进行两次安装，先车小端面、小端外圆、钻孔，再调头安装，车大端面、大外圆、孔。而表 14-4 所示工序 2，则仅需要一次安装。

工件在加工过程中，应尽量减少安装次数。因为每增加一次安装就会多一次误差，降低加工精度，而且还会增加安装工件的辅助时间。

14.2.1.3 工位

在工件的机械加工过程中，常采用各种回转工作台、回转夹具或移位夹具，使工件在一次安装中先后处于几个不同的位置进行加工，以减少工件安装的次数。而为了完成一定的工序，一次安装后，工件与夹具或设备的可动部分一起相对于刀具或设备的固定部分所占据的每一个位置，称为工位。

14.2.1.4 工步

工步是指在一个工序内，一次安装中，在加工表面、切削工具和切削用量中的转速与进给量不变的条件下所连续完成的那部分工艺过程。一个工序中可以只包括一个工步，也可以包括几个工步。例如在表 14-4 工序 1 中，包括粗、精车端面和外圆等工步。而工序 3 中钻床钻孔时，就只有一个工步。

有时，采用几把刀具（或复合刀具）同时加工几个表面，以提高生产率，这种工步称为复合工步。复合工步在工艺规程中可写为一个工步。在转塔车床、专用机床上的加工通常采用复合工步，其生产率大大提高。

构成工步的任一要素（加工表面或装配时的连接表面，加工或装配工具，刀具或切削用量）改变后，一般即变成了另一个新的工步。但是，对于那些在一次安装中连续进行的若干相同的工步，为了简化工序内容的叙述，通常看做一个工步。例如，在同一个零件上的同一工序中连续钻 4 个对称的 ϕ20mm 的孔，就可以看做一个工步，在工艺规程上写成“钻 4-ϕ20 孔”。

14.2.1.5 走刀

在一个工步中，如果被加工表面需切去的金属层很厚，不能一次切除，需要分几次切削，则每一次刀具相对于工具移动，并切去一层金属所完成的工作称为一次走刀。所以一个工步可以包括一次或几次走刀。

14.2.2 制定机械加工工艺规程的基本要求和依据

14.2.2.1 机械加工工艺规程的工艺文件组成

在机械加工生产上，用来说明工艺规程的工艺文件主要有机械加工（或装配）工艺过程卡、机械加工（或装配）工序卡和机械加工工艺（综合）卡。对于自动和半自动机床上完成的工序，还要有机床调整卡片；对于检验工序，还要有检验工序卡片。

机械加工（或装配）工艺过程卡是指以工序为单位简要说明产品或零件的加工（或

装配）过程的一种工艺文件。在单件小批生产中，通常只用比较简单的机械加工（或装配）工艺过程卡。

机械加工（或装配）工序卡是指在工艺过程卡的基础上，按每道工序所编制的一种工艺文件。一般有工艺简图，并详细说明该工序的每个工步的加工（或装配）内容、工艺参数、操作要求以及所用设备和工艺装备等。对于成批大量生产，除了有较详细的工艺过程卡外，还要编制机械加工（或装配）工序卡。

机械加工工艺（综合）卡是比工艺过程卡详细，比工序卡简单且较灵活，它是介于两者之间的一种格式卡片。它既要说明工艺路线，又要说明各工序的主要内容。主要用于成批生产。

14.2.2.2 机械加工工艺规程的作用

机械加工工艺规程的作用是：

（1）工艺规程是指导和组织生产的主要技术文件。生产的计划和调度、工人操作和产品质量检验等都是以工艺规程为依据的。经批准实施的工艺规程是不得违反的，是加工零件的依据。

（2）工艺规程是生产准备工作的基本依据。在产品投产之前，需要做大量的技术准备和生产准备工作。例如，加工刀具和设备的设计、制造和采购，原材料、半成品的供应，毛坯的制造等，都需要按照工艺规程来安排和组织。

（3）工艺规程是新建和扩建企业的基础。根据零件的工艺规程，可以确定生产所需的设备种类和数量，从而进一步计算厂房的面积，工人的工种、等级和数量，以及投资额等。

工艺规程不是一成不变的，它随着生产技术的发展而不断改进和完善，使生产水平和工艺水平不断提高。

14.2.2.3 制定工艺规程的原则

制定工艺规程的原则是：在一定的生产条件下，以最少的劳动消耗和最低的费用，按计划规定的进度，可靠地加工出符合图样所提出的各项技术要求的零件。工艺规程首先要保证产品质量，同时要争取最好的经济效益。在制定工艺规程时还要注意技术上的先进性、经济上的合理性和要有良好的劳动条件。

14.2.2.4 制定工艺规程的技术依据

制定工艺规程时，必须具有下列原始资料作为基本的技术依据：

（1）产品的装配图及零件图。根据产品的装配图可以分析零件的功用，通过零件图分析零件的主要表面、重要的技术条件和重要的位置尺寸标注等，以便找出关键的技术问题，并采取相应的工艺措施。

（2）毛坯图。根据零件图样可以设计出毛坯图。从机械加工的角度，对毛坯生产提出要求。

（3）产品的生产纲领和生产类型。根据产品的生产纲领和生产类型的不同，制定工艺规程的详细程度也不同。

（4）本厂的生产条件。根据本厂的生产条件，制定切实可行的工艺规程。

（5）国内外生产技术的发展情况。了解国内外的先进生产工艺，结合本厂的实际情况，制定先进的工艺规程，促进本厂的生产技术水平不断提高。

（6）有关手册、标准及指导性文件。

14.2.3　机械加工工艺规程的制定

制定机械加工工艺规程的主要步骤如下。

14.2.3.1　零件图的研究和工艺分析

熟悉整个产品（如整台机器）的用途、性能和工作条件，结合装配图明确被加工零件在产品中的位置、作用、装配关系以及其精度等技术要求对产品质量和使用性能的影响。然后，从加工的角度对零件从以下几个方面进行工艺分析：

（1）审查零件图的完整性和正确性。检查零件图的视图、剖视、剖面是否足够、正确，尺寸、公差、形位公差、粗糙度和技术要求的标注是否齐全、合理，材料、热处理以及其他技术条件是否说明清楚，分析零件主要表面的精度、表面质量和技术要求等在现有的生产条件下能否达到，以便采取适当的措施。

（2）审查零件材料的选择是否恰当。应立足国内选择零件材料，采用我国资源丰富的材料，不要轻易选用贵重材料。另外，要保证所选材料不会增加工艺的难度和复杂程度。

（3）审查零件的结构工艺性。零件的结构工艺性是指所设计的零件在能满足使用要求的前提下，制造的可行性和经济性。不同的生产类型和生产条件下，对零件的结构工艺性的要求也可能不同。零件结构设计的时候应从以下几个方面考虑，来确保零件的机械加工：加工时应便于进刀、退刀；减少加工表面数、加工表面面积，尽量避免内表面加工；便于工件装夹，减少装夹次数，有利于增强刀具和工件的刚度；有相互位置精度要求的各表面，应尽可能在一次装夹中加工完成；减少刀具的调整与走刀次数；采用标准刀具和通用量具，减少刀具和量具种类。

（4）区分零件主、次要表面和分析保证主要表面的方法。零件的主要表面是指零件与其他零件相配合的表面，或者直接参与机器工作过程的表面。主要表面以外的表面称为次要表面。主要表面的加工质量很大程度上影响着零件工作可靠性和使用寿命。因此，要首先考虑主要表面的最终加工方法，然后确定这以前一系列准备工序的加工方法。次要表面的加工可根据实际情况和在方便加工的情况下，安排在各主要表面加工工序之间进行。

另外，对零件的审查中，若有不合理的设计应会同有关设计者共同研究，提出合理性的意见，并按规定手续进行必要的修改。

14.2.3.2　根据生产纲领确定生产类型

由于不同生产类型的加工工艺有很大的不同，因此，制定工艺规程的时候，应根据零件的生产纲领确定其相应的生产类型（参见表14－1）。生产类型确定了，零件的制造工艺过程的总体轮廓就勾画出来了。

14.2.3.3　毛坯的选择

毛坯的选择主要包括毛坯的材料、类型和生产方法的选用。选择毛坯种类和制造方法时，应全面考虑机械加工的成本和毛坯制造成本，以达到降低零件生产总成本的目的。毛坯的种类有铸件、锻件、型材、冲压件及焊接件等。

究竟选择何种毛坯，必须根据实际生产情况和零件的具体要求来决定。一个零件毛坯可以有几种不同的方法来制造，因而必须对各种方案进行多方面的比较，最后选择综合性指标最高的制造方法。在具体选择毛坯时，应全面考虑下列因素的影响：

（1）零件生产纲领的大小。生产纲领是选择毛坯的重要条件。通过生产纲领确定生产类型。当成批大量生产时，应采用精度和生产率都比较高的毛坯制造方法。例如，铸件采用金属造型或精密铸造方法，锻件采用模锻等使毛坯的形状和尺寸尽量与成品接近，减少机械加工劳动量，提高劳动生产率，缩短生产周期。但这样带来的问题就是用于制造毛坯的设备及装备的费用比较高，这可以通过由材料消耗的减少和机械加工费用的降低来补偿。因此，需要考虑毛坯成本的核算。

毛坯制造成本可用下式表示：

$$C = M + P + H/n$$

式中 C——每一个毛坯的制造成本；

M——一个毛坯的材料价值；

P——制造一个毛坯的工资；

H——工艺装备及其他杂费；

n——零件批量。

当采用先进制造方法时，$(M+P)$ 减少，而 H 增加，但 H 分摊在单件产品上的费用则随着年产量的增加而减少。根据上式可以求得最低毛坯成本的生产批量。大于这个批量时，可以选用先进的毛坯制造方法；反之，则应采用普通的毛坯制造方法，如砂型铸造或自由锻造毛坯、型材件等。

（2）零件的材料和力学性能。多数情况下，零件的材料和力学性能要求也就决定了毛坯的种类。例如，当零件材料为铸铁或铸钢、铸铝合金、铸镁合金等时，要选用铸造毛坯；形状复杂的钢质箱体、机架、大齿轮等，通常采用铸造毛坯；但是需要较高强度的重要钢质零件，不论结构形状复杂与否，均不宜直接选取轧制型材，而应选用锻件。

从力学性能方面来说，如果零件的力学性能要求较高，应选择锻件；而力学性能要求不高时，则可选用型材或铸件。

（3）零件的结构形状和尺寸。零件的结构形状和尺寸在很大程度上也决定了可以采用某种毛坯制造方法的可能性和经济性。例如，结构形状复杂的零件，常采用铸件毛坯；对于薄壁件，不宜采用砂型铸造；尺寸较大的零件则可以采用砂型铸造；对于中小型零件，可采用较先进的特种铸造方法（如离心铸造、熔模铸造、压力铸造等）；大型轴类零件可采用自由锻件；对于台阶直径相差不大，且强度要求不高的阶梯轴，可直接选取圆棒料，而台阶直径相差较大的阶梯轴，为了节约材料和减少机械加工的劳动量，则应选择锻件毛坯；套类零件（如汽缸套）宜采用离心铸造毛坯；一些非旋转体的板条形钢质零件，一般多为锻件；此外，重型复杂零件宜采用组合毛坯。

（4）本厂现有的生产条件。选择毛坯时，还要考虑现有的生产条件、工艺水平和传统生产习惯，如毛坯制造的实际能力、型材的品种规格等。同时，还应考虑组织外部协作的可能性，从而使选定的毛坯生产方法既是高质量、低成本，又是切实可行的。

（5）考虑新技术、新材料、新工艺，降低生产成本。零件的制造成本包括所消耗材料的费用，燃料、动力费用，工资，设备、工艺装备的折旧费和修理费，废品损失费用，以及其他辅助费用等。在选择毛坯的类型及生产方法时，通常是在满足零件使用要求和工艺性要求的前提下，对几个可供选择的方案从经济上分析比较，从中选出总成本较低的方案。

分析毛坯生产方法的经济性时，不能单纯考虑毛坯的生产成本，还要比较毛坯的材料利用率和后续的机械加工成本，从而选用使零件的总制造成本最低的最佳毛坯生产方法。这就要求在选择毛坯的生产方法时，必须注意毛坯制造技术的发展状况，大力采用新技术、新工艺，如精密铸造、冷挤压等。这样可以减少机械加工工作量，甚至实现少切屑或无切屑加工，节省材料和能源，提高生产率，降低生产成本。

14.2.3.4　选择定位基准和主要表面加工方法

在机械加工中，无论采用哪种安装方法，都必须使工件在机床或夹具上正确的定位，以保证被加工面的精度。

任何在空间不限制其相对位置的物体，都具有6个自由度，即沿着空间中3个互相垂直的坐标轴的移动和绕着这3个坐标轴的转动。要使工件在空间中处于相对固定的位置(即定位)，就必须限定这6个自由度。在机械加工中，用6个相应的支承点来限制工件的6个自由度，以完全确定工件的正确位置，称为工件的“六点定位原理”。在工件加工中，完全限制6个自由度的点位称为完全定位。限度少于6个自由度就可以使工件正确定位的方法称为不完全定位。而1个自由度同时由2个或2个以上的定位元件来限制的方法称为过定位。当过定位导致工件或定位元件变形，影响加工精度时，是不被允许的。但当过定位不影响工件位置，又能提高加工精度时，可以采用。工件加工过程中，根据加工要求，应该被限制的自由度而没有得到限制，就称为欠定位。欠定位满足不了加工要求，因此是不被允许的。

在零件的设计、制造和装配过程中，一些点、线、面被作为依据，用来确定其余点、线、面的位置，这些作为依据的点、线、面称为基准。根据作用不同，分为设计基准和工艺基准两大类。

设计时在零件图纸上所使用的基准，称为设计基准。如图14－2所示，齿轮内孔、外圆和分度圆的设计基准是齿轮的轴线，两端面可以认为是互为基准。如图14－3所示，表面2和孔3的设计基准是表面1，孔4的设计基准是孔3的中心线。

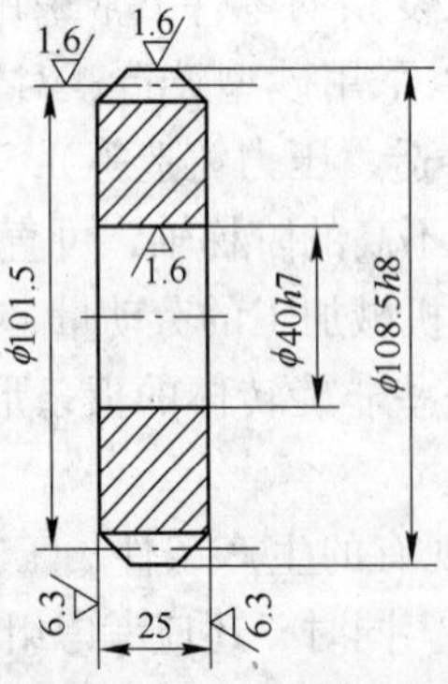

图14－2　齿轮

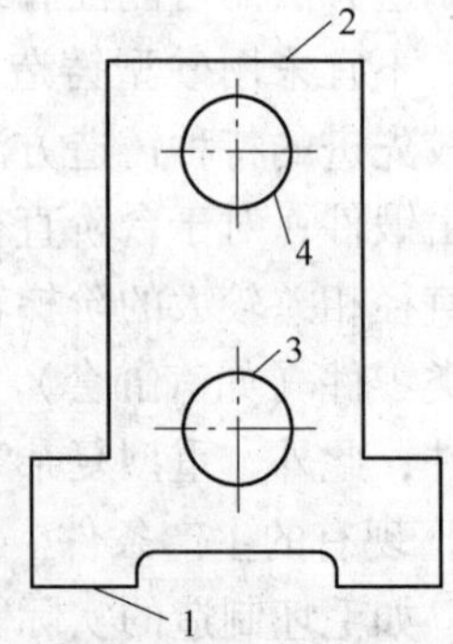

图14－3　机架简图

1，2—表面；3，4—孔

工艺基准是指在制造和装配机器过程中所使用的基准。根据用途又分为定位基准、度量基准和装配基准，分别用于工件加工时的定位、工件的测量检验和零件的装配。

考虑工件定位时，首先要选择定位基准。定位基准的正确选择对保证加工精度、安排加工顺序和提高加工生产率影响重大。由于定位的作用就是保证加工表面的位置精度，所以选择定位基准的总的原则是从有位置精度要求的表面中选择。

对毛坯开始进行机械加工时，第一道工序只能以毛坯表面定位，这种基准面称为粗基准。粗基准的选择应保证各加工表面有足够的加工余量，不加工表面尺寸和位置符合图样要求，并为后续工序提供精基准。粗基准的选择原则为：

（1）如果工件要求必须保证加工表面与某一不加工表面之间的位置的精度，则应选取不加工的表面作粗基准。若有多个不加工表面，则应选择与加工表面相互位置精度要求高的表面作粗基准，以保证这些不加工表面与加工表面之间的相互位置变动最小。

（2）对于所有表面都要加工的零件，应选择加工余量和公差最小的表面作粗基准，以避免因位置偏移导致余量不足，无法加工，造成废品。

（3）选取要求加工余量均匀的重要表面作粗基准，以保证其加工余量均匀和表面组织性能的一致。如机床床身加工，由于床身的导轨面的耐磨性要好，而且金相组织要均匀，所以需选择导轨面作为粗基准来加工床脚底面，然后翻身再以床脚底面作为精基准加工导轨面，才能保证技术要求和加工余量均匀。

（4）选取光洁、平整，无飞边、浇冒口或其他缺陷，面积足够大、装夹稳定的表面为粗基准，以保证定位准确、夹紧可靠。如果必须要选用有缺陷的表面作为粗基准，则需要把这些表面加以修整后再使用。

（5）由于粗基准是未经加工的粗糙表面，其尺寸精度低，形位误差大，表面粗糙度低，如果多次采用粗基准，不能保证每次安装位置的一致性，而使被加工表面的位置超差。因此，粗基准只能在第一道工序中使用一次，不应重复使用。

第一道工序之后，应当以加工过的表面为定位基准，这种定位基准称为精基准。精基准选择的目的是使装夹方便、正确、可靠，保证加工精度，以及夹具的结构简单。选择精基准应遵循以下原则：

（1）基准重合原则。就是尽可能选择设计基准作为定位基准，这样可以避免定位基准与设计基准不重合而引起的定位误差。

（2）基准统一原则。对于某些位置精度要求较高的表面进行加工时，应尽可能选择统一的定位基准，这样有利于保证各加工面的位置精度。例如，加工较精密的阶梯轴时，往往以中心孔为定位基准车削各个表面，而在精加工之前再将中心孔加以修研，仍以中心孔定位磨削各表面。这样有利于保证各表面的位置精度（如同轴度、垂直度等）。

又如，箱体类零件的加工，一般采用一面两孔作为精基准；圆盘类零件（如齿轮）以孔及基准端面作为精基准。

采用基准统一原则的优点就是简化工艺过程的制定及夹具的设计与制作工作，由于基准统一，有可能在一次装夹中加工较多的表面，便于采用高生产率的专用设备，在一次装夹中加工出的各表面可获得较高的相互位置精度。

（3）互为基准原则。当两个表面相互位置精度以及它们自身的尺寸与形状精度都要求很高时，可以采用互为基准的原则，反复多次进行加工。如齿轮、轴承类零件的加工。

（4）自为基准原则。某些精加工或光整加工工序，要求加工余量小而均匀，以保证加工质量和提高生产率，则可选用被加工表面本身作为定位基准，称为自为基准原则。如手工铰孔、拉孔、无心磨外圆，以及在四爪卡盘上用“校正法”加工内孔或外圆。

采用自为基准原则时，一般不能提高加工表面的位置精度，只能提高尺寸精度、形状精度及减小表面粗糙度。若该加工面与其他面间有位置精度要求，则由先行工序保证。

在实际工作中，定位基准的选择有时不可能完全符合上述原则，应根据实际情况进行具体分析，从解决最主要的问题着眼，对整个加工过程中的工艺基准进行通盘考虑，以选择最有利的方案。

选择加工方法应考虑每种加工方法的加工经济精度、零件材料的可加工性、工件的结构形状和尺寸、生产类型及工厂现有生产条件。

加工表面的技术要求是决定表面加工方法的最重要因素。这些技术要求除了零件设计图样上所规定的以外，还包括由于基准不重合而提高对某些表面的加工要求，以及由于被选择作为精基准而可能对其提出的更高加工要求。

14.2.3.5 制定工艺路线

制定工艺路线是确定工艺过程的总体布局，是在规定的条件下，确定零件的加工工序内容、数目和先后顺序，把加工工件的各个工序按顺序合理地排列出来。它不仅影响加工质量和生产率，而且影响工人的劳动强度和经济性。

A 确定加工方法

根据零件每个加工表面，特别是主要表面的技术要求，选择较合理的加工方法及加工次数。在选择加工方法的时候，应该考虑所选加工方法的加工精度及表面粗糙度与零件的精度及表面粗糙度要求相适应；被加工材料的性质；工件的结构形状和尺寸大小；所选加工方法与生产类型相适应；充分利用现有设备和工艺手段，充分挖掘企业潜力，重视新技术、新工艺的应用。

B 划分加工阶段

按照加工性质和目的的不同，工艺过程一般可划分成粗加工、半精加工、精加工和光整加工几个阶段。当毛坯余量特别大，表面非常粗糙时，在粗加工之前还要安排荒加工。

划分加工阶段的目的在于：减少或消除内应力、切削力和切削热对精加工的影响，保证加工质量；及时发现毛坯缺陷；充分发挥粗、精加工设备的优势，避免以精干粗，做到合理使用设备；便于安排热处理工序；避免或减少损伤已精加工过的表面。

对于加工精度要求不高、刚性足够或加工余量不大的工件，以及装夹、运输不便的重型零件可以不划分加工阶段。但是为了弥补不划分加工阶段带来的弊端，重型零件在粗加工之后，要松开夹紧，消除夹紧变形及热变形，然后重新夹紧，继续进行精加工。

C 组合工序

当选定了各表面的加工方法及划分加工阶段后，就可将同一阶段中各表面的加工组合成若干工序。组合工序有工序集中和工序分散两种不同的原则。

工序集中是指整个工艺过程采用尽量少的工序，每道工序安排尽量多的加工内容。工序集中的特点是：减少工序数目，缩短工艺路线，减少设备数量，相应的减少操作工人数目和生产面积，从而简化了生产计划和管理工作；有利于采用高效机床和工艺装备，提高生产率；每个工序安排的加工内容较多，有利于保证各加工面间的位置精度要求；工件装夹次数少，生产辅助时间短；生产准备工作量大，操作、调整、维修费时，产品转型困难。

工序分散是指将工件的加工分散在较多的工序完成，每道工序的加工内容很少。分散到极限时，一道工序可能只包含一个简单工步的内容。工序分散的特点是：设备数量和工人数量多，生产面积大，工序数目多，工艺路线长，使生产计划和组织工作复杂；采用比较简单的机床和工艺装备，调整方便，操作工人易于掌握；工件装夹次数多，生产辅助时间长，工件的多次装夹会降低位置精度；生产准备工作量小，操作、调整、维修简单，产品转型容易。

工序集中和工序分散各有利弊，必须根据零件的生产类型、加工要求和工厂现有的生产条件来确定选择。一般来说，单件小批生产多采用工序集中原则，而大批大量生产既可采用工序集中，也可采用工序分散。

D　安排加工顺序

不同的加工顺序安排，将得到不同的技术经济效果，甚至会影响零件的加工质量。

a　切削加工顺序的安排

切削加工顺序安排应遵循以下原则：

（1）先安排粗加工工序，后安排精加工工序。

（2）先加工基准面，再加工其他表面。精基准面应在一开始就加工，因为后续工序加工其他表面时，要用它定位。

（3）先加工主要表面（指零件的工作表面、装配基准面等），后加工次要表面（指非工作面、键槽、螺孔等）。由于主要表面技术要求较高，加工工作量较大，应先安排加工。次要表面一般可穿插在主要表面加工工序之间，或稍后进行加工，但应安排在主要表面最后精加工或精整加工之前。

（4）先加工平面，后加工孔。

b　热处理工序的安排

通过热处理可以提高零件的力学性能，改善材料的切削加工性能和消除内应力。根据热处理的目的不同，一般可分为预备热处理（指为了改善金属的组织和切削加工性而进行的热处理，如退火、正火等）、最终热处理（指为了提高零件表层硬度和强度而进行的热处理，如淬火、氮化等）和去除内应力处理（时效处理）。热处理工序的安排可参见表14－5。

表14－5　热处理工序的安排

项　目	预备热处理	时效处理	最终热处理		表面处理
	退火、正火、调质等	人工时效、自然时效	淬火、回火、渗碳、冰冷处理	氮化	电镀、涂层、发蓝、氧化等
热处理目的	改善材料加工性能	消除内应力	提高材料硬度和耐磨性		提高表面耐磨性、耐腐蚀性，使之美观
热处理工序安排	机械加工之前	粗加工前或后	半精加工之后，精加工之前	精加工之后	工艺过程最后

c　检验工序的安排

为了保证产品质量，除了加工过程中每道工序操作者的自检外，必要时还要安排专门的检验工序，在以下情况安排检验工序：

(1) 粗加工阶段之后;

(2) 关键工序前后;

(3) 特种性能检验（如磁力探伤、动平衡试验、密封性试验）之前;

(4) 零件从一个车间转到另一个车间之前;

(5) 零件全部加工结束之后。

d 其他辅助工序的安排

其他辅助工序的安排包括:

(1) 零件的表面处理，如电镀、油漆、发蓝等，一般均安排在工艺过程的最后。但有些大型铸件的内腔不加工面，常在加工之前先涂防锈油漆等。

(2) 去毛刺、倒棱边、去磁、清洗等，应适当穿插在工艺过程中进行。

若缺少辅助工序或者对辅助工序要求不严，将给装配工作带来困难，甚至使机器不能使用。

14.2.3.6 确定各工序的加工余量、尺寸及公差

为了获得合格的零件，必须从毛坯上切去的那层材料，称为加工余量。加工余量分为工序余量和总余量。某工序中所需切除的那层材料，称为工序余量。从毛坯到成品总共要切除的余量，称为总余量，它等于相应表面各工序余量之和。

工件上留加工余量的目的在于，为了切除上一道工序所留下的加工误差和表面缺陷，以保证获得所需要的精度和表面质量。影响加工余量的因素有：加工表面上的表面粗糙度和表面缺陷层深度；加工前或上道工序的尺寸公差；加工前或上道工序各表面相互位置的空间偏差；本工序加工时的装夹误差。

毛坯上所留的加工余量如果过大，则费料、费工、增加工具的消耗，有时还会使工件最耐磨的表面层被加工掉，达不到工件的技术要求；如果过小，则不能保证切去工件表面的缺陷层，不能纠正上一道工序的加工误差，有时还会使刀具在不利的条件下切削，加剧刀具的磨损。

决定加工余量的大小时，应考虑在保证加工质量的前提下使余量尽可能的小。目前，加工余量的确定方法主要有如下几种:

(1) 估计法。由工人和技术人员根据经验和具体生产条件，估计各工序余量的大小。为了保证不出废品，往往加工余量偏大，仅用于单件生产。

(2) 查表法。结合具体的加工要求和条件，根据各种标准和工艺手册中的有关表格确定各工序的加工余量。由于手册的适用性广，所以一般加工都能用。

(3) 计算法。为了精确确定各工序的余量，通过分析影响因素，列出公式，计算工序余量，用于重要零件或成批大量生产的零件。

14.2.3.7 确定各工序的设备及工艺装备

确定各工序所需的设备（机床）及工艺装备（产品制造过程中所用的各种工具的总称，包括刀具、夹具、模具、量具、检具、辅具、钳工工具和工位器具等），以保证生产的顺利进行。

机床的选择原则：机床的加工尺寸范围应与工件的外廓尺寸相适应；工作精度应适应工序要求的精度；生产率符合工件的生产类型；还应考虑本厂的现有条件，没有相应设备时，应改装设备或设计专用设备。

工艺装备的选择应与产品的生产类型相适应，综合考虑零件的技术要求、生产率和经济性。

14.2.3.8 确定切削用量和工时定额

对于单件小批生产，一般不规定切削用量，而是由操作工人根据经验自行选定。但对于自动线和流水线，为了保证生产节拍均衡，各工序、工步都要规定切削用量，并不得随意改变。可通过查阅有关切削用量手册及机床参数手册并进行计算，或根据各工厂的实际经验来确定切削用量。

工时定额可通过查阅切削手册、时间定额手册并进行计算，或由统计资料估算来确定。

14.2.3.9 确定各主要工序的技术要求及检验方法

为了保证产品质量，对于各主要工序应提出技术要求及工人操作时的注意事项。必要时，要设计及制造专用的检验工装工具。

14.2.3.10 填写工艺文件

工艺过程拟定以后，以图表或文字的形式写成工艺文件。

14.3 零件结构的工艺性

零件本身的结构对零件的加工质量、生产效率和经济效益都有重要影响。为了获得较好的技术经济效果，在设计零件结构时，不仅要考虑满足使用要求，还应当考虑是否能够制造和便于制造，也就是要考虑零件结构的工艺性。

零件结构的工艺性是指所设计的零件在满足使用要求的前提下，制造的可行性和经济性。它既是评价零件结构设计好坏的技术经济指标之一，又是零件结构设计好坏的结果，所以在零件的设计阶段就应给予它足够的重视。

设计的零件结构，在一定的生产条件下若能高效低耗地制造出来，并便于装配和维修，则认为该零件结构工艺性良好。一个零件的生产过程，一般都要经过毛坯的制造、切削加工、热处理、装配和维修等多个过程。因此，零件的结构工艺性应该是一个整体的概念，要全面考虑各个生产过程对零件结构工艺性的要求，并尽量使各个生产过程都具有良好的工艺性。

研究零件结构工艺性的目的在于，在现有的工艺条件下使加工零件方便、生产效率高、加工劳动量少及加工质量高。零件的结构工艺性也不是一成不变的，随着科学技术的发展，新技术、新工艺的不断涌现，原来不可行的可能已变得可行，甚至变得很容易加工。

产品及零件的制造，包括毛坯生产、切削加工、热处理和装配等许多阶段，各个生产阶段都是有机地联系在一起的。在进行零件结构设计时，必须全面考虑，使各个阶段都具有良好的工艺性。当生产阶段对结构的工艺性要求有矛盾时，应综合考虑，统筹安排。由于通常情况下要靠切削加工来保证零件的尺寸精度、形状精度、位置精度和表面质量，因此零件的切削加工对结构工艺性显得更为重要。本节通过一些常见实例来分析零件结构工艺性。

14.3.1 便于装夹

为了便于装夹，可采取以下措施：

（1）增设工艺凸台。对于某些大型工件，为了保证工件安装时有水平的加工面，且安装方便，定位可靠，需增加工艺凸台。图14－4（a）所示的零件，加工上表面时难以安装校正，图14－4（b）所示增加了一个工艺凸台，则安装方便，定位可靠。如需要，精加工后可以将工艺凸台切除。

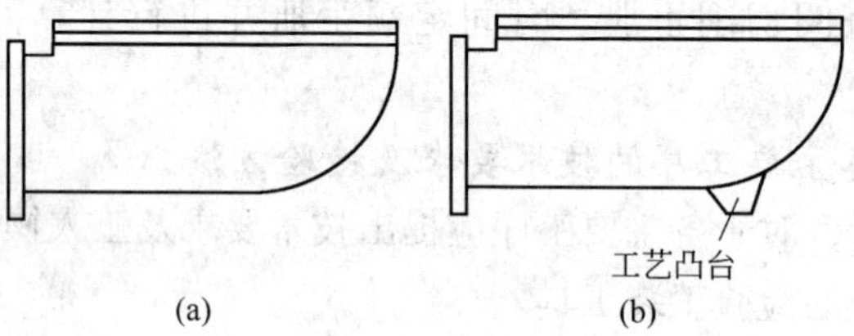

图14－4 工艺凸台

（2）改变工件结构或增加辅助安装面。车床加工时，装夹工件一般采用三爪卡盘、四爪卡盘。图14－5（a）所示工件为加工 ϕ140mm 外圆及端面，如装夹 *A* 处，一般卡爪长度不够，无法装夹，而 *B* 处为圆弧面，无法将工件夹紧。若将工件改为图14－5（b）所示的结构，将 *B* 处改为 *C* 处的圆柱面，则容易夹紧。或在毛坯上增加一个辅助安装面 *D*（见图14－5（c）），则安装比较方便。

（3）增加装夹凸缘或装夹孔。如图14－6（a）所示的工件，在加工其上表面时，很难将工件夹紧。如果在其两侧增加凸缘或孔（见图14－6（b）），就可用压板或螺栓装夹，可很容易地将工件夹紧定位，同时也便于工件吊装和搬运。

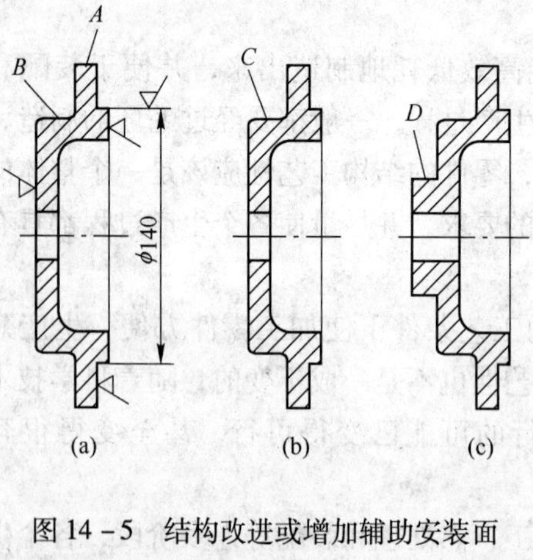

图14－5 结构改进或增加辅助安装面

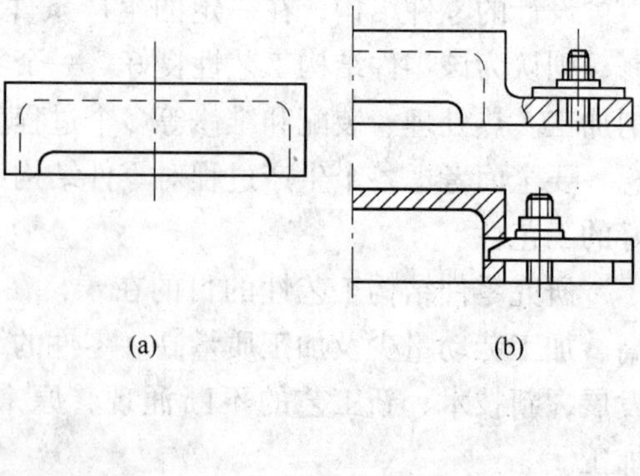

图14－6 装夹凸缘和装夹孔

14.3.2 便于加工和测量

为了便于加工和测量，可采取以下措施：

（1）方便刀具的引进和退出。如图14－7（a）所示的带有封闭T形槽的零件，铣刀无法进入槽内，没办法加工。改成图14－7（b）所示的结构，铣刀可以从打圆孔进入槽内，但不容易对到，操作不便，也不便于测量。设计成开口形状（见图14－7（c））就可以方便地加工。为了避免刀具或砂轮与工件某个部分相碰，必要时，留出足够的退刀槽、空刀槽或越程槽。

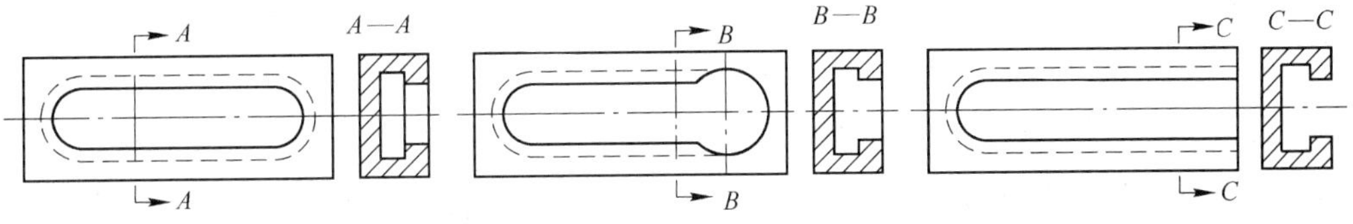

图14－7　T形槽加工

图14－8（a）所示为不合理结构，图14－8（b）所示依次为车螺纹退刀槽、铣齿或滚齿退刀槽、插齿空刀槽、磨孔越程槽。

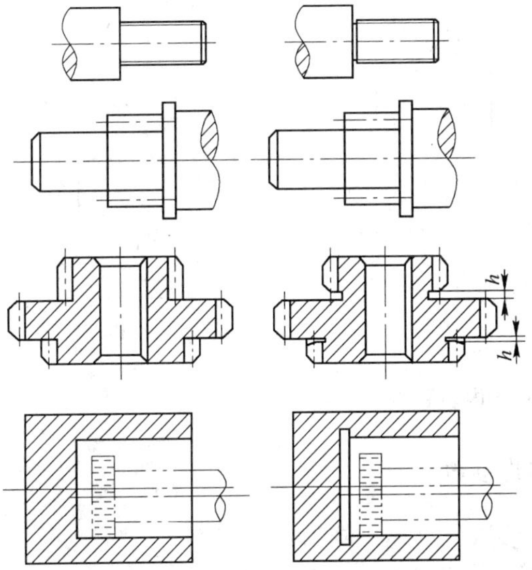

图14－8　退刀槽、空刀槽和越程槽

（2）给刀具留出足够的加工空间。如图14－9所示，若壁面与孔的轴线的距离 s 小于钻头的卡头外径 D 的一半，则难以加工。一般情况下，要保证 $s \geqslant D/2+(2\sim5)$，才便于加工。

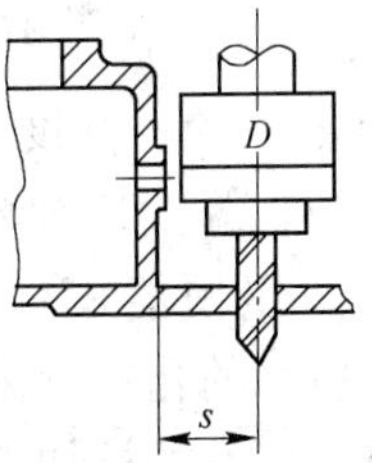

图14－9　留出足够加工空间

（3）尽量避免弯曲的孔。图14－10（a）所示零件的孔是无法加工出来的；改为图14－10（b）所示的结构，中间一段孔是无法加工的；若改为图14－10（c）所示的结果，虽能加工出来，但还要在中间一段附加一个柱塞，比较费工。因此，设计时，要尽量避免弯曲的孔。

（4）尽量避免箱体内表面的加工。箱体内表面的加工困难，如需要，改成组合件（见图14－11），则方便加工，不需特殊刀具或夹具，也可保证较高的表面光洁度。

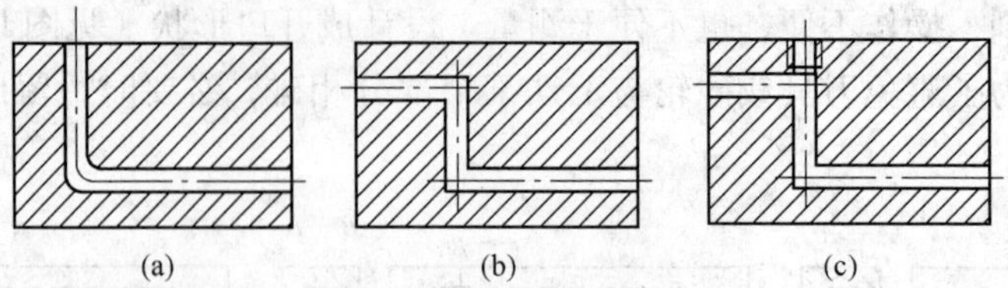

图 14－10 避免弯曲的孔

（5）零件的尺寸标注要便于加工和度量。图 14－12（a）所示的标注尺寸 100 ±0.1 不便加工和测量，改为图 14－12（b）后，由 140 ±0.05 和 40 ±0.05 来保证 100 ±0.1，则便于加工和测量。

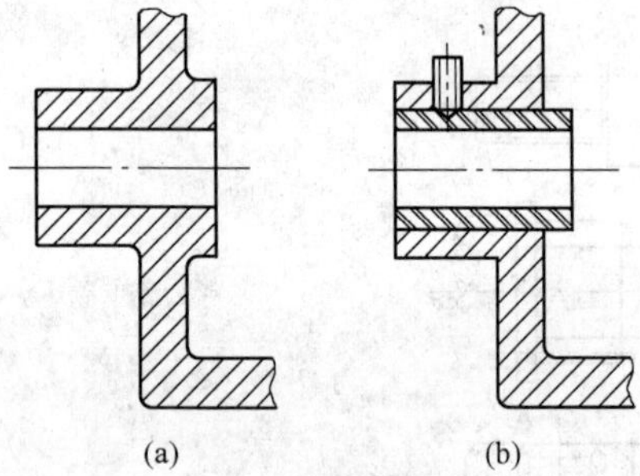

图 14－11 避免箱体内表面加工

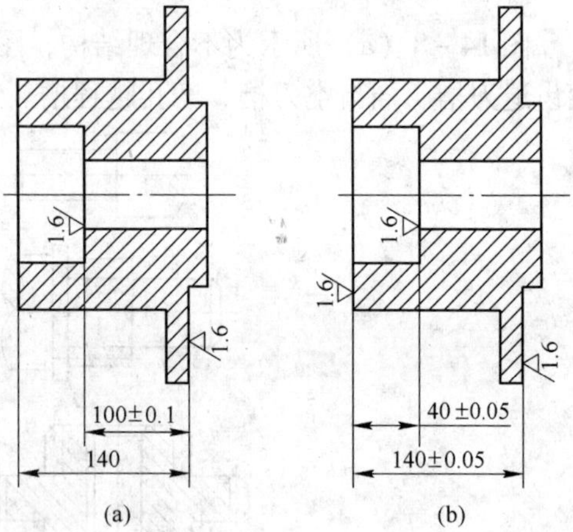

图 14－12 便于尺寸测量

14.3.3 尽量采用标准化参数

要尽量采用标准化参数，具体措施为：

（1）尽量采用标准件。设计时，应尽量按国家标准、部标或厂标选用标准件，以利于产品成本的降低。

（2）尽量采用标准刀具加工。零件上的孔径及孔底形状、中心孔、沟槽宽度或角度、圆角半径、锥度、螺纹的直径和螺距、齿轮的模数等，其参数值应尽量符合标准刀具参数，以便能使用标准刀具加工。如图 14－13所示的孔径，采用标准值则可使用标准刀具进行孔的精加工。

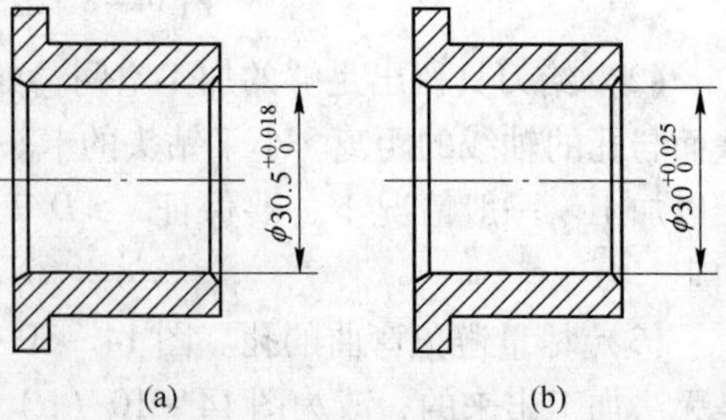

图 14－13 孔的尺寸和公差采用标准值

图 14－14（a）所示的零件设计中，锥孔锥度值和尺寸都是非标准的，既不能采用标准锥度塞规检验，也不能与标准外锥面配合使用。改为图 14－14（b）所示采用莫氏锥度或图 14－14（c）所示采用米制锥度都为标准值，可方便加工。

又如图 14－15（a）所示的零件，凹下表面很难进行加工。若采用图 14－15（b）所示，可以用端铣刀加工，在粗加工后其内圆角用立铣刀清边，而其内圆角的半径必须等于标准立铣刀的半径。

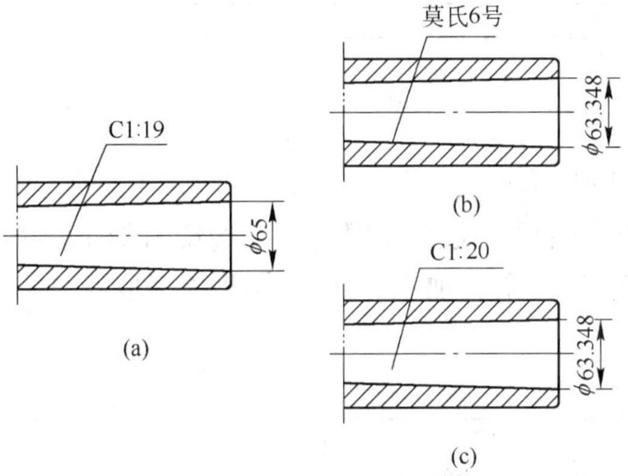

图 14－14 直径和锥度采用标准值

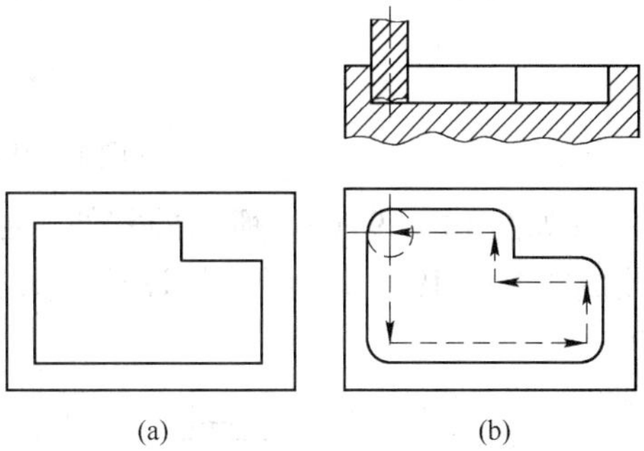

图 14－15 凹下表面的加工

14.3.4 保证加工质量和提高生产效率

为了保证加工质量和提高生产效率，可采取以下措施：

（1）减少安装次数。图 14－16（a）所示的轴承盖上的螺孔设计成倾斜的，不但增加了安装次数，还使钻孔和攻丝都不方便。如果改成图 14－16（b）所示的结构，则便于安装，降低辅助安装时间，提高生产效率。

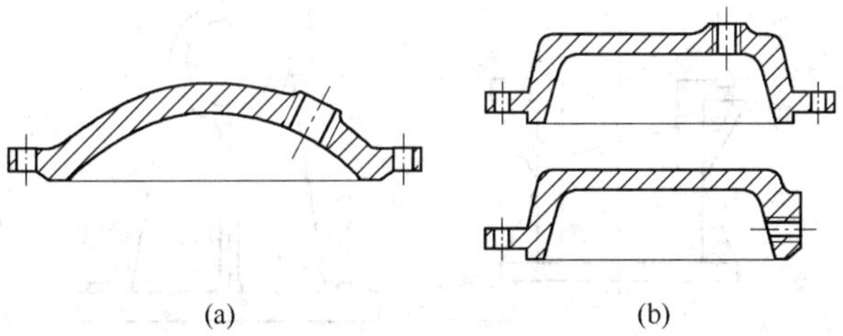

图 14－16 少设倾斜孔

对于有相互位置精度要求的表面，最好能在一次安装中加工，这样有利于保证加工表面的位置精度，减少安装次数及所用辅助时间。图 14－17（a）所示的轴套两端的孔需两次安装才能加工出来，若改为图 14－17（b）所示的结构，则可在一次安装中加工出来，降低劳动量。

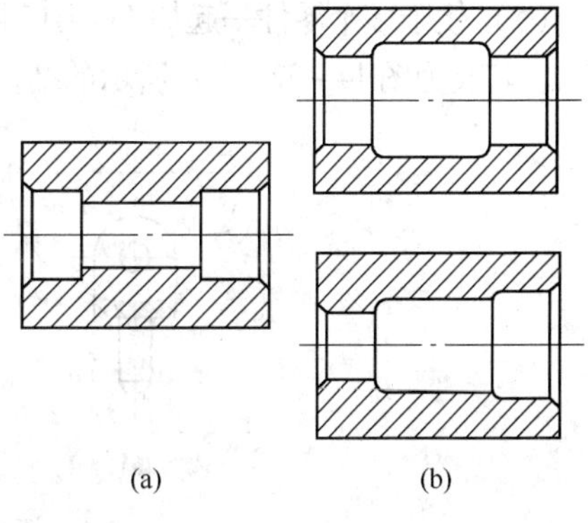

图 14－17 避免多次安装

（2）减少机床调整次数。被加工表面应在同一水平面上。图 14－18（a）所示的零件，凸台的高度不同，需逐一升降工作台。如果将凸台设计成图 14－18（b）所示的等高，则在一次走刀中就可以完成所有加工，这样可以节省大量辅助时间，提高劳动生产率。

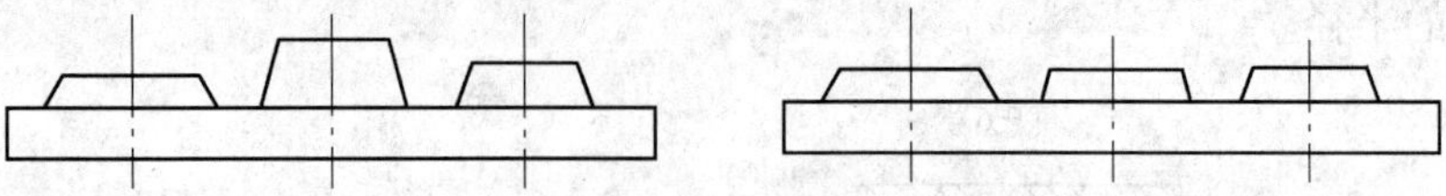

(a) (b)

图 14 - 18 加工面应等高

又如图 14 - 19（a）所示的零件，由于凸台阻碍，无法采用大直径端铣刀加工。如果改成图 14 - 19（b）所示的设计，则有可能一次完成加工，可提高生产率以及加工精度。

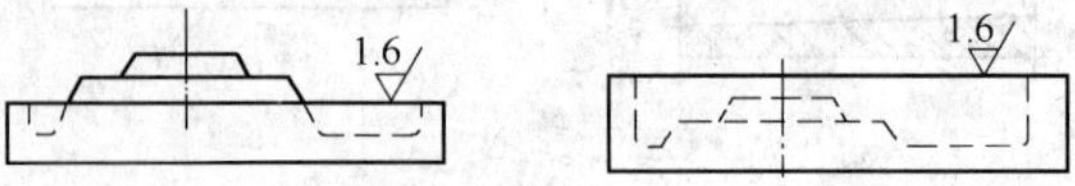

(a) (b)

图 14 - 19 不应有高于被加工表面的高台

（3）零件要有足够的刚度，减少工件变形。图 14 - 20（a）所示的零件结构单薄，刨削上平面时易因切削力作用造成工件变形。改为图 14 - 20（b）所示的结构，增加肋板，提高刚度，则可以采用较大切深和进给量加工。

（4）减少加工面积。图 14 - 21（b）所示的工件底面为配合表面，相比于图 14 - 21（a）所示的结构，不仅减少了加工面积，节省加工工时，还能提高工件的配合精度。

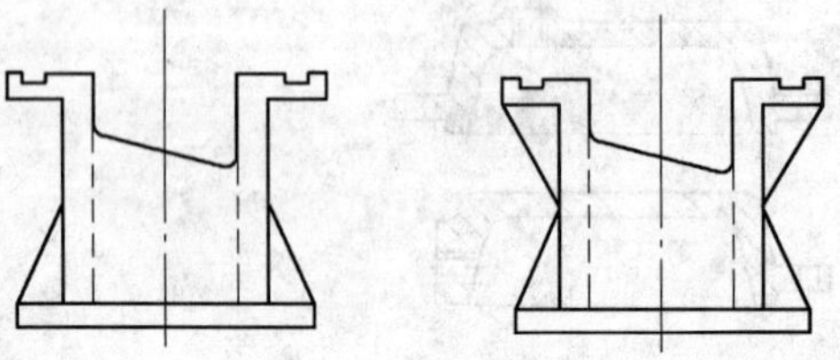

(a) (b)

图 14 - 20 增设加强肋

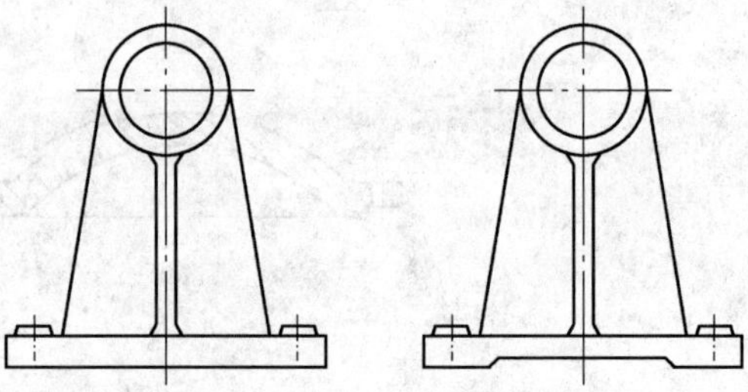

(a) (b)

图 14 - 21 减少加工面积

（5）便于多个零件一起加工。图 14 - 22（a）所示的工件，沟槽底部为圆弧形，只能单个加工。若改为图 14 - 22（b）所示的结构，则可实现多件一起加工，有利于提高生产效率。

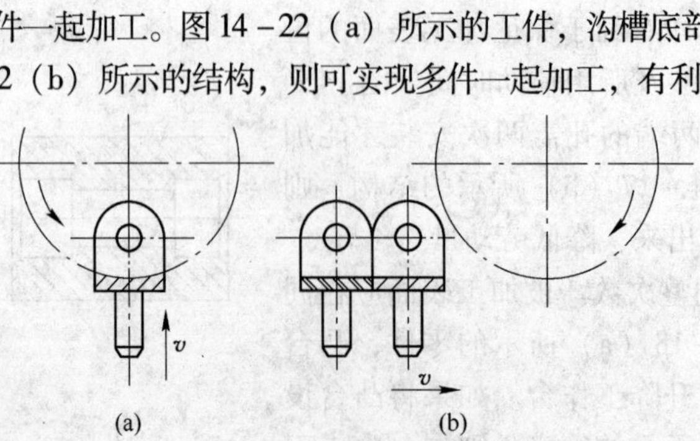

(a) (b)

图 14 - 22 多件同时加工

（6）要结合本单位的具体加工条件，并考虑与先进的工艺方法相适应。

习题与思考题

14－1　什么是生产过程和工艺过程，它们分别包括哪些内容？

14－2　根据生产的类型不同，如何制定零件的工艺过程？

14－3　机械加工工艺过程由哪些工序组成？

14－4　制定机械加工工艺规程的原则有哪些，制定的技术依据是什么？

14－5　制定机械加工工艺规程的步骤是什么？

14－6　应该从哪些方面考虑零件结构的工艺性是否合理？

15 金属加工工艺与计算机技术

当今世界，全球制造加工企业之间的竞争越来越激烈，随着我国逐步建立社会主义市场经济体制，特别是加入 WTO 后，国内市场将成为国际市场的一部分，国内制造加工业要赢得竞争，就要以市场为中心，以满足顾客需求为主线，以技术创新为驱动力，快速地顺应市场变化，并迅速占领市场。换句话说，就是要以最短的产品研发周期、最优的产品质量、最低廉的制造成本及最好的技术支持和售后服务来生产适销对路的产品，去进入市场，占领市场，进而领导市场。

面对不可预测、瞬息多变的市场，企业的生产经营活动必须具有高度的敏捷性、动态性和柔性，这已成为企业赢得竞争的必要条件。正是基于上述形势，面对机遇与挑战，机械制造产业要立足并赢得竞争，必须走科技创新与发展之路。电子计算机的出现，在科学技术上引起了一场深刻的革命。计算机在机械制造生产中的应用已经日益受到高度重视。随着计算机计算能力、逻辑判断能力与人工智能化能力的增强，可以实现对机械制造工艺参数、设备与生产过程进行一定的检测与控制；可以进行工艺、工装的优化设计，从而有效地确保产品质量、缩短试制周期、降低产品生产成本、增加产品种类，提高机械制造生产的经济效益与社会效益，提升产品在市场中的应变能力与竞争实力。

15.1 铸造过程辅助设计及控制

电子计算机的出现，在科学技术上引起了一场深刻的革命。计算机在铸造生产中的应用已经日益受到人们的高度重视。由于计算机具有高速计算能力、逻辑判断能力和人工智能化能力，可以实现对铸造工艺参数、铸造设备和铸造生产过程进行一定的检测和控制；可以进行铸造工艺的优化设计，实现“电脑试浇”、模拟分析及计算机辅助工程（CAE）的应用，可以科学地预测液体金属充型过程、凝固过程中的温度场及应力场，以及宏观缺陷和微观组织等，从而有效地保证铸件质量、缩短生产周期、降低生产成本、提高竞争能力，大大地提高铸造生产的经济效益。同时，它又能促使新技术和新工艺的不断出现，使铸造生产正从主要依靠经验的阶段走向科学理论指导生产的阶段。因此，计算机在铸造生产中的应用已成为生产高质量铸件的必备条件，也是铸造生产现代化的主要发展方向。专家预言，计算机技术在铸造领域将获得更广泛的实际应用，只要将铸件图纸、铸型材料、铸造合金液热物性与凝固特性以及质量要求等数学模型输入，计算机就可以给出合理的浇冒口系统设计方案，并根据相应的数值模拟技术对可能出现的缺陷位置及其过程进行缺陷分析。

15.1.1 铸造过程计算机模拟的发展阶段

铸造过程计算机模拟是改造传统铸造产业的必由之路，是当今世界各国专家学者关注的热点。铸造工艺过程的计算机模拟开展较早，在技术上也比较成熟，已由形状尺寸的宏观模拟进入微观模拟阶段，其发展过程大体上可分为3个阶段：第一阶段从1962年开始，主要开展了基本计算方法的研究，如有限差分法、有限元法等，并模拟了砂型铸钢件的温度场，预报了凝固过程中铸件易出现的缩孔和疏松缺陷；第二阶段从1983年开始，开展了铸件充型过程速度场的数值模拟，可以预报充型中可能出现的气孔和夹杂缺陷；第三阶段从1992年至今，开展了微观组织形态的计算机模拟，可以模拟形核、生长过程，预报铸件凝固过程中的晶粒形貌。铸造工艺过程的计算机模拟可以优化现有的生产工艺；获得可重复的产品质量，即使在原材料、工艺设备和操作者变化时也同样稳定；可以缩短设计、生产产品的周期，降低成本；实现工艺的可视化，使企业操作者和模拟工作者之间能够共同分析达到最佳工艺模拟的判据标准。

15.1.2 计算机在铸造技术中的应用

计算机在铸造技术中的应用主要体现在以下几个方面。

15.1.2.1 铸造工艺计算机辅助设计技术

在铸造工艺设计过程中，有许多繁琐的数学计算和大量的查表选择等工作，仅凭工艺设计人员的个人经验和手工操作，不但要花费很多时间，而且设计结果往往因人而异，很难保证铸件质量，20世纪60年代以来，特别是进入80年代以后，随着电子计算机技术的迅猛发展，计算机辅助设计（CAD）技术在工业中得到越来越广泛的应用，也为铸造工艺设计的科学化、精确化提供了良好的工具，成为铸造技术开发和生产发展的重要内容之一。

铸造工艺计算机辅助设计技术主要实现以下功能，如铸件的几何、物理量计算（包括铸件体积、表面积、质量及热模数的计算）；浇注系统的设计计算（包括选择浇注系统的类型和各组元的尺寸计算）；补缩系统的设计计算（包括冒口、冷铁及合理的补缩通道的设计计算）；绘图（包括铸件图、铸造工艺图、铸造工艺卡片等图形的绘制和输出）。

与传统的铸造工艺设计相比，采用计算机设计铸造工艺的特点是：计算准确、迅速，消除了人为计算误差；能够大量储存并利用众多铸造工作者的经验，使得使用者能够设计比较合理的铸造工艺；能够对铸造工艺方案进行优化以便确定最佳的方案；具有自动打印记录并绘制各种技术文件的能力。计算机辅助设计不仅使计算机代替了人工设计铸造工艺和绘制工艺图，而且还能优化工艺设计，提高工艺出品率。

典型的铸造工艺计算机辅助设计系统工作过程包括：

（1）接收用户送给的铸件图纸，在以工程图方式接收时可自行进行三维造型。

（2）工艺分析和报价。按需要从任一角度或对铸件任一部分结构加以观察，根据三维实体计算铸件质量和不同部位的模数，计算浇冒口等工艺数据，进行铸件的初步设计，估算成本并提出报价。

（3）进行铸件的详细设计。从建立的铸件三维实体抽取数据进行三维凝固模拟并修改铸件设计，首先根据零件图按要求标出浇注位置和分型面的位置，然后进一步绘出加工余量及不铸孔、槽的符号，以及拨模斜度，并标出尺寸，形成铸件图；以此为依据进行铸件模数和质量计算、进行补缩系统和浇注系统设计；将设计计算的结果以图形方式加到铸件图上，再绘出砂芯形状，算出芯头间隙、芯头压紧环、防压环、积砂槽和芯头分块线及尺寸等，从而形成一个完整的工艺图；然后绘制出铸造工艺卡片。最后自动生成相应的铸型、芯盒或模具图，并将图形由绘图仪输出，完全取代手工绘制工艺图和描图、晒图等繁琐工序，而且修改、存档方便。

(4) 铸型、芯盒和模具经数控加工成形，进行浇注和检验，收集生产中的数据供质量跟踪和指导以后的铸件设计。

铸造工艺计算机辅助设计程序的功能主要表现在以下几方面：

(1) 铸件的几何、物理量计算，包括铸件体积、表面面积、质量及热模数的计算。

(2) 补缩系统的设计计算，包括冒口的设计和计算、冷铁设计计算和设计合理的补缩通道。

(3) 浇注系统的设计计算，包括选择浇注系统的类型和各部分截面积计算。

(4) 绘图，包括铸件图、铸造工艺图、铸造工艺卡等图形的绘制和输出。

15.1.2.2 凝固过程数值模拟技术

凝固过程数值模拟技术，即用数值计算方法求解凝固成形的物理过程所对应的数学离散方程，并由计算机显示其计算的结果。这项技术诞生以来，获得了很大的进展，在许多方面已达到实用程度，成为提高铸造业技术水平和铸件竞争能力的关键技术之一。

自从 1962 年丹麦的 Foround 第一个采用电子计算机模拟铸造生产中铸件凝固过程以来，铸件成形过程数值模拟经过近 50 年的发展，已逐渐成为铸造技术领域中一个非常重要的研究方向，其发展大致经过了 3 个阶段：

第一阶段，主要是以经典传热理论为基础，加上后来发展起来的传热、传质流动综合模型，从宏观的尺度来研究铸件凝固过程。

第二阶段，在第一阶段基础上考虑凝固动力学因素，从微观尺度模拟液固界面现象，从而大大提高缺陷预测的科学性。

第三阶段，从原子量级上描述液固界面现象，其预测的根据则完全建立在基础理论之上，这是现代化的主要发展方向。

铸件成形过程数值模拟主要包括充型过程的数值模拟、凝固过程的温度场数值模拟、液固转变过程中和转变后的应力场数值模拟以及铸件微观组织形态和力学性能的数值模拟等。可以实现的目标有：预知凝固时间、开箱时间、确定生产率；预测缩孔和缩松形成的位置和大小；预知铸型的表面及内部的温度分布，方便铸型（特别是金属型）的设计；控制凝固条件，为预测铸件应力、微观及宏观偏析、铸件性能等提供必要的依据和分析计算的数据。凝固过程的数值模拟不仅可以形象地显示液态充填型腔和在型腔中冷却凝固的进程，还可预测可能产生的缺陷，所以可在制造计划现场实施前，综合评价各种工艺方案和参数，优化工艺方案，取代或减少现场试制，这对大型复杂形状或贵重材料凝固成形铸件的生产，其优越性和经济效益尤为突出。由于凝固过程数值模拟可以揭示许多物理本质过程，所以也促进了凝固理论的发展，近年来研究和发展的微观组织模拟，可预测晶粒大小和力学性能，可望在不久的将来用于实际生产。

国内外许多通用的商品软件，如德国的 magma、美国的 procast、flow3d、清华大学的 ftstar、华中科技大学的华铸 CAE 等，都能够有效地预测铸件缩孔类缺陷，其准确性基本上达到了定量的程度。充型过程的数值模拟其理论和算法也趋于完善，对充型过程类缺陷，如浇不足、冷隔、卷气、夹渣等，也能够进行有效的、定性的预报。应力场以及组织模拟也取得了一些可喜的进展。但不同的模具模拟侧重点不同，压铸模 CAE 目前主要以压铸件充型的流场数值模拟、压铸模/压铸件温度场模拟、压铸模/压铸件应力场数值模拟为主。注塑模 CAE 主要包括模具结构分析、运动分析、装配及干涉检查、成形过程分析等。挤压模 CAE 主要对生产过程中模具的变形过程、应力场和温度场分布及变化、摩擦与润滑等问题进行了大量的分析和实验，实现模具的优化设计。塑料注射成形 CAE 主要包括流动模拟、冷却分析、翘曲分析、气辅分析和应力分析等。

凝固过程数值模拟技术具有如下优点：

（1）优化工艺流程。铸造过程数值模拟软件一般包括前置处理模块、计算分析模块以及后置处理模块。前置处理模块包括对铸件、砂芯、冷铁以及铸型等的三维造型和网格剖分；计算分析模块是对铸件/铸型系统的各物理场进行求解；后置处理模块是把计算结果以曲线、图形、图像以及动画等表达方式直观有效地表达出来。最后根据模拟分析的结果，判断工艺的优劣。如果工艺不可行，则改进工艺重新进行模拟分析，直至获得一个比较满意的结果。这样就实现了在计算机虚拟环境下优化工艺的目的。

（2）凝固过程的数值模拟原理。铸造过程虽然很复杂，偶然因素很多，但仍遵循基本科学理论，如流体力学、传热学、金属凝固、固体力学等。这样，铸造过程可以抽象成求解液态金属流动、凝固及温度变化的问题，就是要在给定的初始条件和边界条件下，求解傅里叶热传导方程、弹塑性方程。计算机技术的发展，使得求解物理过程的数值解成为可能。应用计算机数值模拟，可对极其复杂的铸造过程进行定量的描述。

通过数学物理方法抽象，铸造过程可表征成几类方程的耦合：热能守恒方程、连续性方程、动量方程。主要包括流动场和温度场的数值模拟，而液态金属充型凝固过程可看做是不可压缩黏性流体的流动，它可以由动量方程、连续性方程及能量方程来描述。

15.1.2.3　快速成形制造技术

20 世纪 80 年代后期发展起来的快速成形技术（rapid prototyping，简称 RP），被认为是近年来制造技术领域的一次重大突破，其对制造业的影响可与数控技术的出现相媲美。它是一种基于离散堆积成形思想的新型成形技术，是将 CAD 设计数据直接转化为实物的过程，它集成了 CAD/CAM 技术、现代数控技术、激光技术和新型材料技术，无需图样、无需进行传统的模具设计和加工，极大地提高了生产效率。

快速成形技术基本原理是：任何三维零件都可看成是许多二维平面沿某一坐标方向叠加而成，因此可先将 CAD 系统内三维实体模型离散成一系列平面几何信息，采用粘接、熔结、聚合作用或化学反应等手段，逐层有选择地固化液体（或粘接固体）材料，从而快速堆积制作出所要求形状的零部件（或模样）。制造方式是不断地把材料按照需要添加在未完成的工件上，直至零件制作完毕，即所谓“使材料生长而不是去掉材料的制造过程”，其实现的流程如图 15－1 所示。

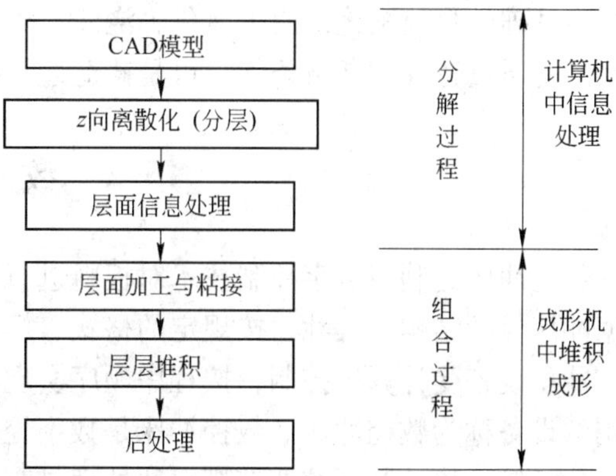

图 15－1　RP 的离散堆积成形流程

快速成形技术按原型的成形方式分为：立体印刷（SLA）、选择性激光烧结（SLS）、叠层实体制造（LOM）、融积成形（FDM）、三维印刷（3DP）等。

快速成形与铸造相结合形成快速铸造技术（quick casting，简称QC），这种快速铸造可以生产多种材料、任何形状复杂、内部结构精细的铸件。该种方法具有产品开发周期短、精度高的优点，大大地提高企业获取订单的竞争力，RP为实现铸造的短周期、多品种、低成本、高精度提供了一个快速响应技术，显示出了强大的生命力和巨大的应用潜力。

快速铸造技术主要有直接铸造法、一次转制法、二次转制法。

直接铸造法主要是指由RP技术直接一步成形铸造用的型壳、型芯，型壳、型芯经处理后，即可进行金属浇注，铸造出金属零件。由于从原型到金属零件不经过造型转化，所以称为直接铸造法。该类工艺方法一般用于单件、复杂零件的制造。目前主要有直接壳型铸造、直接制模铸造等。

一次转制法主要是指由RP技术（如FDM法、LOM法、SLS法、SLA法等）提供的原型作为母模，可直接与普通砂型铸造、熔模组织、消失模铸造与真空铸造等铸造工艺结合，制造金属零件。由于从原型到金属零件要经过一次转化，所以称为一次转制法。该类工艺方法一般用于单件、小批量零件生产。

二次转制法主要是指由RP技术（如FDM法、LOM法、SLS法、SLA法等）提供的原型作为母模，可浇注蜡、硅橡胶、环氧树脂、聚氨酯等软材料，构成软模具，再用软模具与熔模铸造、陶瓷型铸造、石膏型铸造和涂料转移法精密铸造等铸造工艺结合，制造金属零件。由于从原型到金属零件要经过2次或2次以上工艺转化，所以称为二次转制法。该类工艺方法一般用于批量零件制造。该技术的关键是原型翻制软模具的尺寸精度和表面粗糙度的保证及模具的定位。

15.1.2.4 铸造工艺参数检测与生产过程的计算机控制

计算机作为生产过程和凝固过程的控制手段，已得到了广泛的应用，铸造生产工序繁多、工作条件相对恶劣、影响因素复杂，有必要在铸造生产中深入研究和广泛应用微型计算机检测与控制技术。近年来，已经出现了很多用计算机分析生产过程的变化，用计算机选择最佳参数、调节控制生产过程，铸造生产实现自动化，从而达到稳定铸件质量、提高劳动生产率、降低铸件成本的范例。目前，新一代的造型生产线已采用计算机控制，以计算机为基础的自控系统已用于熔化、浇注、砂处理、质量检验等工序中。采用计算机技术是生产高质量铸件的必备条件，也是铸造过程控制的主要发展方向。

15.2 数控冲压

数控冲压是利用数字控制技术对板料进行冲压的工艺方法。实施数控冲压过程前，应根据冲压件的结构和尺寸，按规定的格式、标准代码和相关数据编写出程序，输入计算机后，冲压设备受计算机控制，按程序顺序实现指令内容，自动完成冲压工作。数控冲压所采用的设备称为数控冲床。数控冲床是数字控制冲床的简称，是一种装有程序控制系统的自动化机床。该控制系统能够逻辑地处理具有控制编码或其他符号指令规定的程序，并将其译码，从而使冲床动作并加工零件。目前广泛采用的是数控步冲压力机，它具有独立的控制台，压力机本体的主要部件是能够精确定位的送料机构（定位精度为 ±0.01mm）和装有多个模具的回转头。

数控步冲压力机不仅可以进行单冲（冲孔、落料）、浅成形（压印、翻边、开百叶窗等），也可以采用步冲（借助于快速往复运动的凸模沿着预定的路线在板料上进行逐步冲切）方式，用小冲模冲出大直径圆孔、方孔、曲线孔及复杂轮廓冲压件。

15.2.1 数控冲床操作流程及加工方式

15.2.1.1 数控冲床操作流程

数控冲床一般操作流程如下。

A 输入程序操作

将编制的加工程序输入数控系统。具体的操作方法是先通过机械操作面板启动数控机床，接着由 CRT/MDI 面板输入加工程序，然后运行加工程序。

启动数控机床操作为：

（1）机床启动按钮 ON；

（2）程序锁定按钮 OFF。

编辑操作为：

（1）选择 MDI 方式或 EDIT 方式；

（2）按 PRGRM 键；

（3）输入程序名，键入程序地址符、程序号字符后按 INSRT 键；

（4）键入程序段；

（5）键入程序段号、操作指令代码后按 INPUT 键。

运行程序操作为：

（1）程序锁定按钮 ON；

（2）选择自动循环方式。

B 调用程序操作

调用已储存在数控系统中的加工程序。具体的操作方法是先通过机械操作面板启动数控机床，接着调用系统内的加工程序，然后运行程序。

启动数控机床操作为：

（1）机床启动按钮 ON；

（2）程序锁定按钮 OFF。

调用程序操作为：

（1）选择 MDI 方式或 EDIT 方式；

（2）按 PRGRM 键；

（3）调用程序，键入程序地址符、程序号字符后按 INPUT 键。

运行程序操作为：

（1）程序锁定按钮 ON；

（2）选择自动循环方式；

（3）按自动循环按钮。

15.2.1.2 数控冲床加工方式

数控冲床的加工方式有如下几种：

（1）单冲，即单次完成冲孔，包括直线分布、圆弧分布、圆周分布、栅格孔的冲压。

（2）同方向的连续冲裁，它是使用长方形模具部分重叠加工的方式，可以进行加工长形孔、切边等。

（3）多方向的连续冲裁，它是使用小模具加工大孔的加工方式。

（4）蚕食，它是使用小圆模以较小的步距进行连续冲制弧形的加工方式。

（5）单次成形，它是按模具形状一次浅拉深成形的加工方式。

（6）连续成形，它是成形比模具尺寸大的成形加工方式，如大尺寸百叶窗、滚肋、滚台阶等加工方式。

（7）阵列成形，它是在大板上加工多件相同或不同的工件的加工方式。

15.2.2 数控冲压的特点

数控冲压是利用数字控制技术对板料进行冲压的工艺方法。

数控冲床的操作和监控全部在这个数控单元中完成，它是数控冲床的大脑。与普通冲床相比，数控冲压具有如下特点：

（1）数控冲压的结构改变了普通冲床一机一模的状态，从而提高了冲床的通用性，使得在不更换模具的情况下，可生产多品种冲压件，摆脱了对专用模具的依赖程度。加工零件改变时，一般只需要更改数控程序，可节省生产准备时间。

（2）数控冲压在步冲分离金属时，是通过类似插削加工的切削过程逐步完成加工的，冲头在每一次冲压行程中只切下少量金属，消耗能量少，并可提高产品的精度，减少了冲压件后续加工的工作量。

（3）数控冲压可采用批量生产的模具，安装调试模具的时间短，模具寿命长，可提高生产率。

（4）数控冲压特别适合单件小批量生产，降低了冲压件的成本；冲床自动化程度高，减轻了劳动强度。

（5）数控冲压设备投资较大，材料利用率较低。

（6）对操作人员的素质要求较高，对维修人员的技术要求更高。

15.3 焊接过程自动化

焊接是通过加热、加压，或两者并用，使两工件产生原子间结合的加工工艺和连接方式。焊接应用广泛，既可用于金属，也可用于非金属。

自动化是采用具有自动控制，能自动调节、检测、加工的机器设备、仪表，按规定的程序或指令自动进行作业的技术措施。其目的在于增加产量、提高质量、降低成本和劳动强度、保障生产安全等。自动化程度已成为衡量现代国家科学技术和经济发展水平的重要标志之一。

现代自动化技术主要依靠计算机控制技术来实现。焊接生产自动化是焊接结构生产技术发展的方向。现代焊接自动化技术将在高性能的微机波控焊接电源基础上发展智能化焊接设备，在现有的焊接机器人基础上发展柔性焊接工作站和焊接生产线，最终实现焊接计算机集成制造系统 CIMS。

在焊接设备中，要发展应用微机自动化控制技术，如数控焊接电源、智能焊机、全自动专用焊机和柔性焊接机器人工作站。微机控制系统在各种自动焊接与切割设备中的作用不仅是控制各项焊接参数，而且必须能够自动协调成套焊接设备各组成部分的动作，实现无人操作，即实现焊接生产数控化、自动化与智能化。微机控制焊接电源已成为自动化专用焊机的主体和智能焊接设备的基础，如微机控制的晶闸管弧焊电源、晶体管弧焊电源、逆变弧焊电源、多功能弧焊电源、脉冲弧焊电源等。微机控制的 IGBT 式逆变焊接电源，是实现智能化控制的理想设备。

焊接机器人就是在焊接生产领域代替焊工从事焊接任务的工业机器人。自 1959 年美国推出世界上第一台 Unimate 型机器人以来，据不完全统计，全世界在役的工业机器人中大约有将近一半的工业机器人用于各种形式的焊接加工领域。焊接机器人应用中最普遍的主要有两种方式，即点焊和电弧焊。这些焊接机器人中有的是为某种焊接方式专门设计的，不过大多数的焊接机器人其实就是通用的工业机器人装上某种焊接工具而构成的。在多任务环境中，一台机器人甚至可以完成包括焊接在内的抓物、搬运、安装、焊接、卸料等多种任务，机器人可以根据程序要求和任务性质，自动更换机器人手腕上的工具，完成相应的任务。

15.3.1 焊接机器人的发展历程

到目前为止，焊接机器人大致可分为 3 代：

第一代是基于示教再现工作方式的焊接机器人，由于操作简便，不需要环境模型，示教时可修正机械结构带来的误差等特点，在焊接生产中得到大量使用；

第二代是基于一定传感器信息的离线编程焊接机器人；

第三代是指装有多种传感器，接受作业指令后能根据客观环境自行编程的高度适应智能机器人。

15.3.2 焊接机器人国内外应用现状

焊接机器人具有焊接质量稳定、改善工人劳动条件、提高劳动生产率等特点，广泛应用于汽车、工程机械、通用机械、金属结构和兵器工业等行业。截止 2005 年，全世界在役工业机器人约为 91.4 万台。其中，日本装备的工业机器人总量达到了 50 万台以上，成为“机器人王国”，其次是美国和德国。在亚洲，日本、韩国和新加坡的制造业中每万名雇员中工业机器人占有的数量居世界前三位。近几年，全球机器人的数量在迅速增加，仅 2005 年就增加 12.1 万台。

我国自 20 世纪 70 年代末开始进行工业机器人的研究，经过 40 年的发展。在技术和应用方面均取得了长足的发展。目前已基本掌握了机器人操作机的设计制造技术、控制系统硬件和软件设计技术、运动学和轨迹规划技术，生产了部分机器人关键元器件，开发出喷漆、弧焊、点焊、装配、搬运等机器人，弧焊机器人已应用在汽车制造厂的焊装线上。但总的来看，我国的工业机器人技术及其工程应用的水平和国外相比还有一定的距离，如：可靠性低于国外产品；机器人应用工程起步较晚，应用领域窄，生产线系统技术与国外比有差距；应用规模小，没有形成机器人产业。据不完全统计，近几年我国工业机器人呈现出快速增长势头，平均年增长率都超过40%，焊接机器人的增长率超过了60%；2004年，国产工业机器人数量突破1400台，进口机器人数量超过9000台，其中绝大多数应用于焊接领域；2005年，我国新增机器人数量超过了5000台，但仅占亚洲新增数量的6%，远小于韩国所占的15%，更远小于日本所占的69%。这对于我国的经济发展速度以及经济总量来说显然是不匹配的，这说明我国制造业的自动化程度有待进一步提高，另一方面也反映了我国劳动力成本的低廉，制造业自动化水平以及工业机器人应用程度的提高受到限制。

当前，焊接机器人的应用迎来了难得的发展机遇。一方面，随着技术的发展，焊接机器人的价格不断下降，性能不断提升；另一方面，劳动力成本不断上升，我国由制造大国向制造强国迈进，需要提升加工手段，提高产品质量和增强企业竞争力，这一切预示着机器人应用及发展前景空间巨大。

15.3.3 国内外焊接机器人技术的研究现状及发展趋势

从目前国内外研究现状来看，焊接机器人技术研究主要集中在焊缝跟踪技术、离线编程与路径规划技术、多机器人协调控制技术、专用弧焊电源技术、焊接机器人系统仿真技术、机器人用焊接工艺方法、遥控焊接技术等7个方面。

从机器人技术发展趋势看，焊接机器人和其他工业机器人一样，不断向智能化和多样化方向发展。具体而言，表现在如下几个方面：

(1) 机器人操作机构。通过有限元分析、模态分析及仿真设计等现代设计方法的运用，实现机器人操作机构的优化设计。探索新的高强度轻质材料，进一步提高负载/自重比。例如，以德国KUKA公司为代表的机器人公司，已将机器人并联平行四边形结构改为开链结构，拓展了机器人的工作范围，加上轻质铝合金材料的应用，大大提高了机器人的性能。此外，采用先进的RV减速器及交流伺服电机，使机器人操作机几乎成为免维护系统。

机构向着模块化、可重构方向发展。例如，关节模块中的伺服电机、减速机、检测系统三位一体化；由关节模块、连杆模块用重组方式构造机器人整机。国外已有模块化装配机器人产品问世。

机器人的结构更加灵巧，控制系统越来越小，两者正朝着一体化方向发展。

采用并联机构，利用机器人技术，实现高精度测量及加工，这是机器人技术向数控技术的拓展，为将来实现机器人和数控技术一体化奠定了基础。意大利COMAU公司、日本FANUC等公司已开发出了此类产品。

(2) 机器人控制系统。机器人控制系统将重点研究开放式、模块化控制系统。向基于PC机的开放型控制器方向发展，便于标准化、网络化；器件集成度提高，控制柜日见小巧，且采用模块化结构；大大提高了系统的可靠性、易操作性和可维修性。控制系统的性能进一步提高，已由过去控制标准的6轴机器人发展到现在能够控制21轴，甚至27轴，并且实现了软件伺服和全数字控制。

计算机语言、图形编程与人的交流界面更加友好。机器人控制器的标准化和网络化，以及基于PC机网络式控制器已成为研究热点。编程技术除进一步提高在线编程的可操作性之外，离线编程的实用化将成为研究重点。

（3）机器人传感技术。机器人中的传感器作用日益重要，除采用传统的位置、速度、加速度等传感器外，装配、焊接机器人还应用了激光传感器、视觉传感器和力传感器，并实现了焊缝自动跟踪和自动化生产线上物体的自动定位以及精密装配作业等，大大提高了机器人的作业性能和对环境的适应性。

遥控机器人则采用视觉、声觉、力觉、触觉等多传感器的融合技术来进行环境建模及决策控制。为进一步提高机器人的智能和适应性，多种传感器的使用是其问题解决的关键。其研究热点在于有效可行的多传感器融合算法，特别是在非线性及非平稳、非正态分布的情形下的多传感器融合算法。另一问题就是传感系统的实用化。

（4）网络通信功能。日本 YASKAWA 和德国 KUKA 公司的最新机器人控制器已实现了与 Canbus、Profibus 总线及一些网络的连接，使机器人由过去的独立应用向网络化应用迈进了一大步，也使机器人由过去的专用设备向标准化设备发展。

（5）机器人遥控和监控技术。在一些诸如核辐射、深水、有毒等高危险环境中进行焊接或其他作业，需要有遥控的机器人代替人去工作。当代遥控机器人系统的发展特点不是追求全自治系统，而是致力于操作者与机器人的人机交互控制，即遥控加局部自主系统构成完整的监控遥控操作系统，使智能机器人走出实验室进入实用化阶段。美国发射到火星上的“索杰纳”机器人就是这种系统成功应用的最著名实例。多机器人和操作者之间的协调控制，可通过网络建立大范围内的机器人遥控系统，在有延时的情况下，建立预先显示进行遥控等。

（6）虚拟机器人技术。虚拟现实技术在机器人中的作用已从仿真、预演发展到用于过程控制，如使遥控机器人操作者产生置身于远端作业环境中的感觉来操纵机器人。基于多传感器、多媒体和虚拟现实以及临场感技术，实现机器人的虚拟遥控操作和人机交互。

15.4 计算机辅助设计与制造

在激烈的市场竞争和巨大的内外环境压力下，企业若要达到预期的市场占有率和预期的经济效益，提高企业的应变能力和竞争能力，用最短的时间生产出市场适销对路的、质量好、价格低的产品，最大幅度地满足用户的需求，最有成效地提高自己的经济效益，成为企业生产经营的主目标。在制造环境相同的情况下，影响产品的主要因素是产品设计水平，而产品的设计水平是与企业所采用的设计手段密不可分的。

从 20 世纪 50 年代末起，伴随着计算机技术的飞速发展，计算机辅助设计技术以其强大的冲击力影响和改变着工业的各个方面，甚至社会的各个方面。世界上一些大型的汽车公司的铸造厂，如美国的通用、福特，德国的奔驰等，都把数值模拟软件作为一种日常工具来使用。对于国内企业来说，计算机辅助设计（CAD）技术已不再是一个陌生的概念，许多大大小小的企业都已经建立了计算机辅助设计技术系统，并多多少少地开展了计算机辅助设计技术的普及应用和二次应用开发工作，使传统的产品技术、工程技术发生深刻的变革。计算机辅助设计系统已经成为设计人员从事产品设计、分析的工具。计算机辅助设计技术的使用，极大地提高了产品质量，缩短了从设计到生产的周期，实现了设计的自动化，使设计人员从繁琐的绘图中解放出来，集中精力进行创造性的劳动、设计工作。如果说计算机辅助设计技术解决了设计问题，那么计算机辅助工程分析/计算机辅助制造（CAE/CAM）的应用解决了实际工程分析和制造加工问题，大大地提高了产品的质量，加速了产品的开发，缩短了产品的上市周期。

15.4.1　概述

15.4.1.1　计算机辅助设计

计算机辅助设计（computer aided design，简称 CAD），泛指设计者以计算机为主要工具，对产品进行设计、绘图、工程分析与编撰技术文档等设计工作的总称，是一项综合性技术。一个完整的 CAD 系统应由科学计算、图形系统和工程数据库等组成。科学计算用于有限元分析、可靠性分析、动态分析、产品的常规设计和优化设计等；图形系统用于几何（特征）造型、自动绘图、动态仿真等；工程数据库用于对设计过程中需要使用和产生的数据、图形、文档等进行输入/输出和管理。其中，工程分析泛指包括有限元分析、可靠性分析、动态分析、优化设计及产品的常规分析计算等内容，也称计算机辅助工程分析（computer aided engineering，简称 CAE）。因此，CAD 不再是早期英文 computer aided drafting（计算机辅助绘图）的缩写，而是整个产品的辅助设计。

作为一个设计过程，CAD 是在计算机环境下完成产品的创造、分析、设计和修改，以达到预期规划目标的过程。目前，CAD 技术可实现的功能包括：设计人员在进行产品概念设计的基础上从事产品的几何造型分析，完成产品几何模型的建立；然后抽取模型中的有关数据进行工程分析和计算（例如有限元分析、模拟仿真等）；根据计算结果决定是否对设计结果进行修改，修改满意后编辑全部设计文档，输出工程图。从 CAD 作业过程可以看出，CAD 技术也是一项产品建模技术，它是将产品的物理模型转化为产品的数据模型，并把建立的数据模型存储在计算机内供后续的计算机辅助技术共享，驱动产品生命周期的全过程。

在 CAD 系统中，若加入人工智能和专家系统技术，让计算机模拟人类专家解决问题的思路和方法进行推理和决策，可大大提高设计自动化水平，并可实现对产品进行功能设计、总体方案设计等产品的概念设计过程，从而对产品设计全过程提供支持。

15.4.1.2　计算机辅助制造

计算机辅助制造即 CAM（computer aided manufacturing），到目前为止尚无统一的定义。一般而言，它是指计算机在制造领域有关应用的统称，它有广义 CAM 和狭义 CAM 之分。

广义 CAM 一般是指利用计算机辅助完成从毛坯到产品制造过程中直接和间接的各种活动，包括工艺准备、生产作业计划、物流过程的运行控制、生产控制、质量控制等主要方面。其中，工艺准备包括计算机辅助工艺过程设计、计算机辅助工装设计与制造、NC 编程、计算机辅助工时定额和材料定额的编制等内容；物流过程的运行控制包括物料的加工、装配、检验、输送、储存等生产活动。

狭义 CAM 通常指数控程序的编制，包括刀具路线的规划、刀位文件的生成、刀具轨迹仿真以及后置处理和 NC 代码生成等。CAM 中的核心技术是数控技术，是为数控机床服务的。

15.4.1.3 计算机辅助工艺过程设计技术

计算机辅助工艺过程设计即 CAPP（computer aided process planning），它是根据产品设计结果进行产品的加工方法和制造过程的设计。一般认为，CAPP 系统的功能包括毛坯设计、加工方法选择、工序设计、工艺路线制定和工时定额计算等。其中的工序设计又包含加工设备和工装的选用、加工余量的分配、切削用量选择、机床和刀具的选择、必要的工序图生成等。

CAPP 在性质上是 CAD 与 CAM 的中间环节，所以被公认为是 CAD 与 CAM 的桥梁，是柔性制造系统（flexible manufacturing system，简称 FMS）与计算机集成制造系统（CIMS）的技术基础之一。由于工艺过程设计涉及的范围十分广泛，数据信息量庞大，长期以来，都是工艺人员依据个人的经验以手工的方式进行工艺设计。而这种方法固有的效率低、工艺方案因人而异、难以取得最佳的工艺方案等缺陷，难以适应当今快速发展的生产需要。

应用 CAPP 能够迅速编制出完整、详尽、优化的工艺方案和各种工艺文件，可极大提高工艺人员的工作效率，缩短工艺准备时间，加快产品投放市场的速度。此外，应用 CAPP 技术还可以获得符合企业实际条件的优化工艺方案，给出合理的工时定额和材料消耗，为企业的科学管理提供可靠的数据。因此，CAPP 技术的研究和应用对改革我国工艺设计的现状，促进企业的发展，增强企业的市场适应能力，提高企业的市场响应速度都有着重要的作用。目前，人工智能（artificial intelligence，简称 AI）与专家系统（expert system，简称 ES）技术在开发新的 CAPP 系统中应用，以及 CAD/CAPP/CAM 的集成化工作已经成为各国的重点研究课题。

15.4.1.4 CAD/CAM 技术

CAD/CAM 是指以计算机为工具来生成和动用各种数字信息与图形信息，以进行产品设计与制造的全过程，包括方案设计、总体设计和零部件设计以及加工和装配等。其实质上是指在 CAD、CAPP、CAM 各模块之间形成相关信息的自动传递和转换。集成化的 CAD/CAM 系统借助于公共的工程数据库、网络通信技术以及标准格式的中性文件接口，把分散于机型各异的计算机中的 CAD/CAM 模块高效地集成起来，实现软、硬件资源共享，保证系统内信息的流动畅通无阻。

随着信息技术的不断发展，为使计算机辅助技术给企业带来更大的效益，人们又提出了要将企业内所有分散的信息系统进行集成，不仅包括生产信息，还包括生产管理过程所需的全部信息，从而构成一个计算机集成制造系统（computer integrated manufacturing system，简称 CIMS），而 CAD/CAM 集成技术则是计算机集成制造系统的一项核心技术。

15.4.2 CAD/CAM 系统的功能

由于系统总体与外界进行信息传递与交换的基本功能是靠硬件提供的，而系统所能解决的具体问题是由软件保证的。因此，根据不同的 CAD/CAM 系统的研究对象和任务的不同，所选择的软件也各不相同，系统的硬件配置和选型也不同。但是机械 CAD/CAM 系统一般都具有如下的基本功能。

15.4.2.1 人机交互功能(即人机接口)

在 CAD/CAM 系统中，人机接口是用户与系统连接的桥梁。采用友好的用户界面，是保证用户能够直接、有效地完成复杂设计任务的必要条件。另外，还必须有完善的交互设备，用以实现人与计算机之间的不断通信。

15.4.2.2 图形图像显示

由于CAD/CAM是一个人机交互的过程，用户的每一次操作都能从显示器上及时得到反馈，因此，从产品的造型、构思、方案的确定以及结构分析到加工过程的仿真，系统应保证用户能够随时观察、修改中间结果，实时进行编辑处理，直到取得最佳的设计结果。图形图像显示功能不仅能够对二维平面图形进行显示控制，还能对三维实体进行处理。

15.4.2.3 几何建模

对于CAD/CAM系统来说，几何建模是其核心技术。在产品设计制造过程中，必然要涉及大量结构体的描述与表达，几何建模为其设计、制造提供基本数据，同时为其他模块提供原始信息。几何建模所定义几何模型的信息可供有限元分析、绘图、仿真、加工等模块调用。几何建模通常包括曲线与曲面建模和实体建模等。通过几何建模模块，不仅能构造规则形状的产品模型，而且对于复杂表面的造型，系统也可采用曲面造型或雕塑曲面造型的方法，根据给定的离散数据或有关具体工程问题的边界条件来定义、生成、控制和处理过渡曲面，或用扫描的方法得到扫视体，建立曲面的模型。

利用几何建模的功能，用户不仅能构造各种产品的几何模型，还能够随时观察、修改模型，或检验零部件装配的结果。

15.4.2.4 产品几何特性计算分析

CAD/CAM系统根据几何建模，能够计算出产品相应的表面积、体积、质量、重心、转动惯量等几何特性和物理特性，为系统进行工程分析和数值计算提供必要的基本参数和数据。由于要求CAD/CAM系统对各类计算分析的算法要正确、全面，因此数据计算量较大，这就要求有较高的计算精度。

15.4.2.5 图形转换及参数化设计

产品的设计过程需要反复修改，而为了方便观察和修改，一般需采用3D（三维）图形表示。而设计结束后，很多产品的设计结果却要以2D（二维）图形的形式出现。这就要求CAD/CAM系统一方面应具备从几何造型的三维图形直接向二维图形转换的功能；另一方面，还需有处理二维图形的能力。

CAD/CAM系统的参数化设计功能使设计师在任何阶段修改尺寸时，CAD/CAM系统都会自动完成相应实体形状的改变，使系统能真正将初次设计从生产过程中分离出来，通过标准化减少零件的数量，增加设计成果的储备，以最快的速度适应市场变化，满足用户的需求。

15.4.2.6 优化设计

优化设计是现代设计方法的一个组成部分，产品的设计过程就是不断进行优化的过程。优化设计包括总体方案的优化、工艺参数的优化、产品零部件结构的优化、可靠性优化等。

15.4.2.7 有限元分析

有限元分析是一种数值近似解法，用来解决结构形状比较复杂零件的静态、动态特性，如强度、振动、热变形、磁场、温度场强度、应力分布状态等的计算分析问题。对于一些复杂构件，用有限元分析计算不仅简单，而且精度较高。一个较完善的有限元分析系统应包括对被分析的对象进行有限元网格自动划分，计算应力、应变、固有频率，对计算的结果用图形（等应力线、等温度线等）或用深浅不同的颜色来表示等。

15.4.2.8 动态模拟与仿真

由于采用现场调试会造成人力、物力的投入以及加工设备损坏的风险，增加了制造费用，增长了产品设计周期。而对产品从设计到制造的整个过程进行动态仿真，即在产品设计之后、投入生产之前，在 CAD/CAM 系统内部建立一个工程设计的实际系统模型，如机构、机械手、机器人等，实时模拟出产品制造的全过程，代替、模拟真实系统的运行，可以预测产品的性能、产品的制造过程和产品的可制造性。

利用动态仿真系统可以检查程序的语法错误、词法错误和结构错误。动态仿真系统不但可以动态模拟加工的全过程，还可以对给定的工艺极限值进行监控检测。模拟与仿真通常有加工轨迹仿真，机构运动学模拟，机器人仿真，工件、刀具、机床的碰撞、干涉检验等。

15.4.2.9 数据管理与交换

由于 CAD/CAM 系统有几何图形数据、属性语义数据、产品定义数据、生产控制数据、静态标准数据、动态过程数据等数量巨大、种类繁多的数据。因此，需要 CAD/CAM 系统具有工程数据库管理系统以及在它管理之下的工程数据库提供有效的管理手段，以实现设计、制造、管理的信息共享，并达到自动检索、快速存取、不同系统间传输相互交换数据与信息。

同时，CAD/CAM 系统不会是一个孤立的系统，它必须要与其他系统相互联系，而且系统内部的各功能模块之间也要进行信息交换。因此，CAD/CAM 系统应具备良好的数据传输管理功能和数据交换功能。

15.4.2.10 数据存储

为了保证系统在运行过程中产生的大量种类繁多的数据，以及伴随着很多算法生成大量的中间数据，尤其是对图形的操作、交互式的设计、结构分析中的网格划分等产生的数据不影响系统的正常运行，CAD/CAM 系统必须配置容量较大的存储设备，以支持数据在各模块运行时的正确流通。

15.4.2.11 数据的输入输出

CAD/CAM 系统运行过程中，一方面用户需将有关设计要求、计算步骤的具体数据等以人机交互方式或计算机自动采集方式输入计算机内；另一方面通过计算机的处理，能够将系统处理的结果及时输出，数据输出包括各种信息在显示器上的显示、工程图的输出、各种文档的输出和控制命令输出等。这个输入输出功能也是系统的基本功能。输入输出的信息可以是数值，也可是非数值，譬如图形数据、文本、字符等。

习题与思考题

15－1　计算机在铸造技术中的应用主要体现在哪几个方面，各有什么特点？

15－2　数控冲床的一般操作流程包括哪些？

15－3　数控冲压的特点是什么？

15－4　焊接机器人技术的研究现状及发展趋势是什么？

15－5　什么是计算机辅助设计与制造技术，各有什么特点？

参考文献

[1] 李炯辉. 金属材料金相图谱 [M]. 北京：机械工业出版社，2006.
[2] 黎文献. 有色金属材料工程概论 [M]. 北京：冶金工业出版社，2007.
[3] 南红艳. 工程训练基础 [M]. 北京：煤炭工业出版社，2007.
[4] 郭卫凡，李其钒. 金属工艺学 [M]. 徐州：中国矿业大学出版社，2006.
[5] 吴拓. 机械制造工程（第2版）[M]. 北京：机械工业出版社，2005.
[6] 邓文英. 金属工艺学（第5版）[M]. 北京：高等教育出版社，2008.
[7] 张瑞平. 金属工艺学 [M]. 北京：冶金工业出版社，2008.
[8] 李军. 金属工艺学 [M]. 北京：北京理工大学出版社，2009.
[9] 王宗杰. 熔焊方法及设备 [M]. 北京：机械工业出版社，2006.
[10] 熊腊森. 焊接工程基础 [M]. 北京：机械工业出版社，2005.
[11] 中国机械工程学会焊接学会. 焊接手册（第3卷焊接结构）[M]. 北京：机械工业出版社，2008.
[12] 陈祝年. 焊接工程师手册（第2版）[M]. 北京：机械工业出版社，2010.
[13] 史耀武. 现代焊接生产实用手册 [M]. 福州：福建科学技术出版社，2005.
[14] 王章忠. 机械工程材料 [M]. 北京：机械工业出版社，2007.
[15] 崔占全，邱平善. 机械工程材料 [M]. 哈尔滨：哈尔滨工程大学出版社，2000.
[16] 齐宝森，李莉，吕静. 机械工程材料 [M]. 哈尔滨：哈尔滨工业大学出版社，2003.
[17] 郝建民. 机械工程材料 [M]. 西安：西北工业大学出版社，2003.
[18] 于永泗，刘民. 机械工程材料 [M]. 大连：大连理工大学出版社，2003.
[19] 王晓敏，董尚利，周玉. 机械工程材料 [M]. 哈尔滨：哈尔滨工业大学出版社，1998.
[20] 崔忠圻，刘北兴. 金属学与热处理原理 [M]. 哈尔滨：哈尔滨工业大学出版社，1998.
[21] 崔占全，王昆林，吴润. 金属学与热处理 [M]. 北京：北京大学出版社，2010.
[22] 刘天佑. 金属学与热处理 [M]. 北京：冶金工业出版社，2009.
[23] 崔忠圻，覃耀春. 金属学与热处理 [M]. 北京：机械工业出版社，2007.
[24] 艾星辉. 金属学 [M]. 北京：冶金工业出版社，2009.
[25] 关昕，孟延军. 金属学及热处理 [M]. 北京：冶金工业出版社，2008.
[26] 柴增田. 金属工艺学 [M]. 北京：北京大学出版社，2009.
[27] 徐先锋，何柏林. 机械工程材料 [M]. 北京：化学工业出版社，2010.
[28] 文九巴. 机械工程材料 [M]. 北京：机械工业出版社，2009.
[29] 董允，张廷森，林晓娉. 现代表面工程技术 [M]. 北京：机械工业出版社，2000.
[30] 刘新田. 表面工程 [M]. 开封：河南大学出版社，2000.
[31] 赵文轸. 材料表面工程导论 [M]. 西安：西安交通大学出版社，1998.
[32] 赵文光. 实用电镀技术 [M]. 哈尔滨：哈尔滨地图出版社，2005.
[33] 安茂中. 电镀理论与技术 [M]. 哈尔滨：哈尔滨工业大学出版社，2004.
[34] 覃奇贤. 电镀原理与工艺 [M]. 天津：天津科学技术出版社，1993.
[35] 陈天玉. 不锈钢表面处理技术 [M]. 北京：化学工业出版社，2004.
[36] 陈德和. 不锈钢的性能与组织 [M]. 北京：机械工业出版社，1977.
[37] 丁德全. 金属工艺学 [M]. 北京：机械工业出版社，1998.
[38] 卞洪元，丁金水. 金属工艺学 [M]. 北京：北京理工大学出版社，2006.
[39] 杨叔子. 机械加工工艺师手册 [M]. 北京：机械工业出版社，2002.
[40] 王文清，李魁盛. 铸造工艺学 [M]. 北京：机械工业出版社，2002.
[41] 曹文龙. 铸造工艺学 [M]. 北京：机械工业出版社，1989.

[42] 刘喜俊．铸造工艺学［M］．北京：机械工业出版社，1999.
[43] 中国机械工程学会铸造专业学会．铸造手册（第5卷：铸造工艺）［M］．北京：机械工业出版社，2003.
[44] 陶亦亦，潘玉娴．工程材料与机械制造基础［M］．北京：化学工业出版社，2006.
[45] 罗继相，王志海．金属工艺学［M］．武汉：武汉理工大学出版社，2009.